화장품 과학 가이드

제2판

타가미 히로오 外 감수
김주덕 · 경기열 · 조진훈 공역

光文閣

田上八朗・杉林堅次・能崎章輔・宿崎幸一・神田吉弘 監修
化粧品科學ガイド 第2版

日本國東京都千代田區飯田橋1-5-9
韓國語版の刊行は, 日本出版情報社を通じて, 有限會社フレグランスジャーナル社の
許諾により行われたものである.

서 문

최근의 화장품 과학은 눈부시게 진보하였으며 피부과학, 계면과학, 분체공학, 최첨단기술, 피부계측기술, 감성공학의 진보를 통하여 전문화, 고도화가 더욱 가속화되고 있다.

그러므로 화장품 연구 개발자에게 있어서 화장품 과학의 본질과 전체상에 대한 올바른 이해와 더불어, 다양하고도 독창적인 화장품 연구개발 실현을 위한 지침이 오늘날 가장 필요로 하고 있다고 하여도 과언은 아니다.

본서는 변화하는 시대의 요구에 부응하여 기획된 것으로서, 2007년 2월 초판이 발간된 이래 젊은 화장품 연구 개발자를 중심으로 한 연구 개발자의 가이드북이자 대학에서의 화장품 강좌를 수강한 학생들의 교과서나 참고서로서 널리 활용되어 왔다.

그리고 최근 본서를 활용하고 있는 여러 관계자들을 중심으로 한 책의 내용에 대한 고견요청과 함께 한층 더 충실한 내용의 개정판 간행을 원한다는 요청을 통하여 대폭적인 가필, 수정한 개정판인 제2판을 간행하게 되었다.

이번의 제2판 개정 내용은 다음과 같다.

1. 신규 원고로 '자외선과 피부', '미용상의 피부 트러블과 스킨케어', '에어로졸 기술', '화장품의 환경문제', '화장품 분야에서의 정보 활용'에 관한 해설을 추가함으로써 화장품 과학의 본질과 전체상을 보다 더 이해하기 쉽도록 하였다.

2. 또한, 기존의 해설에 대하여 다음과 같은 대폭적인 가필, 수정을 하였다.

   1) 제2장에서는 다양한 정보전달 센서로서의 피부의 기능, 진피의 기능과 구조, 피부의 노화와 활성산소, 프리래디컬 관련 지식 등, 본서의 기획 취지인 생명을 영위하는 '일'에 대한 관점으로 피부의 기능에 관한 해설을 대폭적으로 가필하였다.

   2) 제3장에서는 화장품의 유용성에 대한 다각적인 설명과 더불어 화장품의 안전

성에 대해서는 동물실험 대체법이나 REACH 문제와 같은 최신 정보를 추가하였고, 또 분석에 있어서는 제품 분석에 대한 해설도 더하였다.

3) 제4장에서는 종래의 화장품 해설서에서 흔히 볼 수 있는 단순한 처방 해설과는 차별하여 화장품과 원료들의 관련성을 비롯한 화장품의 전체상을 보다 잘 이해할 수 있도록 화장품의 원료 구성과 사용 비율을 개념도로 해설하였으며, 주요한 대표적인 원료에 대해서는 더욱 상세히 설명하였다.

4) 그 밖에도 약사법이나 화장품 판매, 유통 형태에 대해서는 소비자 관점으로 살펴본 해설도 보충하였다.

이와 같이 본서는 종래의 '사물'이라는 관점뿐만 아니라 '기능'이라고 하는 관점으로, 또한 자연과학뿐만 아닌 사회과학, 인문과학의 관점에서 화장의 의미, 화장품의 역할, 화장품 과학의 본질을 해명한 것으로서, 종래에는 찾아 볼 수 없었던 화장품 해설서이다.

그러한 의미에서 젊은 연구 개발자를 중심으로 하는 화장품 연구개발 기술자, 화장품 강좌를 수강하는 대학생을 비롯한 폭넓은 화장품 · 미용업계 관계자를 위한 가이드북으로서 유용하게 이용될 뿐만 아니라, 향후 화장품 과학의 발전에 이바지하기를 바라마지 않는다.

2010년 6월

저자 일동

역자의 말

인체가 지닌 신비로움에 대한 과학적 접근과 분석은 과학 중의 과학이라는 절대적인 경이로움의 결과에 놀라움을 금치 못하고 있음이 사실이다.

특히 건강한 인체에 아름다움을 표현하고자 많은 에스테티션들이 여러 방면으로 접근하여 노력하고 있다는 점은 매우 고무적인 일이며, 피부미용 관련 산업은 짧은 역사와 열악한 교육환경에도 불구하고 기술경쟁과 교육경쟁의 시대를 거쳐 경영경쟁 시대를 맞고 있다고 해도 과언이 아닐 것이다. 또한, 국내·외적으로 전문인 양성교육이 정착되어지고 있으며 다방면의 전문가 및 예비 전문 인력이 양성, 배출되고 있다. 그중에서도 화장품 과학은 현대인들이 수없이 접하는 화장품의 본질과 올바른 이해를 필요로 하여 전문인은 물론이고 일반인들도 많은 관심을 가지고 있는 분야이다.

본서는 일본의 교토대학교, 하마마츠대학교, 토호쿠대학교 등 의과대학 피부과 교수를 역임하시고 현재 토호쿠대학교 의과대학 피부과 명예교수로 재직 중이신 타가미 히로오 교수님을 필두로 하여, 죠사이대학교 약학부교수이시자 일본약제학회 회장이신 스기바야시 켄지 교수님, 일본수입화장품협회와 일본화장품기술자회에서 상담역 등을 맡고 계신 노자키 후미시케님, 그리고 코세화장품 개발연구실장과 일본화장품공업 연합회 기술위원 위원장 등을 역임하신 슈쿠자키 코이치님, 시세이도 화장품의 제품화 연구와 원료 개발의 기초, 응용연구 등에 종사하신 기술 컨설턴트이신 칸다 요시히로님께서 집필하신 《화장품 과학 가이드》를 번역한 것이다.

본서의 내용은 일반 화장품 성분 분석에서부터 피부의 기능에 따른 화장품의 역할, 화장품의 유용성과 안전성에 대한 다각적인 설명과 함께 화장품의 환경문제까지 화장품을 과학적인 측면에서 바라볼 수 있도록 구성되어 있다. 따라서 대학에서 기초 화장품을 배우는 학생에서부터 독창적인 화장품 개발을 연구하는 관계자들에게도 좋은 지침서가 될 것이라 믿으며, 많은 분들의 아낌없는 충고와 격려를 부탁드린다.

본서가 나오기까지 번역을 맡아주신 교수님들과 광문각출판사 박정태 사장님 이하 임직원 여러분께 감사드린다.

2011년 5월
역자 일동

목 차

제1장

화장 및 화장품의 역할

01 화장의 역사와 화장품의 본질

1. 들어가며

우리들의 주변에는 다양한 장식용품으로 가득하다. 장식의 세계는 시대와 함께 변화해 나가면서 미적 욕구를 표현하여 왔다. 화장법과 화장품은 패션이나 보석, 헤어스타일의 변화에 따라 변천하면서 우리들의 미적 욕구 표현을 가능하게 하였다.

화장하는 행위의 의미, 화장품의 역할을 올바르게 이해하기 위해서는 화장의 기원까지 거슬러 올라가야 하며, 자연과학뿐 아니라 인문과학, 사회과학을 아우르는 종합적 · 다면적인 관점으로 바라보는 것이 중요하다[그림 1-1].

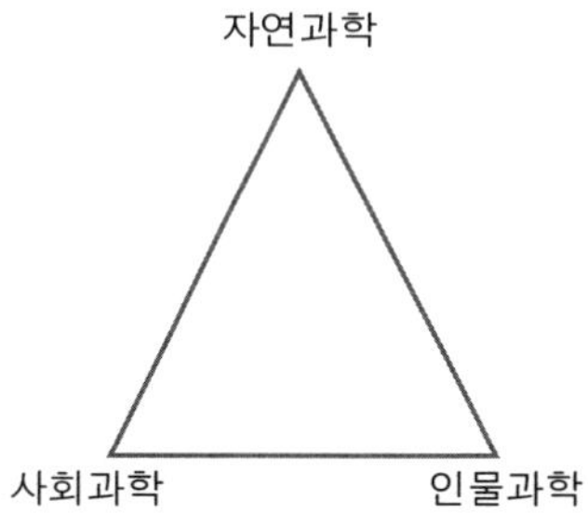

[그림 1-1] 과학의 3분야

2. 화장과 화장품을 이해하기 위한 관점이란

사람은 험난한 자연환경에 적응하면서 다양한 화장 문화를 이룩하여 왔다. 현대의 화장과 화장품을 이해하기 위해서는 다음 세 가지 관점을 통하여 그 맥락을 짚어 나가야 한다.

첫 번째 관점 :

사람은 왜 화장을 하는가? 왜 장식을 하는가? 화장의 의미와 가치관, 화장 문화를 살피는 관점이다. 화장의 역사를 개관(역 : 전체를 대강 살펴봄)하면 '화장품' 이라고 하는 것의 본질이 보이게 된다.

두 번째 관점 :

서구 문화의 영향으로 일본의 화장이나 화장품이 메이지시대 이후 어떻게 변화하였는가 하는 사회제도를 살피는 관점이다. 화장품 산업의 근대화가 걸어온 발자취가 보이게 된다.

세 번째 관점 :

화장품의 과학기술은 메이지시대의 화학진흥, 공중위생과 같이 안전을 보장하는 국가 시스템과 현대의 종합 과학을 토대로 이루어졌다. 과학기술의 변천을 살펴보면 화장품이 갖추어야 할 모습이 보이게 된다.

이와 같이 역사를 따라서 세 가지 측면을 살펴본다면 현실적이고 타당한 이해, 화장품의 품질, 화장품의 바른 사용법, 그리고 보다 좋은 화장품의 개발로 이어나갈 수 있다.

3. 인간과 화장

상기의 첫 번째 관점인 화장 문화의 관점을 더욱 심화하기 위해서는 화장을 하는 인간이라는 측면에서 이하의 세 가지 관점을 통해 살펴보아야 한다.

① 화장 행위의 기원은 사람이 험난한 자연환경으로부터 자신의 신체를 지키기 위한 것이었다고 하는 생리학적 의미

② 화장은 자연환경에 적응하는 것만이 아닌, 사람이 자연을 경외하고 나아가 아름답게 꾸미고자 하는 미적 욕구(장식하고자 하는 마음)라고 하는 심리학적 의미

③ 화장을 통하여 자신을 표현하고 다른 이에게 자신의 메시지를 전달하는 것, 즉 다른 이와 의사소통을 하고자 하는 사회적 의미

화장 및 화장품의 역사도 이와 같은 관점으로 이해할 수 있다.

다시 말해 외부의 자연환경(건조, 추위, 자외선, 미생물 등)으로부터 사람의 몸을 보호하기 위하여 스킨케어 · 헤어케어 제품이 태어났으며 물리, 화학, 생리학, 피부과학 등의 진보로 안전하고 기능성이 있는 화장품이 개발되어 시대에 따라 진화하여 왔다. 여기서는 기본적으로 자연과학적인 고찰이 요구된다.

그리고 미적 욕구, 다른 이와의 의사소통을 위하여 태어난 제품이 메이크업 제품과 향수 제품이다. 이들을 이해하기 위해서는 심리학, 문화인류학, 사회학적인 고찰이 요구된다.

우리들은 인간관계를 유지하고 사회생활을 영위하는 인간이지만, 사람으로서 독립적인 마음을 지닌 개인이기도 하다. 또한, 동시에 생물학적으로 독립된 개체로서 자연과학의 대상인 인류, 생리학의 지배를 받는 동물이다. 이와 같이 화장을 하는 인간은 동시에 세 개의 얼굴을 지니고 있는 것이다[그림 1-2].

나무 위에서 벌거숭이로 생활하던 인류의 선조가 지상으로 내려온 후, 신체를 보호하기 위하여 허리에 가죽을 두르는 것을 발명하고 두 다리로 서서 걷기 시작하였다. 사람은 신체의 연약한 부위를 보호하고 자유롭게 걸어 다닐 수 있게 하는 제2의 피부, '의복'을 획득하였다. 자연환경에 순응하는 것만이 아닌, 발명을 함으로써 살기 편한 환경을 만든다는 것을 배웠다. 사람은 추위와 더위, 건조에 대해서도 몸을 보호하는 방법을 발명한 것이다.

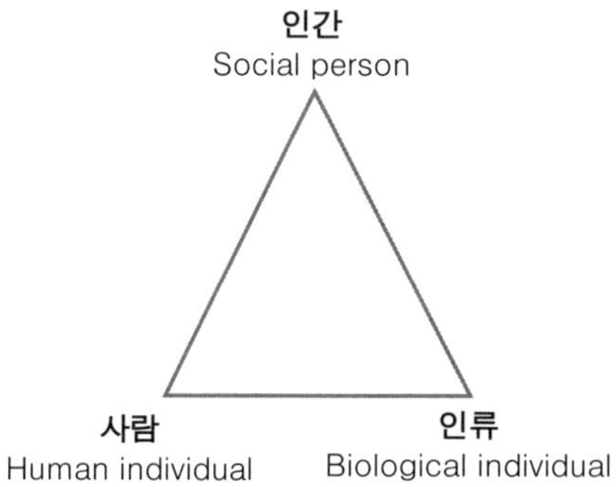

[그림 1-2] 인간의 3가지 얼굴

극한(極寒)의 땅에 사는 사람들은 털가죽을 입을 때에 몸에 생선기름이나 동물의 기름을 바르면 피부가 건조해지는 것을 방지하여 따뜻하게 지낼 수 있다는 것을 알게 되었다. 또한, 더운 여름날에는 물가에서 물놀이를 하고 진흙 범벅이 되어 미역을 감으면 기름 낀 머리카락이나 피부가 말끔해지는 것을 깨달았다. 이와 같이 신체를 정돈하고 보호하기 위한 화장은 의복과 상호보완의 관계로 시작되어 문화 속으로 녹아들어 간 것이다. 이렇게 하여 사람은 의복을 두르고 화장을 하는 유일한 동물이 되었다.

사람은 생물학적인 동물로서 피부를 보호하기 위한 실용적인 화장을 미적인 기쁨의 대상, 심미적 욕구를 충족하기 위한 것으로 진화시켜 왔다. 동료들과 공통된 미적 표현을 교감하기 위하여 색채 화장을 하게 되었다. 현재까지 발견된 화장의 흔적은 적어도 4~5만 년 전의 것이다.

사람은 눈코입귀라고 하는 무방비의 구멍으로 악령이 들어오는 것을 두려워하여 액막이의 메시지를 색채 화장으로써 표현하였다. 자연에 대한 두려움이라는 마음이 화장의 주술적, 종교적 메시지가 되었다. 그리고 선홍색 그 자체는 병마를 물리치기 위한 의미를 갖는 문화로 전해져 왔다.

시각을 통한 식별 감각, 예민한 감수성은 신체를 꾸미는 즐거움, 장식하는 일의 즐거움을 만들어 내었다. 자신의 즐거움은 동료들과의 '교감 의지' 로 확대되어서 언어가 아닌 외견을 장식하여 어필하려는 의지, 행위로 발전하였다. 다른 동물과는 다른 지성과 감성, 사회성을 겸비한 현대인의 선조만이 화장 문화를 발전시킬 수 있었던 것이다.

자연환경을 극복하고 피부를 보호하는 생물학적 기능으로서 태어난 화장 행위는 개인적인 미의식이나 쾌감을 위한 화장으로 발전하였고, 나아가 메시지를 전달하는 화장 의사소통 문화로 진화를 이룩하였다. 이로써 인류의 피부는 정보를 지니는 사람의 피부로 변모한 것이다.

이어서 화장과 화장품을 이해하기 위한 두 번째와 세 번째의 관점, 마지막으로 화장품의 본질이란 무엇인지에 대해 논하도록 하겠다.

4. 일본인의 화장 문화

헤이안시대(794~1185년)의 세이 쇼나곤은 《마쿠라노소시》 중 '가슴 두근거리는 것' 에서 "머리 감고 화장하고 진한 향기 나는 옷을 입으면 가슴이 설렌다."라는 글을 남겼다. '청결하게 하는 것', '얼굴을 화장하는 것', '향기가 스미게 하는 것' 에 신경을 쓰는 여성들의 장식하고자 하는 마음은 주위에 대한 배려, 마음 씀씀이기도 하였다는 것을 이야기한다. 현대의 화장에서도 통용되는 '청결', '화장', '향기' 라는 미적 욕구의 원점이 이 시대에 이미 탄생하였던 것이다.

가마쿠라시대의 요시다 켄코는 《츠레즈레구사》에 배려의 문화와 계절감의 글을 남겼다.

"가을 밤 어디선가 싸늘한 바람을 타고 풍겨오는 공훈의 내음도 내 몸에 퍼지는 듯했다. 안채에서 불당으로 통하는 복도를 오가는 궁녀들은 보는 이도 없는 산골 마을임에도 불구하고 추풍용의를 게을리 하지 않고 마음을 쓰고 있다."

'추풍(追風)' 이란 부지런히 일을 할 때 움직이는 옷자락이 만드는 바람, 스쳐 지날 때에 만들어지는 바람을 의미한다. '용의(用意)' 란 마음 씀씀이, 몸가짐이다. 즉 '추풍용의' 란 지나갈 때에 좋은 향기가 풍기도록 배려함을 가리키는 것이다. 아무렇지도 않은 듯 마음을 쓰는 것이 정해진 일이었다. '공훈(空薰)' 이란 어디서인지 모르게 향기가 풍기도록 배려하는 것이다. 손님을 맞이하기 전에 방안에 향을 피우고 향로를 보이지 않는 곳에 감춘다. 또한, 찾아온 사람은 그 마음 씀씀이를 알아채어 메시지를 교감한다. 또한, 복도의 저편에서 옷자락이 스치는 소리가 들려오나 어두워서 누구인지 모른다. 스쳐 지나갈 때의 향기에 '아아, 그 분이셨구나!' 라고 깨닫는 그 한 순간을 위하여 미리 옷자락에 향기가 스미게 준비하는 것이다. 품위가 있고 우아한 일본 고대의 화장 문화이다.

일본에는 문신의 관습이 있었다고 《기시와진전》에도 기록이 있다. 메이지시대의 문명개화까지는 눈썹을 뽑거나 미는 관습과 오하구로(이를 검게 칠하는 것)가 상류층의 화장으로 정착되어 있었다. 서구 제국에는 없는 풍습은 야만적으로 보였기 때문에 유신의 금지령에 의하여 쇠퇴하게 되었다.

메이지시대의 근대적인 홍백분도 당시에는 여성들의 자질구레한 일용품 중의 하나인 '화식품(化飾品)' 으로 취급되었으며, 화장품이라고는 하지 않았다. '화장품' 이라는 단어가 사용되게 된 것은 아직 100년 남짓 밖에 지나지 않은 것이다. 오랜 일본식의 옷차림에서 의복이나 머리 모양이 조금씩 서양화됨에 따라서 홍화로 된 일본식의 입술연지가 사라지고 화장도 화장품도 근대화를 향해 착실히 걸음을 내딛기 시작하였다.

5. 공중위생과 화장품 산업의 근대화

화장품 기술의 역사는 '의학의 아버지' 인 그리스의 히포크라테스(Hippocrates)와 로마시대의 사상을 부활시켜 고대 의학을 집대성한 갈레노스(Galenos)까지 거슬러 올라갈 수 있다. 히포크라테스는 건강 상태는 대우주의 현상에 지배받는 경우도 많지만 개체의 독립성과 특질(소인)이 크게 관여함을 밝혀내었다. 자연 치유력을 중시하여 안정과 식사요법을 통하여 생활 개선을 실시하였다. 현대의 케어(건강 개선) 중시 논리의 원점이다.

메이지 16년(서기 1883년)의 '대일본제약회사' 설립에는 일본의 화장품 산업의 기초를 닦은 후쿠하라 아리노부도 발기인에 이름이 올라있다. 제조품목 리스트에는 '콜드크림', '피부정돈 크림', '향수' 등이 있다. 콜드크림은 갈레노스 제제인 '장미기름 연고' 를 일컫는다. 일본은 근대 국가경영의 방침으로서 서구화 · 화학기술 도입을 제창하여 향료 · 화장품 산업이 당시의 첨단기술로서 식산정책(역 : 생산을 늘리는 정책)의 일익을 담당하였던 것이다.

서양의 학문으로 시작된 의학 · 약학 지식 · 기술은 국민의 생명을 지키기 위하여 '위생 정책' 시스템 도입의 길을 열었고 메이지 33년(서기 1900년)에는 착색료 '연백(역 : 염기성 탄산납)' 의 사용 금지령이 내려졌다. 그러나 '연백 가루분' 이 시장에서 사라진 것은 쇼와 10년(서기 1935년)의 일이다. 화장품은 우선 안전성을 중시해야 한다고 하는 공중위생의 사고방식이 탄생한 것이다.

에도시대부터 생명을 키우고 건강 증진을 꾀하는 것을 양생이라고 하였으며 메이지시대가 되어 '위생' 이 되었다. 현대의 '건강' 이나 '환경' 을 포괄하는 표현이다.

시대의 흐름과 함께 '청결'과 '건강'은 '위생'이라고 하는 국가 시스템하에서 제도화되었던 것이다.

약학자인 탄바 케이조우가 쓴 위생시험법에는 '의복(부) 피부 섭생'이라고 하는 장이 있다. 피부 섭생용품이란 현재의 스킨케어에 해당하는 말로서 신체를 청결하게 유지하는 것이 위생의 첫 걸음이었다. '피부를 위하여, 머리카락을 위하여'가 화장품의 위생화학적인 역할이었다. 이러한 논리에 입각하여 화장품은 '약사법'이라고 하는 위생법규 속에서 규제받게 되었다.

6. 화장품의 본질

사람은 신체를 청결하게 하고 피부나 모발을 건강하게 유지하기 위하여 화장품을 사용한다. 또한, 인간의 생리작용을 보완하기 위해서도 화장품을 사용한다. 바깥 공기에 닿는 피부를 건강하게 유지하기 위한 케어이다. 즉 환경에 보다 더 잘 적응하기 위한 예방적인 생활습관으로서 스킨케어 제품이 사용되고 있는 것이다.

또한, 사람은 자신의 외모를 변화시켜서 미화하며 나아가 매력을 높이기 위하여 화장품을 사용한다. 이것은 정신생활의 쾌감을 추구하는 치장심의 발로로서 적극적으로 자기의 매력을 연출하는 화장심의 표현이다. 매력을 증대시키는 행위란 상대를 상정한 다음의 일이므로 개인의 화장이 인간관계에 마음을 쓰는 화장으로 발전하게 된 것이다. 의복이나 모발과의 균형을 잡아가면서 채색하는 메이크업 제품은 자신의 매력을 완성하는 화장품이다.

그뿐만 아니라 사람이 화장을 인간관계로까지 확장하는 것은 화장이 사회적인 메시지를 전달하는 표현임을 의미한다. 그 시대의 문화, 때와 장소와 상황에 어울리게 장식함으로써 비언어적 의사소통(Non verbal communication)의 역할을 수행한다. 예를 들어 색도 형태도 보이지 않는 향기 화장품인 향수는 사람의 정서에 직접적으로 작용하고, 또 이와 동시에 그 장소의 분위기를 고조시키는 메시지 발신을 가장 효과적으로 실현 가능한 화장품이다.

화장품은 인간에 대해 생리적인 작용을 하며 그 결과 사람의 마음에 영향을 미친다. 또 역으로 화장하는 사람의 심리적인 쾌감은 인간의 생리에 영향을 미치게 된다.

아울러 화장은 개인과 타인의 사회적 의사소통으로서의 의미도 갖고 있다.

화장품은 인간이 갖는 3가지 측면, ① 살아 있는 생명체인 인간의 생리 순환에 대한 작용, ② 사람의 정신적 욕구를 충족시키는 작용, 그리고 ③ 사회적 인간으로서 의사소통하는 작용 등이 상호적으로 서로 영향을 주고받음으로써 조화로운 화장의 의미세계를 만들어낸다. 바꾸어 말하자면 화장품은 미와 건강을 통하여 즐거운 생활을 영위하는 데에 공헌하는 QOL(Quality of life), 즉 '삶의 질'을 높이는 제품으로 요구되는 것이다[그림 1-2].

이렇듯이 화장품의 본질은 일면적으로 바라보아서는 보이지 않는다. 화장하는 인간에 대하여 전체성을 갖고 통일적으로 바라보고자 하는 노력을 하지 않는다면 화장의 의미를 찾을 수 없다. 화장이라고 하는 것, 화장하는 행위라고 하는 것의 존재 이유는 인간의 전체성 속에 포함되어 있는 것이다.

02 화장과 화장품의 역할

1. 건강, 아름다움에서 차지하는 화장의 역할

사람이 언제까지나 아름다운 모습으로 존재하고 싶다고 바라는 마음은 오늘날에 시작된 것은 아니어서, 오래전부터 불로장생이나 아름다움을 기원하는 약, 미용, 식사 등 그 꿈을 좇던 이야기는 셀 수 없을 만큼 많다.

건강하고 젊고 아름다워지는 것은 매일매일의 즐거운 생활과 삶의 기쁨(마음의 충실함)으로 이어지는 것이다.

건강과 아름다움에 대해서는 다양한 방면에서 연구가 이루어지고 있으며 현재에는 [그림 2-1]과 같은 것들이 중요한 인자로 고려되고 있다.

2. 화장의 의미 · 역할

화장은 [그림 2-1]에 나타낸 바와 같이 건강과 아름다움을 만들기 위하여 중요한 역할을 할 뿐 아니라 우리들 인류의 생활과 발맞추어 늘 화장 문화를 창조하는 등 그 역할은 한 마디로 표현할 수 있을 정도로 단순한 것이 아닌 다양한 분야에 걸친 깊이 있는 것이다.

문화인류학자인 후카사쿠 미츠사다씨는 "인체를 장식하여 변화시키는 것이 넓은 의미의 '화장'으로서 이 두 글자에 그것이 요약되어 있다."라고 이야기한다.

또한, 그는 "우리들이 살아가기 위해서는 1차적인 요구(욕구)와 2차적인 요구(욕구)가 있다. 1차적이란 식욕, 건조, 수면, 성욕과 같이 생명의 유지나 종의 보존에 필

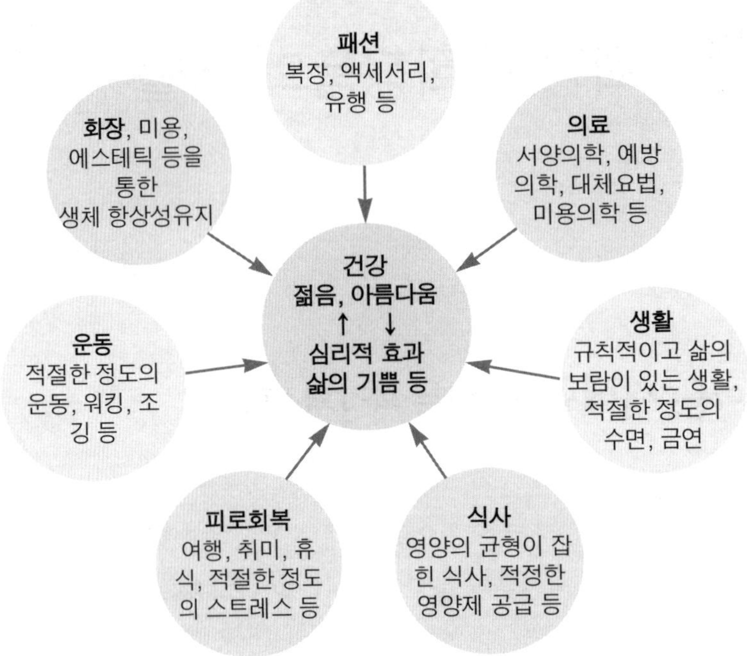

[그림 2-1] 건강과 미

요 불가결한 것들을 일컫는 것으로서, 화장은 굳이 하지 않더라도 살아갈 수 있는 잉여행위이기 때문에 2차적인 것이라고 하는 사람도 있다. 그러나 인간이 험난한 자연계에서 살아가기 위하여 불안을 극복하고 정신적으로 버티기 위해 화장을 해 온 것 역시 사실이므로, 식사처럼 1차적 요구(욕구)로서 필요 불가결한 것은 아닐까. 한편 우리들 인간은 1차적 요구(욕구)만으로는 다른 동물들과 아무 것도 다를 바 없으며 2차적 요구(욕구)야 말로 인간 문화, 화장 문화를 만들어 낸 원천인 것이다."라는 내용도 이야기한다. 확실히 '장식'이나 '화장'은 안 해도 살 수 있으니 잉여적 행위라고 생각되는 면도 있지만, 화장의 목적(역할)을 보다 깊게 분석하여 보면 오래전부터 우리들의 삶의 방식이나 생활, 문화에 깊이 관여하여 온 것임을 알 수 있다.

여기서 그 예를 소개하도록 하겠다.

① 일본 여성은 웃을 때에 손으로 입을 가리는 경우가 있는데, 서양은 물론 가까운 이웃나라인 중국이나 한국에서도 이러한 모습은 볼 수 없다. 이 동작은 치

아를 검게 물들이는 문화권의 여성에게서밖에 볼 수 없으며, 치아를 검게 물들이는 것은 폴리네시아에서 발생하여 일본으로 건너온 것으로서 붉은 입술과 검은 치아의 색(적과 흑)의 조합을 수치스러워하여 손을 대고 가리는 행위를 하였는데, 치아를 검게 칠하지 않는 오늘날에도 이 동작이 남아 있는 것이라고 한다. 이것은 몸가짐과 수치심 표현의 한 예이다.

② 일본에서는 종종 "살빛이 희면 일곱 가지 결점을 가린다."라고 하는데, 이 말은 에도시대 중기 겐로쿠시대에 나왔다고 한다. 세계의 민족에서는 자신들의 자연색에 가장 가까운 색을 미의 색이라고 하는 것이 원칙이다. 유럽에서는 흰색이 미인, 흑인은 검은색이 미인, 아메리칸 인디언은 갈색이 미인이듯이 그 원칙에 따르면 일본인은 황색이 미의 색이 되는 것이 당연한데 왜 흰색일까. 그것은 헤이안시대(794~1185년)까지 거슬러 올라가야만 하는데, 헤이안시대는 실내가 어두웠으며 부피가 큰 12단의 긴 흑발을 하여서 주위의 인상이 매우 강하였으므로 그 속에서 얼굴이 또렷하고 선명해 보이도록 하얗게 하여 균형을 잡은 것이 그 기원이며 흑백의 배색이 헤이안의 미가 되어 백색 화장이 크게 발전하였다. 그 후에도 흰색에 대한 동경이 강하여 에도시대에도 흰색이 주체가 되는 화장을 하였으며 색이 없을 정도로 하얀 것이 여성미의 이상적인 모습이었다. 이때 "살빛이 희면 일곱 가지 결점을 가린다."라고 하는 말이 생겨난 듯하다. 피부를 옥석처럼 다듬어서 광택을 내기 위하여 다양한 세안제가 고안되었는데, 대표적인 것은 녹두였고 그 후 현재에도 세안제로 쓰이는 쌀겨가 등장하였다. 수용성 지방의 효과로 피부가 매끄러워졌다. 이렇듯 피부를 다듬어서 희고 아름다운 살결을 만들고자 하는 강한 동경이 지금도 "살빛이 희면 일곱 가지 결점을 가린다."라고 하는 말로 이어져 온 것이다. 이렇듯이 일본인은 흰색에 대한 염원이 강한데, 이 또한 이국에 대한 동경을 표현하는 예이지 않을까.

③ 샤먼(주술가)은 화장을 함으로써 신을 영접하고 영과 교신할 수 있는 능력을 갖게 되어 치료나 예언을 하는데, 여기에는 화장을 통한 자기암시를 찾을 수 있다. 또한, 배우가 연기를 할 때에 그 역에 빠져들기 위해서 화장이나 복장이 배역 몰입에 불가결하다고까지는 할 수 없겠지만 여기서도 화장을 통한 자기암시를 찾을 수 있지 않을까. 이것은 종교적 행위, 변신에 대한 염원의 예이다.

④ 입체 화장은 남태평양 문화권의 특징으로서 지금도 뉴기니나 수마트라 등에서 찾아볼 수 있으며 가부키의 입체 화장의 뿌리도 여기에 있다. 또한, 문신 역시 적도 부근의 풍습으로 남태평양을 경유하여 건너온 것이다. 일본의 문화는 남방계의 요소가 강하다는 것을 이 사실로도 미루어 짐작할 수 있다. 이것은 신앙 · 액막이 행위의 예이다.

⑤ 일본에서는 오래전부터 눈썹화장을 하거나 치아를 검게 칠하여 왔는데, 에도시대가 되면서 결혼을 하면 치아를 검게 물들이고 아이가 생기면 눈썹을 뽑는 일이 흔히 행해졌다. 에도시대의 문학 중에서도 "이를 검게 칠하였으니 당신과는 맺어질 수 없습니다."라고 하는 말이 많이 나온다고 한다. 또한, 미망인이 되어도 치아를 검게 칠하고 눈썹을 기르지 않고 있다면 재혼의 의지가 없음을 의미하였다. 이렇듯 화장을 통하여 자신을 통제하였고, 그것은 마음의 표현이기도 하였다. 정리하자면 자기 연출, 제2의 인격 표현을 화장으로 나타내 온 것이 현대의 강구로(역 : 얼굴을 검게 하는 화장법) 등으로 대표되는 자기 연출로 이어져 내려오게 된 것이다.

⑥ 일본인은 오래전부터 화장을 '화장', '가장', '가상' 등 다양한 단어로 표현하여 왔다. 화장은 일상적, 생활적(승려의 가사)인 형태와는 다른, 소위 영예로운 자리에서의 풍속이었다. 예를 들어서 자녀가 성장한 것을 축하하여 나들이옷을 입고 화장을 하고 신사나 사당 등에 참배하거나 한 사람의 어른으로서 인정받는 20세의 성인식 때 미용실에 가서 화장을 하고 성장(盛裝)하여 축복을 받을 때의 화장은 공동생활 속에서 특별한 사상을 표현하는 중요한 것이며 문화적으로도 중요한 의미를 지닌다.

⑦ 고대 이집트인들은 기원전부터 아이섀도나 아이라인과 같은 화장을 하였는데 클레오파트라는 수많은 색을 사용하여 눈화장을 하였다. 일본에서도 헤이안 시대에는 가루분이나 매니큐어, 입술연지 등을 사용한 화장이 왕성하게 이루어졌다. 이렇듯 눈화장을 비롯한 입술연지, 가루분, 향수 등 현대에도 사용되는 대부분의 메이크업 화장품의 원형은 이미 오랜 옛날에 생겨난 것이다. 화장은 그 시대의 미의 가치를 배경으로 하여 다양한 유행을 되풀이하며 화장품 재질도 변화(개발)되면서 현대까지 이어져 온 것이다. 이것은 자기표현 · 장식에 대한 의식의 예이다.

이와 같은 관점에 서서 현대의 화장품의 역할을 크게 생리 · 심리면, 문화 · 사회면으로 바라보고 생각하면 [그림 2-2]와 같이 나타낼 수 있다.

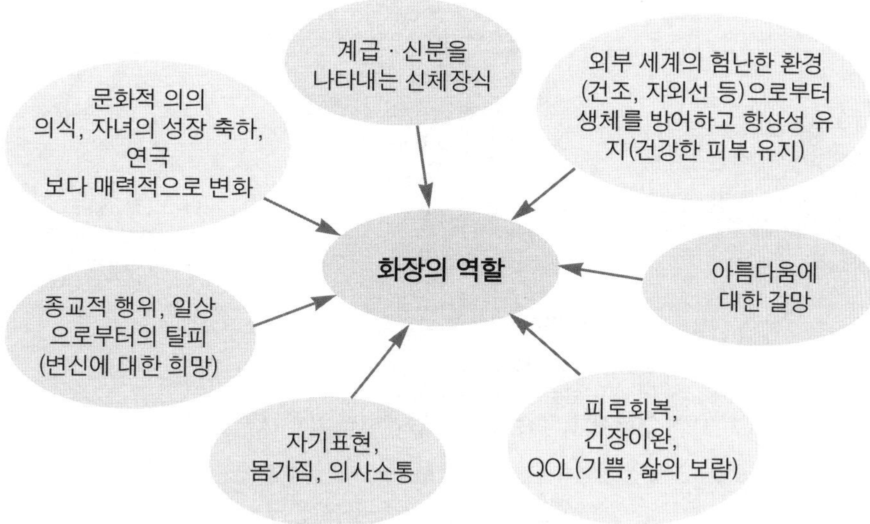

[그림 2-2] 화장의 역할

3. 미와 건강을 위한 화장품

현대의 화장품은 피부나 모발에 관한 연구와 화장품 및 원료의 물리적 · 화학적인 연구개발을 비롯하여 향이나 감촉(사용감, 사용의 편리함 등)에 관한 연구를 통하여 빠르게 진보하고 있다.

이들 화장품은 기능별로 다음과 같이 분류할 수 있다.

① 스킨케어 화장품

② 메이크업 화장품

③ 모발용 화장품(헤어케어 화장품을 포함)

④ 바디케어 화장품(입욕제를 포함)

⑤ 향수 화장품

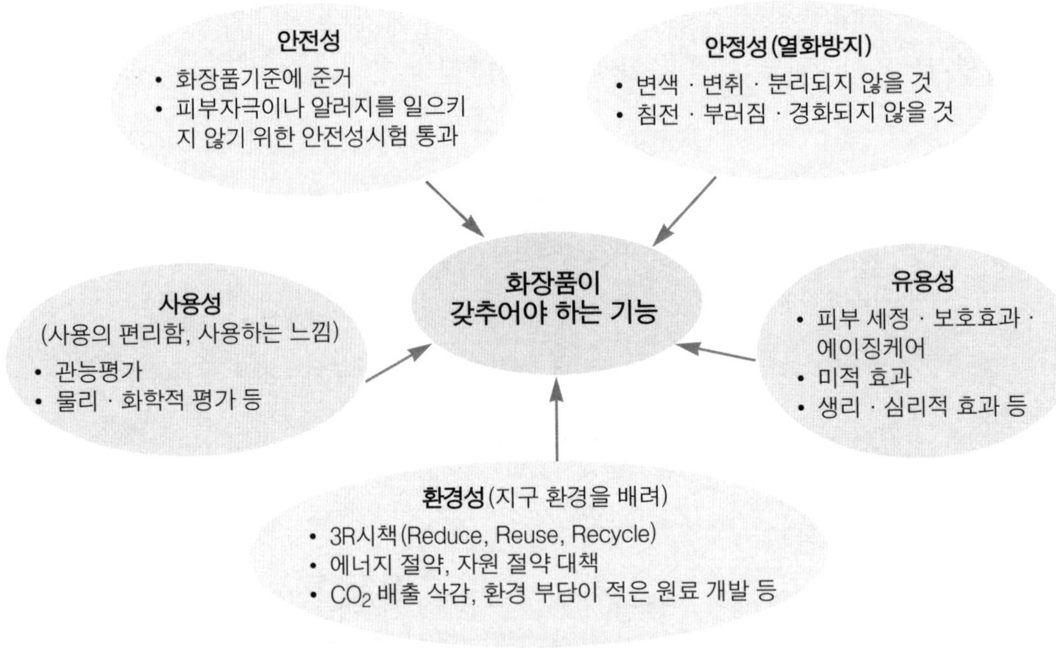

[그림 2-3] 화장품의 기능

그러나 화장품은 이와 같은 피부생리학적, 물리화학적인 유용성이라는 '미의 추구'의 기능만을 하는 것은 아니다. 즉 화장 및 화장품이 '마음'이나 '몸'에 작용함으로써 삶에 의지가 된다는 것은 이미 오래전부터 알려진 일이며 특히 최근에는 화장품의 심리적 효과(QOL, 스트레스 경감 등)에 대한 연구도 활발하게 이루어지고 있다.

이렇듯 현대사회에서의 화장품의 역할은 물론 일의적으로는 '미의 추구'가 가장 중요하기는 하지만, '아름다운 신체에서 아름다운 마음이 생겨난다', '삶의 기쁨, 사는 보람'이라는 인간다움을 형성하는 수단으로서도 매우 중요한 역할을 담당하고 있다.

4. 화장품이 갖추어야 하는 기능

상기와 같은 화장품의 역할을 십분 다하기 위하여 화장품이 갖추어야만 하는 기능으로서는 유용성, 안전성, 안정성, 사용성 그리고 환경성이라는 요소가 요구된다.

1) 유용성

우선 피부생리적으로 보았을 때에 아름다운 피부 만들기의 첫 걸음은 피부에 부담을 주지 않고 더러움을 씻어내어 청결하게 하는 세안, 세정이다. 또한, 피부의 최대의 적은 자외선, 산화, 건조로서 화장품은 건조나 자외선과 같은 외부의 자극으로부터 견고히 피부를 지키는 중요한 역할을 담당하고 있다.

다시 말해서 화장품은 피부를 윤기 있게 하고 피부결을 정돈하며 피부를 촉촉하게 한다. 또한, 외부의 자극에 지지 않는 피부를 만들며 자외선의 유해작용을 방지하여 피부의 노화를 막는다.

또한, 메이크업 화장품, 헤어컬러, 퍼머넌트웨이브를 통한 얼굴이나 헤어의 미적 연출 · 미의 추구도 중요한 기능이다.

나아가 스킨케어 마사지, 메이크업 및 향기는 '마음' 이나 '몸' 에 작용하여 QOL(Quality of Life)를 향상시켜서 삶의 기쁨을 가져오는 기능을 한다.

2) 안전성

화장품은 의약품과는 다르게 불특정 다수의 사람들이 장기간 사용하는 것이다. 따라서 화장품의 안전성은 의약품과는 달리 안전이 첫 걸음이며 불가결하다.

따라서 사용 원료와 제품은 피부에 안전하여 안심하고 사용할 수 있는 것이어야만 한다. 이 때문에 엄격한 안전성 시험을 통과한 것이 사용되며, 또한 사용 시의 2차 오염을 방지하기 위한 대책도 취해진다. 그리고 불량 화장품은 판매 및 수여가 금지된다. 소비자에게 화장품의 성분 정보를 게시하는 전성분 표시 제도도 2001년부터 시행되고 있다.

3) 안정성(열화 방지)

화장품의 내용물이 변색, 변취와 같은 화학적 변화나 미생물 오염, 그리고 분리, 침전, 응집, 부러짐, 굳음과 같은 물리적 변화로 인하여 사용성이나 미관이 손상되어서는 안 된다. 따라서 안정성을 보존하기 위하여 화장품의 온도안정시험, 광안정성시험, 특수 · 가혹보존시험, 부외품 약제의 안정성 시험 등 다양한 안정성 시험을 통하여 검증되고 있다.

4) 사용성(사용의 편리함, 사용감)

화장품은 사용 시에 '피부'와 '마음'으로 느껴지는 기분 좋음 및 사용의 편리함, 아름다워졌다는 만족감, 감촉을 통한 안정 등이 중요하다. 이와 같은 화장품의 사용감이나 사용의 편리함을 검증하기 위하여 관능평가법, 물리 · 화학적평가법, 생리 · 심리적 평가법 등 다방면에서 제품의 평가, 보증이 이루어지고 있다.

5) 환경성(지구 환경을 배려)

화장품의 환경 대응은 상품의 라이프사이클과 환경이라고 하는 관점에서 고려된다. 포장용기에 있어서는 재활용하는 Recycle(리사이클), 재이용하는 Reuse(리유즈), 사용을 줄이는 Reduce(리듀스)와 리필 타입 등 3R 시책이 이루어지고 있다. 또한, 원료, 용기, 제조의 CO_2 삭감이나 에너지 절약 · 자원 절약에 대한 대처도 이루어지고 있다. 그뿐만 아니라 환경 부담이 적은 원료 개발도 중요해졌다.

한편 이들 유효성, 안전성, 안정성, 사용성, 환경성에 대한 자세한 해설은 다음 장(2장, 3장, 4장)의 각 항목에 기재하였으므로 참고하기 바란다.

| 참 고 문 헌 |

1) 樋口清之, "化粧文化史", 日本化粧品工業連合会, 1992
2) 樋口清之, "装いと日本人", ㈱講談社, 1980
3) Fragrance Journal臨時増刊No.21, フレグランスジャーナル社, 2009
4) Fragrance Journal編 "化粧品の研究開発技術の進歩と将来展望", フレグランスジャーナル社, 2009

03 화장품·의약외품의 정의와 법규제

1. 화장품 관련법의 의의와 실제

1) 들어가며

화장품은 시대와 함께 변화한다. 화장품의 제조와 유통을 규제하는 법규제 역시 시대의 변천과 함께 변화하였다.

규제에는 자율적 규제와 법규제의 두 종류가 있다. 전자인 자율적 규제는 윤리나 도덕, 모럴에 기초한 사회의 룰로서 준수의 여부는 개개인의 인간의 양심에 따르며 강제력은 없다. 이와는 달리 인간이나 기업이 반드시 지켜야만 하는 사항을 입법이라고 하는 수속을 통해 제정한 룰이 법률이며, 법규제에는 강제력과 구속력이 있다.

2) 헌법과 법률

일본국 헌법은 일본의 최고 법규로서 모든 법령은 헌법에 따른다.

헌법 제13조는 모든 국민은 개인으로서 존중받으며 국민의 생명, 자유 및 행복 추구에 관한 권리에 대해서는 공공의 복지에 반하지 않는 한, 입법과 기타 국정상 최대의 존중을 하여야 한다고 정해져 있다. 또한, 헌법 제25조는 (1) 모든 국민은 건강하고 문화적인 최저한도의 생활을 영위할 권리가 있음을 (2) 국가는 모든 생활부면에 대하여 사회복지, 사회보장 및 공중위생의 향상 및 증진에 힘써야만 한다고 하는 국민의 생존권을 지키기 위한 국가의 역할을 상정하고 있다.

이 헌법 제13조와 제25조에 기초하여 약사 및 의사 관련법규가 입법되었다. 법령의 구성은 헌법, 법령, 정령, 성령이며 법령 해석이나 제도 운용을 위하여 후생노동성에서 통달 · 통지가 나온다.

3) 법규제를 배움에 있어서

학문은 크게 자연계와 인문계로 분류된다. 양쪽 모두 논리적인 사고가 필요하나 자연계와 인문계를 비교하자면 자연계의 과학지식은 실험 · 관측 · 해석 방법을 통해 객관성과 실증성으로 뒷받침된 것으로서 물질적 측면에 기울어져 있다. 이에 반하여 인문계 지식은 인간의 사상이나 행동, 사회에 관한 주관적인 논술이 많고 다양하기 때문에 추가적인 시험을 통하여 객관적으로 실증되는 것은 아니다.

법령이나 규제제도를 배울 때에는 일단 자연계 사고에서 벗어나는 것이 지름길일 것이다. '물'을 예로 들자면, 자연계는 '물이란 물질은 물이다'라고 생각할 것이다. 그러나 법규제의 경우에는 연못물이라도 음용을 위해 병에 담아 판매한다면 음료수가 되고, 그 제품은(식품위생법의) '식품'이다. 얼굴에 바르기 위하여 병에 담아 판매한다면 그 제품은(약사법의) '화장품'이며, 암에 효과가 있는 드링크제로 판매한다면(약사법의) '의약품'이다.

민주주의 국가인 일본에서는 국민이나 기업이 반드시 지켜야만 하는 의무사항, 하면 안 되는 금지사항, 혹은 바람직한 사항 등이 법령으로 정해져 있다. 법규제를 배우고자 하는 《화장품 과학 가이드》의 독자에 대해서는 화장품에 대해 금지하여야 하는 사항이나 지켜야 하는 사항은 무엇인지 소비자의 관점을 통해 생각하기를 바란다.

4) 소비자법 제도

건전한 소비 사회를 만들기 위하여 소비자 기본법이 제정되었다. 이 소비자 기본법의 목적과 기본 이념[표 3-1]에 따라 2009년에 소비자청과 소비자위원회가 설립되었다. 소비자 정책은 사업자 규제와 소비자 지원의 양면에서 법제도화되어 있다[그림 3-1]. 기업 활동은 소비자의 안전을 철저히 하고 적정한 상품 · 서비스 선택이 확보될 수 있도록 많은 법령을 통해서 규제받는다. 화장품이나 의약품, 의료기기를 규제하는 약사법은 제품군을 특정한 법령인데 상품은 안전하여야만 하고, 만일 결함 상품으로 피해가 발생한 경우에는 사업자가 전 책임을 진다고 하는 일반적인 논리 하에서 제조물 책임법이 1995년에 시행되었다. 제조물 책임에는 설계 책임, 제조 책임, 표시 책임의 세 가지 내용이 있으며, 결함으로 인하여 사람에게 피해가 발생한 경우에는 기업에 배상책임이 있다고 정해져 있다.

[표 3-1] 소비자 기본법(역 : 국내의 소비자 기본법 인용)

제1조(목적) 이 법은 소비자의 권익을 증진하기 위하여 소비자의 권리와 책무, 국가 · 지방자치단체 및 사업자의 책무, 소비자 단체의 역할 및 자유시장 경제에서 소비자와 사업자 사이의 관계를 규정함과 아울러 소비자 정책의 종합적 추진을 위한 기본적인 사항을 규정함으로써 소비생활의 향상과 국민경제의 발전에 이바지함을 목적으로 한다.

제4조(소비자의 기본적 권리) 소비자는 다음 각 호의 기본적 권리를 가진다.

1. 물품 또는 용역(이하 "물품 등"이라 한다)으로 인한 생명 · 신체 또는 재산에 대한 위해로부터 보호받을 권리
2. 물품 등을 선택함에 있어서 필요한 지식 및 정보를 제공받을 권리
3. 물품 등을 사용함에 있어서 거래 상대방 · 구입 장소 · 가격 및 거래 조건 등을 자유로이 선택할 권리
4. 소비생활에 영향을 주는 국가 및 지방자치단체의 정책과 사업자의 사업활동 등에 대하여 의견을 반영시킬 권리
5. 물품 등의 사용으로 인하여 입은 피해에 대하여 신속 · 공정한 절차에 따라 적절한 보상을 받을 권리
6. 합리적인 소비생활을 위하여 필요한 교육을 받을 권리
7. 소비자 스스로의 권익을 증진하기 위하여 단체를 조직하고 이를 통하여 활동할 수 있는 권리
8. 안전하고 쾌적한 소비생활 환경에서 소비할 권리

2. 약사법을 통한 화장품 규제

1) 규제의 목적

화장품은 국민의 보건위생상 중요한 소비 생활품이다. 약사법은 보건위생의 향상 도모를 목적으로 화장품과 의약외품의 품질, 유효성 및 안전성의 확보를 위하여 기업

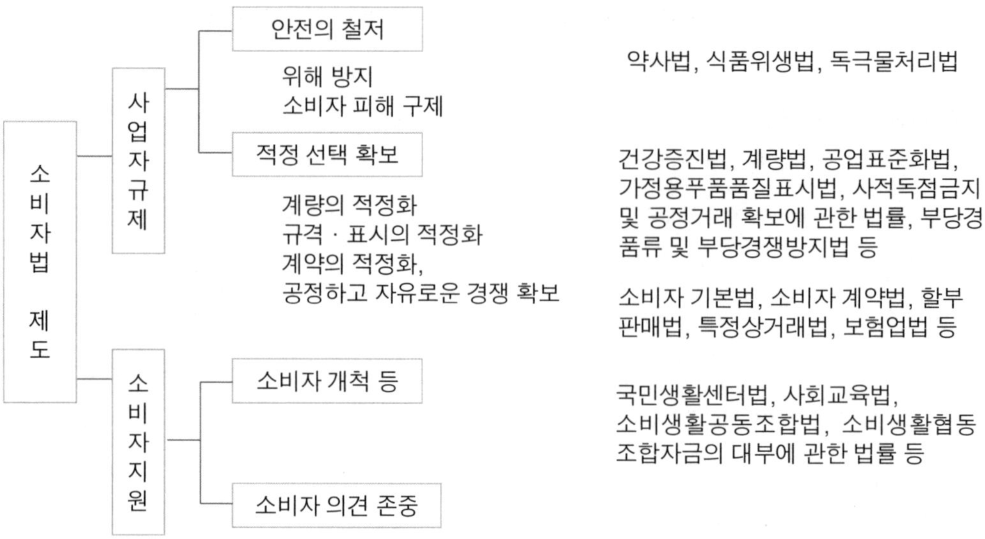

[그림 3-1] 소비자 법제도와 약사법

활동을 규제하고 있다[필자 주 : 약사법 제1조(목적)에서는 의약품, 의료기기에 관한 부분도 있으나 화장품 · 의약외품 부분만을 기재하였다].

2) 화장품, 의약외품의 정의

약사법에서는 규제 대상이 되는 '화장품' 및 '의약외품'이 정의되고 있다. 정의된 제품이 약사법에 따르지 않는 경우에는 위법 화장품이나 위법 의약외품으로서 처리 대상이 된다.

(1) 화장품의 정의

화장품은 [표 3-2]에 나타낸 바와 같이 사용 목적, 사용 방법, 인체에 대한 작용이라는 세 가지 요소로 결정된다. 도찰과 같은 방식을 통해서 사용하는 것이라고 한정되어 있으므로 가발이나 경구내복약 등은 화장품에는 해당되지 않는다. 또한, 사용 방법 등이 화장품과 같더라도 작용이 온화할 것이 요건이기 때문에 작용이 온화하지 않은 것은 화장품에는 해당되지 않는다.

또한, 화장품의 정의에 따라서 질병의 예방, 진단이나 치료나 신체의 구조 기능에 영향을 주는 등의 목적으로 사용되는 의약품 및 의약외품은 제외되므로 의약품이나 의약외품은 화장품이 아니다. 화장품의 효능의 범위를 [표 3-3]에 나타내었다.

(2) 의약외품의 정의

'의약외품' 은 약사법에서는 [표 3-4]에 나타낸 바와 같이 정의된다. 의약외품에 대한 규제의 정도는 화장품과 의약품의 중간에 있으며, 인체에 대한 작용이 온화할 것이 그 요건이다. 의약외품에 해당하는 제품은 질병의 예방을 사용 목적으로 하며 구강청정제나 액취 방지제, 땀띠 방지제, 육모제, 제모제가 법률 조문에서 정해져 있고, 흔히 말하는 약용화장품, 입욕제, 퍼머넌트 웨이브용제, 염모제 등은 후생노동대신이 지정한다.

규제 완화 추진 요구에 대한 대응으로서 1999년 이후 외피소독제 · 상처소독 보호제, 비타민을 함유한 영양제, 코막힘 개선약의 외용제, 소화제, 정장제 등이 의약외품에 추가 지정되었으며, 2006년 약사법 개정으로 의약외품의 정의가 정리되었다.

[표 3-2] 화장품의 정의(화장품법 제2조1항에서) (역 : 국내의 화장품법 전재)

'화장품' 이라 함은 인체를 청결 · 미화하여 매력을 더하고 용모를 밝게 변화시키거나 피부 · 모발의 건강을 유지 또는 증진하기 위하여 인체에 사용되는 물품으로서 인체에 대한 작용이 경미한 것을 말한다. 다만, '약사법' 제2조제4호의 의약품에 해당하는 물품은 제외한다.

[표 3-3] 화장품의 기능

No.	효 능
1	두피, 모발을 청정하게 한다.
2	향기를 통해 모발, 두발의 불쾌한 냄새를 억제한다.
3	두피, 모발을 건강하게 유지한다.
4	모발에 탄력, 힘을 부여한다.
5	두피, 모발에 촉촉함을 부여한다.

6	두피, 모발의 촉촉함을 유지한다.
7	모발을 부드럽게 한다.
8	빗질을 좋게 한다.
9	모발의 윤기를 유지한다.
10	모발에 윤기를 부여한다.
11	비듬, 가려움이 사라진다.
12	비듬, 가려움을 억제한다.
13	모발의 수분, 유분을 공급하고 유지한다.
14	모발의 갈라짐, 끊어짐을 방지한다.
15	머리 모양을 정돈하고 유지한다.
16	모발의 정전기를 방지한다.
17	(더러움을 씻어냄으로써) 피부를 청정하게 한다.
18	(세정을 통하여) 여드름, 땀띠를 방지한다(세안제).
19	살갗을 정돈한다.
20	살갗의 결을 정돈한다.
21	피부를 건강하게 유지한다.
22	살갗이 거칠어지는 것을 방지한다.
23	살갗을 수렴시킨다.
24	피부에 촉촉함을 부여한다.
25	피부의 수분, 유분을 공급하고 유지한다.
26	피부의 유연성을 유지한다.
27	피부를 보호한다.
28	피부의 건조를 방지한다.
29	살갗을 부드럽게 한다.
30	살갗에 탄력을 부여한다.
31	살갗에 윤기를 부여한다.
32	살갗을 매끄럽게 한다.
33	면도를 쉽게 할 수 있게 한다.
34	면도 후 피부를 정돈한다.
35	땀띠를 예방한다(파우더).

36	일광화상을 방지한다.
37	일광화상으로 인한 기미, 주근깨를 방지한다.
38	향기를 부여한다.
39	손발톱을 보호한다.
40	손발톱을 건강하게 유지한다.
41	손발톱에 촉촉함을 부여한다.
42	입술이 거칠어지는 것을 방지한다.
43	입술의 결을 정돈한다.
44	입술에 촉촉함을 부여한다.
45	입술을 건강하게 한다.
46	입술을 보호한다, 입술의 건조를 방지한다.
47	입술의 건조로 인하여 벗겨지는 것을 방지한다.
48	입술을 매끄럽게 한다.
49	충치를 방지한다(사용 시 칫솔질을 하여 양치하는 종류).
50	치아를 하얗게 한다(사용 시 칫솔질을 하여 양치하는 종류).
51	치석을 제거한다(사용 시 칫솔질을 하여 양치하는 종류).
52	입속을 정화한다(양치하는 종류).
53	입 냄새를 방지한다(양치하는 종류).
54	치아의 스테인을 제거한다(사용 시 칫솔질을 하여 양치하는 종류).
55	치석의 침착을 방지한다(사용 시 칫솔질을 하여 양치하는 종류).

주 1 : 여기서 '공급하고 유지한다'는 '공급한다' 혹은 '유지한다'의 효능으로도 가로 한다.
주 2 : '피부'와 '살갗'을 구분하여 사용하는 것은 가로 한다.
주 3 : (　) 안은 효능에 포함되지는 않으나 사용 형태로 고려하였을 때 한정하는 것이다.
[2000년 12월 28일 의약발제 1339호에서]

[표 3-4] 의약외품의 정의(약사법 제2조7항에서) (국내의 약사법에서 전재)

'의약외품(醫藥外品)' 이란 다음 각 목의 어느 하나에 해당하는 물품(제4호 나목 또는 다목에 따른 목적으로 사용되는 물품은 제외한다)으로서 보건복지부장관이 지정하는 것을 말한다.

가. 사람이나 동물의 질병을 치료 · 경감(輕減) · 처치 또는 예방할 목적으로 사용되는 섬유 · 고무제품 또는 이와 유사한 것

나. 인체에 대한 작용이 약하거나 인체에 직접 작용하지 아니하며, 기구 또는 기계가 아닌 것과 이와 유사한 것

다. 감염병 예방을 위하여 살균 · 살충 및 이와 유사한 용도로 사용되는 제제

3) 제조판매업 및 제조업의 허가

(1) 제조판매업의 허가

약사법에서는 허가를 받지 않으면 업으로서 제조판매나 제조를 하여서는 안 된다고 정해져 있으며, 무허가 제조판매와 무허가 제조를 금지하고 있다.

법률에서 '업으로서' 라는 것은 계속적으로 반복하여 불특정 다수의 사람들에게 공급할 목적을 갖고 행하는 것을 의미하며, 제조판매업이란 제품을 출하 · 상시하는 업태를 가리킨다. 제조판매업의 허가는 안전한 화장품 등이 시장에 공급될 수 있도록 기업의 인적 요건이나 조직, 책임 체제를 심사한 후 내려진다.

의약외품, 화장품의 각각에 제조판매업을 허가를 취득하여야 하는데 실제로는 본사가 있는 지역의 지사에게 허가 신청을 하면 지역의 약사담당부국이 현장심사를 한 후 화장품 제조판매업 허가나 의약외품 제조판매업 허가(유효 기간은 5년)가 주어진다.

제조판매업의 허가를 얻기 위해서는 다음과 같은 요건에 적합하여야 한다.

① 후생노동성 대신이 정한 '품질관리 방법에 관한 기준(GQP, Good Quality Practice)' 과 '제조판매 후 안전관리 방법에 관한 기준(GVP, Good Vigilance Practice)' 에 적합할 것

② 인적 결격 요건(허가 취소를 받고 3년이 경과되지 않은 자, 금고형 이상으로 집행유예 후 3년이 경과되지 않은 자, 약사 위반을 한 후 2년이 경과되지 않은 자 등)에 해당되지 않을 것

③ 총괄제조판매책임자, 품질보증책임자, 안전관리 책임자가 있을 것

(2) 제조업의 허가와 외국 제조업자의 인정

제조업의 허가를 얻지 않으면 업으로서 화장품이나 의약부외품 제조가 금지되어 있다. 제조업의 허가는 ① 제조 공정의 전부 또는 일부를 하는 것, ② 제조 공정 중 포장, 표시 또는 관리만을 하는 것으로 구분된다. 약사법 개정에 따라 2007년 4월 이후 의약외품이나 화장품의 제조판매자는 반드시 제조시설을 갖고 있을 필요가 없게 되었다. 그래서 제조업의 허가를 받은 제조업자에게 제조를 위탁하는 것이 가능해졌으며, 제조업자는 제조 공정의 수탁이나 거래처 브랜드로 제조하는 것이 가능해졌다. 제조 행위 중에는 용기에 분할 충진하는 분할 작업도 포함되며, 수입품을 포장 · 표시하는 경우의 창고 내 작업도 제조소마다 허가 취득이 요구된다. 허가는 도도부현 지사로부터 제조소마다 주어지며 5년마다 갱신하여야 한다.

제조소가 허가를 얻기 위해서는 후생노동대신이 정한 허가 기준에 적합하여야 하는데, 구조설비 기준이나 인적 결격 요건, 화학 지식이 있는 책임 기술자가 근로하는 것이 허가기준으로서 정해져 있다.

일본으로 화장품이나 의약외품을 수출하는 외국 제조업자는 후생노동대신의 인정을 받아야 한다. 인정은 제조업의 허가 구분에서 준거한 구분에 따라 이루어지며 제조판매업자가 수속을 대행할 수 있다.

한편 의약품의 경우에는 '제조관리 및 품질관리기준(GMP, Good Manu facturing Practice)' 이 법률로 정해져 있다. 기준에는 하드웨어인 설비기준이나 사람의 책임 분담과 자격, 표준 조작 절차서, 기록 · 보고 · 보존의 철저, 그리고 교육훈련과 업무 감사체제 등이 정해져 있다. 화장품의 GMP는 일본화장품공업연합회의 자율적인 기준이지만, GMP에 준한 고품질의 화장품이나 의약외품을 제조하여야 하는 것은 기업으로서 당연한 일이다.

(3) 의약외품과 화장품의 품질 승인

의약외품에 있어서는 후생노동대신의 제조판매 승인을 얻어야 한다고 정해져 있다. 허가가 사업소나 제조소에 내려지는 것과는 달리, 승인은 의약외품의 배합 성분, 유요성 · 안전성 · 품질 등을 심사하여 품목에 내려지는 것이다. 승인을 얻은 의약외품

을 허가를 받은 제조판매업자만이 시판함으로써 유효하고 안전한 의약외품이 시장에 제공될 수 있도록 규제되어 있다. 의약외품의 승인 신청서에는 품목의 명칭, 성분 · 분량, 용법 · 용량, 효능 · 효과 등을 기재하며 신규성의 정도에 따라 정해진 규격 · 시험 방법 등이나 안정성, 안전성, 효능 또는 효과에 관한 자료 등을 첨부하여야 한다.

의약외품에는 유효성분이 있지만 화장품에는 유효성분이 없기 때문에 품목별 승인은 필요치 않으나, 예외적으로 성분표시를 생략하는 품목에 대해 후생노동대신의 승인이 필요시된다.

4) 화장품 기준

화장품의 보건위생상 필요한 품질기준으로서 '화장품 기준(2000년 9월 후생성 고시 제331호)' 가 정해져 있으며 기준에 적합하지 않은 화장품은 제조, 수입, 판매 등이 금지된다. 1999년에 화장품 사전 허가제가 폐지되고 기업은 안전한 성분을 선택하여 자유롭게 화장품에 배합하는 것이 가능하게 되었다. 화장품 기준은 사전 허가제 폐지와 동시에 후생노동대신이 새롭게 정한 것으로서 화장품 성분의 안전성 평가는 기업 책임으로 면밀히 수행하여야 한다. 화장품 기준의 개요는 [표 3-5]에 나타낸 바와 같다.

의약외품에 대해서도 퍼머넌트 웨이브용제 기준 등 품질기준이 정해져 있다.

5) 화장품의 표시

화장품에는 다음과 같은 제품 표시사항이 정해져 있으며, 표시 위반 제품은 판매, 수여 등이 금지된다.

① 판매명

② 제조판매업자의 명칭 · 주소

③ 성분명 …… 화장품에 대해서는 원칙적으로 전성분 표시가 의무시된다. 배합성분의 명칭은 소비자가 이해하기 쉬운 명칭으로 하기 위하여 한글로 쓰며 원칙적으로 제품에서의 분량이 많은 순으로 기재한다.

④ 사용 기한 표시 …… 통상적인 유통하에서의 보존 조건으로 성상 · 품질을 보증할 수 있는 기한을 나타내기 위하여 표시된다.

⑤ 용법 · 용량, 기타 사용 및 취급상 필요한 주의사항 …… 소비자가 안전하게 사용하기 위하여 소비자가 보았을 때 명료하고 알기 쉽게 첨부 문서 등에 기재하여야 한다.

[표 3-5] 화장품 기준의 개요

1. 총칙

화장품의 원료는 그것에 함유된 불순물 등을 포함하여 감염의 우려가 있는 것을 함유하는 등 그 사용으로 보건위생상의 위험이 발생할 우려가 있는 것이어서는 안 된다.

2. 방부제, 자외선 흡수제 및 타르색소 이외의 성분 배합 금지

화장품에는 의약품 성분 및 수은 및 그 화합물, 하이드록시모노벤질에테르, 포르말린 등 정해진 성분(현재 30종)을 배합하는 것이 금지되어 있다.

3. 방부제, 자외선 흡수제 및 타르색소 이외의 성분 배합 제한

화장품으로의 배합 상한이 정해져 있다. 예를 들어 알란토인클로로히드록시알루미늄은 100g 중 최대 배합량을 1.0g으로 한다.

4. 방부제, 자외선 흡수제 및 타르색소 배합 제한

① 화장품에 배합되는 방부제는 안식향산 등 43종의 성분에 한정되며 최대 배합량도 정해져 있다.

② 화장품에 배합되는 자외선 차단제는 파라아미노안식향산 등 23종의 성분에 한정되며 최대 배합량도 정해져 있다.

③ 화장품에 배합되는 타르색소에 대해서는 후생노동성령에서 정한 타르색소에 한정된다.

6) 의약외품 표시

의약외품에는 다음과 같은 표시사항이 정해져 있으며 표시 규정을 위반한 것은 판매, 수여 등이 금지된다.

① '의약외품' 의 문자

② 판매명

③ 제조판매업자의 명칭 · 주소

④ 성분명 …… 의약외품에 대해서는 알러지 등의 피부손상을 일으킬 우려가 있는 성분으로서 시스테인, 티오글라이콜산 등이 약사법에 의해 법적으로 표시지정 성분으로 정해져 있다. 또한, 화장품에 있어서 전 성분표시가 의무화되면서 업계가 자율적으로 전 성분표시에 대응하고 있다.

⑤ 사용 기한 표시 …… 아스코르빈산(비타민 C)과 같이 분해되기 쉬운 성분을 함유하는 의약외품은 사용 기한을 표시하도록 정해져 있다.

⑥ 용법 · 용량, 기타 사용 및 취급상 필요한 주의사항 …… 소비자가 안전하게 사용하기 위하여 소비자가 보았을 때 명료하고 알기 쉽게 첨부 문서 등에 기재하여야 한다.

7) 불량 화장품, 불량 의약외품의 판매 수여 금지

화장품이나 의약외품 판매업은 영업은 자유이다.

그러나 다음과 같은 화장품 · 의약외품은 불량품으로 판매 혹은 수여가 금지되므로 주의가 필요하다.

① 의약외품 등에서 성분, 분량이 승인 내용과 다른 것

② 후생노동대신이 정한 '화장품 기준' 등의 기준에 적합하지 않은 것

③ 불결한 물질이 들어가 있는 것, 변질, 변패한 것

④ 이물질이 혼입되어 있는 것

⑤ 병원성 미생물 오염, 또는 그 우려가 있는 것

⑥ 정해진 타르색소 이외의 타르색소가 사용된 것

8) 광고 제한

화장품 · 의약외품은 다음과 같은 것을 광고하거나 기술 또는 유포하는 것이 금지되어 있다. 이 광고 제한은 제조판매업자나 판매업자뿐 아니라 광고를 하는 관계 매스컴 회사에도 적용된다.

① 명칭, 제조 방법, 효능 · 효과에 관하여 명시적 · 암시적을 불문하고 허위 또는 과대한 기사

② 효능 · 효과에 대하여 의사 등이 이를 보증한 것이라고 오해하게 할 우려가 있는 기사

③ 낙태를 암시하거나 혹은 외설적인 문서 또는 도면을 사용한 것

9) 지도 감수

화장품이나 의약외품이 적절하게 시판되는지의 여부를 감수 지도하기 위하여 국가나 지방자치단체는 업자에 대한 현장검사 등의 권한을 갖고 있다. 또한, 보건위생

상의 위해를 방지하기 위하여 판매 일시 정지나 회수, 폐기 등에 응급조치를 명할 권리도 갖고 있으며 약사법 위반 업자에 대해서는 허가 취소나 업무정지 명령 등 행정 처분이 이루어진다.

04 화장품 과학의 토대를 이루는 과학, 기술

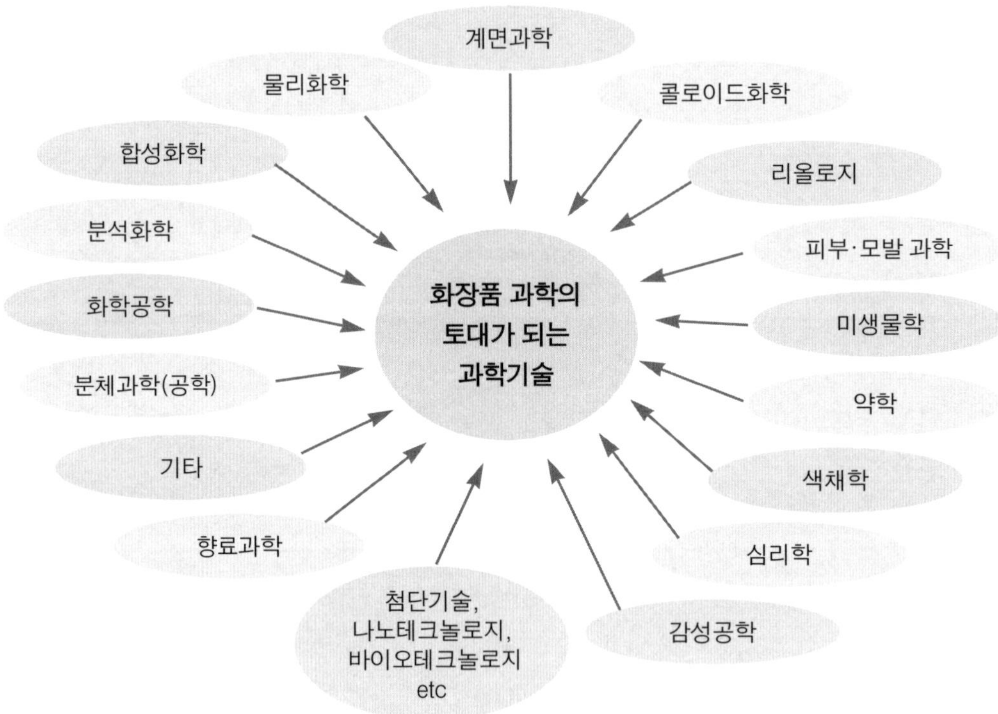

[그림 4-1] 주요 과학기술과 화장품 과학의 관계

화장은 우리들 인류의 역사와 함께 걸어오며 화장 문화를 이룩하여 왔다. 오랜 역사 속에서 화장품은 특유한 배경하에서 다양한 방법으로 만들어져 왔다. 주요한 특징을 들자면 아래와 같다.

① 약사법 등의 규제가 있다.

② 매일 사용하는 것이므로 항상성 유지 및 안전성이 무엇보다 중요하다.

③ 종류가 매우 다양하다

④ 감각, 감성을 통한 정서가치가 크다.

⑤ 다양한 분야의 기술이나 과학을 이용하여 만들어 지는 것이므로 종합적고 학문적이며 산업적인 면이 강하다.

현대의 화장품은 이와 같은 배경하에서 콜로이드화학을 중심으로 계면과학, 물리화학, 분체공학, 감성공학, 약학, 심리학, 피부과학, 합성화학… 등 다분야에 걸친 폭넓은 과학과 기술을 통하여 만들어진 화학제품이다.

다시 말해서 다양한 분야의 과학과 기술을 이용한 '종합과학(사이언스)' 이라고도 이야기할 수 있다[그림 4-1].

1. 콜로이드화학

기체나 액체, 고체 속에 미립자가 분산되어 있는 상태를 콜로이드라고 하며, 그 미립자를 콜로이드 입자라고 한다. 많은 화장품은 이와 같은 콜로이드 상태로 제품화되고 있다.

예를 들어 로션이나 크림 등은 물을 분산매로 하여 유분이 미립자 상태로 분산되어 있는 콜로이드 용액으로서 이것을 에멀션(유탁액)이라고 부른다.

분산계(콜로이드)의 감촉이나 안정성을 좋게 하기 위하여 콜로이드의 물리적, 화학적 성질과 상태를 연구하는 콜로이드화학을 통하여 화장품이 발전하여 왔다.

2. 계면과학

화장품은 '혼합 과학' 이라고도 일컬어지듯이 다양한 물질의 계면을 화학적 혹은 물리적인 수단으로 변화시켜 균일계를 형성하기 때문으로서 계면 변화 현상을 이용한 것이라고 표현할 수 있다. 이는 화장품의 유화, 가용화, 분산기술을 비롯한 분체의 표면 기술, 복합화 기술과 같은 계면과학으로 이루어지는 것이다

이와 같이 대다수의 화장품은 계면활성제 이용을 비롯한 계면과학을 통하여 발전하여 왔다.

3. 물리화학

화장품에는 스틱 상태(립스틱), 고체 상태(프레스), 반고체 상태(겔), 크림 상태(크림), 액체 상태(스킨) 등 다양한 제형이 있다. 이것은 사용의 편리함, 좋은 감촉, 기능성 향상, 휴대의 편리함, 환경에 대한 배려 등과 같은 다양한 목적에 따라 제형이 개발되었기 때문이다. 이와 같은 제형(물성)의 구조와 감촉, 화학적인 성질 등 물리화학과 리올로지(역:유동학)를 통하여 화장품이 발전하여 왔다.

4. 분체과학(분체공학)

메이크업 화장품은 다양한 성상이나 물성을 갖는 수많은 분체 원료를 조합하여 화장품의 특성(기능)을 만들어 낸다.

메이크업 화장품은 감촉이나 질감을 내는 체질안료(탈크, 운모 등), 기미나 검버섯을 커버하는 백색안료(이산화티타늄, 산화아연 등), 색조를 내는 착색안료(벵갈라, 타르색소 등), 광택을 내는 진주광택안료(운모티타늄 등)를 조합하여 만들어진다. 오늘날에는 초미립자화, 표면처리, 복합화와 같은 기술을 통하여 기능을 한층 더 향상시켰다.

분체를 혼합하여 균일계를 형성하거나 분체에 유분 등을 가한 다음 균일 분산시키고 계의 유동성을 보존하는 프레스 성형으로 제품화하는 등 분체과학, 분체공학을 통하여 화장품이 발전하여 왔다.

5. 피부 · 모발과학

화장품은 사람의 신체를 청결하고 건강하게 유지하고 아름답게 장식하기 위한 것이다.

신체에 악영향(손상)을 주는 외부 요인인 자외선, 건조, 산화, 오염, 물리적 자극, 스트레스, 피로(생리적인 쇠약) 등으로부터 피부와 모발을 보호하기 위해서는 피부와 모발의 구조와 기능, 특성, 변화 등을 공부하고 연구함으로써 대책을 강구할 수 있다.

화장품의 대상인 피부의 메커니즘을 알고 연구하는 것이 좋은 화장품을 개발하기 위한 첫 걸음이다.

6. 감성공학

화장품은 감성, 정서상품이라고 불릴 정도로 인간의 감각이나 감성을 통해 평가되는 것이 일반적이다. 그러나 인간의 감각이나 감성은 물리적으로 측정할 수 없으므로 객관적으로 계측하여 평가하기가 상당히 어렵다.

감성공학이란 이처럼 계량화가 어려운 감각이나 감성을 기술적으로 다루기 위한 방법론이다. 감성을 어떻게 파악하여 수치화할지에 대한 측정 방법이 중요한 포인트이며, 또 그 감성 정보를 어떻게 설계에 응용할지 등에 대한 다양한 연구가 수행되고 있으며 실용화가 시도되고 있다.

7. 심리학

아름답고 예쁘게 화장이 완성되면 기분이 좋아지고 행동도 적극적으로 바뀌는 등의 경험이 있을 것이다.

화장품은 외모를 아름답게 변화시키고 자외선이나 건조 등 외부로부터 피부를 보호할 뿐 아니라 우리들의 '마음' 이나 '몸' 에도 작용하는 힘이 있다.

향기는 심신의 안정이나 스트레스 해소에 도움이 된다거나 치매 노인이 색조화장을 함으로써 병의 상태가 개선되었다든가, 또는 피부 트러블로 고민하던 사람이 화장으로 말끔히 커버하였을 때 기분도 유쾌해지고 면역력도 높아졌다는 등의 연구보고가 다수 발표되었다.

이렇듯 화장품은 우리들의 '마음' 이나 '몸' 에 작용하여 심신을 건강하게 한다.

화장품의 심리 효과 사례를 토대로 심신을 풍요롭게 하는 화장품 개발도 이루어지고 있다.

8. 약학

약에는 고대로부터의 역사나 문화가 있으며 약의 역사를 살펴보면 유효성과 안전성에 대한 끝없는 추구였다고 할 수 있다. 그리고 현재에도 그 노력은 계속되고 있다. 화장품 역시 피부에 대한 유효성과 안전성의 역사이기도 하다.

젊고 아름다운 정상적인 피부를 유지하기(항상성 유지) 위해서는 피부의 구조나 기능을 도와서 외부 자극으로부터 피부를 지키기 위한 유효 성분(약제)의 도움이 필요하다.

이렇듯 약학을 토대로 하였을 때에 비로소 좋은 화장품 만들기로 이어질 수 있는 것이다.

9. 분석화학

범행 현장에 떨어져 있는 머리카락, 소량의 혈액, 그리고 피부 파편 등을 분석하여 범인을 추정해나간다. 즉 계측하는(측정, 분석) 것은 아는(이해) 것으로 이어진다. 다시 말하면 과학기술은 측정과 분석으로써 성립된다고 할 수 있다.

화장품의 유효성이나 안전성을 확보하기 위해서는 일정한 순도의 품질의 원료를 안정적으로 확보하는 것과 처방한 유효 성분의 안정성(경시변화)을 확보하는 것이 매우 중요하다.

이와 같이 화장품을 만들기 위해서는 분석화학이 토대가 되어야 한다.

10. 색채학

우리들이 생활하고 있는 모든 곳에는 색채가 있고, 우리들은 그 색채 속에서 살고 있다. 각각의 색채에 대한 물리적 특성이나 색이 보이는 방식의 문제, 생활 속에서의 색채의 심리적 효과 등은 색채학에서 다루어져 왔다.

화장품과 색채의 관계는 마치 부모와 자식처럼 끊으려고 해도 끊을 수 없는 관계이다. 아름답게 화장을 하기 위해서 빛과 색, 색의 화학, 색소와 안료, 제형과 색, 생활 속의 색채(색채의 심리학, 유행색 등) 등과 같은 색채의 기본적인 토대를 갖추어야 한다.

11. 화학공학

연구 과정에서 만들어진 비이커 제품과 공장에서 스케일 업한 제품과는 일반적으로 품질, 기능, 감촉 등에 차이가 발견되곤 한다. 또한, 제조기기의 차이에 의해서도 차이가 발생하기도 한다.

이들은 제조기기의 능력이나 제조 시간, 그리고 사용 원료의 로트 등의 차이로 말미암아 분산 정도나 에멀션의 상태 등에 차이가 발생하기 때문이다.

따라서 목적하는 품질이나 기능, 감촉을 얻기 위해서는 양산화에 있어서 제조기기의 화학공학적인 사고방식이 필요하다.

이상으로 화장품을 지탱하는 과학이나 기술의 주요한 것들을 꼽아보았는데, 이 외에도 향료과학, 미생물학, 나노테크놀로지를 비롯한 최첨단 기술이나 용기, 소도구와 같은 플라스틱 · 가공기술 등 다양한 분야에 걸친 과학과 기술에 의하여 만들어지는 것이 화장품으로서 실로 화장품은 '종합 과학(사이언스)' 이라고 할 수 있다.

05 상품 기획, 개발

1. 상품 기획

'기획' 이라고 하는 단어는 경영 기획, 사업 기획, 이벤트 기획, 상품 기획, 판매 기획, 광고선전 기획 등 다양한 경우에 사용되는 것으로서, "기획 없이는 비즈니스도 없다."나 "기획이 승부다."라는 말처럼 기획은 굉장히 중요한 것이다.

상품의 기획, 개발은 하드웨어(상품)와 소프트웨어(정보, 서비스)를 통하여 새로운 가치를 창조해내는 것이다. 다시 말해서 "소비자에게 감동과 놀라움, 새로움, 화제성 등을 부여하는 작업을 하드, 소프트웨어를 통해 구현하는 수단, 절차이다."라고 표현할 수 있지 않을까.

따라서 상품이 팔릴지의 여부는 상품 기획에서 결정된다고도 할 수 있다.

① 기획자, 개발자는 사용자의 입장이나 감정을 알고 헤아리는 것이 무엇보다 중요한 일이다.

이를 위해서는 '현장에 나가서 현실을 접하고 현물을 접하기' 를 통하여 겉에서는 알 수 없는 하드, 소프트웨어의 본질을 파악하고 피부로 느끼는 것이 중요하다.

머릿속으로만 생각한다고 나오는 것이 아니다.

"운은 현장에 떨어져 있다.", "운은 현장에서 찾아라."라는 말이 있듯이 현장에서 직접 손을 더럽혀가며 체험, 경험하는 것을 빼놓아서는 안 된다.

② 기획, 개발에 있어서는 기술 동향, 시장, 생활·사회 동향과 같은 정보(아이디어)를 통하여 시대의 흐름에 따른 시장의 가치 변화를 신속히 파악하고, 그것을 하드, 소프트웨어를 빌어서 만들어내는 능력이 필요하다.

③ **또한, 실제 작업 수행은 혼자서 할 수 있는 것이 아니며 다양한 섹션의 사람들의 협력이 필요하다.**

이를 위해서는 우선 기획, 개발 내용이 현실적이고 우수해야 하며 매력적인 내용일 필요가 있다.

또한, 관련된 사람들에게 기획의 장점을 전달하고 이해시켜서 실행으로 옮기는 전달력, 설득력을 갖추는 것도 중요하다.

2. 화장품 기획 · 개발

'제품 만들기' 는 새로운 아이디어 발상을 상품 컨셉으로 번역하여 매력적인 가치를 창조하고 소비자에게 전달하기까지의 긴 여정을 거친다.

즉 관련된 부서와 협력하여 '개발 목표' 와 '기술력', 그리고 '시장의 움직임' 의 세 가지를 연결하여 매력적인 상품을 만들어서 시장에 제공하는 것이다.

하나의 화장품 개발 프로세스를 예로 들어 기획, 개발에 대해 생각해보자[그림 5-1].

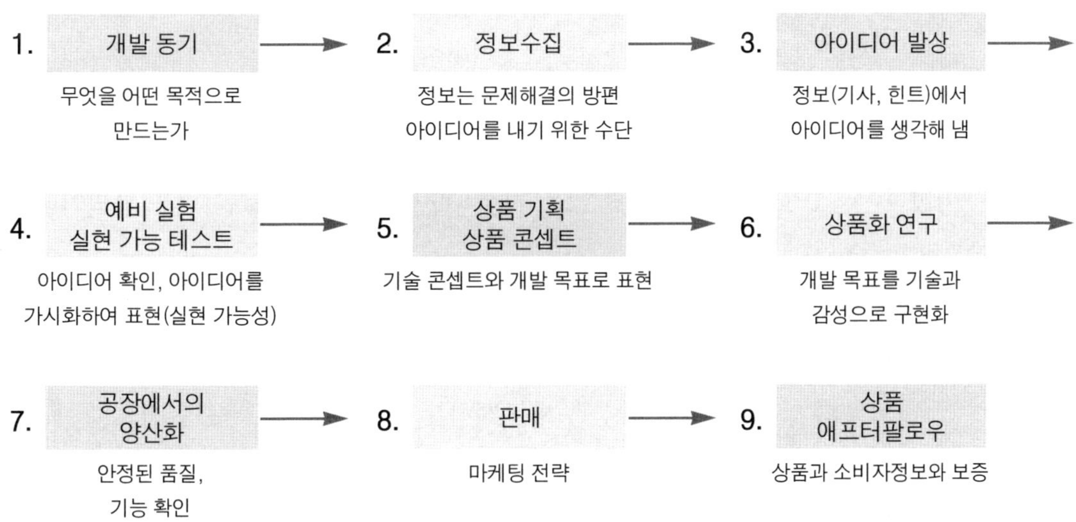

[그림 5-1] 개발 프로세스(일례)

1) 개발 동기

개발 동기로는 여러 가지를 생각할 수 있겠으나 주요한 것은 다음의 6가지이다.

① 어떠한 화장품이나 기술을 개발하게 되면 자사의 발전이나 성장에 도움이 될까.

② 어떠한 화장품을 개발하면 소비자에게 기쁨이나 감동을 줄 수 있을까.

③ 시장에는 없는 전혀 새로운 화장품을 꼭 만들고 싶다는 꿈이 있다.

④ 좋은 원료나 소재를 찾고 이것을 활용하여 화장품을 만들고 싶다.

⑤ 라이벌에게 지고 싶지 않다, 이길 수 있는 것을 만들고 싶다.

⑥ 이러한 상품, 이러한 기술의 개발을 원한다. (의뢰자로부터)

이와 같이 화장품 기획, 개발에 강한 열정과 사명감을 지니는 것이 개발의 기본이다.

2) 정보수집

정보는 문제 해결의 방편, 지혜(아이디어)를 내기 위한 수단이다.

① 자사, 타사 상품의 하드, 소프트웨어를 분석하여 시장에서의 판매 동향이나 실상을 조사하여 파악한다.

② 기술 동향이나 시장, 생활환경 동향으로부터 상품 콘셉트를 만들 아이디어(힌트)를 찾는다.

요리사의 세계에서는 '재료 7, 실력 3' 이라고 말하듯이 기획, 개발에 있어서도 정보(재료)의 좋고 나쁨이 결과를 크게 좌우한다.

정보는 신선하고 정확하며 질이 좋은 것이어야만 한다.

3) 아이디어 발상

아이디어는 '자신이 이미 갖고 있는 지식, 기술, 정보의 새로운 이용 방법이나 조합으로 만들어지는 것' 이다.

① 기존 상품의 품질이나 성능을 다소 개선하는 정도로는 매력적인 아이디어나 상품 컨셉이 생겨나지 않는다.

② 소비자의 입장에 서서 그 상품이 존재하는 근원, 본질부터 근본적으로 재조명함으로써 아이디어로 연결한다.

③ 기술 동향이나 시장, 생활환경 동향의 변화로부터 시장의 가치 변화를 파악하고 아이디어로 연결한다.

이와 같은 방법에 의해 생각해낸 아이디어가 자사의 기술이나 공동 개발을 통하여 구체적으로 달성할 가능성이 있을 때 비로소 비즈니스로서의 아이디어가 된다.

4) 예비 실험

아이디어가 단순한 착상에 머무는 것이 아니라 시장에 받아들여질 수 있는 것인지 사전에 조사를 하거나 또는 기술적인 가능성은 어떠한지 등에 대한 예비 실험을 실행하는 것도 중요하다.

① 구현을 위한 기술적 수단의 가능성을 고려할 것

② 아이디어를 최대한 구체적인 아이디어 상품으로서 구체적인 형태로 나타낸다(화장품은 감성상품, 또는 정서 상품이라고도 일컬어지듯이 문장만으로는 그 상품의 장점을 구체적으로 전달하기 어렵다).

5) 상품 기획(상품 콘셉트)

상품 콘셉트이란 '누가 이 상품의 고객층인지 타깃을 명확하게 하며, 꿈과 감동을 주어서 소비자의 마음을 사로잡고 소비 행동으로 이어질 수 있는 상품력을 간결하게 표현한 것' 이라는 말로 표현할 수 있다.

상품 기획이란

- 정보나 아이디어로부터 매력적인 상품 콘셉트를 만드는 작업
- 상품 콘셉트를 중심으로 상품 구상[하드, 소프트웨어(네이밍)]을 고려한다.
- 상품 구상(하드, 소프트)을 구현하기 위한 수단, 절차(기술 콘셉트, 개발 목표)를 고려하여 실행에 옮긴다.

상품 기획은 모든 상품의 출발점인 동시에 상품 개발을 하기 위한 지시서이기도 하다.[그림 5-2, 그림 5-3]

6) 상품화 연구

상품화 연구란 상품 콘셉트에서 표현된 언어를 기술의 언어로 번역하는 것이다.

다시 말해 개발 목표(설계 품질, 기능)를 수치화하여 구체적인 기술 목표로 설정하고 연구를 진행한다.

① 추구하는 개발 목표(설계 품질, 기능)를 어떠한 방법으로, 또 어떠한 기술로 어떤 평가 방법으로 수행할 것인가를 5W 1H에 대하여 간결, 명확하게 기입할 것
② 때로는 기술 개발이나 소재 개발, 일부 수정 등을 하고 시행착오를 되풀이하여 완성도를 높일 것

화장품의 상품화 연구에 있어서는 기술면에서의 접근법과 마찬가지로, 화장품의 감성이나 정서가치를 과학적으로 뒷받침된 객관적인 설계지표를 설정하여 기술자의 독단적인 상품개발은 가능한 피해야만 한다.

또한, 개발 목표를 완수하기 위하여 약사법, 특허, 안전성, 안정성, 사용성과 같은 기본적인 부분도 잊어서는 안 된다.

물론 디자인에 있어서도 디자인 컨셉에 따라 용기, 크기, 색, 사용법 등도 병행하여 개발한다. 이와 같은 제품 설계의 체크 포인트에 대하여 표로 나타내었으니 참고하기 바란다.

7) 공장에서의 양산화

연구를 통하여 만들어진 비이커 제품과 공장에서 스케일 업된 상품은 일반적으로 제품의 감촉이나 색조, 메이크업 효과 등에 차이가 발생하는 경우가 비일비재하다.

이것은 제조기기의 능력이나 제조 기간, 사용 원료의 로트 등의 차이에 의해, 또는 완성된 에멀션의 상태나 분산도의 차이 등에 의해서도 발생한다. 비이커 제품에 가깝게 하기 위하여 일부 공정을 변경하거나 처방을 조금씩 수정할 필요가 발생하는 경우도 있다.

목적하는 품질, 기능, 감촉 등을 늘 관리하는 것은 양산화에 있어서 중요한 일이다.

8) 판매

각사가 매년 신제품을 발매하여 시장은 상품이 넘치는 포화 상태이다.

이러한 상황에서도 신제품이나 서비스를 제공하여 수많은 상품 중에서 자사의 상품을 선택하여 구입하도록 만들어야 한다.

마케팅이란 '기업이 상품을 팔기 위하여 행하는 모든 노력'이라고 말하는 것처럼 각사가 많은 고생을 하고 노력하는 것이 실상이다.

대표적인 방법의 한 가지로 마케팅 믹스라고 하는 방법이 있다.

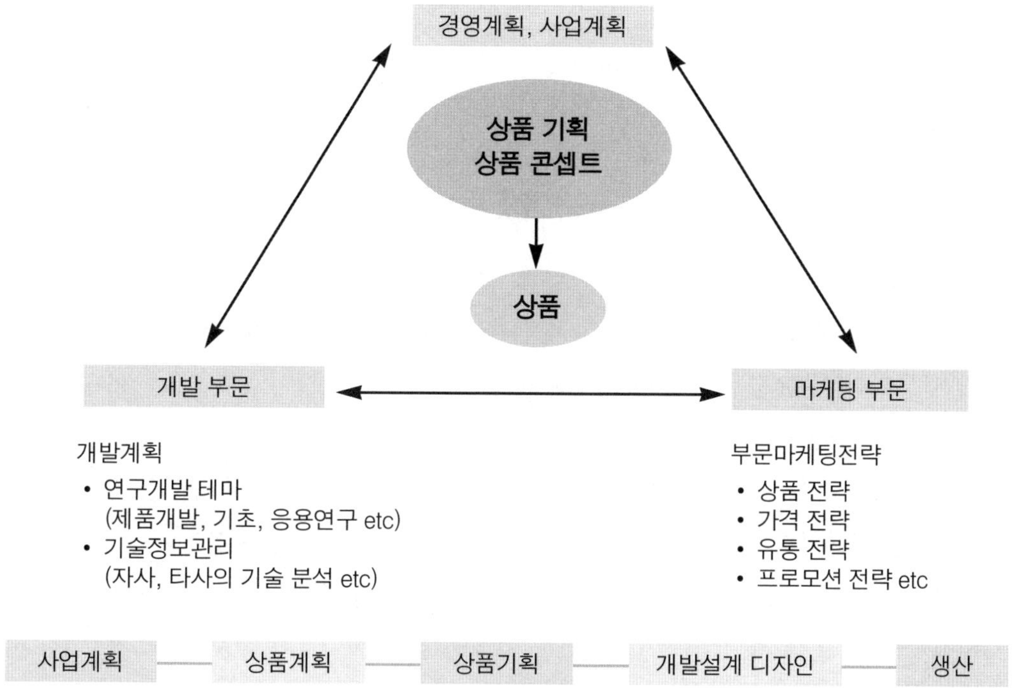

[그림 5-2] 상품화 프로세스

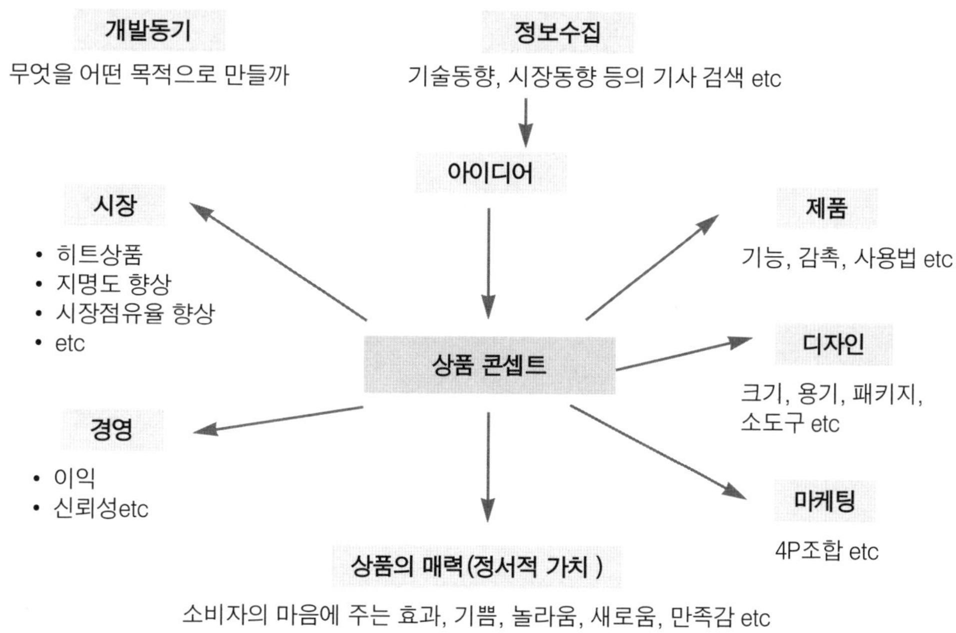

상품기획에는 테마, 네이밍, 상품 콘셉트, 기획 배경, 상품 내용, 디자인 콘셉트, 마케팅 등 필요 사항을 기입

[그림 5-3] 상품 기획, 상품 콘셉트

다음의 4가지 P(4P)를 잘 조합하여 잘 팔리는 상태를 만들어내는 것이다.

① Product (상품 전략) 무엇을 팔 것인가?

② Price (가격 전략) 얼마에 팔 것인가?

③ Place (유통 전략) 어디서 팔 것인가?

④ Promotion (프로모션 전략) 어떻게 팔 것인가?

예를 들어 라이벌 회사에서 비슷한 상품을 자사보다도 낮은 가격으로 발매하고 그 결과 매상이 떨어진 경우 어떻게 대처해야 할까.

손해를 보더라도 가격을 낮출 것인가, 가격은 종래대로 하되 기능을 높일 것인가, 가격을 낮추고 기능도 높일 것인가, 판매 장소를 바꿀 것인가, 전혀 새로운 상품을 개발할 것인가 등 여러 가지를 고려하여 가장 좋은 방법을 선택하는 것이다.

기술자로서는 시장의 움직임과 소비자 입장에서의 상품 가치를 관찰하는 것이 중요하다.

9) 상품 애프터 팔로우

소비자의 손에 들어간 상품이 만족스럽게 사용되고 있는지, 또 어떠한 점이 문제인지 등 소비자 상담실과 협력하여 애프터 팔로우를 완벽히 수행함으로써 상품과 기업에 대한 신뢰성을 높이며 이와 동시에 불만 등으로부터 잠재적인 니즈를 발굴하여 다음 제품 개발에 이용하는 것이 중요하다.

[표 5-1] 제품 설계 시 체크포인트

① 개발 제품의 목적(상품기획)을 확실하게 확인하였는가.
② 자신이 담당하는 개발 내용을 확인하여 인식하였는가.
- 목표 품질, 기능, 촉감 설정은 어떠한가.
- 개발에 주어진 기간은 어떠한가.
- 제품 원가는 어느 정도인가.

③ 개발에 있어 필요한 조사나 방법을 십분 검토하였는가.
- 목표 품질, 기능, 감촉을 만들어내는 처방, 기술은 어떻게 할 것인가(현재의 기술력으로 충분한가).
- 사용 원료에 문제는 없는가(피부 자극, 특허, 계속적인 납입, 경시 변화, 상화 반응 등).
- 만들어진 품질, 기능, 감촉 평가는 어떻게 할 것인가.

④ 실제 개발에 있어서
- 관련 부서와의 연락은 충분히 되었는가.
- 다양한 조건에 견딜 수 있는가(온도, 습도, 빛, 사용법, 운송, 휴대, 용기와의 반응, 경시변화 등).
- 목표 품질, 기능, 감촉은 십분 완수하였는가.
- 실험이나 테스트 방법에 잘못은 없는가.

⑤ 양산을 위한 테스트
- 생산 규모의 대소에 따라서 품질, 기능, 감촉의 차이는 없는가.
- 기존의 기계로 충분한가, 또는 신규 기계가 필요한가.
- 스케일 업에 따라서 약간씩 처방 수정이 필요한가.

| 참 고 문 헌 |

1) 鵜飼明夫, "ソニー流商品企画", エイチアンドアイ, 2003
2) 横山征次, "企画力", 講談社, 2003
3) 浦川卓也, "新製品構想力", ダイヤモンド社, 2003

06 화장품 분야의 정보 활용

1. 화장품 개발에 관한 정보

화장품이 개발되어 고객의 손에 전달되기까지 기획 단계부터 연구개발 단계, 생산 단계의 각 단계에서 다양한 정보가 요구될 정도로 정보라고 하는 것은 화장품 개발에 있어 중요하다. 즉 우리 주변에 가득한 정보들 중에서 어떻게 화장품 개발에 '필요한 정보' · '중요한 정보' 를 수집하고 활용할까가 중요한 포인트가 된다.

정보의 종류를 크게 분류하여 보면 '(1) 기술에 관한 정보' · '(2) 지적재산에 관한 정보' · '(3) 법규제에 관한 정보' · '(4) 시장에 관한 정보' 로 분류할 수 있다.

기획 단계 → 연구 단계 → 생산 단계 → 상품 발매

기초 연구
응용 연구
제품화 연구(내용물 · 용기 · 포장)

기획 단계	연구 단계	생산 단계	상품 발매
(A) 시즈 정보 (B) 상표 정보 (C) 법규제 정보 (D) 시장 정보	(A) 연구 정보 처방 정보 원료 정보 자재 정보 분석 정보 (B) 특허 정보 (B) 실용신안 정보 (C) 법규제 정보	(A) 제조기기 정보 (A) 생산기술 정보 (C) 법규제 정보	(D) 시장 정보

[그림 6-1] 화장품 개발 과정과 정보

(1) 기술에 관한 정보

기초에서 응용까지 폭넓은 연구논문이나 학회에서의 발표, 나아가 시험 결과, 안전성 정보, 화장품 사용법, 성분에 관한 것 등 다양한 분야에 대한 정보이다.

(2) 지적재산에 관한 정보

산업재산권법에 기초한 '특허권'과 '실용신안권', '의장', '상표' 등의 권리 정보이다. 이미 다른 사람이 권리화한 각종 산업재산권의 내용을 모르고 상품으로 판매하였을 경우에는 기술이나 용기의 구조나 형상, 디자인, 상품명을 침해하였기 때문에 상품의 회수 혹은 실시료 지불과 같은 큰 문제를 야기하므로 매우 중요한 정보이다. 종종 자외선차단화장품에서 기술자가 무심코 사용하곤 하는 '선케어'나 '선커트'도 어느 기업이 보유하고 있는 상표이므로 함부로 사용할 수 없다.

(3) 법규제에 관한 정보

'약사법'을 비롯하여 국내외의 화장품에 관한 다양한 법규제 정보가 있다. 이러한 정보를 준수하여 화장품을 개발하고 시장에서 판매하여야만 한다. 법규제에 관한 정보 역시 확실하게 파악하여 상품을 개발하지 않으면 상품의 발매가 불가능해지거나 지적재산과 마찬가지로 상품이 회수되는 등의 큰 문제로 이어지므로 중요한 정보이다.

(4) 시장에 관한 정보

현재 시장에서 팔리고 있는 상품은 무엇이며 어떠한 화장품이 요구되는가. 나아가 국내외의 화장품 산업의 동향 등 시장에 관한 정보 역시 다양한데, 이러한 정보를 획득하기 위해서는 '여성지'도 중요한 정보원이 된다.

이들 정보가 화장품 개발의 각 단계에 관여하면서 개발의 추진력이 되는 것이다. [그림 6-1]에 각 단계별로 어떠한 정보가 관여하는지를 나타내었다.

또한, 이들 정보는 화장품 개발에 있어서 다양한 역할을 하기 때문에 그 역할을 잘 선택하여 활용하는 것이 중요하다. 예를 들어서 지적재산 정보나 법규제 정보는 화장품의 개발 완수를 위해 반드시 알아야만 하는 필요 최소한의 정보이다. 또한, 기술에 관한 정보(시즈 정보)나 시장 정보(니즈 정보)는 독창적인 신제품 개발의 아이디어 발상이나 상품 콘셉트 만들기를 위한 중요한 정보이다. 어느 경우에라도 어떠한 목적하에서 어떠한 화장품을 만들어서 시장에 제공할지 하는 개발 동기가 중요하며 그것에 기초하여 정보수집에 포커스를 맞추는 것이 제품 개발의 열쇠가 된다.

그리고 이들 각 단계에서 필요한 각종 정보는 서적이나 잡지, 보고서와 같은 종이 매체나 인터넷과 같은 Web 매체, 또는 유료 온라인 데이터베이스 등과 같은 형태로 입수하게 되며 그 정보원에는 어떠한 것들이 있는지를 [표 6-1]에 나타내었다.

2. 인터넷 · 유료 데이터베이스 정보

서적 · 잡지 · 데이터베이스 · 인터넷 등 정보 입수 수단에는 다양한 것들이 있는데, 최근 활발하게 보급되고 있는 인터넷과 Web을 경유하는 유료 데이터베이스에 초점을 맞추어 설명하도록 하겠다.

(1) 기술에 관한 정보

최근에는 종래의 DIALOG나 STN처럼 유료 데이터베이스로 취급되던 생화학 분야의 Medline(미국의 국립의학도서관이 작성한 의학 분야 최대 규모의 문헌 데이터베이스)과 같은 데이터베이스도 검색에 관해서만은 무료로 사용할 수 있게 되었다. 기술자에게 있어 가장 유용한 것은 과학기술 진흥기구가 제공하는 'JDream Ⅱ'이다. 1975년 이후의 과학기술에 관한 문헌 정보나 신문기사, 화합물 정보가 수록되어 있다. 최대의 이점은 사용언어가 일본어라는 점이다. 또한, 과학기술만을 집약한 데이터베이스로는 과학기술 진흥사업단과 사단법인 화학정보협회가 공동으로 작성한 《STN》(The Scientific and Technical Information Network)이 있다. 그 밖에도 과학기술뿐 아니라 경제 · 마케팅 · 기업정보 · 특허정보 등 모든 정보를 검색할 수 있는 'DIALOG' 라고 하는 세계 최대의 데이터베이스도 있다.

또한, 화장품과 향료 정보에 특화된 유료 데이터베이스로서 IFSCC(국제화장품기술자회연맹)이 작성한 《KOSMET》를 들 수 있다. 여기에서는 화장품에 관련된 전문지에서 문헌정보나 IFSCC에서 발표된 연구 내용의 요약집 등 다른 데이터베이스에서는 입수할 수 없는 것이 수록되어 있어서 화장품 정보를 얻기 위해서는 매우 유용하다.

[표 6-1] 유용한 정보원

A. 일반 공개 정보

1. 일반 잡지 정보
   - 국내 잡지
   - 경영 · 경제 잡지
   - 해외 잡지
2. 신문 정보
   - 일반
   - 전문 : 공업
   - 해외
3. 전문 저널 정보
   - 국내 저널
   - 해외 저널
4. 일반 도서 정보
   - 국내 도서
   - 해외 도서
5. 전문도서정보
   - 국내 도서
   - 해외 도서
6. 행정 간행물 · 백서 · 답신 정보
7. 통계자료 정보
8. 조사자료 정보
9. 연감
10. 편람 · 핸드북
11. 특허공보

B. 한정 공개 정보

1. 학회·협회 정보
   - 학회·협회 정보(국내)
   - 학회·협회 정보(해외)
   - 회의 리포트 정보
2. 공업회정보
   - 국내
   - 해외
3. 기술자회정보
4. 기업사업안내정보
5. 기업홍보지 정보
6. 기업 제품 카타로그·팸플릿 정보
7. 조사자료(싱크탱크 리포트)
9. 통계자료 정보

C. 기업 내부 정보

1. 연구보고서
   - 제품연구
   - 기초·개발연구
   - 기술보고·기술정보
   - 시험결과
2. 조사보고서
   - 특허조사
   - 문헌조사
   - 시장조사
3. 영업보고서
4. 기업보고서
5. 클레임 정보
6. 회의보고서
7. 강습회 참가 보고서
8. 학회 참가 보고서
9. 출장보고서(국내,해외)
10. 사내 작성 데이터베이스

D. 그 밖의 정보

1. 정부 각 부처·각 의원회 정보
2. 정부 관계 시험·연구기관 정보
3. 지방자치단체 정보
4. 관련업자 정보
5. 관련기업기술자 정보
6. 공동연구처 정보
   - 기업
   - 공적기관·대학
7. 동업 타사 회의 정보
8. 소비자 정보
9. 컨설팅 정보
10. 각종 연구회 정보
11. 박람회·전시회 정보
12. 기업견학회 정보
13. 이업종 교류회
14. 교우 정보

(2) 지적재산에 관한 정보

특허청에서는 특허를 필두로 하는 지적재산에 관한 정보를 무료로 검색할 수 있는 '특허전자도서관(IPDL)' 을 홈페이지 상에서 공개하고 있으며 기술적인 정보를 얻기 위해 매우 유용하다.

또한, 유료 데이터베이스인 DIALOG의 'WPI' (World Patent Index)는 특허에 관한 것으로 전 세계의 기술자가 즐겨 이용하고 있는 것이며, 또 (주)파토리스가 제공하는 'PATOLIS' 등도 있다.

(3) 법규제에 관한 정보

일본 국내의 법규제에 관한 정보는 후생노동성이나 경제산업성 등의 홈페이지를, 해외의 행정 · 규제 정보에 관해서는 FDA(Food and Drug Administration)이나 PCPC(Personal Care Products Council) 등의 홈페이지를 관람하면 많은 유용한 정보를 얻을 수 있다. FDA는 일본의 후생노동성에 PCPC는 일본 화장품공업연합회에 각각 상당하는 기관이다. 또한, PCPC의 홈페이지에는 유료로 이용할 수 있는 'On Line INFOBASE' 라고 하는 데이터베이스가 존재하며 많은 원료 정보나 안전성 정보, 나아가 미국 화장품업계의 화제 등을 입수할 수 있다.

(4) 시장에 관한 정보

시장에 관한 일반 정보(일반 소비자가 요구하는 정보)는 시장에서 팔리고 있는 상품정보나 그것들에 대한 평가, 올바른 사용법, 그리고 2001년 4월부터 시행된 전 성분표시에 관한 정보 등 다양한 분야에 걸친 내용의 정보로서 '(1) 기술에 관한 정보' · '(2) 지적재산에 관한 정보' · '(3) 법규제에 관한 정보' 와는 크게 다르다. 상품에 관한 정보를 입수하기 위해서는 각 기업의 Web 사이트나 @cosme, 그리고 여성지의 Web 사이트가 매우 유용하다. 그 밖에도 일반적인 매체 중에서 유용한 것이 신문정보나 기업에 관한 정보이다. 이러한 종류의 정보를 찾기 위하여 주로 이용되는 것이 유료 데이터베이스인 '닛케이 텔레컴21' 로서 신문기사를 비롯하여 기업정보나 인사정보도 찾아볼 수 있다. 기업정보에 관해서는 '닛케이 회사 프로필', '제국 데이터뱅크 기업정보', '동경상공 리서치 기업정보' 의 3가지 데이터베이스로부터 각 기업의 재무상황이나 인사정보, 신용정보 등을 얻는 것도 가능하다.

[표 6-2]에 각종 유료 데이터베이스의 개요를 정리하여 보았다.

[표 6-2] 각종 유료 데이터베이스

	검색 시스템	데이터베이스	내용	제공 기관, 총대리점
기술정보	JDeam	JDeam	의학을 비롯한 과학기술전분야 세계 50개국의 문헌, 회의록, 리포트 등을 수록한 과학기술문헌파일	과학기술 진흥기구
		JMEDPlus	일본 국내의 의학영역의 문헌을 망라한 파일	
	STN International	CA Plus / CA	전 세계의 과학 분야 및 주변 분야 초록지 Chemical Abstract의 모든 정보	CAS(미) FIZ-KARLSRUHE(독) JST(일) 화학정보협회(일)
		MEDLINE	전 세계의 의학 분야의 문헌파일 미국국립의학서관(NLM)이 작성	
		KOSMET	화장품과 향수의 과학기술정보 정기간행물, 회의록 수록. IFSCC가 작성	
특허정보	PATOLIS	PATOLIS	특허, 실안, 의장, 상표를 다룸 INPADOC 등의 데이터를 망라	(주)파토리스
	DIALOG	WPI	전 생산 분야의 특허를 망라 특허 패밀리를 조사할 때 도움이 됨	DIALOG
비지니스정보	닛케이 텔레컴 21	신문잡지 기업정보 인물정보	닛케이4지, 아사히, 요미우리, 산케이 등 일반신문, 지방신문, 업계신문의 기사데이터 베이스	일본경제 신문사
	G-Search	G-Search	신문·잡지기사, 기업정보, 인물정보, 도서정보 등의 비지니스정보 과학기술이나 특허, 판례 등	지 서치

3. 서적, 잡지 정보

잡지(저널)도 세계 각국에서 다양한 것이 발행되고 있는데, 일본 국내에는 전문적인 기술에 관한 잡지로 일본화장품기술자회나 일본향장품학회에서 발행하는 기술 논문이 있다. 또한, 해외에서는 국제화장품기술자회연맹에서 발행하고 있는 《IFCSS Magazine》이나 미국의 화장품 기술자회가 발행하는 《Journal of Cosmetic Science》 등이 기술 논문으로서 대표적이다.

기술정보로부터 시장정보, 법규제정보 등 폭넓은 정보를 얻을 수 있기 때문에 일본 국내에서는 《Fragrance Journal》이라고 하는 잡지가 화장품에 관련된 직종의 사람들에게 많이 읽히고 있다. 이 잡지는 프레그런스 저널사가 1973년에 창간한 것으로서 매월 다양한 주제의 테마를 상정한다. 한편 마케팅적인 화제나 상품정보에 대해서는 《국제상업》이 대표적인 잡지이다. 해외 잡지 중에서는 《Cosmetics & Toiletries》가 기술적 정보나 법규제, 마케팅과 같은 다양한 분야의 테마를 다루고 있다.

서적에 있어서는 [표 6-3]에 나타낸 바와 같이 지금까지 수많은 서적이 발간되었는데 2001년에 〈약사일보사〉에서 발간된 《화장품의 유용성 : 평가 기술의 진보와 장래 발전》이나 2003년에 마루젠에서 발간된 《화장품 사전》에 이어 2007년에 프레그런스저널사에서 발간된 《화장품 과학 가이드》, 2009년 발간된 《화장품 연구개발 기술의 진보와 장래 전망》 등이 화장품과 피부를 알기 위한 대표적이고도 유용한 서적들이다.

07 화장품 개발자에게 요구되는 마음가짐과 사명

1. 들어가며

'상품개발' 이란 신선함, 아름다움, 화제성, 의외성 등 소비자에게 감동을 주는 매력적인 제품(하드웨어)과 서비스(소프트웨어)를 창조하여 제공하는 것이다.

"개발에 왕도는 없다."라는 말처럼 새로운 가치를 창조하기 위하여 이것이 가장 좋은 방법이라든지 '마술 지팡이' 와 같은 것은 없으므로 '케이스 바이 케이스' 로 고민하고 괴로워하면서 '상품개발' 을 하는 것이 현실이다.

그뿐만 아니라 이 '상품개발' 은 개발자의 경험, 소질, 삶의 방식, 사물을 보는 시각 등으로부터 가치가 창조되는 속인적 요소가 강한 영역이다.

"개발에 참여하는 사람은 기업의 존망이나 발전에 관한 중요한 역할을 짊어지고 있다."라는 말도 절대 과장이 아니며, 어설프게 노력해서는 매력적인 상품을 만들 수 없음을 인식하는 것이 '상품개발' 의 첫 걸음이다.

여기서는 그 출발점에 서서, 화장품 개발자에게 요구되는 '제품 만들기' 의 마음가짐과 기업의 버팀목으로서의 사명에 대하여 설명하겠다.

2. 마음가짐(제품 만들기의 원점과 마음)의 10개 조항

화장품 연구개발은 약사법의 규제나 안전성 확보라는 전제하에서 생물학적으로는 피부과학을 중심으로 하는 연구와 물리화학적으로 콜로이드화학을 중심으로 하는 제제 기술 및 그 효능 효과 연구가 주가 된다.

그뿐만 아니라 화장품 자체는 감성적이며 정보적인 요소를 지닌 상품이기도 하다. 화장품의 선택 기준의 첫 번째는 '감성', 두 번째는 '기능'이라고 하는 말처럼 개개인의 느낌에 따라서 상품의 우열(좋고 싫음)이 결정되는 것이므로 가볍게 생각해서는 안 된다. 매력적인 상품이란 상품이 지닌 하드웨어와 소프트웨어에 내재된 기술, 정보, 화제성, 그리고 감동의 크기로부터 우리들의 마음을 울리는 무언가가 만들어지는 것으로써, 그 무언가는 논리적으로 설명할 수 있는 것이 아니라 느껴지는 것이다.

이러한 화장품을 개발하기 위해서는 개발에 착수하는 마음가짐, 다시 말해 '제품 만들기의 원점과 마음'이 매우 중요하다.

그 마음가짐으로서 다음 10개 항목을 들 수 있다.

① '제품'은 생활을 편리하게 하고 풍요롭게 하기 위해서 태어나는 것, 창조되는 것이다.

② 제품을 만드는 사람은 자신의 감정이나 마음을 '제품'을 통하여 사용자에게 전달한다.

③ '제품 만들기'는 사실과 경험, 센스를 통하여 유도한 가설(이미지)을 시행착오를 통하여 검증하는 것이다.

④ 고객이 사용하는 '제품'을 고객을 대신하여 만든다고 하는 감사의 마음으로 '제품 만들기'를 하는 것이 참된 '제품 만들기'이다.

⑤ 참된 '제품'이란 소비자에게 '놀라움', '감동', '감사'가 전달되는 것이다.

⑥ '제품 만들기'는 품질이나 기능뿐만이 아니라 제품을 사용하는 사람들의 생활(누가 언제 어디서 어떻게)까지 시야에 넣고 착수해야만 하는 것이다.

⑦ '제품 만들기'의 출발점은 현장에 있다. 데이터만 믿는 것이 아닌 현장에서 배우는 '삶의 체험'이 '제품 만들기'의 원점이다.

⑧ 다양한 문제에 대응할 수 있는 기술(스킬)과 지식(지혜), 그리고 화장품에 대한 가치관을 몸으로 느낄 수 있는 감성이 '제품 만들기'의 양쪽 바퀴를 이루는 것이다.

⑨ '제품 만들기'는 진심으로 의욕을 갖는 것이다. '이러한 신제품을 만들고 싶다'라는 강렬한 의욕을 갖고 실현이 가능함을 믿으며 진취적으로 노력하는 것이다.

⑩ '제품 만들기'는 '사람 만들기'라는 말처럼 '상품'을 만들기 전에 인간성(능력)을 고양시키고자 하는 노력이 중요하다.

이러한 마음가짐으로 '제품 만들기'에 착수한다면 반드시 감동과 기쁨을 주는 제품 만들기로 연결될 것이다.

3. 기업의 버팀목이 되기 위한 사명 10개조

소비자의 기대에 부흥하는 제품을 만들고 기업의 성장과 발전을 이끌어나가기 위해서는 앞서 말한 마음가짐과 더불어 다음의 10개 항의 사명이 화장품 개발자에게 요구된다.

1) 사업전략에 대응하는 사명(경영 관점 획득의 중요성)

비즈니스의 근본은 고객을 통하여 라이벌에게 이기는 것이다. 그러나 맹목적으로 노력한다고 해서 라이벌에게 이길 수 있는 것은 아니다.

이기기 위해서는 종래의 관습의 연장선상에서 생각하고 판단해서는 안 된다. 잠시 멈추어 서서 앞으로 걸어야 할 길, 이길 수 있는 방법을 생각하는 것에서 시작하여 경쟁에서 승리를 쟁취할 수 있는 큰 방향을 결정하여야 하며, 이것이 바로 전략이다. 또한, 기업도 개인도 마찬가지로 '이기는 싸움에서 싸운다'라는 것이 전략의 기본이다. 기업이 가진 자원인 사람, 상품, 자본, 정보, 기술, 시간 등을 어디에 어떻게 투입하면 라이벌을 이길 수 있을지 최선의 방법을 결정하는 것이 전략이며, 그것을 구체적으로 실행, 구현하는 수단, 절차가 전술이다. 우리들 연구자, 기술자가 기업전략에 대응하기 위해서는 스스로 전략 이론을 습득하여(손자병법이나 란체스터 전략 등) 자사가 어떠한 기술 분야에서 이길 수 있는지, 라이벌에게 지지 않는 장기 분야는 무엇인지, 그리고 앞으로 어떠한 분야를 강화해야 하는지 등 기업의 전략에 대응하는 구체적인 전술을 생각하고 만들고 실행하여야 한다.

2) 팔리는 상품을 개발하는 사명(마케팅 관점 획득의 중요성)

각사가 매년 신제품을 잇달아 발매하여 시장은 포화상태가 되었지만, 이러한 상황

하에서도 신제품과 서비스를 제공함으로써 수많은 상품 속에서 자사의 상품이 선택 받고 구매되도록 하여야 한다.

마케팅이란 '기업이 판매하기 위하여 수행하는 모든 노력'이라고도 하는데, 화장품 개발자는 표면적인 것에만 매달리거나, 데이터에만 맹신하여 상품 자체의 본질을 보지 못한 채 '제품 만들기'를 해서는 안 된다.

정보는 그림자이며 실체가 아니라는 것을 알고(말이나 문자, 그림은 어차피 실재하는 삼라만상을 재현하기 위한 도구에 불과하며, 재현된 것은 그림자로서 만상의 실체 그 자체는 아니다).

① 자신이 만든 상품은 어떻게 되었는가?

② 지금 시장에서 팔리고 있는 상품은 어떠한 것인가?

③ 팔리는 이유가 무엇인가? 등

기술에만 치우치지 말고 현장에 나가서 소비자의 생생한 목소리를 들으며 '고객을 위해서'가 아닌 '고객의 입장에서' 생각하는 것이 출발점이다.

그리하여 소비자와 공감을 가질 수 있는 제품 만들기를 하는 것이다.

3) 경쟁 우위의 상품 개발을 하는 사명(기획력 획득의 중요성)

이러한 기술이 있다면, 이러한 화장품을 개발한다면 기업의 발전에 도움이 되겠다. 앞으로는 소비자 니즈에 따른 발상이 아닌 소비자 위치에 따른 발상을 하여야 한다. 경합 상품과 약간의 차이가 아니라 소비자가 납득할 수 있는 적어도 10% 이상의 차별화를 두지 않으면 우위에 설 수 없다는 등 다양한 논의가 이루어지고 있다.

경쟁 우위의 상품 개발을 하기 위해서는 타사에 없는 기술력을 지니는 것이 중요한데, 이는 본질을 파악하고 추구한 결과 차별화가 생겨나는 것으로서 처음부터 차별화가 있는 것은 아니다.

다시 말해 전문적인 좁은 시야가 아닌 넓은 시야를 갖고 현상을 파악하는 것이 중요하다.

또한, 아이디어를 구현하기 위해서는 기획력을 빠뜨릴 수 없다. 개발기획이란 소비자에게 감동이나 아름다움, 새로움, 화제성 등을 부여하는 작업을 상품을 통하여 구현하는 절차, 수단이다.

4) 문제 발생을 최소한으로 그치게 하는 사명(주의 배분력과 판단력의 중요성)

소비자 불만, 사고, 품절 등 일상적으로 다양한 문제가 발생한다. 상품개발 과정에서는 품질 목표와 기술력과의 괴리가 커서 개발이 어려운 경우 등 매일 문제해결에 쫓기게 된다.

우리들이 일상 속에서 그다지 의식하지 못하고 '문제'라고 하는 단어를 사용하고 있는데, '문제'란 어떻게 정의되는 것일까.

예를 들자면 '지향하는 이상(이상적인 모습)과 현실의 거리(차이)' 또는 '지금 곤란한 것', '해결하여야만 하는 것', '달성하여야만 하는 것' 등으로 설명된다.

일반적으로 문제에는 3종류가 있다.

① 현재적 문제(이미 문제가 발생하여서 어떻게 하면 빨리 원인을 추구하여 최소한으로 막을 수 있는가가 승부의 열쇠)

② 잠재적 문제[문제 발생의 원인이 내재되어 있어서 표면화되기 전에 대책을 강구해야 하는 것(경시변화 등)]

③ 예측적 문제[장래에 일어날지도 모르는 문제를 예측하여 사전에 손을 씀(원료의 가격 인상이나 입수의 어려움, 사용금지, 지금의 품질로 앞으로도 경쟁이 가능할까, 개선, 개량 등)]

현재적 문제는 이미 문제가 발생한 것이지만, 잠재적 문제와 예측적 문제는 이를 감지하는 힘을 획득함으로써 문제를 최소한으로 그치게 하는 방법론이나 노하우를 습득할 수 있다. 문제 발생에는 하인리히의 법칙이라고 하는 것이 있다.

"1건의 중대 재해가 일어나기 전에는 29건의 찰과상 정도의 경 재해가 있었으며, 또 같은 원인으로 재해에 이를 뻔한 300건의 체험이 있다."

우리들의 주변에서 발생하는 소비자 불만이나 사고는 기술력 · 주의 배분력 · 판단력의 부족, 지식(경험)에 대한 간과로 인하여 일어나는 경우가 많은데, 그 중에서도 특히 중요한 주의 배분력과 판단력으로 문제 발생을 최소한으로 막을 수 있다.

5) 기업의 싱크탱크로서의 사명(기술력을 PR하는 중요성)

화장품 연구자, 기술자는 기업의 기술의 두뇌 집단이라는 프라이드를 갖는 것이 중요하다.

그리고 자사의 기술력의 강점과 약점을 올바르게 분석하여 어디에 힘을 쏟아야만 하는지 시장 대응에 실수가 없도록 하여야만 한다.

연구나 기술 개발의 성과는 지적소유권으로 지키는 동시에 신문이나 전문지와 같은 다양한 형태로 외부 발표하고 자사의 기술력을 어필한다면 기업의 이미지 향상에도 도움이 될 것이다.

6) 기업의 성격을 표현하는 사명(제품 만들기 철학의 중요성)

기업에는 경영이념이 있으며 풍사, 전통, 분위기와 같은 이른바 기업 유전자(DNA)가 있다.

혼다의 자동차에는 혼다다움이, 소니의 제품에는 소니다움이 있다. 이 ㅇㅇ다움이 기업 유전자(DNA)에서 생겨나는 것이다.

우리들 한 명 한 명의 사원도 자신은 느끼지 못하겠지만 일상생활에서 이 기업 유전자(DNA)의 영향을 받고 있다.

요즈음 다양한 기업에서 불상사가 발생하는데(이 불상사는 회사의 유전자가 초래한 업(業)이다), 그때마다 기업의 자세가 문제시되며 만약 이에 대한 대응이 나쁠 경우에는 기업의 존속에도 연관되는 대형 문제로 발전할 수 있다.

문제를 일으키는 기업과 일으키지 않는 기업의 차이는 무엇일까. 물론 기업 유전자의 차이는 있겠으나, 담당자의 '뭐, 이 정도는 괜찮겠지' 라고 하는 약간의 허술한 행동이 큰 차이를 부르게 된다.

제품 만들기를 하는 사람에게는 '뭐, 괜찮겠지' 하고 하는 생각, 허술한 행동은 엄금이다.

기업에 이어져 내려오는 뛰어난 유전자를 소중히 하는 것뿐 아니라 나아가 고상한 DNA를 만들기 위한 노력이 필요하다.

다시 말해 제품을 구매하여 사용하는 사람이 기뻐할 수 있는 제품을 최선을 다해서 만들고 감사의 마음을 제품을 빌어서 전달하여야 한다. 기업 유전자, 담당자의 철학을 상품과 서비스를 통하여 사회에 표현하는 것이다.

7) 내일의 기업 활동을 이끌어가는 사명(선행 기술 개발의 중요성)

미국의 철도회사는 일찍이 번성을 자랑하였으나 그 후 쇠퇴의 길을 걷고 말았다.

당시의 철도회사는 자신의 사업을 '철도사업' 이라고 정의하였다. 철도회사가 고객을 목적지까지의 이동시키는 서비스에 있어서 철도라고 하는 것은 그 하나의 수단에 지나지 않는다.

다시 말해 철도라는 수단을 고수하였기 때문에 쇠퇴의 길을 걸었던 것으로, 만약 자신들의 사업을 '운송사업' 이라든지 '이동 수단 제공자' 라고 하는 식으로 정의하였더라면 비행기나 버스와 같은 운송수단을 쓰는 회사로 변신함으로써 계속 성장할 수 있었을 것이라고 한다.

장기 기술을 갖고 시장을 거의 점령하고 있었으나 기술의 혁신으로 말미암아 그 기술의 필요성이 사라지거나 그 대책에 태만한 탓에 도산하여 버린 회사도 있지만, 반대로 회사의 이름은 변치 않았어도 만들고 있는 것이나 하고 있는 일을 크게 변화시킴으로써 오랫동안 살아남고 나아가 발전하는 회사도 많이 있다.

우리들의 화장품 연구나 기술은 지금까지의 연장선을 나아가는 동시에 예방의학, 재생의학, 바이오테크놀로지 등 관련 분야의 최첨단과학, 기술 동향을 통하여 장래를 내다보는 청사진을 만들고 기업의 성장, 발전을 이끌어나가야만 한다.

8) 우수한 기술자 육성의 사명(인재 육성의 중요성)

"기업은 사람이다."라는 말이 있듯이 모든 출발점은 사람의 힘에서 시작된다. 어떠한 대단한 조직이라도 사람의 힘에 의하여 운영된다.

지금까지의 과학의 사고방식은 '이원론' 과 '요소환원주의' 의 2가지가 큰 기둥을 이루어 발전하여 왔다.

그리고 기술이나 제품 만들기의 기본은 '요소환원주의' 의 사고로 이루어져 왔으나 작금 그 한계가 드러나고 있다.

'요소환원주의' 란 생각의 대상(복잡한 것)을 잘게 나누어 그 잘게 나눈 것을 잘 분석하고 조사한 다음 그것을 모두 합침으로써 전체를 이해할 수 있다고 하는 사고방식으로서, 상품개발을 비롯하여 지금의 의학계도 이 '요소환원주의' 를 토대로 하여왔지만 오늘날에는 그 한계 상태에 이르러 새로운 관점(다각적인 사고)이 요구되고 있다.

다시 말해서 전체를 보고 전체를 종합하는 능력이 요구되고 있는 것이다. 지금까지 많은 학생들을 보아 온 대학교수의 말에 따르면 균형 감각이 좋고 풍요로운 인간성을 지닌 사람은 반드시 훌륭한 연구자가 된다고 한다. 균형 감각이 좋은 사람이란 특정 영역에 빠져 있는 매니악한 사람이 아닌 음식이나 복장, 지성, 여가, 스포츠 등 다양한 방면에 관심을 갖는 삶의 방식으로 살아가는 감성 총량이 큰 사람을 일컫는다.

우수한 연구자, 기술자란 다음과 같은 사람이다.

① 현장주의 사고방식을 갖고 있으며, 상품에 대한 대화를 할 때 센스가 좋고, 실험을 잘 하는 사람. (현장주의란 현장, 현물, 현실로 배우는 것, 즉 실험을 하여 실험현장을 똑똑히 파악하고, 시장에 나가 사람들의 목소리를 들어 소비자의 실태를 관찰하는 등 '운'은 현장에 있다고 하는 것과 같이 현장을 중시하는 것이다.)

② 항상 전체를 바라보는 다각적인 사고를 하는 사람

③ 기술력, 지식(경험) 정보에 강한 사람

운동선수가 그 분야에서 최고가 되기 위해서는 본인의 소질(센스), 의욕, 그리고 코치와 본인의 피맺힌 노력이라는 3요소의 결정이 필요하다. 화장품 기술자, 연구자도 연구 감각과 기초지식, 그리고 체험과 의욕과 좋은 연구 지도자가 중요하다.

9) 개인으로서 성장하는 사명(목표, 목적 획득의 중요성)

한 사람 한 사람의 성장이 기업의 성장발전으로 이어지게 된다. 개인의 역할은 자신이 크게 성장함으로써 기업에 공헌하는 것이다.

무언가를 하고 있을 때 조만간 어떻게든 되겠지라는 사고방식으로는 아무것도 생겨나지 않으며, 자기 자신의 성장도 있을 수 없다. 자신의 원하는 모습을 상정한 다음 지금 무엇을 해야 하는지 목표, 목적을 명확히 갖고 매일매일 착수하는 것이 중요하다.

목표와 목적을 지님으로써 자신의 일에 미래지향적인 인력이 작용하여 크게 진보할 수 있는 것이다.

10) 조직의 일익으로서의 사명(We have chemistry)

강한 리더 아래에서 집단을 만드는 원숭이 한 마리 한 마리가 너무 강하여 그다지 큰 집단을 만들지 못하는 호랑이나 상어, 또는 뚜렷한 리더는 없지만 한 마리 한 마리가 동료나 주위와 정보 교환을 함으로써 몸을 지키는 정어리 등 다양한 집단이 있다.

조직의 형태는 다양하더라도 우리들의 기술 집단(두뇌 집단)은 한 사람 한 사람의 능력을 그대로 합해 놓은 집단이어서는 안 된다. 덧셈 이상의 성과를 만들어 내는 집단이어야만 한다.

또한, 현존하는 세계 최고의 목조 사원인 호류지를 비롯하여 많은 훌륭한 목조건축물을 지어 온 미야 대공의 노하우로서 "나무를 사지 말고 산을 사라,", "나무는 자란 그대로를 사용하라.", "양지, 음지", "나무를 엮을 때에는 버릇으로 엮어라.", "촌법으로 엮지 말고 버릇으로 엮어라.", "나무를 활용하라." 등이 전해져 오고 있는데, 이것을 하나하나 곱씹어보면 거기에 조직 만들기의 원점이 있다고 생각된다. 조직에는 이것이 가장 좋다고 하는 최선의 대책이 따로 있는 것은 아니므로 경우에 따라서 유동적으로 생각하여야만 한다.

수소나 산소는 각각 따로 아무리 깊게 연구하더라도 물은 되지 못하지만, 이 두 가지가 반응한다면 물이 되는 것처럼 개성이 있는 사람들 사이에서 화학반응을 일으켜 고차원의 상품개발이 가능한 조직을 지향하여야만 한다. 어떤 일도 하루아침, 하룻밤에 이루어지지 않는다. 개발에 몸담은 사람은 다각적인 사고를 지니고 속인적 요소를 한 걸음 한 걸음 높여서 소비자의 기대에 부흥하는 '화장품 개발' 을 하도록 하여야 한다.

제2장

피부와 모발의 구조 및 기능

01 피부의 성질과 기능을 올바르게 이해하자

1. 본장의 취지

피부를 이해함에 있어서 가장 중요한 점은 피부가 내장을 감싸고 외부의 압력 · 충격으로부터 보호하는 단순한 가죽 주머니가 아닐 뿐더러 내장 점막 중 하나도 아니라는 것이다. 예부터 "신체발부 수지부모"라고 하여 사회적인 인륜의 도를 일컫는 말이 있다. 피부가 단순한 생물학적 존재가 아닌, 사회적인 의미로의 전개성을 지님을 시사하는 것이다.

피부의 발생 과정은 뇌나 신경의 발생과정과 유사하여, 같은 외배엽으로부터 발생하였다. 뇌와 신경이 신체 내부에 위치하는 것과 달리, 피부는 외부로 노출되어 있는 형태로 기능분화(역 : 생체의 각 기관이 서로 다른 기능을 하는 것)를 한 것이다.

피부는 외부 세계와 접하는 인체 최대의 장기이며 간이나 신장, 심장, 뇌처럼 독립적이고 복잡한 기능을 통하여 생체의 건강을 유지하고 있다. 독립적인 장기로서 자율적으로 재생을 반복하며 생체 방어기능을 담당한다. 더불어 생체와 외부 세계와의 인터페이스(정보전달기구)로서도 중요한 역할을 한다. 즉 호메오스타시스(항상성) 이상의 기능을 하고 있는 것이다.

피부는 기본적으로 인간이라는 동물의 생명을 보호하는 역할을 하며, 생체 내부와 외부 세계와의 정보전달의 최전선 기구로서의 기능을 한다. 피부의 역할을 요약하자면 아래와 같다.

① 생명 유지를 위해 생체의 가장 바깥층에 위치하는 방어벽으로서의 기본적인 역할

② 체내 장기의 정보를 체표로 반영하여 건강 정보를 표현하는 역할

③ 외부의 자극 정보를 감지하여 생체 내로 발신하는 역할
④ 외부의 촉각 정보에 즉각적으로 대응하여 행동을 일으키는 센서의 역할
⑤ 내부의 감정이나 생각의 정보를 체표의 안색이나 표정으로써 발신하는 역할
⑥ 체표의 화장 · 미용 정보를 체내, 대외의 쌍방향으로 발신하는 역할

피부는 중층적인 정보를 주고받는 지적(知的)인 장기라고 이해하는 것이 중요하다.

예로부터 "피부는 내장의 거울"이라고 일컬어져 왔다. 내장이 건강하지 못함이 피부에 드러나는 경우가 많고, 또 반대로 피부의 병이 내장에 영향을 미치는 경우도 있다. 이에 면역 시스템이 더해짐으로써, 인간이라고 하는 생명을 지니고 생체의 생명 유지 기능을 하는 인터페이스의 기초가 형성된다. 그뿐만 아니라 피부에는 신경계가 있어서 피부와 사람의 마음을 직접적으로 이어주는 피부 감각이 발달되어 있다. 마음의 병, 스트레스는 피부 증상에 영향을 준다. 즉 피부는 수동적인 방어벽으로서의 역할에 그치는 것이 아닌 '마음의 거울' 이기도 하다.

안면피부는 표정근과 연결되어 있어서 안색이나 표정으로 희로애락과 같은 감정을 외부 세계로 표현함으로써 비언어적 의사소통의 기초를 담당한다. 피부는 정보를 생성하여 발신하는, 다시 말해 외부에 대하여 행동하는 것이다. '긴장된 공기를 피부로 느끼다', '소름이 돋다', '몸의 털이 곤두서다' 등과 같은 혐오감에서 "땀구멍이 확 열린다."와 같은 쾌감까지 피부감각으로 직감한다. 인간은 언제나 다른 사람의 심경, 성격까지 순식간에 판단하여 "낯가죽이 두꺼운 사람이다.", "차가운 사람이다.", "따뜻한 사람이다."라거나 "온화한 사람이다."와 같은 표현을 한다. 입술이나 볼, 손가락 끝의 감각은 특히 예민하여서 외부인식을 대인관계에서 사회성 구축까지 확장시키는 의사소통의 기반을 만든다. 그러한 의미에서 '피부는 지성(知性)의 거울' 이기도 하다. 생물학적인 인간의 피부는 사람의 마음을 표현할 뿐 아니라 사회적인 인간관계의 느낌까지도 확인하는 역할을 매일매일 쉬지 않고 하고 있는 것이다.

털이 없는 손끝은 생활공간 속에 있는 다양한 사물의 표면의 상태, 미묘한 질감을 감지할 수 있다. 인간은 체모가 사라지면서 원숭이로부터 진화하였다고도 하는데, 산모(연모)는 얼굴을 비롯한 몸 전체에 남아서 가느다란 털 한 가닥 정도의 이물질의 부착까지도 놓치지 않는 센서의 역할도 한다.

피부는 인간의 생명을 보호하고 사람의 마음을 반영하며 자기 자신과 자연 · 사회적 환경과의 관계를 직접적으로 감지할 수 있을 뿐 아니라 인간관계의 안테나 역할도

한다. 피부는 WHO의 종합적인 건강의 정의에 명시된 바와 같이 신체에 질병이 없으며 정신적으로도 사회적으로도 안녕한 상태를 구현하기 위하여 자신과 외부 세계와의 인터페이스 기능을 하는 것이다.

한 걸음 더 나아가서 화장품 사용을 통한 피부미용이라고 하는 관점에서 살펴본 외부 세계와의 인터페이스 역할에 대하여 요약하자면 아래와 같다.

① 건조라는 유해한 환경으로부터 피부를 보호하고 적당한 수분을 유지시키는 방어벽 기능 : 보습 기능

② 피지(기름)와 땀(물)이 잘 혼합된 피지막(유화막)을 형성하여 촉촉한 피부를 유지 : 유연 기능(emollient 기능)

③ 해로운 자외선을 방어하여 피부의 노화를 방지 : 자외선 방어 기능

④ 외부 세계로부터의 이물질 침입을 방지하여 생체를 방어 : 면역 기능

이와 같은 피부의 기능이 파괴된다면 우리들의 생체기능 역시 파괴되어서 생명 유지조차도 위태로워지게 된다. 화장품을 사용하고 화장을 한다는 행위와 피부와의 관계에 대하여 생각한다면 "화장이라고 하는 행위는 외부의 이물질로부터 피부를 보호하며, 정상적인 상태를 유지하고, 아름답고 선호하는 피부를 유지하며, 인간의 의사소통을 담당하는 미용적인 피부 행위이다."라고 집약할 수 있다.

본서의 목적인 화장품 과학의 관점에서 살펴볼 때, 피부의 인터페이스라고 하는 기능은 굉장히 중요하다. 그뿐만 아니라 피부가 인터페이스로서의 기능을 하기 위해서는 정상적인 표피의 분화 및 각질층의 형성이 불가결하다. 제1장에서는 이 두 가지의 문제를 중심으로 전문 선생님들이 해설을 해주셨다.

현대의 피부과학에서는 병태와 피부의 구조뿐 아니라 건강한 피부의 생리, 피부감각, 심리적 문제에 이르기까지 정밀한 생리학이나 미세한 분자 레벨의 논의가 이루어지고 있다. 그래서 제2장 전체, 특히 피부의 구조와 기능, 표피 · 각질층의 과학, 염증성 피부트러블, 피부 노화 등에 대한 논문을 바탕으로 이해하기 쉽도록 해설하였으며, 여기서는 우선 피부의 전체상을 거시적으로 바라보았을 때에 피부가 하는 다양한 일을 '피부의 기능' 으로서 그 핵심을 정리하였다[그림 1-1].

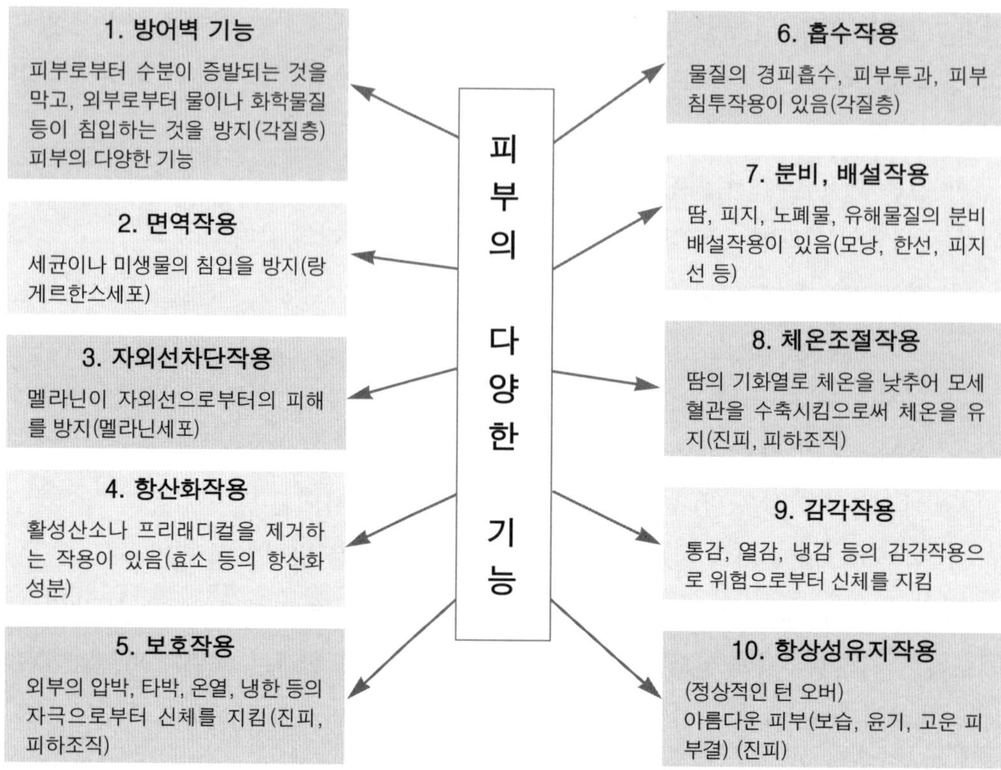

[그림 1-1] 피부의 기능

2. 피부의 구조와 기능의 개요

피부의 구조[그림 1-2]와 기능을 대략적으로 보면 아래와 같다.

① 피부는 생체 중에서 가장 바깥층에 위치하는 장기이자 최대의 장기이다.

② 방어벽 기능, 자외선 차단 기능, 면역 기능, 체온조절 등을 하는 생체 방어기관이다.

③ 피부는 바깥에서부터 크게 표피, 진피, 피하조직으로 구성된다.

④ 그밖에 부속기관으로서 모낭, 땀샘, 피지선 등이 있다.

⑤ 피부의 일종인 모발, 손발톱이 있다.

3. 표피의 구조와 기능의 개요

1) 표피의 구성과 분화

표피의 대부분은 각질형성세포(keratinocyte)이며, 그 이외에 멜라닌세포(melanocyte, 색소세포), 랑게르한스세포(Langerhans cell, 면역세포)로 구성된다.

표피의 최하층에는 끊임없이 새로운 표피세포를 만드는 기저세포가 있으며 이 표피세포의 분열과 효소 등의 작용을 통한 다양한 분화 과정을 거쳐서 각질층세포가 형성된다. 이것을 표피의 턴 오버(turn over)라고 한다.

정상적인 피부에서는 분열을 시작한 후 각질층이 탈락하기까지의 시간이 팔과 다리, 몸통에서는 1개월 이상이 걸리며 얼굴에서는 약 3주마다 턴 오버가 이루어진다고 한다. 염증성 피부나 피부병의 경우에는 각질화가 정상적으로 이루어지지 못하여 이상각화증세라고 하는 상태에 이르게 되며, 짧은 턴 오버를 되풀이한다.

2) 각질층과 보습작용 : 건피증, 피부의 거칠어짐 등

각질층은 1μ 두께의 얇은 막상물질로서 분화 과정에서 생성된 아미노산을 비롯한 요소, 젖산과 같은 천연 보습인자를 통하여 보습기능을 발휘한다. 또한, 각질층 세포 간지질(세라마이드, 콜레스테롤, 지방산)은 수분의 증산이나 아미노산의 유출을 막는 피부 방어벽 기능을 한다. 각질층은 케라틴이라고 하는 섬유성의 단백질이 벽돌이고

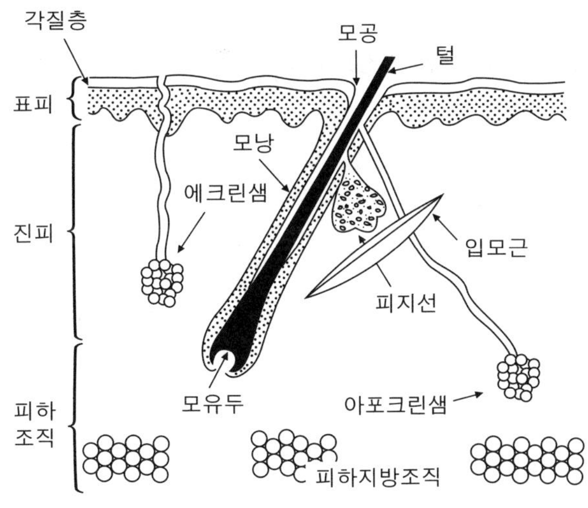

[그림 1-2] 피부 구조의 개략

세포간지질이 모르타르에 비유되는 구조(역 : bricks and mortar)로 이루어져 있다.

3) 멜라닌세포와 자외선 차단작용 : 기미, 칙칙함 등

표피의 기저층과 모낭에는 멜라닌세포가 있어서 자외선을 받으면 멜라닌색소를 생산하고 표피세포로 분배하여 자외선으로부터 피부를 보호한다. 과도한 자외선 조사는 색소침착을 유발하여 기미 생성의 원인이 된다. 피부색은 멜라닌, 헤모글로빈, 카로틴에 의하여 결정된다. 멜라닌 수는 인종별 차이는 없으나 2종류의 멜라닌의 양에 따라서 피부색이 좌우된다.

4) 랑게르한스세포와 면역작용 : 아토피성 피부염, 피부의 거칠어짐 등

또한, 골수에서 생산되는 랑게르한스세포는 림프구로 항원 정보를 전달하는 역할을 하여 외부로부터의 이물질이 침입하는 것을 막는다. 그러나 그 반응이 과도해지면 면역계의 피부병(접촉피부염, 아토피성 피부염)을 야기한다.

5) 흡수작용 : 화장품 성분의 흡수성과 안전성

피부를 통하여 물질이 흡수되는 경로에는 표피와 모낭피지선이라는 두 가지 경로가 있다. 각질층은 소수성을 띠므로 호르몬 물질이나 비타민 A, E와 같은 지용성 물질은 잘 흡수되지만 수용성 물질은 흡수가 어렵다. 그 밖에도 분자량, 피부온도, 각질층의 습윤도, 환경습도 · 온도 등으로 인하여 물질의 흡수성이 영향을 받는다.

4. 진피의 구조와 기능 : 피부의 탄력, 주름 · 피부 처짐, 감각작용

① 진피는 콜라겐(교원섬유)과 엘라스틴(탄성섬유)이 서로 얽혀 있고 그 사이를 산성 뮤코다당(히알루론산 등을 주성분으로 하는 글리코사미노글리칸)이라고 하는 수분을 많이 함유하는 물질이 채우고 있는 구조를 하고 있으며, 이를 통해 피부에 탄력이 생긴다.

② 노화나 자외선 조사로 인하여 이들 구조가 변성되면 미용상으로 주름이나 피부 처짐의 원인이 된다.

③ 진피의 세포외 바탕질에는 상기의 섬유성분과 뮤코다당을 합성하는 섬유아세포 뿐만 아니라 혈관, 신경 등도 존재한다. 진피감각으로는 압각, 촉각, 온도감각, 통각이 있으며 진피의 감각신경종말이 관여하고 있다. 특히 촉각은 화장품 사용감 측면에서 중요한 요소이다. 또한, 알레르기 반응을 유발하는 히스타민과 세로토닌을 생산하는 비만세포도 존재한다.

5. 부속기

1) 모기관 : 육모, 퍼머넌트 웨이브, 염색

모주기(헤어 사이클)에 따라서 반복적으로 체모를 재생함으로써 건강한 모발을 유지하며 탈모 등과도 관련된 중요한 기관이다. 체모의 구조, 헤어 사이클, 모발의 색 등 자세한 내용은 체모의 생리와 구조, 모발 손상 등의 논문을 참조하기 바란다.

2) 피지선 : 유연작용, 여드름

모낭의 상부에 열려 있는 조직으로서 피지를 분비하여 피지막을 형성하고, 피부를 유연하게 하는 효과가 있다. 피지막은 약산성으로 염기성 물질의 자극을 완화시키는 염기성 중화능력이 있다. 그러나 피지가 과도하게 분비되면 오히려 여드름의 원인이 된다.

3) 땀샘 : 분비 · 배설과 체온조절 작용

땀샘에는 아포크린샘과 에크린샘이 있다. 아포크린샘은 겨드랑이, 외음부 등에 있으며 모낭 상부로 연결되어 액취를 야기한다. 에크린샘은 전신에 분포하며 땀을 배설하는 동시에 체온조절을 수행한다.

이상이 피부의 기능과 구조의 개략이다. 피부의 전체상을 염두에 두면서 제2장의 피부에 관한 각각의 내용을 공부하기 바란다.

02 피부의 구조와 기능

1. 들어가며

피부는 우리들의 생체 중 외부 세계에 접하는 가장 바깥층에 위치한 장기로서 어른의 경우 그 면적이 1.8㎡이라고 알려져 있다. 여기서 중요한 것은 피부가 인체를 감싸는 단순한 가죽주머니가 아니며, 생체 내부의 생명 활동이 환경의 영향을 받지 않고 언제나 일정 조건에서 이루어지도록 유지하는 작용을 하고 있다는 점이다. 다시 말해 피부는 생체의 방위기관으로서 중요한 기능을 하고 있다.

피부는 밖에서 안으로 다음과 같은 세 가지의 중요한 조직으로 이루어져 있다. 상피조직인 표피, 결합조직인 진피, 그리고 지방조직인 피하지방이다. 이 중 진피와 피하지방은 감각신경, 피부탄력, 체온조절, 쿠션의 역할을 하고 있는데, 생체의 방위 기관으로서의 기능을 담당하고 있는 것은 바로 표피 중에서도 가장 표면에 있는 20μ(1μ은 1,000분의 1㎜)의 두께밖에 되지 않는 각질층이라고 하는 막이다. 각질층은 우리들의 몸에서 떨어져 나온 때로 이루어진 막이지만 피부의 생명 영위의 산물인 죽은 세포의 집합체인 각질층이 사실은 생명활동에서 불가결한 수분의 증발 방지와 세균과 바이러스의 침입 방지와 같은 방벽 기능, 즉 생체 방어기관으로서 중요한 역할을 하고 있다. 화장품의 역할이란 바로 이 각질층의 기능, 다시 말해 생체 및 피부의 생체 항상성을 유지하는 데에 기여하고 있다고 하여도 과언은 아니다. 이 사실은 본서 제2장에도 명시되어 있다.

뒤에 피부의 생체 항상성이라는 관점을 중심으로 하여 피부(표피, 진피, 피하지방)의 기능과 구조에 대하여 상세히 설명하였는데, 우선 그 전제가 되는 피부의 생리작용에 대해 이야기하겠다.

1) 보습작용

각질층 속에 있는 수용성 천연보습인자(아미노산, 피로리돈카르본산, 젖산염, 요소 등)는 보습 능력이 있어서 촉촉하고 유연한 피부를 유지하게 한다.

또한, 각질층 속의 세포간지질은 수분의 증발이나 아미노산의 유출을 방지하는 방어벽 기능을 한다.

이와 같은 보습능력과 방어기능은 표피의 정상적인 각화작용을 통하여 유지된다.

2) 자외선 차단작용

표피 내의 멜라닌세포에서 생산되는 멜라닌은 자외선을 차단하는 역할을 한다. 피부가 자외선의 영향을 받으면 멜라닌세포의 수를 증가시켜서 멜라닌 합성을 촉진하여 방어능력을 높인다. 또한, 각질층 속의 우로카닌산도 천연 자외선 흡수제로서의 기능을 한다.

3) 항산화작용

피부는 산소, 자외선, 화학물질 등의 원인으로 말미암은 활성산소 · 프리래디컬*1) 의 위험에 노출된다. 그 결과 피지의 과잉 산화와 같은 피부반응이 유발된다. 그러나 피부에는 이들 활성산소 · 프리래디컬을 제거하는 효소 · 비효소계의 항산화 성분이 존재하여 항산화 기능을 발휘한다.

4) 면역작용

면역에는 선천적으로 구비된 선천성 면역계와 생활하면서 만들어지는 적응성 면역계가 있다. 곤충 이상의 동물에서는 피부를 구성하는 각질형성세포, 멜라닌세포, 랑게르한스세포*2), 섬유아세포, 그리고 멜라닌세포의 세포막에는 제1선의 자연면역 기능을 하는 Toll 유사수용체가 있어서 침입한 다양한 미생물의 구성 성분이나 방출물질을 인지하면 염증성 사이토카인을 분비하여 염증을 일으킴으로써 미생물을 제거한다. 한편 면역기능을 갖춘 생체에서는 체내에 침입한 이물질이나 미생물과 결합한

*1) 프리래디컬 : 쌍을 이루어야 하는 전자가 쌍을 이루지 못하고 있는 상태의 불안정한 원자나 분자로서, 언제나 주위 물질과 반응하여 안정한 상태가 되고자 하므로 주위 물질을 불안정하게 하여 반응성을 높인다. 자외선에 의해 표피에서 생산되는 프리래디컬에는 하이드록시래디컬, 과산화물음이온 등이 있다.

*2) 랑게르한스세포 : 표피 내에 산재하는 항원제시세포로서 림프구를 통하여 면역반응을 일으키는 일을 하며 다른 수상세포에는 없는 독특한 Birbeck 과립을 갖는 미성숙한 수상세포이다.

표피의 랑게르한스세포, 진피수상세포, 대식세포, 단구가 항원제시기능을 발휘하고 이들 성분을 항원으로 인식하는 수용체가 있는 T림프구나 항체를 만드는 B림프구의 증식을 왕성하게 함으로써 그 작용을 통해 이물질을 특이적으로 제거하는 면역반응을 일으킨다.

5) 체온조절

피부 모세혈관의 확장, 수축으로 피부 혈류량을 조절하거나 발한을 통한 기화열을 이용하여 체온을 조절한다. 또한, 피부는 그 자체가 신체의 열이 발산되는 것을 방지하고 외부 세계의 온도변화가 신체 내부로 전해지지 않도록 한다.

그 밖에 외부의 충격으로부터 몸을 보호하는 물리 화학적 방어작용, 감각작용, 흡수작용에 대해서 나중에 설명하겠다.

6) 피부의 호흡작용

피부 호흡이라고 하는 말이 사용되곤 한다. 그러나 피부를 통한 산소나 이산화탄소와 같은 작은 분자의 투과는 이론적으로는 가능하지만, 피부 표면에는 물질 투과의 장벽인 각질층과 여러 겹의 세포층으로 구성된 표피조직이 있으며, 그 아래에 진피의 결합조직으로 둘러싸인 모세혈관이 위치하는 까닭에 마치 폐포상피처럼 내강과 모세혈관 간의 비교적 자유로운 가스교환으로 신체조직의 기능을 돕는 호흡작용은 기대할 수 없다. 실제로 장시간의 입욕이나 수영으로 물속에 들어가 있더라도 입으로 호흡을 할 수 있는 한은 고통스럽지 않다.

2. 표피(epidermis)의 구조와 기능

피부의 기능과 구조의 포인트

- 표피는 외부 세계로부터 생체의 내부 조직을 지키는 한편 신체의 움직임에 방해가 되지 않도록 0.1mm 두께로 얇고 부드럽게 이루어져 있다.
- 표피의 95%는 각질형성세포(keratinocyte)로 이루어져 있으며, 그것이 천천히 분화하여 최종 산물인 각질층(stratum corneum)을 형성한다.

• 각질은 폴리에틸렌 랩처럼 막의 형태를 하고 있으며 생체 조직의 활동에 필요한 수분의 증발을 방지하는 동시에 세균 · 바이러스의 침입을 막는 장벽이다.

1) 각질형성세포와 각질층 형성

표피를 구성하는 세포의 95%는 각질층세포(corneocyte)로 변화하는 각질형성세포로서 다수의 데스모좀*3)이라고 하는 접착 장치를 통해 주변 세포들과 연결되어 있다. 그 최하층에는 분열을 되풀이하여 새로운 표피세포를 만드는 기저세포가 있으며, 진피와의 경계를 이루는 기저막과는 헤미데스모좀*4)이라고 하는 접착 구조로 연결되어 있다.

기저세포가 2개의 세포로 분열하면 그 중 하나는 상부로 이동하여 천천히 분화하면서 각질층세포로 변화하는 과정에 돌입한다. 그리고 분열 시작 후 약 14일이 지나면 각질층세포로 변화하게 된다[그림 2-1].

이와 같은 분화 과정에서는 트랜스글루타미나아제라고 하는 효소의 작용으로 인볼클린*5), 로리클린과 같은 단백질이 세포막의 안쪽으로 모여들어서 갑옷처럼 두터운 단백질로 이루어진 각질세포외막(cornfied envelop: 코니파이드 엔벨롭)을 형성하기 시작한다[그림 2-2].

각질형성세포가 분화하여 표피의 상부로 이동하여 케라틴섬유 덩어리로 변화하는 각화의 과정을 거치면서 각질층세포 내에서는 생성된 케라틴섬유를 뭉치는 시멘트의 역할을 하는 케라토히알린 과립(프로필라그린)이라고 하는 단백질이 만들어지기 시작한다. 각질층 아래의 이와 같은 과립이 있는 세포를 과립세포라고 한다. 그리고 이 과립세포가 각질층세포로 변화하는 시점에서 케라틴섬유는 프로필라그린에서 유래된 필라그린*6)이라고 하는 기질 단백이 단단히 뭉쳐 있는 구조로 변화한다. 이는 마치 긴 철봉을 케라틴섬유라고 하였을 때에 그 둘레에 뭉치는 콘크리트를 필라그린이라고 비유할 수 있다.

피부 방어벽 기능을 발휘하기 위해서는 내부구조가 층 모양으로 된 층판과립이라

---

*3) 데스모좀 : 각질형성세포들끼리 결합하여 표피구축을 보존하는 접착 장치. 각질층 내에서는 코니오데스모좀이 된다.

*4) 헤미데스모좀 : 기저층과 기저막을 접착시키는 기저세포측의 접착 장치.

*5) 인볼클린 : 분화한 각질형성세포에서 생산되며 각질층세포를 감싸는 각질세포외막의 구성성분이 되는 단백질로서 ω-하이드록시세라마이드와 결합하여 세포간지질의 층상구조를 만든다.

*6) 필라그린 : 분화한 각질형성세포에서 생산되는 케라틴섬유를 응집시켜 세포골격을 강고하게 당김으로써 각질형성세포를 납작한 각질층세포로 바꾸는 단백질, 각질층 내에서는 단백질분해효소에 의해 분해되어서 NMF인 아미노산이 된다.

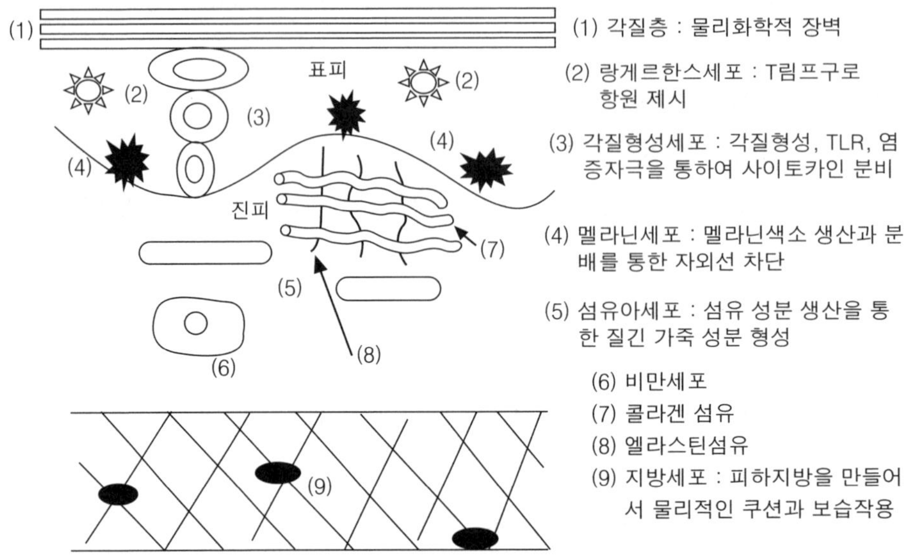

[그림 2-1] 피부의 기능과 구조

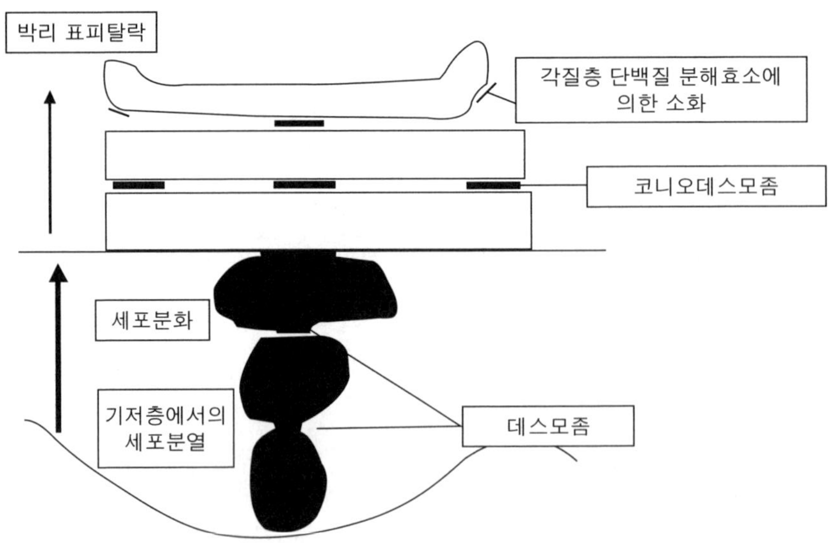

[그림 2-2] 각질형성세포와 각질층세포의 턴 오버

고 하는 소기관이 각질층 세포간지질(세라마이드, 콜레스테롤, 지방산)의 전구물질을 각질층세포 사이로 방출하며 그 지질 성분이 각질층세포를 감싸고 이동하여 각질세포외막과 결합하여야 한다. 또한, 케라토히알린 과립은 각질세포 내에서는 단백질분해효소에 의하여 물에 녹는 저분자 아미노산으로 분해되며 이 아미노산은 땀의 성분인 젖산이나 요소와 함께 천연보습인자*7)(NMF, Natural Moisturizing Factor)로서 피부 보습의 중요한 역할을 한다.

층판과립은 지질뿐 아니라 단백질 분해효소도 방출하기 때문에 각질층세포가 위로 이동할 때 세포 간의 접착 구조를 파괴하고 최종적으로는 오래된 각질 세포를 매일 때로서 표면으로부터 탈락시킨다. 한편, 새로운 각질세포가 분화를 통하여 보충되므로 각질층은 일정한 두께를 유지한다. 이러한 일련의 과정이 바로 표피의 턴 오버이다.

염증성 피부에서는 표피의 증식이 왕성해지기 때문에 피부 표면으로의 이동이 빨라져서 이상각화라고 하는 불완전한 분화를 하여 핵을 지닌 채로 각질층세포로 변화하기 때문에 필라그린의 생산 부족이나 단백질 분해 부족으로 인하여 NMF가 감소하게 된다. 그뿐만 아니라 각질층세포의 박리도 일어나지 않기 때문에 단단하게 쌓인 상태의 인설을 만들어 계절과 무관하게 두텁고 거칠거칠한 건조한 피부가 된다.

2) 각질층의 구조와 기능

(1) 각질층의 구조

일반적으로 각질층세포는 두께가 1미크론이고 넓이가 1,000제곱 미크론인 오각형에 가까운 형태를 하고 있다. 그 표면적은 각질층 턴 오버의 속도에 비례한다. 예를 들어 피부염의 병변부에서는 800제곱 미크론 정도로 작고 두텁다. 한편, 안면의 피부는 정상 피부일지라도 다른 부위의 피부에 비하여 턴 오버 시간이 짧으며 각질층세포 면적도 작다.

또한, 각질층 심부의 표피에 가까운 부분의 산성도는 중성이지만 각질층 상부로 이동함에 따라서 pH4.5~6.0으로 약산성이 되므로 피부에는 상재균만이 서식한다. 그러나 피부염의 경우에는 중성에 가까운 pH인 병적 각질층이 표면에 존재하기 때문에 황색포도구균이 번식하게 되므로 감염증을 일으키기 쉬워진다.

*7) 천연보습인자(NMF, Natural Moisturizing Factor) : 각질층의 구성 단백질이 단백질분해효소에 의해 분해된 아미노산, 땀의 성분인 젖산염, 요소 등 각질층의 보습기능을 하는 수용성의 저분자 물질을 총칭.

(2) 각질층의 기능

1 경피 수분 손실과 방벽 기능

각질층을 통하여 아주 약간 상실되는 수분을 경피 수분 손실(TEWL, Trans epidermal Water Loss)이라고 한다. 이것은 인간이 생존하기 위하여 문제가 되지 않을 정도의 최소한의 방벽 기능을 나타내는 지표이다. 따라서 피부질환(유아의 아토피성 피부염 등)의 경우에는 각질층의 방벽 기능의 이상이 발생하며 병변의 정도에 비례하여 TEWL의 상승이 관찰된다. 또한, 습한 하절기보다 건조한 동절기에 방벽기능이 저하된다. 대사가 왕성하여 각질층이 얇은 얼굴에서는 정상 피부일지라도 몸통이나 팔다리의 병변 부위에 필적하는 높은 TEWL값을 보인다.

2 각질층의 수분 유지 기능

정상적인 피부의 표면이 부드럽고 매끄러운 것은 각질층의 보습기능에 의한 것이다.

수분은 각질층 아래의 70%의 수분이 함유된 살아있는 표피조직으로부터 공급된다. 또한, 외부로부터 수분을 도포하더라도 즉시 흡수하는 수분 흡수 능력을 지닌다.

각질층의 수분함유량은 표면에서는 낮고 내부로 갈수록 높아진다. 이것은 고주파 임피던스 측정 팩터인 전도도나 전기 용량을 지표로 측정할 수 있다. 전도도는 정밀하게 표피의 수분을 측정하므로 보습제를 도포하였을 때의 변화 측정에 적합하며, 전기 용량은 표피의 깊은 부분이나 병적으로 건조하여 인설이 있는 병변부 측정에 적합하다.

수분함유율은 신체 부위에 따라 다르며 안면이 다른 부위에 비하여 높다. 당연히

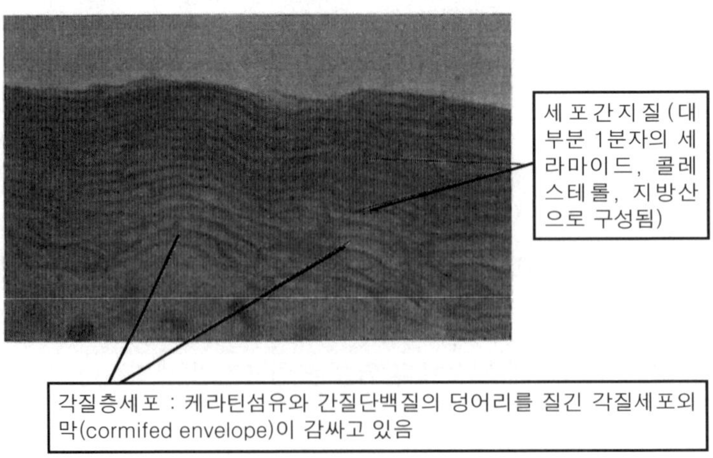

[그림 2-3] 각질층을 동결 절단

피부가 거칠어지거나 건피증이 있는 경우에는 낮으며 하절기보다는 동절기에 낮은 경향을 보인다.

3 경피 흡수

각질층의 방벽 기능은 분자량 500돌턴[*8)]이 넘는 큰 분자의 투과를 허용하지 않으므로 영양소 등의 흡수는 무시할 수 있을 정도에 지나지 않는다. 이와 반대로 저분자라면 약물 및 화장품의 유효 성분 흡수가 가능하다. 각질층 방벽의 주체는 세포간지질이기 때문에 수용성 물질보다는 지용성 물질이 쉽게 투과된다. 자세한 내용은 제2장의 경피 흡수 부분을 참조하기 바란다.

3) 멜라닌세포

멜라닌세포는 표피의 최하층에 있는 각질형성세포에 존재하며 태양 자외선의 해로움으로부터 피부를 방어하는 역할을 한다. 멜라닌세포는 수상돌기의 형태를 하고 있어서 주위의 각질형성세포로 멜라닌색소를 공급한다. 하나의 멜라닌세포가 약 36개의 각질형성세포로 멜라닌을 공급한다고 한다.

멜라닌은 멜라닌세포 안에서 만들어지는 멜라노좀이라고 불리는 단위막으로 둘러싸인 세포소기관 속에서 합성된다. 합성경로는 아미노산의 일종인 티로신이 출발물질로서 티로시나아제 또는 그 관련 단백질인 TRP-1, TRP-2라고 하는 효소에 의하여 도파, 도파퀴논이 되는 산화반응을 통해 합성된다. 합성경로 중에 생성되는 멜라닌은 갈색에서 검은색의 유멜라닌으로서 피부, 모발 등에서 생성되어서 그 색을 결정한다. 한편, 황색에서 적색의 페오멜라닌은 모발이나 유색인종의 표피에서 만들어지는 멜라닌이다.

백인은 흑인에 비하여 멜라닌색소가 적기 때문에 태양광에 쉽게 타며 기미, 노인성 색소반, 지루성 각화증, 주근깨가 다발한다. 자외선 차단을 하지 않은 채 자외선에 오랜 기간 노출되면 광노화나 피부암이 발생하기 쉽다.

상기의 멜라닌 합성경로 외에도, 최근 연구를 통하여 멜라닌세포 활성화 인자인 사이트카인[*9)]으로서 α-MSH, 엔도셀린, stem cell factor(SCF)의 존재도 밝혀졌다.

---

*8) 돌턴 : 고분자물질의 분자량을 나타내는 단위. 예를 들어 펩티드는 수백에서 수천 돌턴이며 단백질은 1만 돌턴 이상이다.

*9) 사이토카인 : 세포가 생산하여 방출하는 세포간의 정보전달 단백질로서 다른 세포나 자기 자신의 수용체를 자극하여 증식이나 분화와 같은 다양한 기능적 변화를 유발한다.

4) 면역방어와 랑게르한스세포

표피상층의 각질형성세포 사이에는 미숙한 수상세포인 랑게르한스세포가 존재한다. 이 세포는 각질층으로부터 침입한 생체에 대하여 이물질(항원)을 인식하면 성숙한 수상세포로 변화하고 표피를 떠나 진피, 림프관을 통해 국소 림프절로 이동하여 항원과 항체 반응을 하는 T림프구나 B림프구의 분화·증식을 촉진함으로써 면역반응을 유발한다.

3. 진피의 기능과 구조

진피는 주로 결합조직으로 이루어져 있으며 섬유 성분과 그 사이를 비정형으로 채우는 간질 성분인 세포외바탕질은 섬유아세포에서 생산된다. 섬유 성분은 교원섬유(콜라겐[*10)])와 탄력섬유(엘라스틴[*11)])이며, 그 사이를 채우고 보습성을 발휘하여서 피부에 탄력을 부여하는 겔 상태의 간질 성분에는 히알루론산 외에도 프로테오글리칸이라고 하는 콘드로이틴황산, 헤파란 황산염, 더마탄 황산염, 케라탄 황산염 등이 있다.

튼튼한 가죽 제품은 사실 콜라겐섬유 성분으로 이루어진 동물의 진피이다. 진피섬유 성분은 주로 Ⅰ형 콜라겐과 Ⅲ형 콜라겐으로 이루어진 교원섬유가 주체가 되며 그 사이가 느슨해지지 않도록 탄력섬유가 마치 고무처럼 결합하고 있다. 성장을 하면서 이들은 두터워지는데 청장년층을 지나 노화가 시작되면 이들 진피성분의 생산량은 감소되는 반면 콜라겐을 분해하는 기질단백분해효소(MMP, matrix metalloproteinase)의 작용으로 진피가 얇아지게 된다.

또한, 탄력섬유도 노화에 따라 감소되기 때문에 피부가 늘어지게 된다. 특히 노출부인 안면이나 손등은 만성적인 태양광 자외선 조사로 말미암아 MMP가 증가하여 교원섬유는 현저히 감소하는 한편 변성되어 무질서한 엘라스틴이 쌓여서 일광탄력섬유증이라고 하는 상태가 된다. 외견적으로는 피부가 누렇게 되고 피부표면이 거칠어지며 주름은 깊어져 사라지지 않아서 노인의 면모에 이르게 되는 것이다.

*10) 콜라겐 : 섬유아세포가 생산하는 진피결합조직의 섬유 성분으로 진피층의 주체이다.

*11) 엘라스틴 : 탄성섬유의 주요 구성 단백질로서 조직에 탄력을 부여하는 기능을 한다.

1) 유두진피층

진피의 바로 아래에 존재하는 이 부분은 심층에 비하여 가느다란 콜라겐 섬유 성분과 모세혈관, 말단 림프관이 많이 자리 잡고 있는 층으로서 표피의 각질형성세포에 영향을 주어 증식이나 분화에 관여한다.

2) 망상진피층

진피의 대부분, 즉 중하층의 두터운 부분을 차지하며 모세혈관, 림프관 외에도 소정맥, 신경을 감싸는 굵은 콜라겐섬유가 존재한다. 노화가 진행되면서 이 층 전체가 얇아지고 피부가 늘어지게 된다.

혈관계로는 조직에 산소와 영양을 보급하는 동맥과 이산화탄소와 대사산물을 운반하는 정맥이 있으며, 실제 물질교환은 혈관벽이 얇은 말초 모세혈관의 네트워크를 통하여 이루어진다. 또한, 피부에 침입한 외부의 이물질을 액상 성분과 함께 혹은 그것들을 탐식한 염증·면역세포를 림프조직으로 운반하여 면역반응을 일으키는 림프관의 네트워크도 있다. 그리고 이러한 염증이나 면역반응에 관여하는 세포에는 비만세포, 진피수상세포, 림프구, 대식세포(매크로퍼지)가 주로 혈관 주위에 존재한다.

또한, 피부의 감각에 관계된 감각신경, 혈관반응이나 발한을 조절하는 자율신경의 네트워크가 있다.

4. 피하지방 조직

이 조직은 교원섬유의 주머니에 싸여 있는 지방조직으로서 외력으로부터 내장을 보호하는 쿠션의 역할을 할 뿐 아니라 추위로 인하여 영향을 받지 않게 하는 기능을 한다.

5. 피부 부속기

표피가 진피 및 피하조직까지 연장되어 모낭피지선, 땀샘, 손발톱으로 분화한 것이 피부 부속기이다. 체모, 손발톱은 제2장에서 별도로 설명하고 여기서는 피지선과 땀샘에 대하여 이야기하겠다.

1) 피지선

피지선은 모공 안쪽으로 연결되어 있다. 남성호르몬의 영향으로 생산되는 피지의 주요 성분은 중성지방, 왁스에스테르, 스쿠알렌으로서 생산량이 증가하면 지방을 좋아하는 세균 번식이 왕성해져서 리파아제로 인해 중성지방이 지방산과 글리세린으로 분해되고 최종적으로 모낭 속에 각질층과 피지가 덩어리진 면포를 형성한다. 이것이 축적되어 모낭벽이 파괴되면 염증이 발생하여 여드름, 뾰루지가 관찰된다.

피지선의 활동은 남성호르몬(안드로겐)의 분비가 활발한 사춘기에서 중년까지 왕성하게 관찰되며 부위적으로는 안면과 두부에 두드러진다. 여성의 경우에는 부신에서 생산되는 남성호르몬의 자극에서 기인한다. 털이 난 부위의 모공은 작고 모낭 내에 기생하는 좌창 갈균 성분 그 자체와 그것이 생산하는 리파아제로 인해 중성지방이 분해된 지방산, 그리고 과산화지질의 자극으로 모낭벽이 자극을 받아 각화가 항진되어서 폐쇄된 면포(피지 덩어리)가 만들어지며 파열되면 세균, 각질의 자극으로 염증이 발생하여 여드름이 된다.

두부에는 두꺼운 모발이 있기 때문에 모낭 폐쇄가 잘 일어나지 않으므로 여드름이 생기지 않는다. 그러나 머리를 감지 않으면 피지를 좋아하는 곰팡이(Malassezia)가 번식하여 그 자극으로 염증, 지루성 피부염이 야기되기 쉬우며 그 결과 병적 각질층으로 이루어진 비듬이 발생한다. 안면과 두부에 연결된 경부, 흉부의 중앙과 상배부에서는 피지분비가 왕성하지만 그 밖에 몸통 하부, 팔다리에는 약간의 피지만 분비되며 손등과 발바닥에는 피지선이 없어서 보통 여드름은 발생하지 않는다.

표피에 분비된 피지는 유지이므로 폐쇄 밀봉을 통한 유연효과로 각질층 보습작용이 가능하기는 하나, 그보다 실제로는 피지의 중성지방이 지방산과 글리세린으로 분해된 후의 글리세린이 높은 보습효과를 발휘한다.

신생아의 경우 어머니에게서 받은 남성호르몬 때문에 피지분비가 왕성하지만 수개월이 지나면 그 영향이 사라지고 조금밖에 분비되지 않아서 소아의 경우 공기가 건조한 동절기에는 피부건조(건피증)가 야기되기 쉽다.

성인의 경우 남성호르몬의 정도에는 인종차는 없으나 그것에 반응하는 모낭이나 피지선의 성상에는 인종적인 차이가 있어서 백인, 흑인에 비하여 아시아인은 피지 분비가 적고, 당연히 여드름이 잘 생기지 않는다. 또한, 사춘기 이후에 남성 호르몬으로 인하여 두꺼운 수염이나 가슴 털, 진한 솜털도 잘 나지 않으며, 중년 이후 두발의 남성형 탈모도 백인, 흑인에 비하여 잘 발생하지 않는다.

이와 같이 모낭 · 피지선의 반응성은 선천적인 것이며, 피지의 과도 분비를 관리하거나 체모를 증가시킬 수는 없다. 세안을 하여 피부표면의 피지는 씻어낼 수 있지만 이를 통해 모낭 내의 미생물의 변화를 유도하기는 어렵다. 심한 경우에는 의료적인 처치가 필요하다.

2) 에크린샘

에크린샘은 체온이 상승하면 교감신경으로부터의 아세틸콜린의 자극을 받아 땀을 분비하고 그 수분이 증발되면 체온이 떨어진다. 땀의 성분에는 식염, 젖산, 요소, 염류와 같은 NMF 성분뿐만 아니라 면역글로불린이나 사이토카인도 함유되어 있다. 또한 에크린샘은 온도 상승 외에도 긴장을 하였을 때 이마, 손, 발바닥 등에서 정신적인 발한을 일으킨다.

3) 아포크린샘

아포크린샘은 겨드랑이, 외음부, 유두 주위부의 모낭에 국한된 것으로서 모공 내의 피지선의 배설관 위로 열려 있다. 특히 겨드랑이 아래에 많으며 에크린샘과는 달리 피부 표면에는 열려 있지 않고 모공 속에 열려 있다. 사춘기부터 분비되는 남성호르몬의 영향을 받아서 기능하기 시작한다. 다시 말해서 아포크린샘은 피지선과 유사하여 땀샘세포의 일부가 떨어져나가 땀과 함께 배출되며 이 세포 성분이 모공이나 피부의 표면에 있는 세균으로 인해 분해되면서 체취가 발생한다. 이른바 '액취' 가 이것이다. 일본인은 흑인, 백인에 비하여 땀샘의 분비가 약하여 체취가 적다.

4) 피부 감각

피부는 눈, 코, 귀와 더불어 중요한 감각기관이기도 하다. 피부에는 많은 신경이 존재하며 이들 신경종말이 외부 세계의 자극을 감지하여 뇌로 전달함으로써 촉각, 통각, 압박 감각, 온도 감각으로 표현된다. 외부 세계로부터의 자극을 피하여 조직 파괴를 예방하는 기능을 하는 것이다.

피부에는 상기의 감각을 느끼기 위한 감각점이 있으며 손가락이나 입술 등의 끝이 예민한 것은 통점이 많기 때문이다. 또한, 피부 감각 중에서도 뇌로 전달되지 않고 자율신경에 그 자극이 전달되어 반응이 발생하는 경우도 있다. 피부에 열 자극을 주었을 때 피부혈관이 확장되어 붉어지는 것이 바로 그 예이다.

03 표피, 각질층의 과학

1. 환경으로부터 신체를 보호하는 피부의 역할[1)]

피부는 우리들 생명체와 외부 세계와의 경계를 형성하며, 외부의 환경에 적응하면서 신체를 지키는 역할을 담당하고 있다. 육상에서 생활하는 동물은 태양의 빛 에너지의 풍요로운 혜택을 받았다. 그러나 살아 있는 생물의 세포에게 있어서 육상의 환경은 험난하기 때문에 반드시 수분의 공급과 배출을 조정함으로써 환경에 대하여 신체를 보호하여야 하며, 그러한 의미에서 피부의 첫 번째 존재 의의를 찾을 수 있다. 우리들의 생명이 태아 때 양수 속에서 자랐었던 것과 같이 생명은 바닷속에서 탄생하였고 그 후 육상생물로 진화한 것으로 여겨진다. 이 진화의 과정을 돌아보면 우리들 인간의 피부의 역할에 대하여 새로이 흥미로운 시각을 넓힐 수 있다[그림 3-1].

[그림 3-1] 진화 과정으로 바라본 환경에 대한 피부 적응

1) 수상생물에서의 피부의 역할

가장 단순하고도 원시적인 동물인 강장동물, 예를 들어 해파리는 단순히 외부 세계인 해수와 접하는 면에 외배엽(ectoderm)이라고 하는 얇은 층으로 경계를 지을 뿐이다. 마찬가지로 바다에 사는 동물 중 게와 같은 절지동물은 키틴 등으로 구성된 단단한 껍질로 몸을 감싸서 다른 생물의 포식으로부터 몸을 보호하기 위한 장치를 관찰할 수 있다. 척추동물인 어류가 되면 피부의 기본적인 구조, 즉 표피와 진피라고 하는 2층 구조를 관찰할 수 있다. 외배엽에서 분화된 표피에는 세포가 조밀하게 들어차 있다. 이에 반해 중배엽에서 분화된 진피에는 세포가 산재하여 있고 콜라겐과 같은 세포외기질[*1)]이 주를 이루는 구조체로 이루어져 있다. 수중에서 서식하는 어류는 비늘로 몸을 보호하는데 이것은 진피에서 유래된 구조물이라고 생각된다.

2) 육상생물에서의 피부의 역할

양서류가 되면 물에서 나와 육상에서도 생명활동을 하는데 여기서 처음으로 각질층과 유사한 구조를 관찰할 수 있으나 세포는 겨우 한 층밖에 되지 않는다. 그 대신 분비선이 발달하여서 항상 점액을 분비하여 표피표면이 건조되지 않도록 지키고 있다. 한편, 아직 불충분한 폐의 기능을 보충하기 위하여 피부표면을 통한 산소 섭취, 즉 피부호흡이라고 하는 중요한 기능을 피부에 부여하였다. 양서류가 유생기를 수중에서 보내는 것과는 달리 파충류는 그 일생을 대부분 육상에서 보내게 된다. 이러한 파충류에게 있어서 어떻게 햇볕에 마르지 않는가는 최대의 과제로서 비늘을 발달시킴으로써 이를 해결하였다. 그뿐만 아니라 태양광의 복사열을 체내로 받아들여 체온을 높이거나 폐호흡을 통하여 산소를 효율적으로 받아들이는 데에도 성공하였다. 실로 상륙에 성공한 것이다. 파충류의 비늘은 각질화된 표피세포가 여러 층 겹쳐져 있으며 세포 사이에는 왁스와 유사한 물질이 존재하는, 마치 우리 인간의 각질층과 유사한 구조도 확인된다. 표피에서 끊임없이 세포 증식이 이루어진다는 점에서도 공통점이 있지만, 그 일부를 탈피를 통하여 한 번에 벗어버린다는 점에서는 사람과 큰 차이가 있다. 조류의 최대의 특징은 깃털의 발달인데 이 역시도 표피의 형태가 변화된 것이다. 특히 그 주성분은 파충류의 비늘의 재료이기도 한 하드케라틴이다. 포유류에서도 대부분의 생물이 거의 전신의 피부가 털로 덮여 있다. 피모(被毛) 역시 표피에서 유래된 구조물인데 체온을 유지하고 외부 세계로부터의 물리적 자극을 완화한다. 또한, 일부의 털은 고양

*1) 세포외기질 : 진피에 산재하는 세포 주위를 둘러싼 섬유나 세포 사이를 채우는 기질을 총칭

이의 수염처럼 감각기로서의 기능을 한다. 또한, 손발톱이나 발굽 등 표피에서 기원된 특징적인 부위의 발달도 잊어서는 안 된다. 한편 소, 사슴 등의 뿔은 뼈에서 유래된 부분을 심으로 하여 그 주위를 표피에서 기원된 구조가 덮고 있는 경우가 많다.

3) 사람에게서 피부의 역할 : 생물학적 및 미용적 역할

그렇다면 사람의 경우에는 어떠할까. 다른 포유류에 비교하여 털의 밀도가 압도적으로 낮다. 따라서 대부분의 피부표면이 직접적으로 외기에 노출되어 있다. 양이나 쥐처럼 전신이 피모(被毛)로 덮여 있는 포유류의 표피 및 각질층이 얇은 것에 반하여 털이 적고 피부가 직접 외부 세계와 접해 있는 인간, 코끼리, 하마 등은 표피 및 각질층이 두텁게 발달하였다.

이상과 같이 진화의 과정을 뒤돌아보면 피부가 육상에서의 생활에 어떻게 적응하여 왔는지를 잘 이해할 수 있다. 그뿐만 아니라 인간 피부는 다양한 고도의 기능을 획득하였다. 예를 들자면 인간은 자발적인 행동을 통하여 포식하여야만 한다. 다시 말해 대지를 보행하고 손을 써서 물건을 잡기 위하여 피부는 유연성을 지니면서도 손바닥이나 발바닥은 두텁고 튼튼한 각질층을 갖추고 있다. 또한, 자외선으로 인한 손상을 방지하기 위하여 멜라닌색소를 만들고, 체온조절을 위하여 땀을 흘리는 등 피부가 갖춘 생리학적 기능은 다 열거할 수 없을 정도이다.

인간 피부는 털이 적으며 가장 바깥층에 면하고 있다. 다시 말해 밖에서 볼 수 있는 대상이다. 그러므로 앞서 설명한 생물학적 기능뿐만 아니라 미적인 측면, 사회심리학적 측면에 있어서도 피부는 사람들 간의 의사소통에서 외관을 결정하는 주요한 요소가 된다. 메이크업 화장품을 도포하는 것도 피부이며 화장이 잘 받는지를 결정하는 것도 피부이다. 형상(주름, 피부 처짐 등), 피부색이라고 하는 외관을 형성하는 것도 피부이다. 이렇듯 현대 사회인의 피부는 모발 등과 더불어 미용적으로 결정적인 요인 중 하나이다. 생체로서의 인간 피부의 역할을 생각할 때에 생물학적으로 생명유지를 위해 필요한 방어벽 기능 등은 물론, 이에 더하여 건강한 생활을 영위하기 위한 미용적 가치관 충족이라는 역할도 고려하여야만 한다. 이와 같은 피부의 기능에 있어서 주요한 역할을 담당하고 있는 것이 표피, 특히 최외곽층의 각질층이다.

그러므로 표피 · 각질층에 초점을 맞추어 그 구성의 복잡함과 정교함에 대해 간략히 설명하겠다.

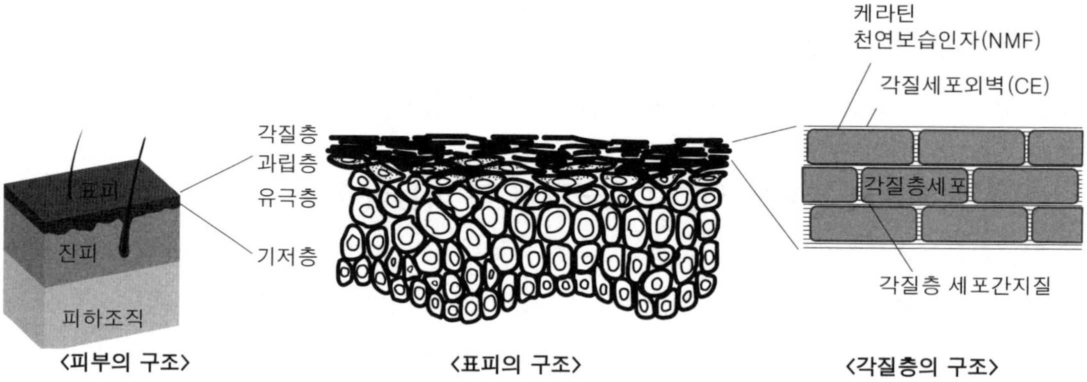

[그림 3-2] 피부의 구조(모식도)

2. 각질형성세포의 증식과 분화

피부는 바깥쪽에서부터 표피, 진피, 피하조직으로 구성된다[그림 3-2]. 진피는 콜라겐이나 엘라스틴과 같은 기질 성분이 대부분이고 세포는 매우 조금밖에 들어 있지 않은 것에 반하여, 표피는 0.1 ~ 0.2mm 두께이며 각질형성세포가 빼곡하게 차있다. 표피는 형태적인 특징에 따라서 크게 기저층, 유극층, 과립층, 각질층으로 나뉘며, 각각의 층을 구성하고 있는 세포를 기저세포, 유극세포, 과립세포, 각질세포라고 한다. 표피와 진피의 계면에 있는 기저막은 Ⅳ형 콜라겐과 라미닌 5 등으로 이루어지며 기저세포는 헤미데스모좀이라고 하는 구조를 통하여 기저막에 접착되어 있다. 이 기저층에서 세포분열하여 증식한 세포가 분화하여 유극세포, 과립세포, 각질세포로 그 형상을 바꾸어 가며(이 변화를 각질화라고 한다) 최외곽층을 향해 이동하고 마지막에는 기능을 마치고 떨어져 나간다[그림 3-3].

이 역동적인 변화의 개요를 아래에 설명하였다.

1) 기저세포의 유지와 분화 개시

증식된 기저세포는 분화를 개시하지만, 만약 모든 기저세포가 일제히 분화를 시작한다면 새로운 각질형성세포를 공급할 수 없게 된다. 따라서 세포분열을 하더라도 미분화된 상태를 유지하여 새로운 세포의 공급원이 되는 세포, 표피줄기세포의 존재를

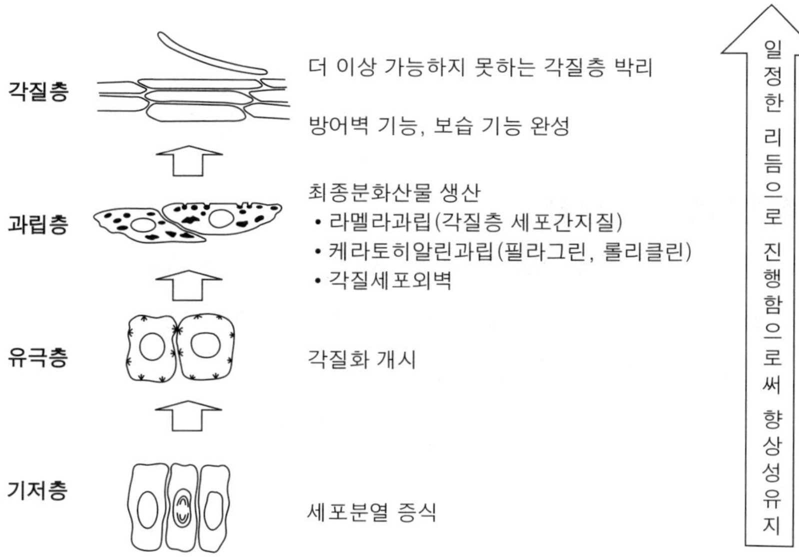

[그림 3-3] 표피 속의 다이나믹한 변화

예상할 수 있다. 표피줄기세포는 아주 천천히 증식하며 증식 후에도 수 회 더 분열한 다음에야 유극세포로의 분화를 시작한다. 기저막과 접촉하고 있는 기저세포는 인테그린을 통한 신호에 의하여 분화 개시가 억제되고 미분화된 상태를 유지한다.

2) 유극세포 · 과립세포로의 분화

기저막에서 나온 각질형성세포는 유극세포가 되어서 각질화 과정을 시작한다. 유극세포에서는 세포와 세포와의 접착 부분에서 가시 모양의 형태가 관찰된다. 이것은 세포 간의 결합에 관여하는 데스모좀이라고 하는 접착장치로서 데스모글레인이나 데스모콜린 등의 여러 종류의 단백질로 이루어진다. 기저세포가 유극세포가 되면 유전자 발현이 크게 변화한다. 예를 들어 기저세포에서 발현된 케라틴 5, 케라틴 14의 발현이 정지되고, 대신 케라틴 1, 케라틴 10이 발현된다. 또한, 인볼클린과 같은 단백질 유전자발현도 개시된다. 따라서 이들 분자를 통하여 미분화된 각질형성세포와 분화된 각질형성세포를 구별할 수 있기 때문에 이른바 분화 마커로서도 이용된다. 더욱 각질화가 진행되어 과립세포로 분화하면 세포 형태가 편평해지고 세포질에서 많은 과립이 관찰된다. 이 과립은 크게 라멜라과립, 케라토히알린과립으로 나뉜다. 라멜라과립에는 나중에 설명할 각질층 세포간지질의 전구체가 들어있으며 전자현미경으로 관찰하면 지질이 층상으로 배열된 라멜라구조가 관찰된다. 케라토히알린과립에는 프로필라그린(필라그린 단위가 10개 ~ 12개 연결된 거대한 단백질)이 인산화를 통해 불용화된 것, 로리크린 등의 단백질이 응집하여 불용화된 것 등이 존재한다.

3) 각질층세포로의 분화

과립세포가 각질층세포에 이르는 과정에서는 더욱 큰 변화가 발생한다[그림 3-4]. 핵과 세포내 소기관은 소화되고, 세포의 경계였던 세포막도 대사되어 소실되며, 세포막 바로 아래에 형성되었던 각질세포막(CE, cornified envelop)이라고 하는 단백질 복합체의 막이 세포의 최외층이 된다. 또한, 과립세포의 라멜라과립 속에 들어 있던 세포간지질의 전구체는 각질층세포 사이로 분비된다. 이러한 변화로 인하여 세포생물학적으로 세포는 죽음을 맞이한다. 각질층세포는 죽은 세포이기는 하지만 매우 활발한 대사 활성을 유지하고 있고, 뒤에서 설명할 각질층 구성 성분도 계속하여 형성한다. 다시 말해 각질층으로 막 이동한 각질층세포는 아직 충분한 기능을 획득하지 못하였기 때문에 최종적인 방어벽 기능과 보습 기능을 완성하고자 하는 변화가 계속되는 것이다.

이상과 같이 기저층에서 증식된 각질형성세포는 기저세포 → 유극세포 → 과립세포 → 각질층세포라고 하는 변화, 즉 각질화를 약 4주 동안 연속적으로 수행한 후 최종적으로는 때가 되어 떨어져 나간다(다음 항 참조). 충분한 수원이 있는 하천은 조용히 끊임없이 하류로 흐르지만 하천의 모습은 변하지 않듯이 표피에서의 각질화과정도 쉴 틈 없이 진행되며 전체적으로는 거의 같은 형태가 유지되고 있는 것이다. 그러나 표피를 구성하고 있는 세포 자체는 끊임없이 재생되고 있으며(표피 턴 오버라고 한다) 표피가 다이나믹한 조직이라는 점은 잊어서는 안 된다.

3. 각질층의 역할과 재생[2)]

각질층은 피부의 최외곽층에 위치하는 두께가 약 20미크론밖에 되지 않는 구조물이다[그림 3-2]. 이 극히 얇은 구조물이 방어벽 기능의 주체가 된다. 이 구조물은 각질형성세포가 분화(각질화)되어 죽은 편평한 각질층세포와 그 세포 사이를 채우는 세

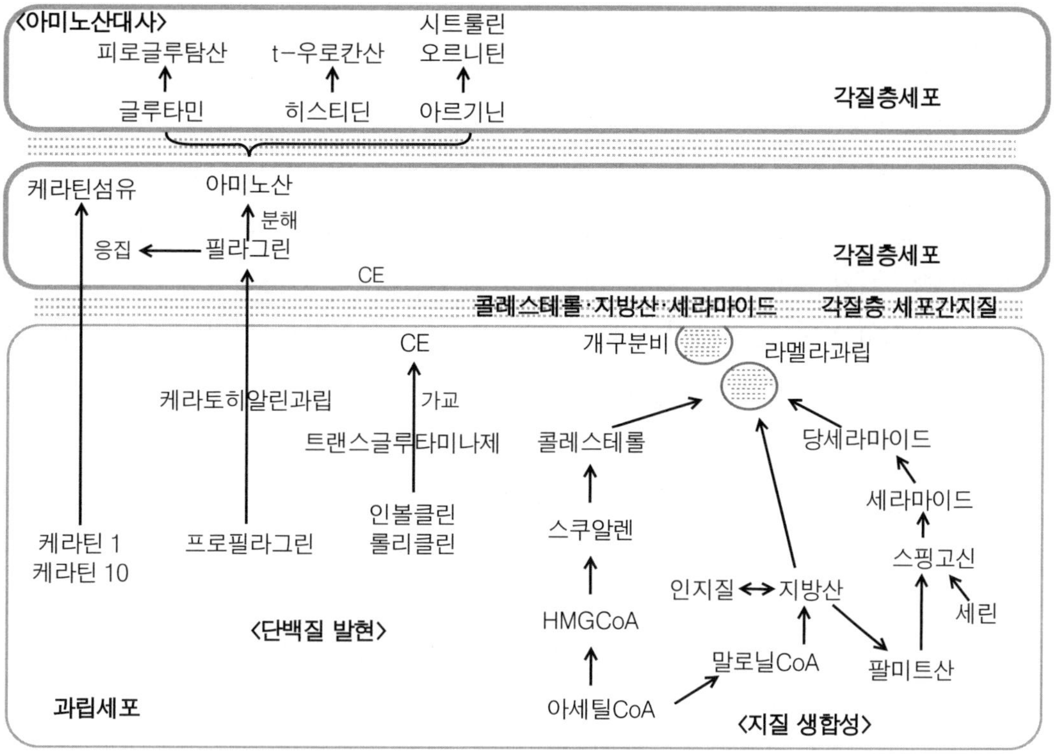

[그림 3-4] 각질층의 주성분과 그 생산 과정

포간지질로 구성되며, 종종 벽돌과 모르타르에 빗대어 표현된다. 벽돌에 상당하는 각질층세포의 주요 성분은 케라틴이라고 하는 섬유성 단백질이며 공존하는 수분에 따라서 각질층 전체의 유연성과 같은 물리화학적 성질이 좌우된다. 한편, 모르타르에 해당하는 세포간지질은 콜레스테롤, 콜레스테롤에스텔, 지방산, 세라마이드를 주성분으로 하는 라멜라 구조(층상 구조)를 형성함으로써 각질층의 방어벽 기능에 깊이 관여한다. 또한, 각질층세포를 감싸는 구조를 하는 CE도 세포간지질의 라멜라구조 구축의 토대를 제공하며 간접적으로 방벽 기능의 형성에 관여한다.

각질층은 표피 턴 오버에 의하여 끊임없이 재탄생한다. 각질층에서는 각질층세포가 10~20층이 겹쳐있는데 최외곽층의 각질층세포는 보통 알지 못하는 사이에 순차적으로 벗겨져 떨어져 나간다. 박리되기 전까지 각질층세포는 서로 데스모글레인이나 데스모콜린과 같은 단백질복합체로 구성된 데스모좀이라고 하는 접착장치를 통하여 접착되어 있기 때문에 간단히 따로 떨어지지는 않는다. 그러나 최외곽층의 각질층에서는 데스모좀이 단백질 분해효소(프로테아제)로 인하여 소화되므로 쉽게 떨어져 나가게 된다. 건강한 피부에서는 각질형성세포가 새로 증식하는 속도와 각질층의 최외곽층이 탈락하는 속도의 균형이 잡혀 있기 때문에 피부가 새로 바뀌는 것을 알아채는 일은 거의 없다.

그러나 이 균형이 무너지는 경우도 종종 경험한다. 예를 들어서 일광에 심하게 탄 경우에는 껍질이 벗겨지게 된다. 이것은 일광화상에 의해 염증이 발생하여 각질형성세포의 증식이 일시적으로 왕성해져서 증식된 각질형성세포가 각질층세포로 이동하면 덩어리가 되어 박리되는 현상이다. 피부가 거칠어지는 것 역시, 비록 일광화상 정도는 아니지만 미약한 염증이 발생한 경우나 표피의 증식과 분화의 균형이 무너져 각질화가 충분하게 진행되지 않는 경우, 혹은 건조에 따른 각질층 수분량의 저하로 인하여 데스모좀 분해가 원활하게 진행되지 않는 경우 등에 발생한다. 이와 같이 각질화가 충분히 진행되지 않는 현상을 일반적으로 이상각화증세라고 하는데 그 본질은 다양하다. 본래 각질층에서는 핵이 소화되어 소실되지만 각질화가 충분히 진행되지 않은 경우에는 핵이 잔존하기도 한다. 이것을 유핵세포라고 하며 이상각화 증세의 대표적인 지표로서 범용된다. 각질층이 덩어리가 되어 벗겨지는 피부는 거칠거나 피부결이 나쁘며 화장이 잘 받지 않는 등 미용적으로도 좋은 상태는 아니다.

앞에서 말한 바와 같이 각질층은 살아 있는 세포에는 없는 매우 특수한 구조를 통하여 방어벽 기능을 발휘하는데 그 구조는 각질형성세포의 각질화 프로세스에 따라서 서서히 준비된다. 즉 구조 단백질이나 효소 등이 유전자 정보에 따라 수많은 단백질을 적시에 생산한 다음 정해진 장소에 배치함으로써 필요한 성분을 만들어내는 것이다. 각질층이라고 하는 최종 제품을 생산하기 위하여 표피라고 하는 생산 공장이 풀가동하고 있다고 말하여도 과언은 아니다. 이하에 각질층 구조의 주요 성분이 생산되는 구조에 대하여 기술하였다.

4. 각질층을 구성하는 주요 성분[2) 3)]

1) 케라틴

케라틴은 세포 골격 형성에 관여하는 섬유를 구성하는 분자량 약 4~6만의 단백질로서 20종류 이상이 알려져 있으나 보통 타입 I(산성) 케라틴과 타입 Ⅱ(염기성) 케라틴으로 크게 나뉜다. 표피의 각질형성세포에서는 기저층에서는 케라틴 5와 케라틴 14가, 유극층 이후에는 케라틴 1과 케라틴 10이 발현된다. 이 2종류의 케라틴 분자가 이량체를 형성하고 결합함으로써 중간경 필라멘트라고 하는 직경 약 10nm의 섬유를 형성한다. 살아 있는 세포에서는 세포 골격 형성에 관여하고 있으나, 각질층에서는 필라멘트들을 더욱 결합 · 응집시킴으로써 불용성의 매우 강고한 구조가 된다. 각질층의 단백질 중 약 80%를 차지하며 각질층을 튼튼하게 한다.

2) 각질세포외막(CE, cornified envelop)

CE는 인볼클린이나 롤리클린 등의 다양한 단백질들의 가교와 불용화로 형성되는 막상의 구조로서 각질층세포를 감싸는 듯한 모습으로 형성된다. 인볼클린이나 롤리클린과 같은 CE의 구성 단백질은 각질형성세포의 분화에 따라 유극층과 과립층에서 발현된다. 그 단백질 중 라이신잔기와 글루타민잔기가 트랜스글루타미나아제의 작용으로 결합되어서 단백질들이 가교한다. CE는 과립층까지 살아 있는 세포의 세포막의 안쪽에 형성되지만, 각질층에 이르는 과정에서 세포막이 대사되기 때문에 각질층세포의 가장 바깥쪽에서 세포를 감싸는 모습으로 존재하게 된다. CE의 바깥쪽에는 ω-하이드록시세라마이드나 ω-하이드록시지방산이 에스테르결합하여서 흡사 지질로 코팅된 것 같은 구조가 관찰된다. 이와 같이 소수성이 풍부한 구조를 취하는 것이 다음에 설명할 세포간지질의 구축의 토대가 된다고 생각된다.

3) 각질층 세포간 지질

각질층세포들 사이의 간극은 콜레스테롤(및 그 에스텔), 지방산, 세라마이드를 주요 성분으로 하는 지질로 채워져 있다. 이들 지질은 모두 각질형성세포의 분화에 따라 생합성되어 과립층의 라멜라 과립에 축적된다. 과립층에서 각질층으로 이르는 과정에서 라멜라 과립은 개구 분비되고(최근의 연구에서는 연속된 지질큐빅 구조를 통하여 분비된다는 설도 있다) 효소에 의한 변환 등을 거쳐 각질층세포 사이에 지질결정 구조를 구축한다.

이들 지질이 각질층세포 사이에서 방어벽 기능을 발휘하기 위해서는 라멜라 구조를 구축하는 것이 중요하다. 거의 비슷한 몰비의 콜레스테롤, 지방산, 세라마이드는 친수성(극성)잔기가 같은 방향을 향하는 결정 구조를 형성한다. 그리고 이 결정 구조가 층상으로 반복되어 라멜라 구조가 구축되는 것이다. 이 라멜라 구조 구축에는 앞서 설명한 CE가 토대가 되고 세라마이드 1과 같은 긴사슬 세라마이드층이 관통하여 리벳의 기능을 하는 것으로 여겨진다.

4) 아미노산

각질층에는 물을 보존하는 기능, 보습 기능이 있다. 보습 기능에서 중요한 역할을 담당하는 것이 각질층에 함유된 수용성의 저분자이다. 원래부터 각질층 자체에 존재하였기 때문에 천연 보습인자(NMF, natural moisturizing factor)라고 한다. 그 실체는 아미노산(및 그 유도체), 유기산, 미네랄염류이다. 그 중 아미노산의 기능에서 주목해야 하는 부분이 있다. 각질층에 존재하는 아미노산은 단순히 아미노산이 혈류를 통하여 운반되어 스며들은 것은 아니다. 표피세포에서 일단 필라그린이라고 하는 단백질에 합성된 다음 이것을 각질층 속에서 프로테아제로 분해하여 아미노산을 생산하는 것이다. 필라그린은 우선 프로필라그린으로서 생합성되어 표피 과립층에서 볼 수 있는 케라토히알린과립에 축적된다. 이것이 각질층으로 이동하면 부분 가수분해되어서 필라그린이 되고, 앞서 설명한 바와 같이 케라틴 섬유를 결합시킨 후 아미노산이 될 때까지 분해된다. 다시 말해 필라그린은 튼튼한 각질층의 구조에 관여하는 기능과 각질층의 보습기능의 매우 합리적인 두 가지 기능을 겸비하고 있는 것이다. 그러나 아미노산과 같은 천연보습인자는 수용성이기 때문에 세정으로 인하여 상실되기 쉽다. 따라서 각질층의 보습기능을 향상시킬 수 있는 스킨케어 화장품의 역할이 중요함은 말할 필요도 없다.

5. 각질층 구성 성분의 생산관리

이상 각질층을 구성하는 주요 성분에 대하여 간략히 설명하였다. 모든 성분은 표피세포의 증식과 분화에 따라 생성되는 것이다. 표피는 우리들의 신체를 지키는 각질층을 만드는 공장으로 그 생산 능력은 매우 높다. 그리고 생산된 '부품' 은 단순히 조립되어 컨베이어벨트를 타고 지나가는 것이 아닌, 그들이 서로 협조하여 건강한 각질층이 만들어지는 것이다. 또한 24시간 동안 작업하여 한시도 그 기능에 문제가 발생해서는 안 된다. 본래 표피세포는 왕성하게 증식하지만 결코 종양처럼 무질서한 증식이 아닌 엄밀하게 컨트롤된 증식과 분화가 반복됨으로써 항상성이 유지된다. 표피에는 다양한 분화 단계의 세포가 존재하는데, 미분화된 상태를 유지하는 줄기세포라고 하는 세포가 기저층의 한 부분에 존재한다. 이 줄기세포로부터 분열한 미분화된 각질형성세포는 수차례의 세포분열을 한 후에 분화(각질화)를 개시하여 최종적으로는 각질층을 형성하게 된다. 그렇다면 분화를 개시하는 신호는 무엇일까. 또 증식을 촉진하는 신호는 무엇이고 분화에 따른 유전자 발현은 어떻게 제어되는 것일까? 세포표면의 세포접착분자를 통한 세포-세포 간 혹은 세포-세포외기질 간의 상호작용의 제어, 이온이나 사이토카인과 같은 가용성 인자에 따른 증식 분화 제어, 지용성 분자와 같은 저분자리간드를 통한 전사 인자의 활성화와 그에 따른 유전자 발현, 각종 효소반응을 통한 생화학적인 조절 등 다양한 구조가 서서히 해명되게 되었다. 전구체로 발현된 효소가 프로테아제에 의해 한정 분해되어 활성 본체로 변환되어 기능을 하거나 그 활성이 다양한 조절 인자를 통해 제어되는 경우도 다수 밝혀졌다. 예를 들어서 각질층이 최외곽층에서 박리될 때에는 접착장치인 데스모좀이 프로테아제에 의해 분해되지만 최외곽층에 이르기 전까지는 분해가 일어나지 않도록 제어된다. 향후에도 더욱 정교한 구조가 해명될 것이다.

6. 안면피부의 특수성

인간 피부는 털이 많지 않으며 포유류 중에서도 특수하게 안면피부가 직접 외기에 접한다는 것은 앞서 이야기하였다. 또한, 피부라고 총칭하지만 기본 구조는 같아도 부위에 따라 성질은 다르다. 특히 안면은 끊임없이 외기와 일광에 노출되는 경우가 많다. 또한, 감각입력기관이 집중되어 있고 의사소통을 하기 위해서 많은 운동을 하며 미용적으로도 중요한 부위이다. 안면피부의 특징은 두께가 얇고 세포 증식이 왕성하여 턴 오버도 빠르며 방어벽 기능이 낮다. 각질층을 만들어내는 생산 공장이 바쁘게 일하고 생산라인이 짧음에도 불구하고 더욱 열심히 하려고 하기 때문에 몇몇 '부품' 은 과도 생산되어 균형이 무너져버리는 것이 안면이다. 또한, 개인차도 있으나 피지선이 많고 활동도 왕성하여 피지분비량도 많다. 그리고 현대인의 생활습관을 고려하였을 때 자외선을 많이 받고 차가운 바람에 노출되며 세안제에 노출되는 가장 자극을 받기 쉬운 부위라고도 할 수 있다.

피부에 자극이 가해지면 어떠한 변화가 발생할까? 가장 전형적인 것이 일광화상이다. 일광화상을 입으면 자외선의 작용으로 피부가 붉게 변하거나, 검게 변하거나 혹은 껍질이 벗겨지는 등의 변화를 종종 경험하는데 사실은 피부가 염증을 일으킨 것이다. 염증반응은 이물질을 제거하고 손상을 입은 조직을 재생시키고자 하는 생체의 응답이다. 그 주요한 징후로 발적(홍반), 발열, 종창(부종), 동통을 들 수 있다. 실제로 과도한 일광화상을 입은 피부도 붉게 부풀어 오르거나, 열이 나거나, 따끔따끔하게 아프다. 그리고 결국 껍질이 벗겨져서 원래 상태로 돌아가도록 이물질을 제거하고 손상을 입은 조직을 복구하고자 하는 반응이 안면피부에서는 이와 같은 강한 염증반응까지는 이르지 않더라도 염증과 근사한 반응이 일어난다. 이것을 임상증상을 수반하지 않는 염증 subclinical inflammation(또는 무증상염증)이라고 한다. 그러나 홍반과 같은 염증의 조짐이 뚜렷하지 않기 때문에 subclinical inflammation의 검출은 어려움이 따르나 정밀한 검출법을 통하여 비노광 부위(예를 들어 배나 등, 팔의 안쪽 등)에 비교하여 얼굴은 만성적으로 무증상 염증 상태인 것이 밝혀지게 되었다. 각질층 속의 사이토카인[4], 각질층세포의 크기[5], 각질층세포 CE의 성숙도[6] 등을 지표로 한 검출 역시 그 예이다. 안면의 subclinical inflammation의 원인으로는 우선 태양광선이나 건조된 외기의 영향을 들 수 있으나, 세안과 같은 생활습관에 의한 것이나 타고난 피부의 질에 의한 것 등 복합 요인이라고 생각된다.

7. 피부의 항상성 유지에 기여하는 스킨케어

일반적으로 표피는 각질층을 만들어서 벗겨내는 일정한 리듬에 따라 재탄생하며 마치 아무 일도 벌어지지 않은 것 같은 모습을 하고 있다. 또한, 다소의 자극이 피부에 가해지더라도 그것을 원래대로 복구시키는 기능도 구비되어 있다. 이것을 항상성(호메오스타시스)유지 기능이라고 한다. 강한 일광화상을 입어도 일시적으로는 턴 오버에 문제가 발생하여 피부가 거칠거칠해지지만 복구 기능만 충분히 기능을 하면 몇 주 후에는 원래 상태로 돌아간다. 복구·재생능력이 충분히 기능을 하면 문제가 없지만, 만약 이러한 상황이 서서히 만성화된다면 알지 못하는 사이에 피부에 변화를 초래하게 된다. 이것이 안면의 subclinical inflammation의 실체라고도 말할 수 있다. 이는 즉 방어벽 기능의 저하 → 자극을 받기 쉬움 → 이물질을 제거하고자 피부가 반응하여 턴 오버가 이상하게 빨라짐 → 각질화의 균형이 무너지고 미숙한 각질형성세포가 만들어짐 → 방어벽 기능이 저하됨 이라고 하는 악순환을 되풀이하게 된다.

확실히 피부염이라면 의약품 등으로 치료해야 하는 것은 당연하다. 피부에 가해진 자극을 완화하여 subclinical inflammation을 온화하게 개선하는 것이야말로 스킨케어의 기본 기능이라고 생각한다. 온화하게 작용하는 까닭에 그 작용을 과학적으로 실증하는 것은 종종 어려움이 따르지만 최근에는 피부 평가기술 진보를 통하여 정확도가 높은 보고도 나오게 되었다[7]. 또한, 피부염을 치료하는 경우에도 스킨케어를 통하여 대상 부위의 피부 상태를 가능한 건강하게 유지하고 치료 효과를 보조하는 효과의 중요성이 인식되고 있다. 스킨케어를 통하여 부족한 보습 성분 등을 보충할 수는 있겠으나, 피부의 구조가 더욱 많이 밝혀진 현재에는 그에 더하여 피부가 본래 지니고 있는 기능을 발휘하게 하는 것, 예를 들어 각질층 속의 효소를 활성화시키거나 지질분비를 활성화시켜서 방어벽 기능을 강화시키는 것이 가능해졌다. 피부의 정교한 구조에 대한 이해가 더욱 효과적인 스킨케어의 발전으로, 그리고 사람들의 건강하고 아름다운 피부 실현에 공헌할 수 있길 바란다.

| 참 고 문 헌 |

1) Burns D.A. and Ebling F.J.G., "*Textbook of Dermatology 6th ed.*", Blackwell Science, p17 (1998)
2) Rawlings A.V., *Intl. J. Cosmet. Sci.*, **25**, 63～95 (2003)
3) Elias P.M., *J. Invest. Dermatol.*, **125**, 183～200 (2005)
4) Hirao T. et al., *J. Invest. Dermatol.*, **106**, 1102～1107 (1996)
5) Plewig, G. and Marples R.R., *J. Invest. Dermatol.*, **54**, 13～18 (1970)
6) Hirao T. et al., *Exp. Dermatol.*, **10**, 35～44 (2001)
7) Kikuchi K. et al., *Dermatology*, **207**, 269～275 (2003)

04 염증성 피부 트러블

1. 들어가며

피부 표면을 마치 폴리에틸렌 랩처럼 한 꺼풀 덮고 있는 얇은 방어벽인 각질층은 표피에서 천천히 시간을 들여서 생성되며 수분과 결합하는 기능을 갖는 한 부드럽고 매끄러운 피부 표면을 유지한다. 한편, 피부는 상처를 입었을 때를 비롯하여 겨울철의 건조와 같은 유해한 외부환경에 시달리면서 각질층의 수분 유지 능력이나 방어벽 기능 저하의 위기에도 놓이게 된다. 이것이 도화선이 되어 피부는 눈에 보이지 않는 외상을 입고, 외부 세계로부터의 이물질이나 미생물이 침입하여서 조직 상해가 야기되며 표피의 증식이 왕성해지므로 많은 세포가 생성되어 표피는 두터워지고 분화 속도도 빨라진다. 그 결과 미숙하고 제 기능을 갖추지 못한 소형의 각질층세포가 쌓여 건조한 병적 각질층의 덩어리(인설)를 형성하여서 염증의 도화선이 되었던 물질과 함께 피부에서 떨어져 나간다[그림 4-1]. 즉 가벼운 피부염이라고 할지라도 각질층의 기능은 저하되며 피부 표면의 부드러움, 매끄러움이 사라지고 대신 건조하고 자잘한 균열이 발생하여 만지면 거칠거칠하게 느껴진다. 가령 육안으로는 볼 수도 없을 정도이며 혈관 확장으로 인한 발적도 거의 찾아볼 수 없는 않는 현미경적 레벨의 약한 염증일지라도 표피에는 미세한 변화가 발생할 수 있다.

염증성의 피부 트러블에는 다양한 종류가 있는데 그 원인 중 한 가지가 건조이며, 화장품이 그것을 해결하는 역할이 크다고 할 수 있다.

여기서는 이하에 우선 염증의 메커니즘에 대하여, 그리고 화장품 분야에 관계된 염증성 피부 트러블을 중심으로 해설하였다.

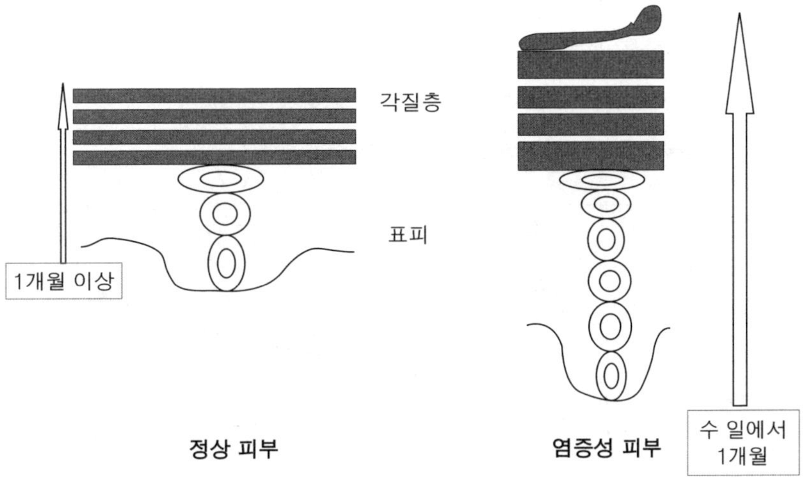

[그림 4-1] 몸통과 팔다리의 정상 피부와 염증성 피부의 표피 턴 오버 속도의 차이

안면피부는 대사가 왕성하고 각질이 얇고, 정상 피부에서의 각질층 턴 오버 시간도 몸통이나 팔다리에서는 14일 정도임에 반하여 7일 정도로 짧아서 표피 전체의 턴 오버 속도도 다른 부위의 가벼운 염증성 피부의 속도에 가까운 것으로 생각된다.

2. 각질형성세포와 염증의 메커니즘

살아 있는 피부조직은 혈액으로부터 조직으로 흘러들어가서 영양과 산소를 공급하는 조직액으로 채워져 있다. 조직액 속에는 보체(補體)라고 하는 많은 종류의 단백질이 있으며 이물질이나 미생물과 만나면 잇달아 단백질 분해효소작용을 발휘한다. 이로써 만들어진 보체 성분(C3, C4, C5)의 조각(펩티드)이 진피의 비만세포를 자극하여 히스타민이나 사이토카인을 방출시켜서 혈관이 확장되고 혈류가 증가되어 혈장 성분이나 백혈구가 혈관 밖으로 배출된다. 그 결과 피부는 붉게 부어오르고 가려움, 통증이 수 분 내에 발생한다.

또한, 표피의 주체를 이루는 각질형성세포는 각질층을 형성하여 피부를 보호할 뿐만 아니라 보체계의 중심적 역할을 하는 C3도 생산하여 방출한다.

그리고 각질형성세포는 자극을 받으면 염증반응 · 면역반응을 하는 세포를 돕는 사이토카인이라고 하는 단백질을 만들어 방출한다. 가령 외부환경으로부터 미생물이

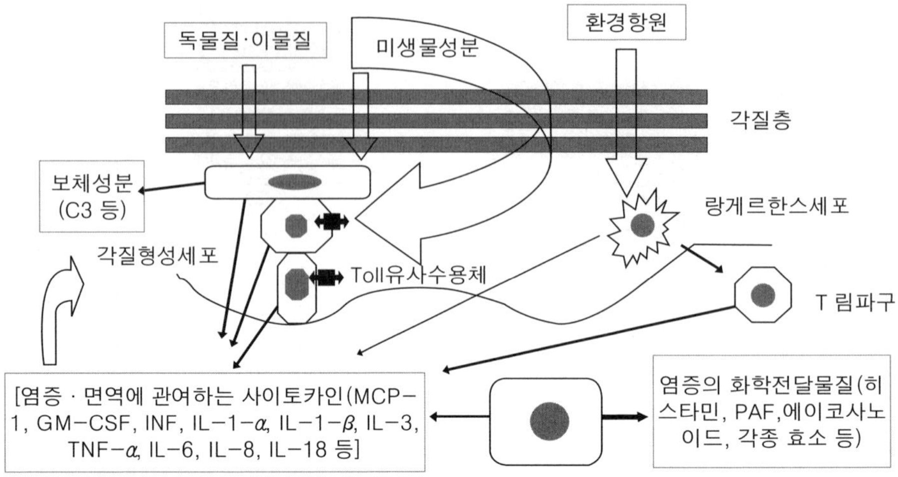

[그림 4-2] 피부의 구성 세포가 분비하는 염증 전달물질

침입하면 미생물의 구성 성분으로 인하여 각질형성세포의 세포막에 있는 Toll 유사수용체[*1)]가 자극을 받아 염증성 사이토카인이 방출된다. 그 대표적인 것이 인터루킨-1으로서 주위의 각질형성세포나 섬유아세포, 혈관내피세포를 자극하면 혈관이 확장되어 혈류가 증가된다. 이것이 일반적으로 말하는 수 시간 내에 발생하는 피부염증이다[그림 4-2].

한편, 사이토카인으로부터의 자극으로 표피의 활동이 왕성해지면 인터루킨-1과 수용체의 결합을 방해하여 염증을 낫게 하는 일을 하는 인터루킨-1RA(receptor antagonist)를 지니는 미숙한 각질층세포가 형성된다. 이것이 피부의 염증의 발생과 진정의 메커니즘이다. 피부의 염증에 관여하는 사이토카인은 각질형성세포뿐만 아니라 진피의 섬유아세포에서도 자극을 받으면 생성된다.

*1) Toll 유사수용체 : 면역 기능이 없는 하등한 곤충인 초파리도 외부 세계로부터 침입한 미생물에 대응하기 위하여 미생물의 구성 성분에 대한 Toll이라고하는 수용체를 세포 표면에 지니고 있어서 그것이 자극을 받으면 사이토카인 방출이 일어나서 그 염증으로 미생물을 제거하는 자연면역이 기능한다. 고등생물도 이 Toll과 유사한 수용체를 세포막에 지니고 있어서 침입하는 미생물에 대한 비특이적인 염증반응을 일으켜 살균과 구축을 한다.

3. 일상적으로 발생하는 염증성 피부 트러블

1) 겨울철의 피부의 거칠어짐

춥고 공기가 건조한 겨울철에는 연령에 무관하게 각질층의 방어벽 기능도 수분함유율도 감소되어서 피부가 거칠거칠하게 건조해지고 가벼운 갈라짐으로 인하여 방어벽 기능도 저하된다. 이것이 일반적으로 이야기되는 피부의 거칠어짐(건피증)이다. 건조한 겨울철에 물을 쓰는 작업을 하면 손이 버석거리고 까칠해지는 것도 그 한 종류이다. 이러한 피부의 거칠어짐은 뛰어난 보습제로 개선할 수 있으므로 여기에 대한 화장품의 역할은 크다.

성인의 경우 피지가 분비되는 안면의 각질층 수분함유량은 그다지 저하되지 않으나, 외부로 노출되어 있는 까닭에 의복으로 덮여 있는 부분에 비하여 방어벽 기능의 저하가 두드러지게 된다.

어린이는 피지가 거의 분비되지 않기 때문에 동절기에는 전신의 피부가 건조하여 가려워한다. 노출된 안면의 피부가 거칠거칠하게 건조되어 하얀 반점이 관찰되는 이른바 '마른버짐'이라고 하는 백색비강진(백색잔비늘증)이 발생하기도 한다. 이 각질층세포는 모두 소형으로 그 배경에는 육안적으로는 보이지 않는 피부염이 있다. 아토피성 건피증 환자에게서 관찰되는 백색비강진이 그것이다.

2) 노인성 건피증과 건피증성 피부염(xerotic dermatitis)

피지의 분비가 줄어들기 시작하는 50세 이후의 대부분의 사람들에게는 겨울철이 되면 등이나 허리, 하지의 피부 표면이 건조하여 갈라지고 가려워지는 노인성 건피증(senile xerosis)라고 하는 변화가 발생한다. 보습크림을 도포하여 각질층에 수분을 공급함으로써 피부가 촉촉해지면 가려움은 가라앉는다.

노화된 표피는 증식이 감퇴되어서 두께가 얇아지고 분화의 속도도 느려지기 때문에 각질층 세포는 젊은이에 비하여 대형이며 각질층이 박리되지 않고 표피에 남아 있는 경향이 있다. 표피의 과립층은 유전적으로 피부가 건조하여 갈라지기 쉬운 '상어피부'라고 표현되는 심상성 어린선과 유사하여 케라토히알린과립이 적게 형성되므로 그 분해 산물인 수분 결합성 물질인 아미노산을 비롯한 수용성 저분자인 이른바 천연보습인자(NMF, natural moisturing factor)의 각질층에서의 함유율도 낮다.

이와 같은 각질층의 건조로 말미암은 얕은 균열은 염증 자극이 되어 가려움을 야기한다. 이때 피부를 긁으면 건피증성 피부염이 유발되므로 외부환경의 이종단백항원에 대한 과민증이 있는 사람은 반점 모양의 가렵고 오톨도톨한 화폐상습진이 발생한다.

3) 민감성 피부

민감성 피부란 화장품을 피부에 도포하면 그 성분이 생체 조직으로 비교적 빠르게 침투하여서 수 분 이내의 단시간 내에 감각신경을 자극하므로 바늘에 찔린 듯한 따끔따끔한 자극감이나 가려움의 발생을 호소한다. 저자들이 수행한 조사에 따르면 센다이(역 : 일본 지명)에 거주하는 일본 여성의 40%가 이와 같은 민감성 피부를 호소하며, 피지분비가 더 왕성한 프랑스의 백인여성에게서는 75%를 차지한다. 화장품에는 피지를 쉽게 투과하는 지용성 물질이 사용되므로 피지가 투과에 방해가 되지 않는데다가, 피지는 미생물의 증식을 증가시키므로 그 자극으로 말미암아 가벼운 염증을 야기하여 각질층을 쉽게 투과하기 때문일 것이다.

몸통이나 팔다리의 각질층에서도 분자량 500 이하의 지용성 물질만이 투과되는데, 더구나 방어벽 기능이 불완전한 모낭이 많이 존재하는 안면이나 두부에서는 더욱 쉽게 투과되므로 표피 혹은 진피의 가느다란 감각신경의 줄기를 자극하게 된다. 육안적으로는 정상이라고 할 수 있는 피부일지라도 겨울철의 건조나 아토피성 피부염 등 매우 가벼운 염증이 발생하면 각질층의 방어벽 기능이 더욱 저하되므로 이와 같은 경험을 많이 하게 되는 것이다.

4) 아토피성 건피증(atopic xerosis ; atopic dry skin)

기관지천식이나 알레르기성 비염처럼 외부환경의 꽃가루, 곰팡이, 곤충, 동물의 털, 깃털과 같이 자기 자신 이외의 생물에서 유래된 이종단백항원에 대한 IgE항체로 인하여 과민반응을 일으키기 쉬운 아토피 체질의 사람은 피부가 갈라진 틈이나 모공으로부터 들어온 이들 이종단백에 대한 과민반응으로 인한 아토피성 피부염이 발생할 수 있다. 병변부 이외의 피부에서도 흔히 말하는 '아토피 피부' 라고 하여 발적은 두드러지지 않지만 하얗고 거칠게 건조되어서 가려움을 느끼기 쉬운 아토피성 건피증(드라이스킨)이 관찰된다.

그 배경에는 육안으로는 볼 수 없는 가벼운 피부염의 지속으로 표피의 대사가 왕성해짐으로써 생성된 각질층의 수분유지 기능과 방어벽 기능의 경도의 저하가 있다. 각질층은 두텁게 쌓인 소형의 세포로 이루어져 있으며, 긁은 부위에서는 핵이 잔존하는 각질화 기능항진(이상각화의 결과 발생함)도 관찰된다. 각질층 세포간지질의 성분인 세라마이드나 NMF(천연보습 성분)은 감소된다. 피지분비가 왕성해지는 사춘기 이후에는 각질층의 수분유지 능력도 양호해져서 피부가 유연해지고 피부염도 점점 사라지는 경우가 많다.

5) 여드름

사춘기가 되어 남성호르몬의 영향으로 피지분비가 증가하면 모낭 내에는 *Propionibacterium acnes*(P. *acnes*)라고 하는 세균이 번식하기 시작한다. 이 균은 리파아제를 만들어서 피지 속의 중성지방을 지방산과 글리세린으로 분해하기 때문에 지방산의 자극이나 균 성분이 모낭상피세포의 Toll유사수용체를 자극하여 염증성 사이토카인을 분비시키므로 얼굴이 붉어지고 세포의 분열과 분화도 촉진된다. 결과적으로는 모공 내에 각질층이 저류하여 면포, 즉 각질층과 피지성분의 덩어리가 저류되고, 모낭벽이 파괴되면 이물 자극으로 인한 심한 염증 때문에 붉게 곪은 여드름이 생긴다. 모낭 주위의 진피의 결합조직이 파괴되기 때문에 나중에 반흔이 남는다.

6) 손의 거칠어짐 : 주부습진과 직업성 접촉 피부염

세정력이 강한 세제는 각질층으로부터 피지와 수용성 NMF까지도 제거하기 때문에 건조를 야기한다. 또한, 세제 성분이 침투할 경우 표피세포를 손상시켜서 피부염이 초래된다. 부엌일을 하는 주부의 경우에는 많이 쓰는 손의 손가락 끝부터 터서(균열) 건조하고 아프다.

직업적으로 세제나 아세톤, 에테르와 같은 각종 지용성 용매를 취급하는 사람의 경우, 각질층이 탈지되어서 피부가 거칠고 하얗게 건조된다. 손에 물이 닿으면 각질층의 NMF가 녹아 나와 건조는 더욱 심해진다. 특히 동절기의 건조 시에는 증상이 현저해진다.

7) 비듬과 지루성 피부염

수분 유지 기능을 하는 피지가 분비되기 시작하는 사춘기 이후에는 안면이나 두부에 수분이 촉촉하여서 잘 건조해지지 않지만, 피지나 수분은 미생물의 증식을 도우므로 그로 인한 피부염이 발생하기 쉬워진다. 머리 감기나 세안을 게을리 하면 두부나 안면 등에 피지를 좋아하는 곰팡이인 Malassezia가 번식한다. 그 결과 곰팡이의 성분이 모공을 통해 피부로 투과되어 체액 속의 보체를 활성화시키거나 표피세포의 Toll유사수용체와 반응하여 염증을 일으킨다[그림 4-2]. 이것은 성인이라면 어느 정도 누구에게서라도 발생하는 변화이다.

가볍게는 두부에서만 관찰되는 비듬이 있는데 이때 각질층세포에는 소형이고 핵이 남아 있는 표피세포의 시체라고 할 수 있는 이상각화세포가 혼재되어 있으며 일부에서는 백혈구의 집괴(集塊)까지도 확인된다. 다시 말해 표피의 증식과 분화가 항진될 뿐 아니라 백혈구가 모이는 심한 염증도 그 배경에 있는 것이다.

안면에서는 머리카락이 자라는 경계 부분이나 코의 양옆에서 붉고 가는 비듬과 유사한 인설이 발생한다. 지성피부의 경우에는 이마, 볼 등의 크고 눈에 띄는 모공을 둘러싼 주위 피부에서도 각질화 기능항진으로 인한 각질층세포의 이상각화세포가 관찰된다.

8) 접촉성 피부염

각질층의 방벽을 분자량이 작은 물질이 투과하여 표피세포를 손상시키면 우선 생체는 염증반응을 일으켜서 그 물질을 제거하고 파괴된 것을 복구하고자 한다. 산성, 염기성, 각종 화학물질, 자외선, 적외선, 한랭, 온열 등으로 어느 정도 이상의 화학적, 물리적 손상이 가해지면 누구에게라도 발생하는 접촉성 피부염을 자극성 접촉 피부염이라고 한다. 누구라도 역치 이상의 자극이 가해지면 그로 인하여 발생하는 손상의 정도에 따라서 수 분에서 수 시간 동안 따끔따끔한 통증을 동반하는 일반적인 발적, 그리고 조직 파괴가 심한 정도에 따라 큰 수포, 미란이 발생한다.

한편, 저분자의 접촉항원(합텐)으로 인하여 생체의 면역기구가 자극받아 그것을 이물질로서 T림프구가 인식하면 알레르기성 접촉 피부염이 야기된다.

외부환경의 옷, 고무, 향료, 니켈, 염색약 등이 햅틴으로서 작용하며 일반적으로는 처음 접촉하였을 때에는 아무 일도 벌어지지 않지만, 그로부터 1주일가량 지나 면역반응이 일어나서 극히 미량의 물질이 남아 있어도 가려움과 함께 홍반, 점상의 구진, 소수포 등이 다양하게 관찰되는 습진성 피부염이 발생하게 된다. 접촉 후 수 시간에서 많게는 1~2일이 지나서 발생하여 1~2주 동안은 가려운 습진성 반응이 지속된다.

따라서 자극성 피부염을 일으키지 않을 정도로 낮은 농도의 햅틴을 피부에 붙이는 패치 테스트에서도 그것을 2일 후에 벗겨내면 가려운 습진반응을 관찰할 수 있다.

일반적으로는 저분자의 물질이 이와 같은 반응을 유발하지만 피부표면의 각질 층 내에 기생하는 곰팡이에 의해서도 그 단백 성분에 대한 접촉 피부염이 야기되는데 무좀, 백선의 가려움이나 가정 내의 진드기와 먼지(집먼지 진드기)와 같은 다양한 단백 항원에 의해 야기되는 아토피성 피부염도 접촉 피부염의 일종이다. 원인 단백 항원은 모공이나 피부가 갈라진 틈, 긁힌 상처처럼 방어벽 기능을 발휘하지 못하는 곳을 통해 침입하여 알레르기성 접촉 피부염을 일으키는 것이다.

9) 백선

피부의 각질층에 백선균이라고 하는 곰팡이가 기생하면 균에 대한 접촉 피부염이 발생하여 피부에 가려움을 수반하는 염증 반응이 야기되는데 이를 백선이라고 한다. 백선은 부위에 따라서 족부백선, 수부백선 등이 있으며 사타구니 부분에 발생한 경우를 회음부백선(고부백선)이라고 한다.

10) 포진

자잘한 수포가 다발하는 것을 포진이라고 한다. 포진 중 한 예는 감기에 걸리거나 신체가 피로하였을 때에 주로 입술에 수 밀리미터의 작고 따끔따끔 수포가 다발하는데, 이를 단순포진이라고 한다. 단순포진 바이러스가 삼차신경이라고 하는 감각신경에 들어간 후 몸의 면역기능이 떨어진 틈을 타서 증식하고 신경을 이동하여 그 말단으로부터 나와서 입술점막의 상피세포 내에서 증식, 파괴를 일으키는 것으로 많은 경우 계속 재발한다.

한편, 어느 감각신경의 지배 부위에만 심한 신경통과 함께 띠 모양으로 수포가 다발하는 것을 대상포진라고 하며, 이것은 어릴 때에 앓은 풍진 바이러스가 신경세포에 숨어 있다가 신체의 면역기능이 떨어졌을 때 활동하는 것으로서 재발은 하지 않는다.

4. 부기 : 일상적으로 관찰되는 비염증성 피부 트러블

1) 굳은살, 티눈, 사마귀

피부는 만성적인 마찰과 같은 기계적 자극을 계속 받으면 점차 표피와 표피를 감싸는 각질층이 두터워진다. 이것이 흔히 말하는 굳은살(변지)이다. 한편, 발바닥이나 발 가장자리에 두터운 각질층이 거꾸로 된 원추형 모양으로 굳어져 피부를 찌르듯이 압박하여 신발에 눌리거나 걸을 때에 압통을 유발하는 것을 티눈이라고 한다. 모두 두터운 각질층의 상층이 건조하여 단단한 덩어리가 된 것이다.

한편, 흔히 사마귀라고 부르는 것은 사람 유두종바이러스(HPV) 감염으로 인하여 발생하는 양성의 표피의 종양으로서 우췌라고도 한다. 표피, 각질층 모두 두터워지며 발바닥에 발생할 경우, 이 역시 압박으로 인한 통증을 야기하는데 이는 표면이 다수의 각질돌기의 집합으로 이루어져 있는 유두종, 즉 발바닥 사마귀이다. 다른 피부에도 사마귀는 발생하며 심상성 사마귀나 수 밀리미터의 편평한 사마귀가 다발하는 편평 사마귀도 있다. 건강한 사람은 생체 면역반응으로 제거되고 자연 치유된다.

2) 흑색점

흑색점은 색소성 모반이라는 병명으로 불리며 멜라닌색소를 만드는 멜라닌세포의 종양으로서 대부분은 유아기에 발생하여 같은 크기를 유지하다가 성인이 되면서 커지고 점차 색이 연해져서 작은 피부색의 점이 된다. 단지 태어날 때부터 수 센티미터 이상의 크기를 이루는 흑갈색의 반점이 있는 경우에는 선천적 색소모반이라고 하며, 점차 그 부분에만 굵고 눈에 띄는 털이 난다.

3) 주근깨

일광의 자외선조사로 일광화상을 입은 수개월 후 피부색이 흰 어린이나 젊은이의 안면에 수 밀리미터의 연한 갈색의 반점이 다수 발생하는 것이 주근깨이다.

4) 노인성 사마귀(지루성 각화증)와 노인성 색소반

중고년 이상의 안면이나 경부, 손등에 진한 갈색의 사마귀 모양을 한, 언뜻 보기에는 흑색점과 비슷해 보이지만 표면이 거칠게 부풀어 오른 양성의 상피성 종양으로서 일광 자외선의 만성 자극으로 발생한다. 평탄하게 색소반만 있는 것은 노인성 색소반(일광성 흑색점)라고 한다.

여기서는 외적 자극이나 노화와 같은 원인으로 인하여 안면에 발생하는 피부 트러블에 대하여 그 발생 요인과 스킨케어를 개략적으로 설명하도록 하겠다.

05 미용상의 피부 트러블과 스킨케어

1. 기미

멜라닌색소는 멜라닌세포에서 티로신을 출발물질로 하여 티로시나아제 등의 효소반응 및 산화반응을 통해 생합성된다. 생합성된 멜라닌은 멜라닌세포의 수상돌기부로 이동한 후 주변의 각질형성세포로 이송된다*1).

피부가 일광에 노출되면 엔도셀린*2) 등의 작용에 의하여 멜라닌세포에서 멜라닌이 합성되어 피부가 흑화된다. 흑화는 일시적인 것으로서 일광에 대한 노출이 종료되면 멜라닌합성이 정지되고 각질형성세포 내의 멜라닌도 턴 오버에 의하여 피부 밖으로 배출된다. 그러나 일광 노출이 종료되더라도 멜라닌 합성이 중지되지 않거나 멜라닌이 배출되지 않는 등의 이유로 말미암아 부분적으로 색소가 침착된 것을 기미라고 한다[그림 5-1].

기미의 발생을 예방 · 경감하기 위하여 '미백화장품'이 사용되는데 '미백'이라고 하는 효능 표현은 약사법에 기재된 효능에 기초한 것이 아니며, 또한 피부를 하얗게 하는 표백작용을 가리키는 것도 아니다. 2001년 약사법 개정 시 표시된 화장품의 효능에서는 "일광화상으로 인한 기미, 주근깨를 방지한다."라는 표현이 있으며, 또한

*1) 수상돌기부로의 이송 : 멜라닌세포의 세포소 기관인 멜라노좀 내에서 멜라닌이 생합성되는데 멜라닌의 합성량이 많아지게 되면 멜라닌을 갖고 있는 멜라노좀은 멜라닌세포의 수상돌기부로 이동한다. 멜라노좀이 이동할 때에는 레일의 역할, 기관차 역할, 브레이크 역할과 같은 기능을 하는 단백질이 관여하는 것이 밝혀지게 되었다.

*2) 엔도셀린 : 각질형성세포가 자외선에 노출되면 각질형성세포는 세포 밖으로 엔도셀린과 같은 사이토카인(정보전달물질)을 방출한다. 세포 밖으로 방출된 엔도셀린은 멜라닌세포의 엔도셀린 수용체와 결합한다. 이 자극으로 인하여 멜라닌세포 내의 멜라닌 생성공장인 멜라노좀이 성숙되고 효소인 티로시나아제 등의 생산이 고조되어 티로시나아제가 멜라노좀으로 들어간다고 한다.

의약부외품의 경우에는 화장품과의 차별화를 목적으로 “멜라닌의 생성을 억제하여 기미, 주근깨를 방지한다.”라고 하는 효능에 대한 신청이 인정되었으며, 미백제는 일광화상으로 인한 색소침착을 방지하고 완만하게 개선한다고 하는 의미로 해석하는 것이 바람직하다.

미백 약제로서는 [표 5-1]에 나타낸 물질 등이 사용된다.

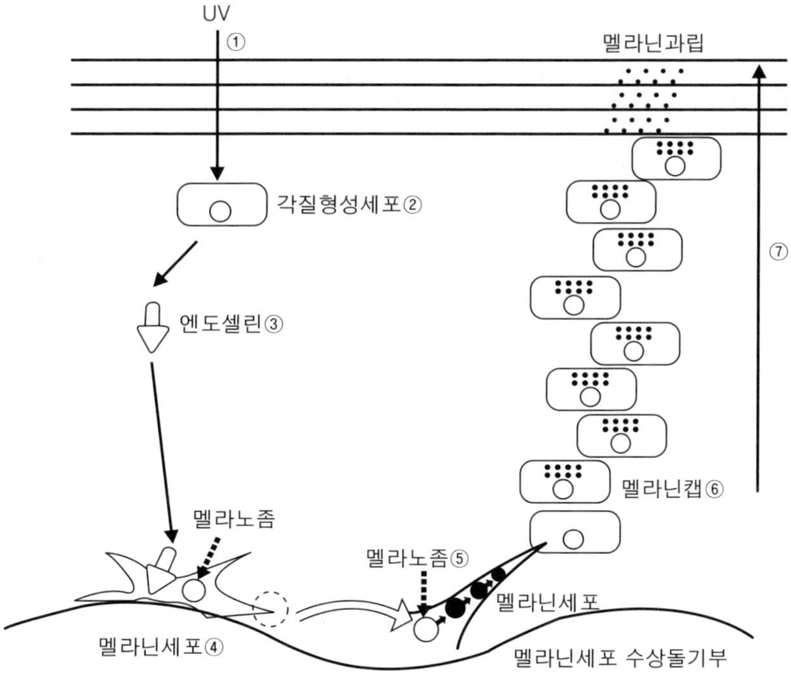

[그림 5-1] 색소침착의 생성 메커니즘

① 일광에 노출 ② 각질형성세포는 엔도셀린을 세포 밖으로 배출 ③ 엔도셀린은 멜라닌세포의 엔도셀린 수용체에 결합 ④ 그 자극을 받고 멜라닌세포 내의 세포소기관인 멜라노좀에서 멜라닌 합성개시 ⑤ 멜라닌 합성이 진행됨에 따라 멜라닌세포 수상돌기부로 이동하여 ⑥ 수상돌기가 각질형성세포의 세포막을 부수고 각질형성세포 내에 성숙한 멜라노좀을 이송 ⑥ 멜라노좀의 막이 분해되어 그 속의 멜라닌과립이 각질형성세포의 핵의 위로 배치 ⑦ 턴 오버에 따라서 위로 이동

[표 5-1] 현재 의약부외품으로 승인된 미백제

물질명	기원	기능
알부틴	월귤나무, 우바우르시, 배 등의 잎에 들어 있는 하이드록신의 배당체	멜라닌합성에 관여하는 티록시나아제 활성을 길항저해
아스코르브산 글루코시드	불안정한 비타민 C에 당을 결합	멜라닌 생성의 산화 과정을 억제
인산 아스코르빌 Mg	불안정한 비타민 C의 인산에스테르	멜라닌생성의 산화 과정을 억제
엘라그산	콩과식물에서 획득한 폴리페놀화합물	티로시나아제 활성 억제 물질
Tranexamic acid	항플라스민작용*3)을 보이며 멜라닌세포의 증식억제, 티로시나아제 활성저해, 멜라닌세포의 수상돌기의 연장 억제	
코지산	된장, 간장, 청주 등의 양조에 사용되는 누룩곰팡이 발효액 속에 함유	티로시나아제를 비길항적으로 저해 멜라닌생성의 산화중합반응을 저해
루시놀	레조르시놀 유도체	루시놀티로시나아제 활성을 길항저해 효소 TRP-1*4)을 저해
카모밀라ET	캐모마일의 꽃에서 추출	멜라닌세포의 활성화 억제 멜라닌세포의 증식 억제 엔도셀린이 멜라닌세포로 정보전달하는 것을 억제
매그놀리그넌	목련의 수피에 함유된 매그놀롤 유사 화합물	티로시나아제의 성숙 억제 티로시나아제의 멜라노좀으로의 이행 억제
AMP	멜라닌 배출 촉진	

*3) 항플라스민작용 : 피부가 거칠어지는 과정에서 표피에 존재하는 플라스민이 관여할 가능성이 지적되었다. 불활성형의 플라스미노겐이 플라스미노겐 활성인자의 작용으로 인하여 활성화되어서 플라스민이 된다. Tranexamic acid은 플라스미노겐 활성인자를 저해함으로써 플라스민의 생성을 저해한다.

*4) TRP-1 : 멜라닌 생합성에 관여하는 효소 중 하나. 잘 알려져 있는 효소 티로시나아제는 멜라닌 생합성의 초기단계에서 기능을 한다. 다시 말해 출발물질인 티로신이 티로시나아제의 작용으로 도파, 도파퀴논으로 변환되는 것이다. 따라서 티로시나아제 반응은 멜라닌 생합성의 열쇠가 되는 반응으로서 완전히 티로시나아제 반응을 저해한다면 멜라닌은 절대 합성되지 못하게 된다. TRP-1은 멜라닌 생합성의 중 · 후반에 관여하는 효소로서 멜라닌 중간대사물인 폴리머화에 관여한다. 그 밖에 폴리머화에 관여하는 효소로는 TRP-2가 있으며 또한 수종의 효소가 관여하여 이들 반응에 자동산화반응이 가해져서 멜라닌 단백질 복합체가 만들어진다.

2. 주름

주름은 크게 다음의 세 가지 타입으로 분류된다.

① 선형 주름 : 눈가나 미간에 노화로 인하여 발생하는 것으로서 자연노화를 반영하나 일광 노출로 증강된다.

② 도형 주름 : 볼이나 목 등에 깊은 골이 교차하여 마름모나 삼각형으로 보이는 주름으로서 일광 노출이 원인이다.

③ 비정형 주름 : 복부 등 이완된 부위에 발생하는 가는 아코디언 모양의 주름으로서 자연노화를 반영한다.

선형 주름은 다시 잔주름과 주름으로 나눌 수 있다. 잔주름은 파운데이션이나 파우더를 발라서 눈에 띄지 않게 할 수 있을 정도의 주름을 말하며, 표피에 문제가 생겨서 발생하는 것으로 예방 · 개선을 위해서는 건조로부터 피부를 지키는 물질, 각질층을 유연하게 하는 물질, 자외선이나 과산화지질로 인한 피부손상을 방지하는 물질 등을 배합한 스킨케어가 권장된다.

한편, 그 밖의 주름은 콜라겐, 엘라스틴 등의 양적 · 질적인 열화가 주체가 되는 진피의 변화가 원인이 되는데, 이 변화는 광노화로 인하여 촉진되므로 자외선 차단이 필요하다. 또한, 섬유아세포부활제, 콜라겐생성촉진제, 콜라겐 분해효소 활성저해제, 엘라스틴 합성촉진제, 엘라스틴 분해효소 활성저해제 등이 사용된다. 주요 항주름제를 [표 5-2]에 나타내었다.

3. 칙칙함

일본화장품공업연합회의 효능 효과 전문위원회의 '피부의 칙칙함의 정의(안)' 에 따르면 칙칙함이란 "피부의 칙칙함은 하나의 특정한 시각적 현상이다. 얼굴 전체 혹은 눈 주위나 볼 등의 부위에 발생하며, 피부의 붉은기가 감소하여 노란기가 증가하며 또한/혹은 피부의 '윤기' 나 투명감이 감소되거나, 피부 표면의 요철 등으로 인한 그림자에 의해 명도가 저하되어 어둡게 보이는 현상으로서 정의의 경계는 뚜렷하지 않다.

[표 5-2] 주요 항주름제의 기원과 기능

물질명	기원	기능
α-하이드록시산	식물이나 과일에 들어 있는 -COOH와 -OH기를 갖고 있는 화합물의 총칭	피부 표면의 오래된 각질층을 제거하여 각질화를 촉진하고 피부표면을 매끄럽게 한다.
레티노산	비타민 A의 산화물	각질층 박리작용과 콜라겐 생성 촉진 작용이 있다. 피부 자극성 및 기형 발생의 위험성이 있어서 일본에서는 사용이 인정되지 않는다.
레티노산토코페릴	비타민 A와 비타민 E를 결합시킨 비타민 A유도체	비타민 A의 자극성을 저하시키고 콜라겐 생성촉진작용을 한다.
레티놀	비타민 A 알코올	세포 속에서 레티날, 레티노산에 대사되어 피부 속에서 비타민 A의 기능을 발휘한다. 잔주름 개선에 효과가 있다. 자극성 접촉피부염을 잘 일으키지 않는 반면, 레티노산에 비하여 작용이 약하다.
코엔자임Q10	유비퀴논이라고 표시된다.	항산화성을 보인다.

[표 5-3] 칙칙함 예방 성분

효능	기원	기능
혈액순환 촉진작용	혈액순환을 촉진하여 신진대사를 높임으로써 피부의 붉은기를 늘림	비타민 E 유도체, 세파란틴 등
자외선 차단작용	멜라닌의 과도생산을 막고 멜라닌 배출을 촉진	자외선흡수제, 자외선산란제, 미백제 등
각질 박리작용	턴 오버를 정상적으로 하여 피부의 투명감을 부활	α-하이드록시산 등
진피 개선작용	콜라겐이나 엘라스틴 생산 증가	비타민 C 유도체 등
피부 보습작용	피부에 수분을 공급하여 피부결을 정돈하고 피부의 요철을 매끄럽게 함	보습제나 NMF 성분 등

그 발생 요인으로서 이하와 같은 것이 고려되며 이들 요인이 단독 혹은 복수 관여함으로써 현상으로서 인식된다.(이하, 생략)"이라고 되어 있다.

칙칙함의 발생을 예방하고 그 정도를 경감시키기 위해서는 [표 5-3]의 효능·효과가 있는 물질을 배합한 화장품을 사용하여야 한다.

4. 다크서클

눈 주위 전체 혹은 그 일부가 그늘져 보이는 상태를 일컫는다. 그 요인으로서는 피부 혈류 정체와 색소침착이 고려된다. 눈 주위의 피부는 다른 부위의 피부에 비하여 땀샘이 없고 피지선이 적어서 보습 기능과 방벽 기능이 낮으므로 피부 결이 거칠어져 잔주름이 발생하기 쉬우며, 또 이 잔주름으로 피부의 요철로 인한 그림자가 발생 역시 다크서클이 눈에 잘 띄게 되는 원인이 된다.

다크서클의 발생을 예방하기 위해서는 충분한 수면을 취하는 등 예방책을 실시하고, 다크서클이 눈에 띄지 않게 하기 위하여 파운데이션을 바르는 등의 대처를 하지만, 여기에 더하여 비타민 E 유도체와 같은 혈액순환 촉진제나 미백제, 보습제 등이 배합되어 있는 스킨케어 화장품 사용이 권장된다[표 5-4].

[표 5-4] 다크서클의 원인과 예방 성분

원인	대응 약제
혈액순환 불량으로 인한 붉은기 저하	혈액순환 촉진제
멜라닌체류로 인한 피부의 흑화, 황색화	자외선차단제, 미백제, 각질박리제
피부표면의 요철로 인한 난반사	피부의 거칠어짐 개선제, 보습제
진피 상태 개선	콜라겐 생성 촉진제
턴 오버 정상화	피부의 거칠어짐 개선제, 보습제

5. 피부 처짐

노화현상의 일종으로서 피부의 탄력이 사라진 결과 피부가 부풀은 것을 가리키며, 안면에서는 눈이나 입 주위, 볼 아래에 발생한다.

안면에서는 표정근이 피부와 피부 또는 뼈와 피부에 부착되어 있다. 피하지방은 이 표정근에 '매달려 있는' 모습을 하고 있는데, 건강한 피부에서는 피부의 탄력이 피하지방을 바깥에서 누르는 동시에 표정근이 피하지방을 탄탄히 받치고 있기 때문에 피부가 처지지 않는다. 그러나 나이를 먹으면 표정근력이 저하되어 증가하는 피하지방을 지탱하지 못하게 되고 피부의 탄력도 저하되어서 피부가 약한 부분에서 피하지방이 부푸는 현상이 발생하게 되는데, 이것이 바로 피부 처짐이다.

피부가 UVA에 노출되면 피부 처짐이 발생하기 쉬워지므로 자외선 산란제나 자외선 흡수제 사용 또는 항염증제 사용을 통한 예방, 개선이 권장된다. 또한, 피부의 탄력 증강을 목적으로 콜라겐섬유의 장력을 강화하면 피부 처짐이 개선된다고 하는 보고도 있다[표 5-5].

[표 5-5] 피부 처짐의 원인과 예방 성분

원인	대응 약제
UVA 노출에 의한 피부 처짐 발생	자외선 차단제, 항염증제(인도메타신 등)
콜라겐섬유의 이완에 의한 피부 처짐 발생	콜라겐 수축제(유청 등) 콜라겐 생성 촉진제(비타민 C 유도체 등)

6. 피부의 거칠어짐

피부의 표면이 매끄럽지 못한 피부 상태를 총칭한다. 건강한 피부는 탄력이나 윤기, 촉촉함이 유지되고 표피의 턴 오버 주기도 정상적이며 신진대사 역시 활발하다. 피부 자극성이 있는 화학물질과의 접촉이나 자외선에 대한 장시간 노출 등이 원인이 되며 표피 레벨에서 경도의 염증이 발생하여 각질형성세포의 증식 항진, 턴 오버 주기의 단축이 관찰된다. 그 결과 각질화가 정상적으로 이루어지지 못하므로 각질층 세포간지질의 감소, 방어벽 기능의 저하, 이상각화와 NMF 성분의 감소, 각질층 수분량의 저하로 인하여 건성피부가 된다. 피부의 표면 상태는 피부 결이 불규칙해지고 피부가 벗겨져서 피부 감촉이 거친 피부 상태가 된다. 피부가 거칠어지면 피부 결이 불규칙해지고 탄력이나 윤기가 사라진 건조한 피부로 변화하게 된다.

피부의 거칠어짐을 개선하기 위한 목적으로 보습제와 미약한 염증 억제를 위한 항염증제를 배합한 화장품이 사용된다.

06 자외선과 피부

1. 들어가며

앞서 여러 번 이야기한 바와 같이 피부는 외부 세계와의 경계를 이루는 장기로서 언제나 외부환경과 접하고 있다. 따라서 거의 유일하게 자외선에 노출되는 장기이므로 피부의 기능을 논함에 있어 환경 인자로서의 자외선에 대하여 고려하는 것은 매우 중요하다. 여기서는 우선 자외선의 물리적 특징을 살펴보고 피부에 대한 자외선의 유해성과 그 방어·복구 기구에 대해서 설명한 다음, 선스크린제를 통한 자외선 방어 대책에 대해 간단히 이야기하겠다.

2. 자외선이란

태양광선 속의 다양한 전자파 중 파장이 약 100㎚에서 400㎚의 영역에 해당하는 빛을 자외선(UV, ultraviolet light)라고 한다[그림 6-1]. 자외선은 뒤에 설명할 생물학적 작용의 차이에 따라 단파장에 속하는 UVC(190~290㎚), UVB(290~320㎚) 및 UVA(320~400㎚)으로 분류된다[1]. 오존층 흡수로 인하여 지표에 도달하는 자외선의 파장은 약 290㎚보다 긴 UVB와 일부의 UVA이며, 화장품 과학에서 주목해야 하는 것은 바로 이 영역의 자외선이 피부에 미치는 악영향이다. 전자파는 파장이 짧을수록 에너지량이 높기 때문에 UVB는 피부 표면에서 많이 산란, 흡수되고, 이보다 파장이 긴 UVA는 피부심부에까지 도달한다. 자외선 노출을 통한 다소의 이점으로서 비타민 D의 합성이 널리 알려져 있다[3].

이온화 방사선	자외선				가시광선	적외선
	진공 자외선	UVC	UVB	UVA		

100 190 290 320 400 780(nm)

[그림 6-1] 태양광에 들어 있는 전자파와 그 스펙트럼

3. 자외선으로 인한 피부 손상

피부에 대한 자외선의 유해성이란 피부를 구성하는 세포나 조직이 손상되는 것을 의미한다. 그렇다면 실제로 분자 레벨에서는 어떠한 일이 벌어지고 있는 것일까? 피부가 자외선에 노출되면 그 에너지가 세포 내외의 핵산이나 단백질 등 다양한 분자로 흡수된다. 흡수된 에너지는 그들 분자 자체의 구조를 변화시켜 손상을 주거나, 혹은 반응성이 높은 활성산소종으로 변환시키는 등 이차적으로 많은 분자를 손상시킨다[4]. 이와 같은 광화학 반응이 기점이 되어서 세포 기능이나 피부 구조에 악영향을 미침으로써 눈에 보이는 손상, 다시 말해 광생물학적 반응으로 나타나게 된다[그림 6-2].

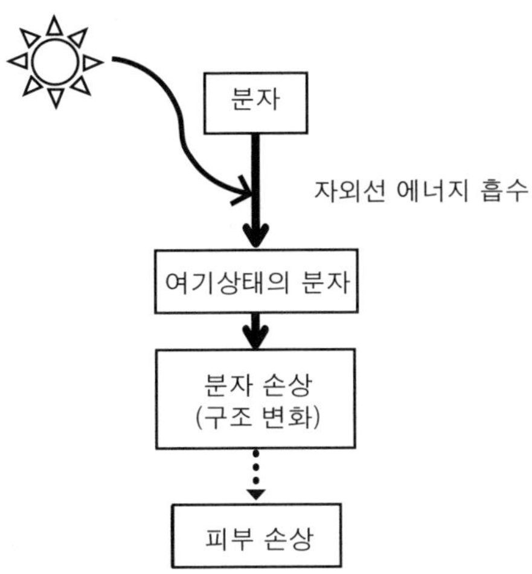

[그림 6-2] 피부의 광생물학적 반응

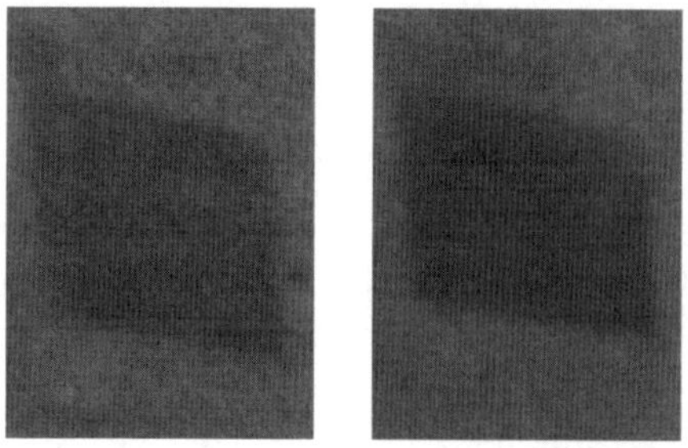

홍반　　　　흑화

[그림 6-3] 자외선으로 인한 급성 반응

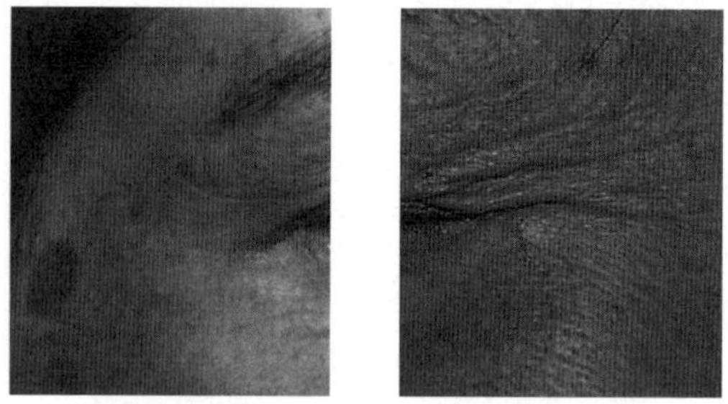

기미　　　　주름

[그림 6-4] 자외선으로 인한 만성 반응

자외선으로 인한 피부 손상은 몇 번의 노출로 야기되는 급성 반응과 장기간의 노출 결과 발생하는 만성적인 변화, 이른바 '광노화' 로 크게 나눌 수 있다[5].

급성의 손상에서는 홍반이라고 하는 염증 반응과 그 후의 멜라닌 생성 항진으로 인한 흑화, 나아가 면역 억제 등을 들 수 있으며 주로 UVB로 인해 야기된다[그림 6-3]. UVA는 급성적인 손상을 주는 작용은 약하지만 대량 노출되면 UVB와 같은 작용을 하는 것으로 알려져 있으며[6], 사회적으로도 UVA에 대한 방어의식이 고조되고 있다. 또한, UVA는 노출 직후 멜라닌 생성을 수반하지 않지만 기존의 멜라닌이 산화되어 색이 진해지는 즉시흑화를 유발한다.

한편, 광노화에서 파장으로 인한 작용의 차이는 뚜렷하지 않으나, UVB에 비하여 UVA는 피부 심부에 도달하기 쉬운 까닭에 진피 손상에 대한 영향이 큰 것으로 여겨지고 있다. 광노화의 대표적인 특징으로는 주로 표피에서의 국소적인 멜라닌 대사 이상으로 인한 색소침착, 즉 '기미' 의 발생과 진피 속의 콜라겐이나 엘라스틴과 같은 세포외바탕질의 구조적 혹은 기능적 변화가 주요인이 되는 '주름' 의 형성 등을 들 수 있다[그림 6-4]. 또한, 만성 손상에는 피부암도 포함된다.

4. 자외선에 대한 방어 · 복구 기구

피부는 자외선으로 인하여 많은 손상을 받지만, 한편으로는 체내로의 자외선 침입을 막는 방어벽이기도 하여서 각질층의 케라틴과 과립층의 케라토히알린과립이 주로 자외선을 산란, 흡수한다[7]. 그리고 멜라닌 역시 자외선을 산란, 흡수하여 표피세포의 DNA를 보호하는 역할을 한다[8]. 앞서 말한 급성반응 중 멜라닌 생성 항진은 앞으로의 자외선 노출에 대비한 방어기구라고도 할 수 있다. 자외선 흡수로 말미암아 생성되는 활성산소종에 대해서는 카탈라아제나 SOD(superoxide dismutase) 등과 같은 항산화산소군[*1)]이 그 생성을 억제하고, 비타민 C[*2)]와 같은 저분자 화합물도 활성산소를 보족하여 항산화 물질로서 작용한다[9].

자외선으로 인한 다양한 분자손상 중 가장 심각한 것은 직접적인 에너지 흡수로 인한 DNA의 구조 변화(DNA 손상)이다. DNA가 손상되면 복제나 전사를 방해하여서 세포에 치명적인 영향을 미치므로 즉시 복구된다. DNA는 자외선뿐 아니라 활성산소종이나 화학물질 등에게도 많은 공격을 받지만 그 공격에 대응하는 DNA 복구기구가 존재하며 자외선의 경우에는 주로 뉴클레오티드 제거 복구기구가 관여한다[10]. 활성산소종에 의한 산화적인 DNA 손상에 대해서는 염기 제거 복구기구가 대응하고 있다. DNA 손상이 복구되지 못하거나 잘못 복구되면 돌연변이를 일으키고 이것이 축적되면 피부암으로 이어진다. 홍반반응이 발생한 표피에서는 이른바 일광화상세포가 출현하는데[12] 자외선으로 인한 DNA 손상이 심하여 복구가 불가능한 세포를 아포토시스를 통하여 제거하는 일종의 방어기구를 유도할 수 있다[13]. DNA 이외의 분자의 복구에 대해서는 아직 해명되지 못한 부분이 많으나, 손상된 조직 속의 세포외기질는 진피 내의 섬유아세포에서 분비되는 콜라게나아제나 케라티나아제와 같은 기질단백분해효소(MMPs, matrix metalloproteinases)[*3)]로 제거되고 새로운 분자가 대신함으로써 복구된다[14].

5. 자외선 차단과 그 기준

구릿빛으로 그을린 피부가 건강한 이미지로 유행하던 시대도 있었으나 자외선의

---

*1) 항산화효소군 : 카탈라아제나 SOD 외에 글루타티온과산화효소, 글루타티온 S 전이효소 등이 알려져 있으며, 생체 내에서 상시 발생하는 활성효소종의 생성을 억제하는 예방적인 항산화작용을 지닌다.

*2) 비타민 C : 활성산소종이 표적분자를 손상시키기 전에 보족하는 체내 항산화 물질로 대표적인 분자. 그 외에도 콜라겐 생성 등 다양한 반응에서 중요한 역할을 한다.

*3) 메트릭스 메타프로테이나제 : 콜라겐이나 엘라스틴과 같은 세포외 매트릭스를 기질로 하여 활성중심에 금속이온을 갖는 수십 종류의 단백질 분해효소를 총칭.

피부에 대한 악영향이 점차 인식됨에 따라서 앞서 설명한 생체방어 · 복구기구를 보완함으로써 자외선으로부터 피부를 효율적으로 보호하기 위한 선스크린제가 주목받게 되었다. 선스크린제는 자외선 흡수제와 산란제의 조합으로 구성되며 SPF(Sun Protection Factor) 및 PA(Protection grade of UVA)라고 하는 지표를 통해 자외선 차단 효과를 나타낸다. SPF는 홍반을 어느 정도나 방지할 수 있는지, 다시 말해 UVB 차단 레벨의 기준이 되며(수치가 높을수록 효과가 높다), PA는 즉시 흑화의 방지, 다시 말해 UVA 차단 효과를 가리키는 스코어(+~+++)이다. 상세한 내용은 일본화장품공업연합회 측정 기준을 참고하기 바란다(http://www.jcia.org/gl_all.htm). 최근에는 기술이 진보되면서 피부에 부담이 적고 사용감이 뛰어난 고기능 선스크린제가 제안되고 있는데, 필요 이상으로 차단 기능이 높은 제품을 고를 필요는 없으며 [그림 6-5]에 나타낸 바와 같이 사용 상황에 알맞은 올바른 사용법이 권장된다.

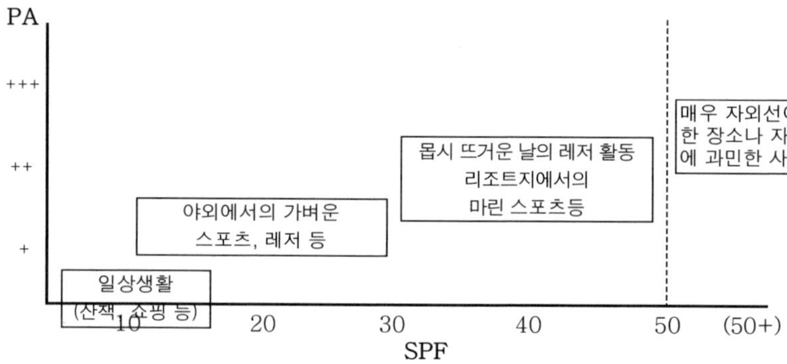

[그림 6-5] SPF와 PA를 기준으로 한 선스크린제의 선택 방법
(일본화장품공업연합회 홈페이지)

| 참 고 문 헌 |

1) 近藤靖児 他, "光線過敏症", 金原出版, pp.3～17 (2002)
2) De Polo K.F., "*A short textbook of cosmetology*", Verlag fur chemische Industrie, H. Ziolkowsky GmbH, pp.86-127 (1998)
3) Jones G., et al., *Physiol. Rev.*, **78**, 1193～1231 (1998)
4) 伊藤 敦 他, 蛋白質 核酸 酵素, **33**, 2795～2802 (1988)
5) Obagi Z.E., "*Skin Health Restoration and Rejuvenation*", Springer, pp.27～46 (1999)
6) Kaidbay K.H., et al., *J. Invest. Dermatol.*, **72**, 253～256 (1978)
7) 錦織千佳子, 日本皮膚科学会誌, **120**, 201～206 (2010)
8) Brenner M., et al., *Photochem. Photobiol.*, **84**, 539-549 (2008)
9) 正木 仁, "老化防止 · 美白 · 保湿化粧品の開発", シーエムシー出版, pp.121～131 (2001)
10) de Laat W.L., et al., *Genes Dev.*, **13**, 768～785 (1999)
11) Dianov G., et al., Prog. Nucleic Acid Res. *Mol. Biol.*, **68**, 285～297 (2001)
12) Schwarz A., et al., *J. Invest. Dermatol.*, **104**, 922～927 (1995)
13) Ziegler A., et al., Nature, **372**, 773～776 (1994)
14) Inoue S., et al., "*Aging Skin: Current and Future Therapeutic Strategies*", Allured Business Media, pp.391～428 (2010)

07 피부노화

1. 노화란

1) 가령과 노화

가령(Aging)이란 태어나서 죽을 때까지의 모든 시간적인 경과를 가리키며 '가령 변화'란 시간의 경과에 따라 몸에 나타나는 모든 현상(형태적 변화, 생리적 변화)을 일컫는다. 이에 반해 노화(Senescence)는 가령 변화의 후기 과정, 다시 말해 출생 후 성숙된 생리기능이 정점에 도달한 후 더 나이를 먹으면서 저하되고 최종적으로는 죽음에 이르는 과정이라고 여겨진다. 때에 따라서 가령은 노화와 같은 의미로 사용되지만, 노화라고 하는 단어에는 부정적인 이미지가 내포되어 있는 반면에 가령은 자연스러운 늙음이라고 하는 의미로 사용되기도 한다. 물리적으로 가령을 막을 수는 없겠으나 생리학적 한계까지 연장하는 것은 가능하다(수명 연장). 한편, 가령 변화나 노화는 막을 수 없지만 늦추거나 저하된 생리적 기능을 개선하는 것은 가능하다.

2) 생리적 노화와 병적 노화

가령은 성장, 성숙의 뒤에 따르는 '생리적 노화' 및 '병적 노화'의 모든 과정을 포함한다.

생리적 노화란 모든 사람들에서 일어나는 것으로서 기능이 서서히 저하되기는 하여도 일상생활에는 지장을 거의 초래하지 않는 노화 현상이다. 이것의 대표적인 예로는 흰머리, 탈모, 기미, 주름, 노안(老眼), 치아 상실 등을 들을 수 있으며, 병과는 달리 이것이 원인이 되어 죽음에 이르지는 않는다.

한편, 병적 노화는 생체적으로 바람직한 것은 아니며 질병이 유발되거나 아니면

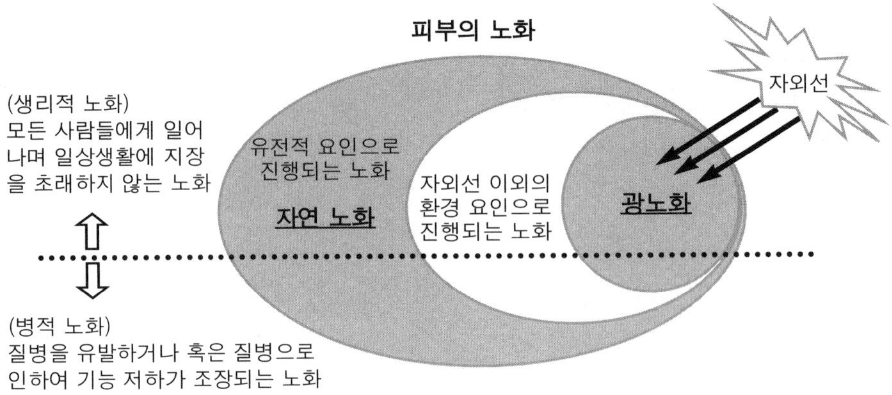

[그림 7-1] 피부의 생리적 노화와 병적 노화, 자연 노화와 광 노화의 관계

반대로 질병으로 말미암아 발현되거나 조장되는 기능 저하이다[그림 7-1]. 대표적인 것으로서 베르너증후군[*1)][1)]이나 색소성건피증[2)]과 같은 조로증 외에도 중도의 치매, 골다공증, 고혈압, 면역 기능 저하로 인한 암 등을 들 수 있으며, 일반적으로는 생리적 노화현상으로 인하여 더욱 촉진되어서 병적으로 일탈하여 질병을 야기한다.

3) 노화의 요인

노화가 어떻게 진행되는가에 대해서는 오래전부터 많은 학설이 제시되었는데, 각각의 학설을 그 근거나 사고방식에 따라 정리하여서 크게 유전적 프로그램설과 에러 파국설의 두 가지로 나누는 경우가 일반적이다.

(1) 유전적 프로그램설

유전적 프로그램설은 노화도 유전자의 지배를 받는다는 주장으로서 발생에서 성장, 성숙에 이르는 유전적 프로그램의 연장선상에 노화와 죽음을 위치시킨다. 이 설에 따르면 마우스는 2~3년, 사람은 90~100년과 같은 생물 종에 따른 최장수명이 결정되어 있으며, 마우스와 랫트의 유전적 통계에 따른 수명이 다르고, 성적 성숙 연령의 지연과 수명 사이의 상관이 있다는 점 등을 그 근거로 한다. 즉 원래부터 수명은

1) 베르너증후군 : 1904년 독일의 내과의 오토 베르너(Otte Werner)에 의해 발견된 조로증의 한 종류. 환자에게 저신장, 저체중, 흰머리, 백내장, 피부의 경화 · 위축, 골다공증, 성선기능저하 등이 나타나며 대부분의 경우 평균 40~50세에 동맥경화나 악성종양으로 사망한다. 상염색체 열성유전병으로서 사람의 8번째 염색체에 있는 WRN이라고 하는 단일유전자(염색체의 안정성 유지나 유전자 복구에 관여하는 효소 DNA 헬리케이즈의 코드)의 이상이 원인. 일본인에게는 10만 명 중 3명에게 발생.

유전적으로 프로그램되어 있다고 생각하는 것이다. 이러한 근거들로 살펴보았을 때 유전적 프로그램설은 노화보다는 오히려 수명을 설명하는 것이라고 생각된다. 그러나 설사 같은 인종이라고 할지라도 생활하는 시대나 지역에 따라서 평균수명 또는 최장수명이 달라지므로 수명 역시도 환경의 영향을 받는 것이 명백하기 때문에 유전적 프로그램설만으로 모든 것을 설명할 수는 없다.

(2) 에러 파국설

다양한 원인으로 발생한 생체 내의 불편(에러)이 축적되어서 복구 불가능해짐으로써 노화가 진행된다고 생각하는 설이다. 에러의 축적으로는 분자 레벨(단백질의 변성, 유전자 손상 · 변이 등), 세포 레벨(분열 능력 저하, 기능 변화 등), 그리고 개체 레벨(노폐물의 축적이나 전신의 항상성 유지 기구의 실조 등)까지 존재한다. 구분하자면 유전적 프로그램설은 수명을 설명하고 있는데 반해 에러 파국설은 노화에 대해 더 가깝게 설명하고 있다고 생각할 수 있다. 그러나 에러 축적 과정에서 유전적 프로그램이 관여할 가능성도 높기 때문에 역시 이 설 만으로는 모든 것을 설명할 수 없다. 본래 노화라고 하는 복잡한 생명현상을 하나의 사고방식으로 설명하는 것은 한계가 있으며, 분자 레벨에서 개체 레벨에 이르는 개별적인 현상을 정밀하게 고찰할 필요가 있다.

(3) 노화의 유전적 요인과 환경 요인

인간의 노화는 ① 개체를 구성하고 있는 장기의 노화, ② 장기를 구성하는 세포의 노화, 그리고 ③ 그 세포를 구성하는 성분 또는 감싸고 있는 성분의 노화가 각각의 레벨에서 밀접하게 관여함으로써 결과적으로 개체의 노화가 진행된다. 다양한 노화설 중 어느 것이 올바른지보다는 노화의 요인을 각각의 레벨에서 '유전적 요인' 과 '병적 요인' 의 두 가지로 나누어 생각하는 것이 바람직하다[4]. 노화에는 유전적 요인으로서의 선천적인 체질과 이에 더하여 가령에 따른 환경 요인이 관여한다고 생각된다. 유전적 요인에 대해서는 인간이나 마우스 등에 대한 연구를 통하여 노화나 수명에 관련된 수많은 유전자 후보(DNA 헬리케이즈[5], XP 유전자군[6], 텔로머레이스[7], klotho 유전자[8], 인슐린 유사 시그널 관련 유전자 등[9])이 보고되었다. 환경 요인으로서는 개체 레벨에서는 라이프스타일(식습관, 흡연, 운동 등의 생활습관 등)이나 스트레스 등을, 그리고 분자 · 세포 · 조직 레벨에서는 활성산소, 자외선, 외부 자극물질(화학물질) 등을 들 수 있으며, 노화 증상이 진행되는 데에는 유전적 요인보다도 환경 요인이 위험인자로서 크게 관여한다는 보고도 있다[10]. 예를 들어 자외선이나 활성산소와 같은 환경요인과 개인이 원래부터 갖고 있는 DNA 손상이나 조직 손상에 대한 복구 능력(유전적 요인)이 서로 관련됨으로써 광노화의 정도에 개인차가 발생하는 것이라고 생각된다.

2. 피부의 노화

피부는 최대의 장기로서 체표(體表)를 구성하여 신체를 외부환경으로부터 보호하는 중요한 역할을 담당한다. 현재에는 피부의 생물학적 기능의 중요성뿐 아니라 고령화 사회 속에서의 '생활의 질' (QOL ; Quality of Life) 유지의 관점에 따라서 아름다운 외견(그 연령의 미)을 연출하는 장기로서의 노화를 이야기하는 비중이 증가하고 있다. 다시 말해 '피부' 의 병적 노화뿐 아니라 생리적 노화에 대한 고려가 중요해졌다. 이것은 피부에 대한 의학적 견지뿐 아니라 화장품 과학적인 견지에서의 대처가 필요하다는 것을 의미한다.

1) 피부노화의 특징적 요인

피부는 체표를 덮고 있으며 자외선이나 건조와 같은 외부의 환경변화에 노출되는 특징적인 장기이다. 피부노화의 위험인자인 환경 요인에는 건조, 기온, 자외선과 같은 자연 인자와 영양, 스트레스와 같은 생활환경이나 라이프 스타일(흡연, 음주, 수면)에 관련된 인자가 있다. 여기에 미토콘드리아[*2)]나 중성구 등에서 기인한 내인성 활성산소나 자외선, 화학물질에서 기인한 외인성 활성산소가 악화 요인으로써 가해진다. 이들이 어떻게 피부의 노화 증상 출현이나 진행에 관여하는지는 향후에 과학적인 근거를 축적해 나가야 하겠지만, 일반적으로 특히 피부노화의 특징적 요인으로서는 건조, 자외선, 활성산소가 중요하게 고려된다.

*2) 미토콘드리아 : 대부분의 세포 속에 들어 있으며 생체 내의 에너지(ATP)를 생산하는 중요한 세포 소기관으로서 세포 내의 발전소라고 비유되기도 한다. 구형 또는 길쭉한 막대 모양의 입자로서 하나의 세포 속에 수백 개가 들어있다. 아주 먼 옛날, 원시세포 속에 호흡능력이 있는 세포가 들어가서 공생을 시작한 것이 미토콘드리아의 기원이라고 여겨지며, 체세포의 유전자와는 달리 모계 유전되는 독자적인 고리모양의 DNA(유전자)를 갖는다.

(1) 건조

건조는 주름과 같은 피부노화 증상을 악화시킨다. 이것은 적절한 보습으로 주름 개선이 가능하였다고 하는 사례를 통해서도 알 수 있다[11]. 또한, 지속적인 피부건조는 염증의 도화선이 되어서 활성산소를 발생시켜 노화를 촉진하고, 엔도셀린이나 히스타민과 같은 매개체를 통하여 지속적으로 멜라닌 생성을 자극함으로써 기미 형성의 원인도 될 수 있다. 한편, 연령이 증가할수록 각질층 기능이 저하되어서 피부건조를 초래하고[12], 그 결과 피부노화 증상을 악화시키는 악순환을 부르게 된다.

(2) 자외선

지표에 도달하는 자외선은 파장에 따라서 UVB(290~320nm)와 UVA(320~400nm)의 2종류로 나눌 수 있으며, 각각 피부에 미치는 생물학적 영향이 다르다(제2장 '자외선과 피부' 참조). 이 경우의 피부노화는 주로 장기간에 걸친 자외선 노출의 영향으로 인한 것으로서 일반적으로 '광노화'라고 한다. 광노화에서의 UVB와 UVA의 작용의 차이는 명확하지 않지만 직접적인 DNA 손상에 기초한 변이 · 손상의 축적, 계속적인 멜라닌 합성 자극, 활성산소 발생, 혹은 진피의 엘라스틴 · 콜라겐의 변성 등을 들 수 있다.

(3) 활성산소종(ROS : Reactive Oxygen Species)

좁은 의미의 ROS에는 활성산소종인 하이드록시래디컬(HO ·), 초과산화물 음이온(· O_2^-)과 비활성산소종인 과산화수소(H_2O_2), 일중항산소($^1O_2$)가 있다. 그리고 넓은 의미로는 일산화질소(NO), 과산화수소래디컬(HOO ·), 알킬페르옥실래디컬(LOO ·), 지질과산화(LOOH) 등이 더해진다.

ROS는 특히 피부에서 자외선이나 화합물 등에 의하여 외인성으로 발생한다. 자외선은 피부 내에 존재하는 크로모포어(트립토판이나 리보플라빈 등 자외선 에너지를 흡수 가능한 발색단)의 여기를 통하여[13] 하이드록시래디컬에서 지질과산화에 이르기까지 다양한 ROS를 연쇄적으로 발생시킨다. 한편, ROS는 미토콘드리아에서의 에너지대사(전자전달계), 염증 시의 백혈구, 아라키돈산 대사와 같은 평상시의 생체반응으로부터도 발생한다. 이것은 자외선과는 무관한 자연 노화에도 관여하는 것이다.

발생한 ROS는 DNA 손상 · 변이, 세포막 기능장애, 단백질의 산화장애 · 당화

(AGE : Advanced glycation end product)의 촉진[14], 지질과산화로 인한 리포푸신(지방갈색소)의 축적[15] 등 노화를 진행시키는 원흉이 된다.

2) 자연 노화와 광노화

피부노화의 큰 특징으로서는 가장 먼저 환경 인자인 자외선의 중요성을 들 수 있으며, 주로 유전적 요인에서 기인하는 '자연 노화'와 구별하여 '광노화'라고 한다[그림 7-1]. 광노화에 대응하는 용어로는 '자연 노화'와 그 동의어로 '생리적 노화'가 종종 사용되는데, 여기서 말하는 자연 노화는 '병적 노화'에 대응하는 '생리적 노화'와는 의미가 다른 것으로서, 오히려 환경의 영향을 받지 않고 유전적으로 지배받는 가령변화를 가리키는 것이라고 생각할 수 있다. 또한, 화장품 영역에 있어서는 임상적 의미에서의 좁은 의미의 광노화(병적 노화에 속한다)보다는 자외선으로부터 영향을 받은 피부(광 가령 피부)의 변화 전반을 가리키는 경우가 일반적이다.

자외선이 피부에 미치는 영향으로는 형태적 변화, 조직학적 변화, 유전자나 단백질 합성의 변화 등 현상에 대한 지견은 많이 발표되고 있으나 그 인과관계나 제어 시스템에 대해서는 아직 충분히 해명되지 못하였다. 광노화는 명확하게 자외선이라고 하는 환경인자가 중요하지만, 한편으로 자외선에 대한 피부의 감수성이 유전적인 지배를 받는 것도 사실이다. 기저에 있는 자연 가령에 따른 노화가 어떠한 자외선의 영향으로 어떻게 조직생리학적, 생화학적으로 광노화로 이어지게 되는지 등, 향후 연구가 기대된다. 자외선의 영향을 받지 않는 조직이라도 지속적으로 내인성의 ROS에 의하여 유전자나 조직이 손상을 입어서 이른바 유전적 요인으로 인한 자연 노화가 진행되는데, 그에 더하여 일광에 노출된 피부에서는 자외선이나 건조와 같은 환경 인자가 가해지므로 실제로는 두 인자가 서로 얽혀 노화가 진행되는 것으로 생각된다.

3) 피부의 가령 변화와 노화

피부의 가령 변화는 물론 개체 레벨의 연령에 따라서 영향을 받으며 장기로서의 피부를 구성하고 있는 기관이나 세포, 구성 성분의 가령으로 말미암아 발생하는 것이다. 이들 각종 레벨에서의 대표적인 가령 변화(대부분은 생리적 노화, 때때로 병적 노화를 포함)에 대하여 간단히 이야기하고자 한다.

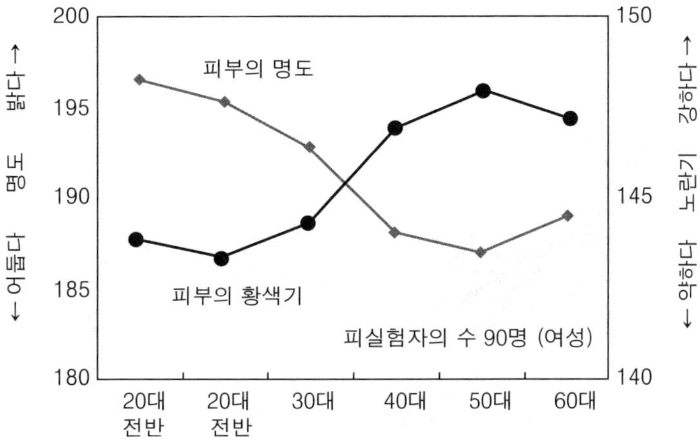

[그림 7-2] 가령에 따른 피부색과 피부 명도의 변화

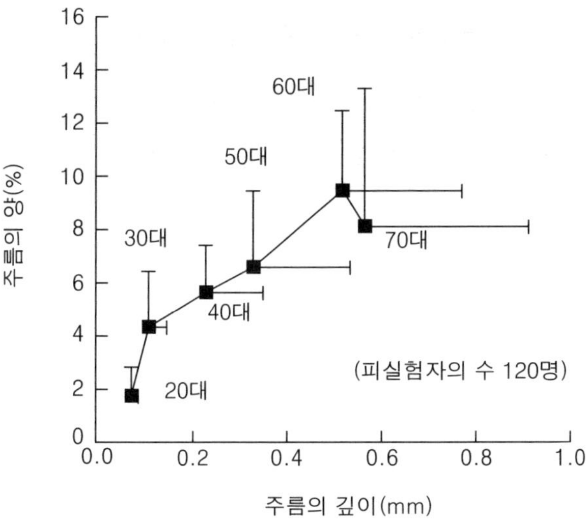

[그림 7-3] 가령에 따른 주름의 양과 깊이의 변화

(1) 피부의 가령 변화

가령으로 인한 얼굴의 변화는 비록 개인차는 있어도 연령에 상응하여 발생하며 자외선의 영향도 받는다. 그러나 일반적으로는 대부분 생리적 노화 수준의 변화가 일어난다.

1 피부색 변화 · 불균일한 색소침착

가령에 따른 피부 명도의 저하와 황색기의 증가가 관찰되며 30대 후반에서 40대

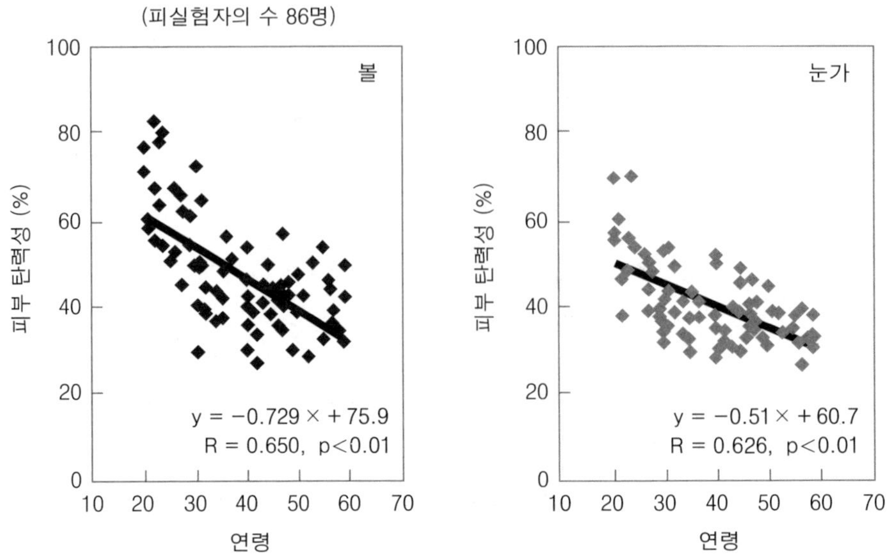

[그림 7-4] 피부 탄력성의 가령변화

중반에 큰 변화를 보인다[그림 7-2]. 또한, 황색기의 변화는 가령과 함께 불균일하게 발생하는 색소침착의 한 가지 원인이 된다. 이것은 가령에 따른 칙칙한 느낌의 증가의 요소이기도 하다.

2 기미

자외선에 대한 노출 이력이 기미의 정도에 영향을 주는데 일반적으로 기미의 면적 비율로 보면 40대 전후에 증가한다. 그리고 40대 이후부터의 피부 명도의 불균일성의 증가가 수반됨으로써 더욱 기미가 현저해진다.

3 주름

20대부터 서서히 형성되는데 40대를 경계로 큰 변화를 보인다. 20대에서 30대에는 건조에 의한 것으로 여겨지는 잔주름(깊이 0.2mm 이하)의 양이 급증하는 것에 반하여 40~60대에서는 주름이 깊어지고(깊이 0.2mm 이상) 양도 증가하여 두드러지게 되며(깊이 0.2mm 이상) 60대에 최대가 된다[그림 7-3].

4 탄력(피부 처짐) · 탄력성

입가, 눈가, 볼(바깥쪽)의 처짐의 양을 측정하면 대부분의 부위에서 가령에 따라 증가하는 경향이 인정되며, 특히 30대부터 40대에서 현저히 증가된다. 입가에서는

50대에 더욱 현저하여 20대의 약 2.5배로 평균 10mm, 최대 20mm 이상인 사례도 있다. 또한, 피부의 물리적 특성으로 주목해야 하는 점은 탄력성의 저하로서 가령에 따라 안면이나 전완부 피부를 불문하고 확실히 저하된다[그림 7-4].

5 피부결

피부결(피강)은 볼에서는 평균 깊이가 10~20㎛로서 연령과는 상관이 없으나 피강 간격은 연령에 따라서 증대된다. 한편, 피강량 및 피강의 이방성은 연령과 더불어 증가하며 특히 이방성은 한 방향으로 향하는 경향이 있다. 피부결은 30대부터 급속도로 거칠어지고 불균일해지는데, 40대에서는 거친 정도나 방향성이 조금 개선되는 것처럼 보이게 된다(피강이 얕아져서 간격이 넓어지기 때문).

이와 같은 많은 가령변화가 각 개인의 노화로 반영된다. 그러나 예를 들어 피부색이나 칙칙함에 관해서는 각질층의 구조, 멜라닌의 질과 양, 혈액순환(헤모글로빈), 콜라겐의 당화 · 변성 등이 관여하며, 주름, 피부 처짐, 탄력성 등에 관해서는 콜라겐, 엘라스틴, 히알루론산과 같은 세포외기질의 관여가 고려되므로 다양한 요인이 거론되기는 하나, 개별적인 가령변화에 대해 무엇이 어느 정도 관여하는지는 아직 명확하게 해명되지 못한 상태이다.

(2) 피부세포의 가령 변화

피부를 구성하고 있는 세포의 대명사는 표피층에 존재하는 표피세포(각질형성세포)와 진피층에 존재하는 섬유아세포이다. 표피층에서는 끊임없이 세포가 분열하고 분화(각질화), 각질층박리가 되풀이되고 있다(각질층의 턴 오버). 한편, 진피층의 섬유아세포는 분열능력을 지니고 있으나 평소에는 거의 증식하지 않고 오히려 콜라겐이나 히알루론산과 같은 기질 성분(ECM, Extra Celluar Matrix : 세포외바탕질)의 턴 오버에 관여하고 있다.

표피층에서의 가령에 따른 가장 뚜렷한 변화는 표피층(각질층)의 턴오버 저하이다. 표피세포의 증식 능력의 저하, 각질 기능의 부전 · 중층화 등이 노인성 건피증이나 외부의 자극에 대한 대항성의 저하를 유발한다. 또한, 색소세포에서 표피세포로 전송된 멜라닌의 체류가 기미 형성에 관계되고, 표피층의 비박리화, 건조 등이 잔주름의 형성에 관계될 가능성이 높다.

평소에는 세포가 증식하지 않는 진피층에서는 섬유아세포는 콜라겐 등 ECM의 대사의 항상성 균형 상실로 가령피부에 관여하고 있는 것으로 생각되나 Hayflick과 Moorhead 등의 고전적 연구를 통하여 나이를 먹으면 섬유아세포의 분열 가능 횟수가 감소되는 것이 밝혀지게 되었다. 이는 노화에 따른 피부창상의 치유 시간 지연의 이유 중 하나일 가능성이 있다.

(3) 유전자(DNA)의 가령 변화

피부는 그 특징으로서 자외선의 조사가 숙명인 장기이다. 자외선은 직접 세포의 DNA 손상(시크로부탄형 피리미딘이양체나 광산물 등을 형성하고[24], 또 간접적으로도 활성산소를 통하여 산화형 DNA 손상(8-옥소구아닌 등)을 초래한다[25]. 일반적으로 손상된 DNA는 정교한 기구를 통하여 정상적인 DNA로 즉시 복구되지만, 나이를 먹으면 자외선으로 발생한 DNA 손상에 대한 복구 능력(뉴클레오티드 제거복구)이 저하된다[6) 26)].[그림 7-5] 또한, 각종 요인으로 야기된 DNA의 돌연변이의 축적이 연령과 함께 증가된다.

유전적으로 손상 DNA의 복구능력을 상실하는 질환으로 색소성건피증(XP)[2)]이 잘 알려져 있으며 피부에 약년성의 기미나 피부암이 발생하는 등의 조로 증상이 나타나므로, 나이를 먹으면서 손상된 DNA를 복구하는 능력이 저하되는 것이 자외선에 노출된 피부에서의 노화 증상 출현에 관여한다고 생각된다. 가령에 따른 복구 능력 저하는 '손상의 인식, 제거, 복구 합성'의 3단계로 구성되는 복구 기구의 최종 단계인 복구 합성과 관계될 가능성이 있으며[6)] 가령에 따른 돌연변이의 축적 증가의 원인 중 하나라고도 생각된다. 한편, 산화형의 DNA 손상의 복구가 가령에 따라 저하되는지의 여부는 아직 밝혀지지 않았다. 자외선과는 무관한 자연 노화에서는 세포 내 미토콘드리아에서 발생하는 활성산소로 인한 미토콘드리아 DNA 손상과 축적이 문제가 되고 있다. 연령(수명)이나 노화에 미치는 영향이 활발히 논의되는 중이며 최근 미토콘드리아 DNA의 손상·축적이 세포의 아포토시스를 유발하는 것이 노화를 앞당긴다는 보고가 있었다[28)].

(4) 피부 성분의 가령 변화

진피에는 건조 중량의 70% 이상을 차지하는 대표적 ECM 성분인 콜라겐이 존재

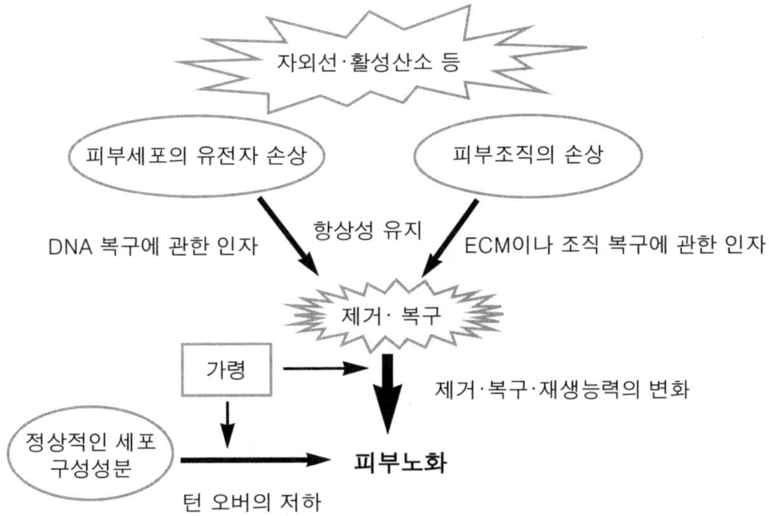

[그림 7-5] 턴 오버 및 손상 제거·복구의 가령 변화와 피부노화

하며[29] 노화하는 단백질로서 알려져 있다. 콜라겐은 극히 안정적인 섬유상 단백질의 모습으로 합성되며 생물학적 · 물리학적 안정성을 확보하기 위하여 생리적으로 가교된다(성숙가교[30]). 그러나 안정적이기 때문에 수명이 길다(턴 오버가 늦음)[31]. 그 까닭에 산화반응에 기초한 히스티딘하이드록시리시노류신(HHL, Histidino hydroxylysinonorleucine)과 같은 가교[32]나 당화로 인한 가교(AGE, Advanced Glycation End Products)[14]가 형성된다(노화가교).

인간 피부의 노화가교는 가령으로 증가하며[14, 33], 인간 피부의 콜라겐의 턴 오버(합성과 분해의 속도)는 가령에 따라 저하된다고 생각된다. 이들 노화 콜라겐은 콜라겐의 물성이나 세포의 기능에도 영향을 주기 때문에 피부의 가령변화(광노화나 피부 탄력성 등)에 관여할 가능성이 있다. 한편, 엘라스틴은 콜라겐에 비하여 ECM 중에서의 존재량은 극히 적지만[34] 이전부터 피부 탄력성에 관여한다는 것, 그리고 광노화 피부에서 변성 엘라스틴이 축적되는 것이 주목을 받고 있다.

또 한 가지의 중요한 ECM 성분으로서 히알루론산이 있다. 히알루론산은 높은 수분 유지 능력을 지닌 고분자 다당으로 진피뿐 아니라 표피층, 각질층에도 존재한다는 것이 밝혀졌다[33]. 연령이나 자외선 조사에 따른 감소나 질적 변화가 보고되었으나[36, 37] 콜라겐과는 대조적으로 단수명(수일)이며 피부에서의 양과 질을 유지하기 위하여 합성과 분해의 균형을 정교하게 제어하고 있는 것으로 생각된다[37]. 연령이나 자외선 조사 시의 히알루론산 대사제어에 대한 해명이 기대된다.

3. 항가령 · 항노화를 위하여

이상과 같이 피부는 조직에서 세포 레벨까지 매일 다양한 손상을 받고 있으며 한편으로는 생체가 반응하여 손상 제거나 복구가 반복되고 있다(항상성 유지). 피부노화란 실로 이와 같은 반복적인 반응이 연령에 따라 변화한 결과라고 볼 수 있다[그림 7-5]. 항가령(anti-aging)과 항노화(anti-senescence)라고 하는 단어는 수명의 연장이나 증상의 경감 등 폭넓은 의미로 사용되고 있는데, 이를 연령변화나 노화 증상을 늦추거나 혹은 경감시키는 것이라고 이해한다면 피부에서는 특히 자외선이나 활성산소로 인한 손상에 대한 항상성 유지, 세포와 ECM 성분 등의 턴 오버 유지를 위한 대처가 중요하다고 생각된다.

| 참 고 문 헌 |

1) Yu C.E. et al., *Science*, **272**, 258～262 (1996)
2) Cleaver J.E., *Nature*, **218**, 652～656 (1996)
3) 中村榮太郎, "老化の測定とその制御", 金原出版, p.41～54 (2004)
4) 井上紳太郎, ファインケミカル, **31**, 35～44 (2001)
5) 多田周右 他, 生化学, **78**, 221～229 (2006)
6) Takahashi Y. et al., *J. Invest. Dermatol.*, **124**, 435～442 (2005)
7) 田原栄俊 & 井出利憲, 生化学, **78**, 230～241 (2006)
8) Kurosu H. et al., *Science*, **309**, 1829～1833 (2005)
9) Baba T. et al., *J. Biol. Chem.*, **280**, 16417～16426 (2005)
10) Finch C.E. et al., *Science*, **278**, 407～411 (1997)
11) 曽根俊郎 他, 日本香粧品科学会誌, **28**, 111～117 (2004)
12) Hara H. et al., *J. Geriatr. Dermatol.*, **1**, 111～120 (1993)
13) Douki T. et al., *Photochem. Photobiol.*, **70**, 184～190 (1999)
14) Tsuchida M. et al., *Chem. Phys. Lipids*, **44**, 297～325 (1987)
15) Hara H. et al., *J. Geriatr. Dermatol.*, **1**, 111～120 (1993)
16) 新井清一 他, 日本化粧品技術者会誌, **3**, 31～42 (1989)
17) 林 照次 他, 日本化粧品技術者会誌, **27**, 355～373 (1993)
18) 村上泉子 他, 日本香粧品科学会誌, 21, 190～196 (1997)
19) 村上泉子, "新有用性化粧品の開発", シーエムシー出版, p164～173 (2004)
20) Takema Y. et al., *Br. J. Dermatol.*, **131**, 641～648 (1994)
21) 菅原智子 他, 人間ドック, **20**, 483～487 (2005)
22) Grove G.L. & Kligmann A.M., *J. Gerontol*, **38**, 137～142 (1983)
23) Hayflic L. & Moorhead P.S., *Exp. Cell Res.*, **25**, 584～621 (1961)
24) Cadet J. et al., *Mutat. Res.*, **571**, 3～17 (2005)
25) Cadet J. et al., *Mutat. Res.*, **531**, 5～23 (2003)
26) Moriwaki M. et al., *Mutat. Res.*, **364**, 117～123 (1996)
27) khaidakov M. et al., *Mutat. Res.*, **526**, 1～7 (2003)
28) Kujoth G.C. et al., *Science*, **309**, 481～484 (2005)
29) Gniadecka M. et al., *J. Invest. Dermatol.*, **111**, 1129～1133 (1998)
30) Davis N.R. et al., *Biochemistry*, **14**, 2031～2036 (1975)
31) Jackson S.H. & Heininger J.A., *Biochim. Biophys. Acta*, **381**, 359～367 (1975)
32) Yamauchi M. et al., *J. Biol. Chem.*, **262**, 11428～11434 (1987)
33) Yamauchi M. et al., *J. Invest. Dermatol.*, **97**, 938～941 (1991)
34) Kao K.Y.T. & McGavack T.H., *Proc. Soc. Exp. Biol. Med.*, **101**, 153～157 (1959)
35) Bernstein E.F. et al., *J. Invest. Dermatol.*, **103**, 182～186 (1994)
36) Inoue S., *Connective Tissue*, **33**, 235～243 (2001)
37) 井上紳太郎 & 佐用哲也, 生化学, **77**, 1152～1164 (2005)
38) Inoue S. & Takahashi Y., "Aging Skin : Current and Future Therapeutic Strategies", Allured Business Media, p.391～428 (2010)

08 물질의 경피 흡수 메커니즘

1. 들어가며

시판되는 화장품에는 그 용도 · 목적에 따라서 다양한 화학 성분이 함유되어 있다. 그렇다면 이러한 화장품을 피부에 적용하였을 때 화장품은, 그리고 화장품 속의 성분은 어떠한 운명을 겪게 되는 것일까. 피부에 적용한 후의 화학물질의 운명은 ① 화학물질 그 자체의 성질, ② 화장품 기제의 성질, 또는 ③ 화장품을 적용한 피부의 성질에 따라서 달라지는데, 그 대부분은 피부 속으로 침투 · 흡수되거나 피부 표면에 남아 있게 된다.

화장품을 적용한 피부의 성질에는 피부 자체에 가해지는 생물학적 요인인 인간 피부에 대한 관점과 그 피부가 어떻게 환경변화의 영향을 받느냐고 하는 관점이 있다.

화장품을 사용하는 부위는 주로 안면과 두피이다. 두피의 모낭피지선으로 비교적 쉽게 흡수되는 성분은 안전성 때문에 규제되고 있는 것이 사실이다.

연령에 따른 경피흡수의 정도 차이는 뚜렷하지 않으나, 일반적으로 소아의 경우 부작용 야기 가능성이 높기 때문에 그에 대한 대응이 이루어지고 있다. 고령자의 경우에도 소아와 마찬가지로 주의할 필요가 있음이 지적되고 있다.

또한, 피부가 놓인 환경의 습도가 높은지 건조한지에 따라서 각질층의 수분량이 달라진다. 그뿐만 아니라 각질층의 두께까지도 영향을 받는 경우도 있다. 경피흡수 증대에 관계되는 인자인 피부 습도의 상승 역시 흡수를 촉진시키므로 실제로 가습기나 적외선램프가 미용 시술에서 이용되고 있다.

화장품은 정상이라고 할 수 있는 건강한 피부에 적용되는 것이다. 따라서 비후되거나 각질층이 박리되거나 혹은 상처가 있는 피부 상태에 미치는 영향에 대해서는 생각할 필요가 없다. 정상적이고 평균적인 피부를 상정하여 경피흡수에 대한 논의를 진행할 수 있다.

그러므로 본장에서는 우선 경피흡수, 피부침투 등에 관한 용어를 설명한 다음, 현재 사용되고 있는 주요 화장품이 피부의 어느 부위까지 침투 · 흡수되어서 효능을 발휘하는지에 대하여 설명하고, 마지막으로 경피흡수 속도와 그 제어 및 촉진법에 대하여 이야기하겠다.

2. 물질의 경피 흡수, 피부 투과, 피부 침투(용어 정리)

화장품의 피부 침투 · 흡수성을 논할 때에는 용어를 확실히 이해하고 구별할 필요가 있다. 생물약제학에서 물질(약물)의 '흡수' 라고 하는 것은 전신순환계(혈액 속)로 물질(약물)이 빨려 들어가는 것을 가리키므로, '경피 흡수(percutaneous absorption)' 란 피부에 적용된 물질이 피부를 투과하여 전신 순환계로 이동하는 것을 의미한다. 한편, 종종 비슷한 의미로 사용되는 '피부 투과(skin permeation)' 라고 하는 용어는 피부막의 각질층에서 반대쪽(진피층)으로 물질이 통과하는 것을 의미하며, 또 '피부 침투(skin penetration)' 는 각질층 위에 적용한 물질이 각질층이나 표피 심부로 스며드는 것을 의미한다.

일반적으로 '경피 흡수' 가 '피부 투과' 나 '피부 침투' 의 의미로 사용되기도 하므로 이들 용어의 사용에는 주의가 필요하다.

3. 화장품과 경피 흡수

화장품의 적용 부위의 대부분은 안면피부인데, 이 부위의 물질의 경피 침투, 흡수성은 몸통(예를 들어 가슴, 등)보다 높다. 일반적으로 화장품은 의약품과 달리 높은 흡수성은 불필요하며 각질층에서 진피, 모낭까지의 침투, 흡수성이 그 유효성과 안전성 면에서 적절하다.

이하에 일반적인 화장품 원료와 경피, 침투, 흡수의 특징을 표적 부위별로 나타내었다.

1) 피부 표면

향료나 향수는 체온에 의한 휘발을 기대하는 것으로 경피 흡수될 필요는 없다. 그러나 향료나 향수와 같은 휘발성 물질의 경피 흡수성은 일반적으로 높으며, 그 까닭에 점막이나 안면피부, 그리고 상처가 있는 부위와 같이 민감하고 흡수가 잘되는 부위에는 적용하지 않는 것이 좋다. 또한, 향료에 배합된 에탄올과 같은 휘발성 유기용매는 경피 흡수 촉진작용이나 탈지작용(피지나 각질층 지질을 필요 이상으로 빼앗김)이 있으므로, 오랫동안 피부에 적용하는 것은 바람직하지 않다.

향료나 향수와 마찬가지로 선스크린제도 역시 피부 위에서 효과를 발휘하는 것이 좋다. 또한, 자외선 차단제 역시 기본적으로는 각질층 위에 남아 있어야 효과가 발휘되는 성분이다. 그러나 선스크린제에 사용되는 살리실산 유도체나 안식향산 유도체는 그 자체가 경피 흡수되기 쉬운 화합물이므로 이들을 사용할 때에는 오히려 경피 흡수를 제어할 수 있는 기제를 선택하여야만 한다. 한편, 산화티타늄이나 산화아연이 들어 있는 나노 미립구가 함유된 선스크린제가 있는데, 이들 소재는 경피 흡수성이 거의 없으므로 선스크린제에 적합한 소재라고 말할 수 있다.

2) 각질층

피부의 최외곽층에 위치하는 각질층을 표적 부위로 하는 것으로 보습화장품이 있다. 건성피부에 적용하는 보습제의 유효 성분은 글리세린, 요소. 아미노산류 등으로서 각질층 속에서 보습 효과를 발휘하는 것이다. 이들 성분의 경우 보습 성분의 각질층 속 농도의 적정화가 효과의 유무를 결정하는 열쇠가 된다. 따라서 경피흡수성은 낮되 각질층으로의 침투성이 높은 것이 바람직하다. 또한, 유연제나 보습제로는 피지나 각질층 세포간지질의 성분, 히알루론산과 같은 수용성 고분자가 있다. 이들은 오히려 각질층을 덮어서 효과를 발휘하는 것으로서 높은 경피 흡수성은 필요하지 않다.

화장품에 함유되어 있는 필링(각질층 박리)제의 표적 부위도 각질층이다(치료의 일환으로 피부 필링이나 진피 필링을 하는 경우도 있으므로 구별할 필요가 있다). 젖산이나 글리콜산과 같은 α-하이드록시산은 각질층을 필링하는 것이므로 당연히 경피흡수 촉진작용을 하기 때문에 유효 성분의 경피 흡수 촉진제로서도 이용할 수 있다. 한편, 필링제로서 이용할 때에는 그 자체의 흡수 촉진이나 병용 물질의 경피 흡수 촉진에 주의를 요한다.

3) 각질층 아래의 표피

미백제는 대부분 살아 있는 표피 속(과립층, 유극층, 기저층)에서 효능을 발휘하는 유효 성분으로 구성된다. 따라서 이들 유효 성분은 적어도 각질층을 투과하여 살아 있는 표피층으로 침투하지 않으면 안 된다. 이 표피 조직 속에 어느 정도의 유효량이 존재하는가가 미백제의 효능을 좌우한다. 미백제가 기능성화장품의 대명사인 이유이기도 하다.

4) 피부 부속기관

육모제는 모근이, 그리고 여드름용 화장품은 피지선 혹은 모낭이 표적 부위이다. 뒤에 설명하겠지만, 이들 부속기관의 경피 흡수에 대한 기여도는 작기 때문에 이들 조직을 표적화할 수 있는(이들 조직으로 분배되기 쉬운) 유효 성분이나 기제의 선택이 중요하다. 향후 효과적이고 부작용이 적은 육모화장품이나 여드름용 화장품의 개발이 기대된다.

5) 기타

염모제의 표적 부위는 모발이다. 일반적으로 염료는 엔도큐티클을 경유하여 침투한다. 여기서 중요한 것은 염색 능력이 뛰어나고 피부착색이 적은 침투촉진제의 개발이라고 할 수 있다.

4. 물질의 경피 흡수

1) 경피 흡수 과정과 경로

제1장의 '피부의 구조와 기능'에서 설명한 바와 같이, 최외곽층에 있는 각질층을 비롯한 피부의 단면을 살펴보면 부속기관인 모공, 땀샘, 피지선이 표피를 가로지르고

있다. 물질(화장품 유효 성분을 포함)의 경피흡수 경로에는 이 각질층의 실질층을 통과하는 '경각질층 경로'와 부속기관을 통과하는 '경부속기관 경로'가 있다. 일반적으로 화장품 등에 사용되는 유효물질이나 화학물질이라면 경부속기관 경로를 통한 흡수 속도(선속도)는 경각질층 경로의 그것에 비하여 100배 정도 빠르다. 그러나 부속기관이 피부에서 차지하는 면적 비율은 0.1% 이하에 지나지 않으므로 경부속기관 경로의 전체 경피 흡수 속도에 대한 기여도는 각질층 경로에 비하여 매우 작다.

또한, 각질층을 투과한 물질은 그 아래층에 있는 살아 있는 표피층(과립층, 유극층, 기저층)을 경유하여 진피층으로 도달한다. 그런데 화학물질의 각질층 투과 속도에 비교하였을 때 과립층에서 기저층으로 이동하는 속도는 문제가 되지 않을 정도로 빠르므로 경피 흡수의 최대 방어벽 기능은 각질층에 있다고 생각하여도 좋다.

2) 피부 방어벽으로서의 각질층과 각질층 투과 경로

각질층은 각질세포(corneocytes)의 벽돌 부분과 세포간지질의 모르타르 부분으로 이루어지는 brick and mortar model을 통하여 모식적으로 표현되며, 화학물질의 각질층 침투에 대해서는 각질세포를 통과하는 경로와 모르타르부인 세포간지질로 구성된 세포간극을 통과하는 경로를 생각할 수 있다. 이는 다시 말해 각질층은 모식적으로 그 대부분을 차지하는 친유성 부분(lipophilic domain)인 세포간지질과 그 보다 적은 친수성부분(hydrophilic domain)인 각질세포로 나뉘며 주로 지용성 물질은 전자를 수용성물질은 후자를 경유하여 침투한다.

3) 경피 흡수 속도와 투과 물질의 물성

물질의 피부 투과(경피 흡수)의 구동력은 피부 방어벽 속 물질의 농도 차에 있다. 따라서 적용한 물질이 피부로 분배되기 쉬울수록 물질의 피부 투과성은 높아진다. 또한, 피부 투과성은 피부 속에서 확산되기 쉬운 물질일수록 높아진다.

앞서 설명한 바와 같이 피부 방어벽은 주로 친유성의 조직으로 이루어지기 때문에 일반적으로 지용성 물질의 피부 투과성이 수용성 물질의 투과성보다 높다. 또한, 확산되기 쉬운 물질일수록 피부 투과성이 높으므로 당연히 분자량이 커질수록 경피 흡수성은 감소한다. 바꾸어 말하자면 지용성이 높을수록 또 분자량이 적을수록 경피 흡수성이 높다고 생각할 수 있다.

4) 적용 물질의 피부 속 농도

물질의 경피 흡수 속도는 소화관 흡수 속도 등에 비교하였을 때 매우 느리기 때문에 다량의 물질을 피부에 적용할 경우, 적용 후 수십 분이 지나면 피부 방어벽 속의 총물질농도는 일정(불변)해진다. 한편, 분자량이 클수록 피부 속 농도가 일정해지기까지의 시간이 길어진다. 또한, 피부 속 농도가 일정(불변)하다는 것은 경피 흡수 속도가 일정해졌음을 의미한다. 나아가 이때의 혈(혈장) 중 농도나 피부 속에 남아 있는 양 등도 적용 후의 시간에 무관하게 일정한 값을 갖는다.

그러나 실제로 의약품이나 화장품은 수 시간에서 24시간마다 적용한다. 이 경우 혈(혈장)중 농도나 피부 속에 남아 있는 양 등은 시간의 경과와 함께 감소하지만, 경구투여 시의 혈중 농도의 하강만큼 급격하지는 않다.

5. 물질의 경피 흡수에 영향을 미치는 요인

1) 부위 차

물질의 경피 흡수에는 부위에 따른 차이가 존재한다. 음낭, 겨드랑이 등이 가장 흡수가 빠르다고 한다. 또한, 몸통의 흡수성에 비하여 화장품 등의 주요 적용 부위인 얼굴이나 머리의 경피 흡수성이 높다는 것도 밝혀졌다. 귓바퀴 뒷부분, 턱, 이마, 두부 등의 흡수성도 높은 것으로 알려졌다. 또한, 몸통의 등 부분과 배 부분을 비교하면 배 부분이 높은 흡수성을 보인다.

2) 기제의 영향

경피 흡수형 제제나 화장품에는 기제 속에 녹아 있는 물질만이 피부에 침투될 가능성이 있지만 너무 많이 용해시키면 물질이 피부로 분배되기 어려워지므로 주의가 필요하다. 따라서 높은 경피 흡수성을 기대하는 경우에는 물질이 불안정한(그곳에 있기 어려운 듯한) 기제, 예를 들어 유효 성분이 거의 포화될 정도의 기제를 선택하여야 한다.

[그림 8-1]의 a에 나타낸 바와 같이 다수의 기제(예를 들어 바셀린 기제, 식물유 기제, 겔 기제 등)에 대한 동일 물질(약제)의 피부 투과성을 그 물질 농도에 대하여 나타내었을 때, 물질 농도가 매우 높은 경우에는 어느 기제 속에서도 물질이 포화되므

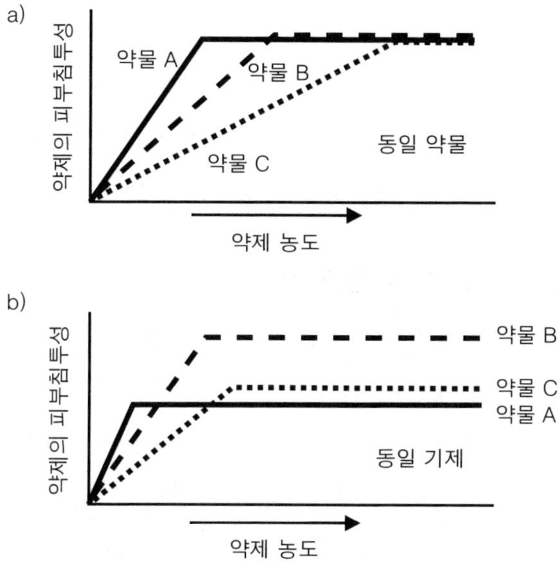

[그림 8-1] 동일 약물의 다수의 기제에 대한 피부 투과성(a)과 다수의 약물의 동일 기제에 대한 피부 투과성(b)

로 투과 속도는 사용 기제의 종류에 따른 차이가 없다. 그러나 물질이 기제 속에 포화되지 않는 경우에는 저농도로 포화되는 기제에서의 투과 속도가 높다. 반대로 투과 속도가 낮은 기제를 적용한 경우에는 물질이 기제 속에 있을 때가 더욱 안정하므로 경피 흡수성은 낮아진다.

이에 대하여 다수의 물질(약제)에 대한 동일 기제에서의 피부 투과 속도를 비교하면[그림 8-1의 b] 각각의 물질의 기제에 대한 포화점이 다르기 때문에 저농도와 고농도에서 각각의 물질의 피부 투과 속도의 순위가 바뀌는 경우가 있다는 점에 주목하여야 한다.

3) 흡수 촉진제

경피 흡수 촉진제는 피부 방어벽의 성질을 변화시키는 것으로서 흡수 경로 중에 있는 지질의 움직임을 활발하게 하는 것이라고 정의할 수 있다. 이와 같은 경피 흡수 촉진제를 사용하면 물질의 기제 중 용해도가 높아지더라도 피부로의 분배율은 용해도의 상승분만큼 떨어지지 않기 때문에 물질의 경피 흡수성은 향상되는 것이다. 이러한 작용을 하는 경피 흡수 촉진제로는 저급알코올류, 올레인산과 같은 지방산, 미리스틴산이소플라필과 같은 지방산에스테르, l-멘톨과 같은 모노테르펜류, 그리고 요소, 살리실산, α-하이드록시산, 피오티오데칸(pirotiodecane) 등이 있다. 계면활성제는 일반적으로 경피 흡수 촉진제는 아니지만 피부 방어벽 속의 지질과 상호작용을 함으로써 경피 흡수를 촉진하는 작용이 있는 경우도 많다.

4) 촉진제 이외의 경피흡수 촉진법

스테로이드 등의 약제를 피부에 적용한 후 랩으로 감싸면 경피흡수가 개선되는 것으로 알려져 있다. 또한, 랩 대신에 백색 바셀린으로 약제를 덮어도 경피흡수가 촉진된다. 이것을 밀봉붕대요법(occlusive dressing technique, ODT)이라고 한다.

화학적 구조를 개조하여 경피흡수성을 높이는 방법이 있다(프로드럭 법). 일반적으로 지용성이 높을수록, 그리고 녹는점이 낮은 물질일수록 경피 흡수성이 높다. 예를 들어 니코틴산을 니코틴산메틸이나 니코틴산에틸로 대체하면 지용성이 높아지고 녹는점도 내려가므로 경피흡수성이 높아진다. 그리고 피부 속에는 에스테라아제라고 하는 효소가 있어서 이와 같은 에스테르를 피부에 적용하면 대사된 니코틴산이 진피 속으로 나오는 방식도 있다. 화장품 분야에서 적용례로는 아스코르빈산(비타민 C)의 프로드럭이 알려져 있다.

물질의 경피 흡수 촉진 메커니즘에는 여러 가지가 있으나, 앞서 설명한 바와 같이 최종적으로는 각질층 방어벽에 작용하여 흡수를 높이는 것이다. 경피흡수를 촉진하는 물리적 방법의 대표적인 예로는 이온이동법과 음성영동법이 있다. 전자는 전기 에너지를, 후자는 초음파 에너지를 이용하여 경피 흡수를 촉진하는 방법으로서 모두 이미 미용업계에서 사용되고 있다. 또한, 피부 투과 경로를 확대시킴으로써 경피 흡수성을 높이는 방법도 고려되고 있다. 그 대표적인 것으로 전기영동법이 있다. 이온이동법과 전기영동법 모두 전기에너지를 사용하는데, 이온이동법은 저전압(저전류)을 수 분에서 수 시간 적용하는 것에 반하여 전기영동법은 고전압을 초단시간 적용한다. 또한, 이온영동법은 전기의 반발을 이용한 흡수촉진법이고, 전기영동법은 생체막의 지질에 미세한 구멍을 만들어 흡수를 촉진하는 방법이다.

화장품의 유효성을 확보하기 위하여 경피흡수성을 촉진시키거나 제어해야 하는 경우가 있으므로 화장품의 경피 흡수성 평가는 매우 중요하다. 특히 유효성을 확보하고자 경피흡수성을 지나치게 촉진시키면 피부 방어벽 기능 저하까지도 초래하게 된다. 물론 피부 방어벽 기능이 저하되면 건강한 피부에 적신호가 켜진다. 따라서 화장품 속 각 성분의 이상적인 경피흡수를 잘 파악한 후, 흡수성 확보와 방어벽 기능 유지에 주의하면서 검토해나가는 것이야말로 보다 효과적인 화장품 개발로 이어진다고 생각한다.

09 피부 타입과 그 의미

1. 들어가며

미용 영역에서는 피부의 성상이나 특성을 분류하기 위하여 피부 타입이나 민감성, 스킨 포토 타입 등 다양한 분류 표현이 존재한다. 이와 같이 피부를 분류하는 표현에는 특정한 개인이나 기업에서만 사용하는 것과 비록 표현이나 분류 내용에 약간의 차이는 있으나 미용 영역에서 공통적으로 사용하는 것이 있다. 여기서는 미용 영역에서 공통적으로 이용되는 분류(표현)에 대하여 설명하겠다.

2. 피부 타입

여성 피부의 피지분비량은 출생 직후의 신생아 시기에 많고 그 후 생후 3개월경에 걸쳐 급속하게 감소한다. 다시 성장과 함께 증가하여 사춘기를 정점을 이루며 그 후에는 서서히 감소하고 특히 폐경시기의 급속한 감소는 잘 알려져 있다. 이와 같은 피지분비량의 변화에 기인하여 발생하는 것으로 여겨지는 피지나 피부 보습성에 관한 변화는 피부의 성상에 크게 영향을 주며, 이러한 피부 성상에 맞는 화장품을 선택하기 위한 목적으로 '피부 타입' 이 이용되게 되었다.

1) 피부 타입의 분류

피부는 사람에 따라서 매우 다양하다. 그 개성적인 피부를 분류하는 방법으로서

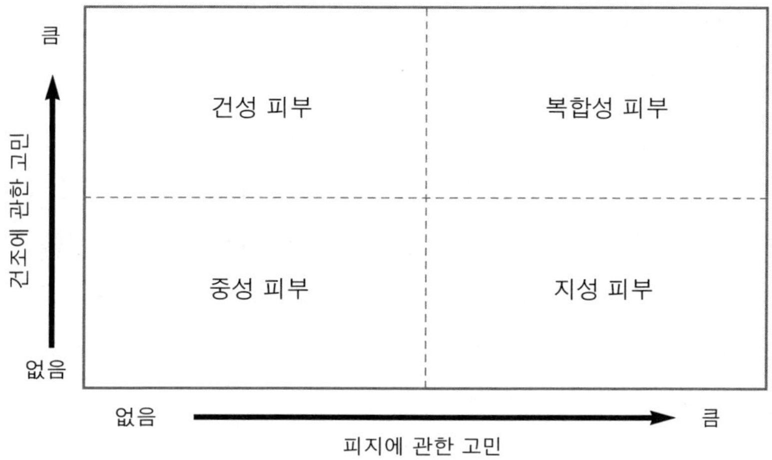

[그림 9-1] 피부 타입의 분류

건조나 피지에 관련된 고민의 발생 정도나 빈도에 따라 분류한 것이 '피부 타입'이다 [그림 9-1].

(1) 중성 피부

피지가 적고 수분량이 많은 피부로서 균형 잡힌 피부이다. 스킨이나 로션으로 건강한 피부 상태를 유지할 수 있다.

(2) 건성 피부

피지량도 각질 수분량도 부족한 피부로 건조피부라고도 한다. 피부가 당기고 거칠거칠하며 가루를 뿌린 것처럼 보이는 경우도 있다. 피부에 충분한 수분과 유분을 공급할 필요가 있다. 또한, 세정력이 너무 강하지 않은 세안제를 선택하고 보습효과 · 보호효과가 높은 스킨, 로션, 크림, 에센스로 수분과 유분을 균형적으로 보충하여야 한다.

(3) 지성 피부

피지량과 각질 수분량이 많고 특히 이마와 코의 피지량이 많다. 여분의 피지로 인한 트러블을 방지할 필요가 있다. 아침저녁으로 세안제를 사용하여 기름진 부위를 중심으로 꼼꼼하게 세안하고, 그 후 피부에 적당한 수분과 유분을 보충한다. 피지로 인하여 화장(메이크업)이 지워져 일광 화상을 일으키기 쉬우므로 틈틈이 수정 화장을 하여야 한다.

(4) 복합성 피부

피지량이 많음에도 불구하고 각질층 수분량이 부족한 피부이다. 피지가 고체가 되기 쉬워서 모공 입구에 각주가 형성되어 까끌까끌하며, 피지가 많아도 주변부로 확산되지 않기 때문에 피부가 건조하다. 여드름, 뾰루지가 나기 쉬우며 쉽게 피부가 거칠어진다. 유성의 클렌저나 마사지 크림으로 가볍게 마사지하여 고체화 · 각주화된 피지를 제거하고 스킨, 로션, 크림, 에센스로 수분과 유분을 공급한다. 또한, 기본적으로 피지가 많기 때문에 피지로 인하여 화장이 잘 지워져서 일광화상을 야기하기 쉬우므로 틈틈이 수정 화장을 하여야 한다.

2) 피부 타입 카운슬링

최근 피부를 대상으로 하는 기기 분석법의 진보를 통하여 피부 타입 구분은 과학적이고도 객관적인 방법으로 이루어지고 있다. 그러나 피부 기기분석으로는 특정한 환경 조건하에서 밖에 측정할 수 없으며, 또 얼굴은 피지분비가 많은 이마 · 코 · 턱과 피지분비가 적은 눈 주위 · 볼 등 부위에 따른 차가 크기 때문에 보다 정확하게 각각의 피부 타입을 분석하는 것은 어렵다고 할 수 있다.

한편, 질의응답을 통한 카운슬링으로 피부 타입을 판단하는 것은 피부의 성상을 정확하게 분류할 수 있을지 의문스러우나, 그 사람의 평소 생활 속에서 느끼고 있는 건조나 피지에 관련된 피부 고민을 파악할 수 있다.

그러나 대부분의 경우 건조나 피지에 관련된 피부 고민에 대한 질문에 대하여 1년간이나 수년간의 피부 상태로 회답하는 경우가 많다. 가령 피지에 관한 고민은 여름철의 피부를, 건조에 관한 고민에 대해서는 겨울철의 피부에 대해 답하는 경우가 많고, 또한 정도(강약이나 빈도)에 있어서 개인차가 크다.

동일한 개인이라고 할지라도 피지분비량이나 환경 등에 의하여 야기되는 피부건조의 상태는 계절이나 생활 상황의 영향을 크게 받으므로, 피부 상태 역시 계절 등에 따라 변화한다고 할 수 있다.

그러므로 1년간 등의 장기간에 걸친 건조나 피지에 관련된 피부 고민을 근거로 피부 타입을 판단할 것이 아니라 그 시기(계절)의 건조나 피지에 관련된 고민에 따라서 피부 타입을 분류하여야 한다. '피부 타입' 은 사용하는 화장품의 품질 · 기능(보습효과 · 유연효과)을 선정할 때 유용한 정보가 되며, 개개인의 피부 고민 해소나 화장품의 사용감과 같이 기호에 맞는 화장품을 선택하기 위해서도 중요한 항목이라고 할 수 있다.

따라서 응답자의 인식 레벨의 영향을 최소한으로 하여 정확하게 피부 타입을 카운슬링하기 위해서는 피부 고민의 정도 · 발생 부위를 고려하여 질문하는 것이 바람직하며, 응답자에게 질문의 의도를 이해시키면 더욱 좋다고 할 수 있다.

3. 민감성 피부

미용 영역에서는 '민감성 피부' 에 대하여 명문화되어 있는 공통된 정의는 없으나, 민감성 피부란 아토피 체질이나 알레르기 체질과 같은 선천적인 요인이나 몸 상태, 계절 변화, 스트레스, 피로와 같은 환경 요인으로 말미암아 지속적 또는 일시적으로 민감해진 피부라고 생각할 수 있으며, 대부분의 화장품 메이커에서의 골자는 거의 비슷하다.

자신의 피부가 민감하다고 생각하는 여성은 2명 중 한 명꼴이고 최근 증가 경향을 보이고 있다. 민감성 피부인 사람이 자신의 피부를 민감하다고 생각하는 이유로는 '과거의 피부 트러블 경험', '여드름 · 뾰루지가 쉽게 발생', '피부가 거칠어지는 등 건조성의 트러블이 쉽게 발생'을 들며, 민감성 피부가 인정되는 피부 증상에도 많은 병태가 혼재되어 있기 때문에 민감성 피부의 실상을 알기가 매우 어려운 것이 현재의 상황이다.

민감성 피부의 분류는 [그림 9-2]에 나타낸 바와 같이 피부과의와 화장품업계에서의 분류에서 약간의 차이를 볼 수 있다. 이것은 피부과의에서는 접촉피부염과 같은 객관적인 증상이나 아토피성 등 알레르기 체질로 분류하는 경우가 많지만, 화장품업계에서는 주로 따끔따끔함이나 가려움과 같은 자각증상이나 과거의 경험을 주체로 그 정도나 빈도에 따라 분류하기 때문이다.

화장품 분야에서의 민감성 피부 분류는 주로 자각증상의 발생 빈도나 정도에 따라서 민감성 피부, 약간 민감성 피부, 정상 피부로 분류하고 있으며, 특정 피부 성상이나 발생 증상에 따라 분류하지는 않는다.

민감성 피부인 사람이 자신의 피부가 민감하다고 생각하는 시기로는 '환절기',

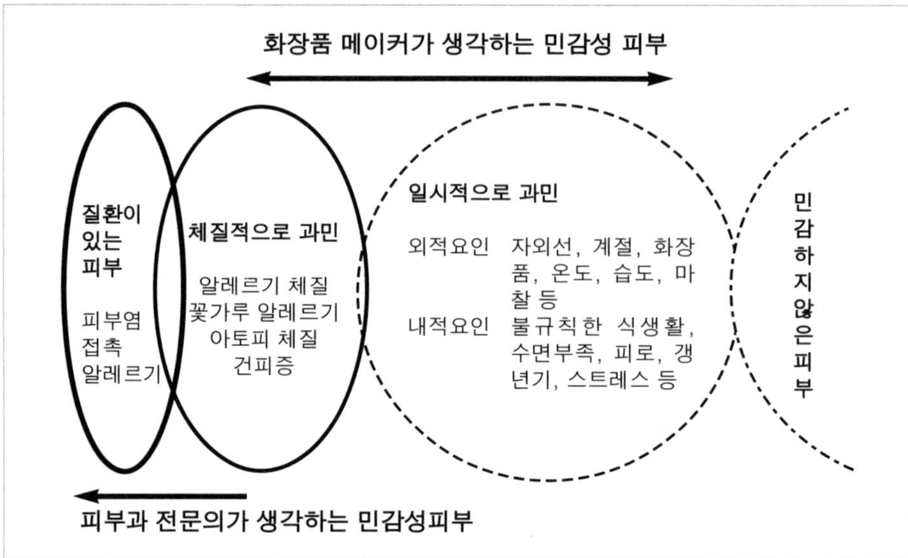

[그림 9-2] 민감성 피부의 분류

'월경 등으로 몸 상태가 좋지 않을 때', '화장품을 바꾸어야 할 때', '물리 자극이 있을 때'를 들었으며 이는 일시적으로 피부 방어벽 기능이 저하되거나 피부 감수성이 높아졌기 때문이라고 생각된다. 이와 같은 변화는 계절이나 습도와 같은 외적 요인 및 몸 상태와 같은 내적 요인에 의한 것이 많다.

또한, 피부 타입에 따라서 민감성 피부가 차지하는 비율의 차가 크며, 건성 피부에서 가장 많다. 이것은 건조로 인한 피부 방어벽 기능의 저하가 크게 영향을 미치기 때문이라고 생각된다. 지성 피부 중의 민감성 피부는 여드름의 발생이나 여드름 발생 시의 염증이 영향을 주는 것으로 생각된다.

따라서 민감성 피부에 대해서는 민감성 피부의 현상과 원인, 대응 방법에 대한 분석이 불가피하다. 예를 들어서 건성 피부일 경우에는 건조 등으로 인한 피부 방어벽이나 피부 감수성의 변화가 발생하지 않을 수 있는 화장품의 선정이나 미용법 지도가 중요하며, 지성 피부의 경우에는 화장이 지워지는 것을 방지하거나 여드름 예방할 수 있는 화장품의 선정이나 미용법 지도가 중요하다.

[표 9-1] 스킨 포토 타입(Fitzpatrick에 의함)

Type I	Always burn, never tan
Type II	Always burn, then slight tan
Type III	Sometimes burn, always tan
Type IV	Never burn, always tan
Type V	Heavily pigmented
Type VI	Blacks

[표 9-2] 일본인의 스킨 타입 판정 기준(사토&카와다에 의함)

JST I	붉어지고, 검어지지 않음
JST II	붉어지고, 검어짐
JST III	붉어지지 않고, 검어짐

4. 스킨 포토 타입

피부의 자외선 감수성을 기준으로 분류하는 카테고리로 '스킨 포토 타입'이 있다. 미용 피부과 영역에서는 레이저 치료에 대한 효과 예측 등에 사용하고 있으며 화장품 분야에서는 선스크린의 일광화상으로 인한 기미 등의 예방지표로서 이용하고 있다.

'스킨 포토 타입'은 1975년 Fitzpatrick에 의하여 제안되었으며 광화학 요법을 실시하였을 때 일광에 대한 피부반응이 다르다는 점에서 서양 백인의 피부를 4개의 타입으로 분류할 것을 제창하였다[1].

현재에는 유색인종의 2개 타입을 더하여 6개 타입으로 분류된다(skin phototypes : SPT Ⅰ~Ⅵ형)[표 9-1].

한편 일본에서는 사토와 카와다[2]가 일본인의 피부반응이 단일하지 않은 점으로부터 '일본인의 스킨 타입(Japanese skin types : JSTs)'을 3개 타입으로 분류해야 함을 제창하였다.

이 분류는 일본인으로서 평균적인 반응을 보이는 사람(JST-II)을 중심으로 이보다 과민한 사람(JST-I)과 그 반대인 사람(JST-III)으로 분류한 것이다[표 9-2].

일본인 중에서는 피부색이 흰 사람과 비교적 검은 사람 사이에는 일광화상에 따른 염증이 발생하기 쉬운 정도, 검어지기 쉬운 정도에 큰 차이가 있으므로 스킨 포토 타입을 기억하여 두는 것은 중요하다. 그러나 스킨 포토 타입은 일광화상을 입은 후 피부가 변화된 경험에 따라 분류하는 것인데 최근에는 심한 일광화상을 경험한 적이 없는 사람도 많아서 스킨 포토 타입을 확정할 수 없는 사람도 증가하고 있다. 그러므로 향후 기기 측정이나 피부 분석을 통한 스킨 포토 타입 분류가 필요하다고 할 수 있다.

5. 마치며

피부 타입과 같은 피부 상태에는 평소 사용하는 화장품의 영향이 크다. 또한, 화장품사용자는 피부 연구에서 하는 실험처럼 장시간 민얼굴(화장품을 사용하지 않음)로 있는 경우는 거의 없다. 따라서 피부의 건조나 피지에 관한 피부 고민에 대한 호소는 일상생활에서 겪어온 것이다. 이러한 피부 고민의 발생 유무나 정도는 생활환경(직장 · 가정 등)이나 사용 화장품(종류 · 양 · 빈도) 등에 따라서도 달라진다고 할 수 있다. 따라서 화장품 사용자인 고객에게 화장품이나 미용법 등에 대하여 정확하게 어드바이스하기 위해서는 '피부 타입' ×' 민감도' ×' 스킨 포토 타입' 을 통하여 고객의 피부를 고려하는 것이 중요하며, 또한 생활환경(직장 · 가정 등)이나 사용 화장품(종류 · 양 · 빈도 · 사용 방법) 등에 대한 정보를 파악하여 그에 맞춘 어드바이스를 하여야 한다.

| 참 고 문 헌 |

1) Fitzpatrick T.B., Soleil et peau, *J. Med. Esthet.*, **2**, 24～33, 1975

2) Sato Y., Kawada A., Action spectrum for melanin pigmentation to ultraviolet light, and Japanese skin typing, *Proceedings of the International Symposium of Brown Melanoderm*, University of Tokyo Press, Tokyo, p.87～95, 1986

10 멜라닌과 피부색

1. 멜라닌

피부의 색을 구성하는 인자로는 멜라닌, 혈액의 헤모글로빈, 카로틴이 3대 구성인자라고 하지만, 실질적으로는 멜라닌이 지배적이라고 하는 것이 좋다. 백색인종, 황색인종, 흑색인종을 정의하는 피부의 색도 멜라닌에 의하여 결정지어진다.

멜라닌에는 흑갈색을 띤 유멜라닌과 황~적색의 페오멜라닌의 2종류가 있으며, 흑인의 경우 유멜라닌이 대부분을 차지하고 백인은 페오멜라닌이 대부분을 차지한다.

일본인을 비롯한 황인종은 그 중간에 위치하지만 유멜라닌이 더 많다.

1) 멜라닌의 생성 과정

멜라닌은 표피하부의 기저층에 존재하는 멜라닌세포라고 하는 세포 속의 소기관인 멜라노좀에서 생성된다. 그 과정은 기본적으로는 산화 과정이며 다음과 같은 과정을 거치게 된다. 티로신에서 도파퀴논으로 변하는 반응에는 효소인 티로시나아제가 관여한다. 도파크롬 이후의 반응은 아직 완전히 밝혀지지 않았으며 복잡한 과정을 거쳐 최종적으로 유멜라닌과 페오멜라닌이 생성된다. 유멜라닌과 페오멜라닌 모두 그 구조는 아직 완전히 밝혀지지 않았다[그림 10-1].

멜라닌의 생성을 촉진하는 인자로는 자외선과 염증이 쌍벽을 이루나 자외선, 특히 파장이 290~320nm인 UVB의 영향이 매우 크다.

2) 멜라닌의 확인

배양세포에서는 육안으로도 또렷하게 검은색의 색소를 확인할 수 있다. 그러나 각

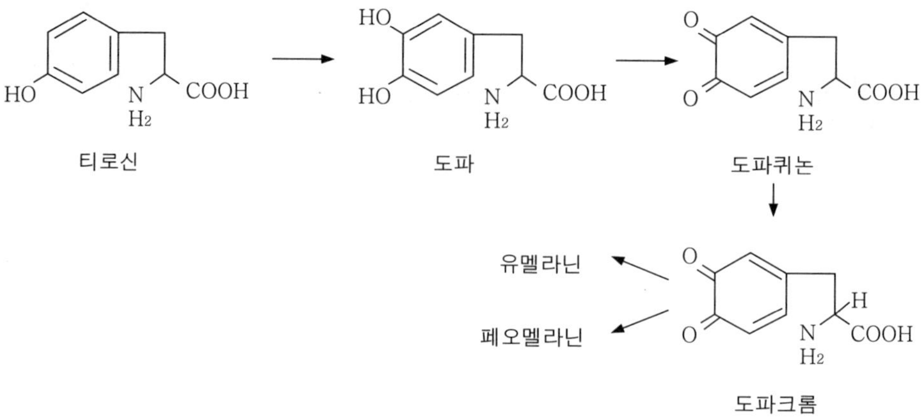

[그림 10-1] 멜라닌의 생성 과정

질층에서 테이프 스트리핑으로 세포를 채취하여 관찰하더라도 육안으로는 물론이거니와 광학현미경으로도 색을 감지할 수 없다. 이것은 멜라닌이 어느 정도의 집합체가 되지 않으면 감지할 수 없기 때문으로서 일반적으로는 은염색법으로 염색한 후 관찰한다.

3) 멜라닌의 양

멜라닌의 양 측정은 *in vitro*로는 몇 가지 측정법이 있으나, 피부에 존재하는 멜라닌을 직접적으로 측정하는 수단은 없고 분광반사 스펙트럼으로 유추하는 수단[1)]이 이용되고 있다. 간편하게 측정 가능한 Mexameter가 보급되었으나 결과를 분석할 때에는 충분한 고찰이 필요하다.

4) 멜라닌의 분포

멜라노좀 속의 멜라닌은 멜라닌세포에서 뻗어 나온 수상돌기로부터 인접하여 있는 각질형성세포로 이동한다. 그 후 기저층에서 서서히 상부로 이동하여 최종적으로는 각질층으로부터 박리되어 떨어져 나간다. 즉 기저층에서 각질층까지 상하 방향으로 분포하는 것이다.

한편, 멜라노좀은 집합체로 존재하는 경우와 독립적으로 존재하는 경우가 있다. 전자의 경우는 옅어 보이고 후자의 경우는 짙어 보인다. 이와 같은 분포의 차이는 인종 간에도 차이가 있으며 멜라닌의 색이나 절대량과 더불어 피부의 색을 결정하는 큰 인자가 된다.

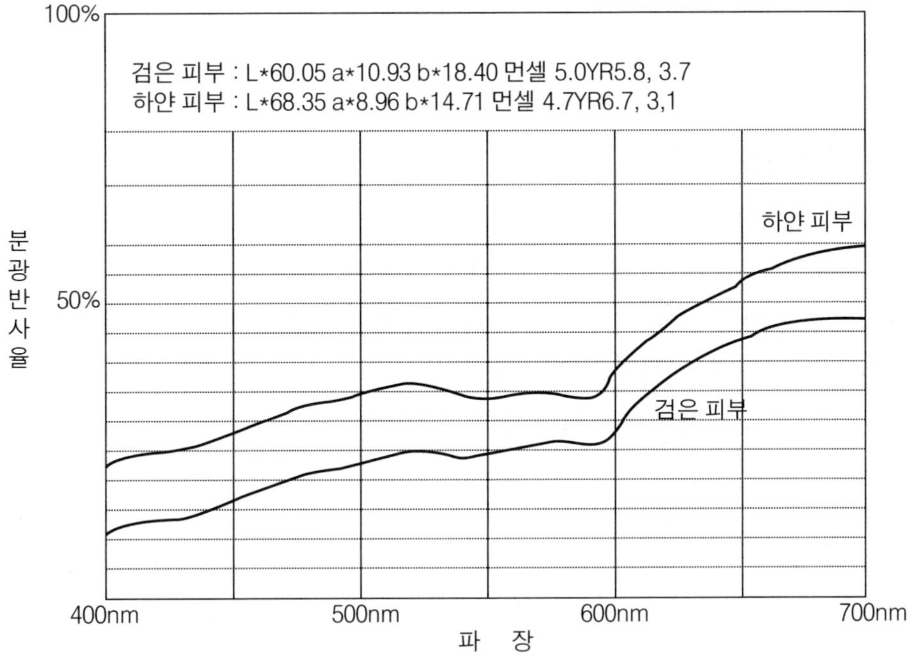

[그림 10-2]

피부의 분광반사율 측정 결과와 이 결과로부터 획득한 먼셀값을 나타내었다. 검은 피부는 야외에서의 활동시간이 길어서 일광에 그을린 남성의 피부. 하얀 피부는 야외에서 잘 활동하지 않는 여성의 피부이다.

멜라닌세포는 팔 안쪽보다는 안면부에 많다. 또한, 연령이 증가할수록 팔 안쪽의 멜라닌세포는 감소하는데 안면부의 멜라닌세포에 대해서는 아직 확실하게 밝혀지지 않았다.

2. 피부색

피부색을 측정하기 위해서는 색차계 · 분광측색계를 이용하여 직접 피부색을 측정하여 인종차, 성별차, 부위차, 연령차, 지역차, 계절 변동 등을 고려하여 검토한다.

분광학적 측정으로 구해지는 기존의 표색법으로는 생체가 지닌 질감을 표현하기 어렵다. 촉촉함, 투명감과 같은 질감과는 동떨어진 표색법으로는 본래의 피부색을 표현하는 데 한계가 있다. 그러나 멜라닌과의 관련성을 이해하기 위해서는 충분히 효과적인 수단이다. 최근에는 디지털카메라의 영상 분석을 통한 피부색 측정 연구도 등장하였다.

1) 분광반사율 측정

피부색을 이해하기 위한 기본적인 측정법이다. [그림 10-2]에 일본인의 볼을 측정한 예를 나타내었다. 피부색과 분광반사율 측정결과에서 특징적인 점은 혈액 속의 산화헤모글로빈을 반영한 548nm와 578nm 부근의 흡수이다.

이 측정결과는 L*a*b*나 먼셀 표색법을 통해 표현되는데 측정기의 종류에 따라서 측정치가 다르다. 그러므로 서로 다른 연구자들의 보고를 비교할 때에는 주의가 필요하다.

2) 인종 차

인종 차에 대해서는 일본인과 영국인, 그리고 프랑스인의 피부색을 연령별로 측색한 다카하시[2] 등의 보고와 흑색인종, 황색인종, 백색인종에 대하여 폭넓게 조사한 요시가와[3]의 보고가 있다. 측색 부위나 연령층에 따라서 결과에 차이가 있으므로 특징을 일괄하여 설명하기는 힘들지만 일본인은 영국인이나 프랑스인과 비교하였을 때 색상이 확실히 황색에 가깝다. 또한, 명도는 낮은 경향을 보인다. 채도에 대해서는 부위별로 큰 차이를 나타내었다.

인종 간의 피부색의 차이는 멜라노좀의 분포 상태나 유멜라닌과 페오멜라닌의 비율 등 기본적으로는 선천적으로 결정된다.

3) 성별 차

성별 차에 있어서는 앞서 이야기한 요시가와[3]에 따르면 색상에는 차이가 없고, 남성의 명도가 약 0.3 낮다. 그러나 성별 차는 선천적인 것은 아니며, 실외에서의 활동시간이나 선스크린, 파운데이션과 같은 화장품이나 양산 사용으로 자외선으로부터 피부를 지키고자 하는 의식의 차이 또는 미백화장품을 비롯한 스킨케어 제품을 통한 관리의 영향이 큰 것으로 생각된다.

4) 부위 차

성기 주변 부위의 색은 짙고 발바닥이나 손바닥의 색은 엷다. 일반적으로 자외선에 노출되기 쉬운 안면은 멜라닌이 생성되기 쉬우며, 잘 노출되지 않는 팔 안쪽이나 몸통보다 짙은 경향이 있다.

일본인은 일반적으로는 먼셀 색차계의 색상의 YR에 분포하지만, 안면에 한정하여 살펴보면 볼 부분이 현저하게 붉은색을 띠고 있는 경우에는 R에 분포하는 경우도 있다.

5) 연령

동일 인물을 수십년에 걸쳐 동일 측정기로 측색한 연구 성과는 없으나, 나이를 먹으면서 피부색이 변화하는 것은 실제로도 느낄 수 있다. 앞서 이야기한 다카하시[2]는 일본인, 영국인, 프랑스인에 대하여 보고하였다. 또한, 시마가미[4] 등은 1383명에 이르는 일본인의 피부색을 연대별, 계절별로 보고하였다.

연령이 증가하면서 색상은 황색에 가까워지고 명도는 저하되는 변화가 두드러지게 나타난다. 채도는 급격하게 상승하는 경향을 보이지만 중년 이후의 변화는 작다.

그러나 미백화장품이나 선스크린제 등의 사용 유무나 태양광 노출 시간 등에 따라서 멜라닌의 양이 크게 좌우되기 때문에 개인차가 큰 것으로 생각된다.

요시가와[5] 등은 1991년과 10년 후의 2001년에 각 연령층의 피부색에 대하여 조사한 결과, 20대와 30대를 비교하였을 때에 1991년에는 30대의 명도 저하가 현저하였으나 10년 후인 2001년의 30대는 1991년의 20대보다 명도가 상승하는 경향을 보였다고 보고하였다. 이 현상은 자외선 케어나 미백화장품 사용으로 피부노화도 영향을 받을 가능성을 암시하는 것으로서 흥미롭다.

연령이 증가하면서 "피부색이 칙칙해진다."라고 표현하기도 하는데, 그 모든 원인이 멜라닌이나 멜라노좀의 양적 · 질적 변화에 의한 것은 아니다.

피부의 광투과성 저하, 피부 표면의 형태 변화에 따른 그림자의 영향이나 빛의 확산능력 저하 등 복잡한 원인이 관여하고 있다.

| 참 고 문 헌 |

1) 舛田勇二 他, *JSCCJ*, **35**(4), 325～332 (2001)
2) 高橋元次 他, *JSCCJ*, **23**(1), 22～29 (1989)
3) 吉川拓伸, 日本色彩学会誌, **29**(2), 125～129 (2005)
4) 島上和則 他, 日本色彩学会誌, **11**(1), 54～55 (1987)
5) 吉川拓伸 他, 日本色彩学会誌, **29**(2), supplement, 136～137 (2005)

11 피부 상태의 계절 변동

1. 들어가며

일본은 남북으로 길기 때문에 지역에 따른 환경의 차이뿐 아니라 계절에 따른 환경 변화도 크다. 피부는 신체의 가장 바깥쪽에 위치한 장기로서 항상 외부환경에 노출되어 있기 때문에 여름철의 고온다습, 겨울철의 저온저습과 같이 계절에 따른 혹독한 환경변화의 영향을 받기 쉽다. 특히 각질층은 기온이나 습도와 같은 외부환경의 변화에 영향을 받아서 계절에 따라 각질층 수분량, 중층 박리량, 배열의 규칙성 등이 크게 변화한다. 또한, 각질층의 상태가 계절에 따라 변화하면서 각질층이 본래 지니고 있는 방어벽 기능 역시 변화하게 된다. 이러한 각질층의 상태 변화는 피부가 버석거리는 등의 현상을 통해 실제로도 느낄 수 있다.

그밖에 피부 상태의 계절 변화로는 피부색의 변화를 생각할 수 있는데, 이는 계절에 따른 자외선의 양, 기온과 같은 환경 변화가 피부색에도 영향을 미치기 때문이다.

여기서는 계절에 따라서 각질층을 비롯한 피부 표면의 형태 변화, 수분량과 같은 피부 속의 성분 변화 및 피부색의 변화에 대하여 설명하였다.

2. 피부표면 형태의 계절 변동

일반적으로 인간의 피부 내부의 상태를 관찰하기 위해서는 생검과 같은 방법으로 피부를 채취하지 않으면 어려우며, 비침습적인 방법으로 알아내기는 힘들다. 그러나 테이프 스트리핑 등으로 쉽게 채취 가능한 각질세포로는 피부표면의 상태를 확인할 수 있을 뿐 아니라 각질세포가 될 때까지의 피부 내부의 표피분화 상태를 반영하므로, 각질세포를 조사함으로써 다양한 피부 내부 정보를 획득할 수 있다.

각질세포의 상태에 대해서는 각질세포의 면적, 중층 박리량 및 배열의 규칙성 등에 따라 평가한 보고가 많다. 하나하나의 각질세포의 평균면적은 여름에 가장 크고 이어서 가을, 봄 및 겨울의 순으로 작아진다. 각질세포 면적의 균일성은 여름에 가장 균일하며 겨울에 가장 불균일한 나쁜 상태가 된다. 한편, 중층 박리량은 겨울에 가장 많고 여름에 가장 적다. 각질층의 수분량과 각질세포의 박리량과는 음의 상관을 보이는데 이는 겨울의 건조가 각질층 수분량의 저하를 유발하고 그 결과 각질세포의 박리를 저해함으로써 각질세포의 퇴적을 촉진하여 테이프 스트리핑 시 각질세포의 박리량이 증가하는 것이라고 생각된다. 각질세포 배열의 규칙성도 여름에 가장 양호하고 겨울에 불량한 상태이다. 정리하자면 여름철의 고온다습한 환경에서는 각질세포 면적이 크고 균일하며, 중층 박리량이 적어지고, 배열 규칙성도 좋아지므로 각질층으로서는 가장 좋은 상태라고 생각된다. 반대로 겨울철의 저온저습한 환경에서는 가장 나쁜 상태가 되며 계절에 따른 주기적인 변화를 반복한다고 생각된다.

부위에 따른 각질층 상태의 계절 변화를 살펴보자면 의복으로 보호되는 상완 안쪽에서는 각질층의 계절 변화가 적지만, 볼은 여름철에 각질층 상태가 좋고 겨울철에 나빠지는 계절 변동이 확인된다. 즉 외부환경에 노출되는 부위와 보호되는 부위 사이에는 계절에 따른 변화의 정도가 다르며, 각질층 상태를 좋은 상태로 유지하기 위해서는 가능한 외부환경의 영향을 받지 않도록 대처하는 것이 중요하다.

외부환경으로부터의 화학적, 물리적 자극에 대한 감수성은 각질층의 상태에 따라 다르다. 겨울부터 초봄까지는 각질층의 상태가 나쁘고 피부가 자극을 받기 쉬우나 여름에 각질층의 상태가 좋을 때에는 비교적 자극을 잘 느끼지 않는다. 그 원인으로는 겨울부터 봄에 걸친 저온저습한 환경에서는 피부를 보호하는 피지의 감소, 각질층 수분량의 저하 및 배열 규칙성의 악화 등으로 인하여 각질층의 상태가 나빠져서 피부방벽기능이 저하되기 때문이라고 생각된다[그림 11-1][17].

주름은 기미와 마찬가지로 중요한 피부 고민으로서 피부표면 형태의 계절 변동에 대한 연구대상이 되어 왔다. 일반적으로 겨울의 저온저습한 환경이 피부의 건조를 유발하고 주름을 악화시키는 방향으로 작용하기 쉽다고 생각된다. 주름모사판(replica)

을 이용한 주름 영상 분석으로 여름철과 겨울철 중 겨울철에 피부결이 거칠어져서 피부표면 형태의 방향성이 강해지고 주름이 강조된다고 보고되었다.

3. 경피 수분 손실량, 각질층 수분량 및 피지량의 계절 변동

각질층은 외부환경으로부터 피부 내부로의 이물질의 침입 또는 피부 내부로부터의 수분 상실을 방지하는 방벽기능을 담당한다. 피부 방어벽 기능의 평가법으로 경피 수분 손실량(TEWL)이 이용되는데, 이 TEWL은 여름에는 낮고 봄과 겨울에 높은 경향을 보이므로 여름에 피부 방어벽 기능이 높다고 생각할 수 있다. 또한, 촉촉한 피부를 유지하기 위해서는 피부의 수분량이 중요한데 각질층 수분량은 여름에 가장 높고 겨울에 낮은 값을 보이므로 여름에 양호한 상태인 것이다.

피지는 피부표면을 보호하는 작용을 하며 기온 · 습도와 같은 환경변화에 영향을 받으므로 분비량이 계절에 따라 변동한다. 피지량은 여름의 고온에서는 땀과 함께 분비량이 증가하고 겨울과 봄에는 여름에 비하여 감소하는 것으로 생각된다. 피지는 중성지방, 유리지방산, 스쿠알렌 등으로 구성된다. 피지 속의 유리지방산 비율은 건조성으로 피부가 거칠어지는 데에 관여하며, 또 유리지방산의 불포화도의 저하에 따라 각질세포 면적이 커진다고 하는 보고가 있다. 피지 조성 중 유리지방산은 여름부터 겨울에 걸쳐 감소하는데, 이에 반하여 중성지방의 비율은 여름에는 유리지방산에 비해 높다가 봄에 역전되는 현상이 관찰된다. 이러한 현상의 원인은 계절에 따른 상재균의 균 수 및 그로부터 생산되는 효소량의 변화로 말미암아 상재균이 생산하는 효소에 의하여 중성지방이 유리지방산으로 분해되기 때문이라고 생각된다.

TEWL량은 여름철에 낮은 값을 보인다. 수분량과 피지량 모두 여름철에는 높고 겨울철에는 낮으므로 고온다습한 여름철에는 피부의 방어벽 기능, 피부의 보습 상태 모두 좋은 상태이며 저온저습한 겨울철에는 나쁘다. 그러므로 겨울에는 보습력이 높은 화장품을 사용함으로써 피부에서 수분이 증발되는 것을 방지하고 수분을 유지하며 부족한 피지를 공급하여 방어벽 기능 개선, 피부의 거칠어짐 등의 트러블을 방지할 수 있을 것이라고 생각된다.

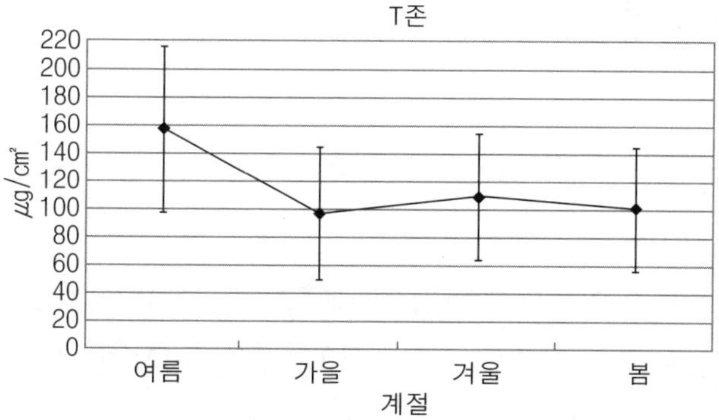

[그림 11-1] 얼굴 T존의 피지분비의 계절 변동
(Skin Research and Technology 11 (2005)에서 전재 17))

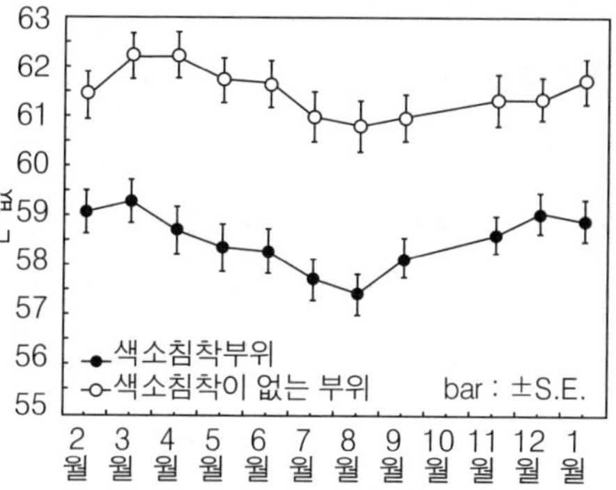

[그림 11-2] L*값의 변화
(미즈가키 메구미, 향장회지, 21(3), 1997에서 전재 12))

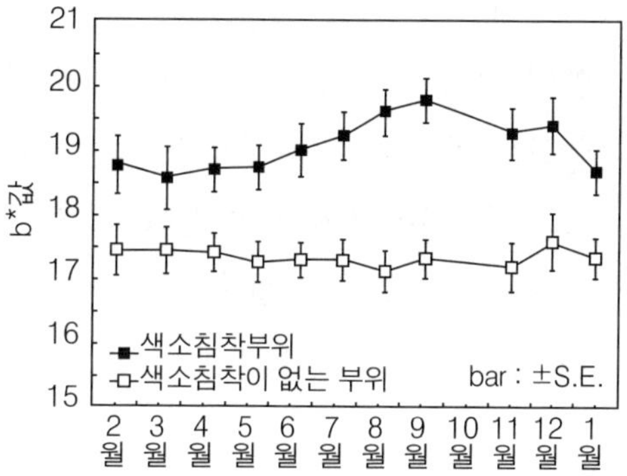

[그림 11-3] b*값의 변화
(미즈가키 메구미, 향장회지, 21(3), 1997에서 전재 12))

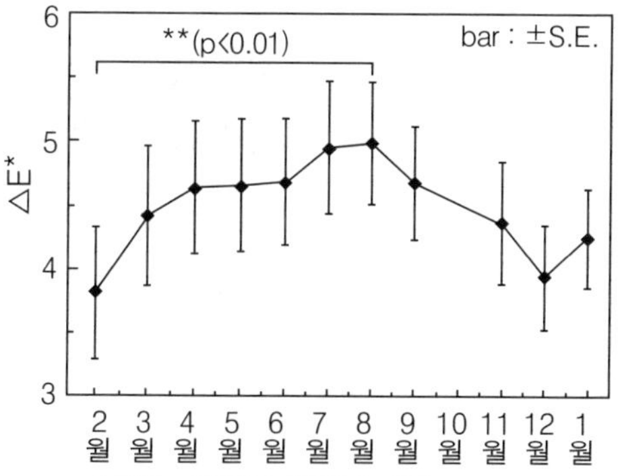

△E*는 이하의 식으로 산출

$\triangle E^* = [(\triangle L^*)^2 - (\triangle a^*)^2 + (\triangle b^*)^2]^{1/2}$

[그림 11-4] 색소침착부위와 색소침착이 없는 부위의 색차
(미즈가키 메구미, 향장회지, 21(3), 1997에서 전재 12))

4. 피부색의 계절 변동

피부색은 피부의 멜라닌 양, 혈액 속의 헤모글로빈 양, 혈액 등의 영향을 받아 변화한다.

피부색은 먼셀 표색계 외에도 일반적으로 L*, a*, b* 표색계로 표현된다. 계절에 따른 피부색의 변화에 대해서는 명도를 의미하는 L*은 봄부터 여름에 걸쳐 감소하다가 그 후 다시 증가하는 주기적인 변화를 보인다. 붉은색의 정도를 의미하는 a*는 겨울에 증가하는 경향을 보이며, 황색을 의미하는 b*는 여름에 상승한다. 이와 같은 피부색의 계절 변화는 봄과 여름에 황색이 강하고 가을과 겨울에 붉은색이 강한 특징이 있는데, 그 원인은 여름에는 자외선의 양이 많은 까닭에 멜라닌이 잘 생성되어 황갈색이 되지만 겨울에는 자외선이 적고 실내외의 기온차로 인하여 혈관이 확장되므로 붉고 밝아지는 것이라고 생각된다[그림 11-2, 그림 11-3][12].

또한, 피부색의 계절 변화 중 기미가 있는 색소침착 부위와 색소침착 없는 부위를 비교하면 자외선이 강한 여름에는 색소침착부위의 총면적, 개수가 증가하며 가을부터 겨울에 걸쳐 감소한다. 또한, 색소침착 부위의 명도도 여름부터 겨울에 걸쳐 상승하고 여름에는 저하되는 주기성이 확인된다. 이 때문에 여름에는 겨울에 비하여 색소침착 부위의 색이 어두워지고 황색기가 증가하는 변화를 수반하여 색소침착 부위와 색소 침착이 없는 부위의 색차가 커짐으로써 기미가 두드러지는 것이라고 생각된다[그림 11-4][12].

여성이 메이크업을 할 때 신경을 쓰는 곳은 눈가와 입가이다. 입가, 다시 말해 입술이 거칠어지면 하루가 우울해지는 여성이 적지 않을 것이다. 이렇듯 입술은 미용상 중요한 역할을 담당할 뿐 아니라 언어를 말하고 음식을 먹는 중요한 기능을 하지만, 쉽게 거칠어지는 부위이다. 그 까닭에 립크림을 꼭 가지고 다니는 사람이 많은 것도 사실이다.

| 참 고 문 헌 |

1) 田上八朗, *Fragrance Journal*, **32**(10), 10～16 (2004)
2) 松本雅之 他, 香粧会誌, **24**(1), 1～6 (2000)
3) 檀淵暢夫 他, *JSCCJ*, **33**(3), 290～296 (1999)
4) 小川朋康 他, *Fragrance Journal*, **30**(10), 37～42 (2002)
5) 太田尚子, *Fragrance Journal*, **30**(10), 49～57 (2002)
6) 蜷川よしみ 他, 香粧会誌, **10**(3), 147～155 (1986)
7) 今井博明 他, *Fragrance Journal*, **21**(10), 27～34 (1993)
8) 島上和則 他, 日本色彩学会誌, **11**(1), 54～55 (1987)
9) 西村桂一 他, *JSCCJ*, **30**(2), 169～175 (1996)
10) 吉川拓伸, 日本色彩学会誌, **29**(2), 125～129 (2005)
11) 新井清一 他, *JSCCJ*, **23**(1), 31～42 (1989)
12) 水垣めぐみ 他, 香粧会誌, **21**(3), 185～189 (1997)
13) 渋江ゆう子 他, 色彩工学コンファレンス論文集, **7**, 55～58 (1990)
14) 福安健司 他, *Fragrance Journal*, **24**(2), 25～30 (1996)
15) 村松宜江 他, *Fragrance Journal*, **21**(8), 65～70 (1993)
16) 大野盛秀 他, 日皮会誌, **97**(8), 953～964 (1987)
17) Sang Woong et al., *Skin Research and Technology*, **11**, 189～195 (2005)
18) J. Rogers et al., *Arch. Dermatol. Res.*, **288**. 765～770 (1996)
19) 見城 勝 他, *JSCCJ*, **34**(4), 365～373 (2000)

12 입술의 생리

1. 입술의 구조

입술은 안면부의 중앙에 위치하며 윗입술은 코입술고랑(팔자주름)을, 아랫입술은 턱끝 혀고랑을 경계로 하고 있다. 입술은 점막, 홍순(다양한 이름이 있음), 피부로 나뉜다[그림 12-1]. 일반적으로 '입술' 이라고 하는 부위는 '홍순' 으로서 색이 붉은 것이 특징이다. 이 홍순(이하에서 입술은 홍순을 의미)은 피부와 뚜렷한 경계를 이루지만 점막과의 경계는 뚜렷하지 않다.

2. 입술은 왜 쉽게 트는가

입술은 피부와 점막의 이행부에 위치하는 부위이기 때문에 다른 피부와는 다른 성질을 지닌다. 2종류(표피각화 및 점막형)의 중층편평상피로 구성되어 있으며 이 상피의 분포 상태나 각질화 상태에 따라서 입술의 성상이 결정되는 것이라고 여겨지고 있다. 표피는 두터워도 각질층 자체는 다른 피부에 비해 얇고 불완전한 각질화세포가 많기 때문에 각질층으로부터의 수분 증발이 매우 많은 까닭에[1] 외부환경으로부터 자신을 방어하는 구조가 약하다. 그뿐만 아니라 멜라닌이 매우 적거나 없으므로 자외선 방어 능력 역시 낮을 것이라고 생각된다. 따라서 입술은 피부에 비하여 매우 연약한 부위이다. 한편, 턴 오버는 3~4일로 빠르며 짧은 주기로 세포가 재생되기 때문에 자기 회복 능력이 뛰어난 부위라고도 생각된다.

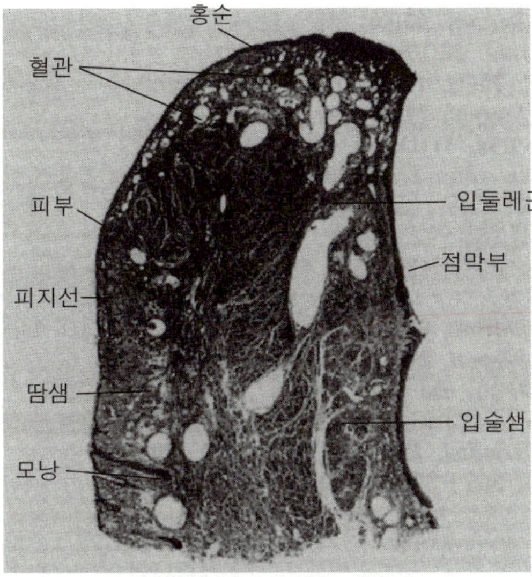

[그림 12-1] 입술의 구조
오가와 카즈오 등, 《조직학》, 문광당(1987)에서 전재

3. 입술의 트는 것의 특징

입술이 거칠어지는 증상은 까칠까칠하며 하얗게 건조되고 딱딱해지는 것이다. 또한, 심해지면 균열이 발생하거나 피부가 벗겨지는 증상도 관찰된다. 트는 부위는 윗입술보다도 아랫입술이 더 잘 트며, 특히 아랫입술 중 점막과의 경계 부위가 매우 트기 쉽다. 이 부위의 피부가 크게 벗겨지는 것도 입술이 트는 증상의 특징이다.

입술이 트는 시기는 기온, 습도가 낮은 겨울철, 자외선 양이 많은 여름철, 환절기 등으로 일 년 내내 입술이 트기 쉬운데 특히 겨울철에는 트는 발생 빈도가 증가하거나 증상이 중증화되는 경우가 많다.

입술이 트는 원인으로는 주로 ① 외부환경(기온, 습도, 자외선) ② 화학적 자극(립스틱, 치약 등) ③ 물리적 자극(흡연, 식사 등) ④ 몸 상태(감기, 위장질환 등)가 고려된다.

입술이 트는 데 대한 대처 방안으로는 립크림으로 유분을 공급하여 각질층으로부터의 수분 증발을 억제하는 방법이 일반적이다. 또한, 화장품 속에 보습 성분을 배합하는 등, 보습이라고 하는 관점으로 접근한 화장품도 많이 개발되고 있다. 최근에는 입술이 트는 데에 따른 낙설 조절효소 활성의 변동에 대한 검사에 의해 튼 입술에서는 각질 최외층에서의 낙설이 잘 이루어지지 않는 것이 밝혀졌다. 이러한 입술의 트는 것에 대해서는 입술의 보습만이 아닌 낙설 조절에 관한 카뎁신 D 유사 효소의 활성을 높이는 것이 효과적이다.

4. 입술의 색

입술이 붉은 것은 인간만의 특징이다. 그 이유는 각질층이 매우 얇고 유색세포가 없어 투명도가 높으며, 그리고 고유층에는 키가 큰 유두가 다수 존재하고 그곳에 많은 모세혈관이 지나가기 때문에 혈액이 투과되어 입술의 색이 붉게 보이는 것이다. 그러므로 혈액의 상태가 그대로 입술의 색으로 반영된다. 예를 들어 빈혈 상태에서는 붉은 기가 옅어지고, 청색증처럼 혈액 속의 효소가 결핍된 경우에는 짙은 보라색으로 변색되므로 입술의 색으로 건강 상태를 판단할 수 있다.

또한, 건강 상태가 좋은 경우라도 혈색이 좋고 붉은 입술에서 소위 '칙칙한' 입술까지 색에는 개인차가 있다. 이 개인차에 영향을 주는 인자는 다양하나 붉은기가 강한 입술은 '칙칙한' 입술에 비해 입술 표면에 모세혈관이 길게 뻗어 있으며 '칙칙한' 입술은 표면에서 모세혈관이 잘 보이지 않는다. 연결된 모세혈관의 주행 상태, 보이는 방식이 입술에 색에 크게 관련된다.

| 참 고 문 헌 |

1) Kobayashi H., et al., *Br. J. Dermatol.*, **150**, 563～567 (2004)
2) 新井清一 他, 香粧会誌, **14**, 66～70 (1990)
3) R. Hikima et al.,, *IFSCC Magazine*, **7**(1), 2～9 (2004)
4) 岩井一郎 他, 香粧会誌, **27**, 79～85 (2003)

13 모발의 생리와 기능

1. 모발에 대하여

사람의 머리에 자라는 체모를 일반적으로 모발 혹은 두발이라고 한다. 모발은 두피 내에 있는 모근하부의 모모세포에서 생성되어 분열을 거듭함으로써 형성되는 것으로, 모근부는 세포의 증식과 분화를 수행하는 살아 있는 부분이지만 눈에 보이는 부분, 즉 두피에서 위로 나온 부분(모간이라고 한다)은 이른바 죽은 세포이다. 본 절에서는 모근 내에서의 현상에 관련된 모발의 생리와 기능 및 자라난 후의 모발 구성과 모발을 구성하는 각 조직의 기능에 대하여 간단히 설명하겠다.

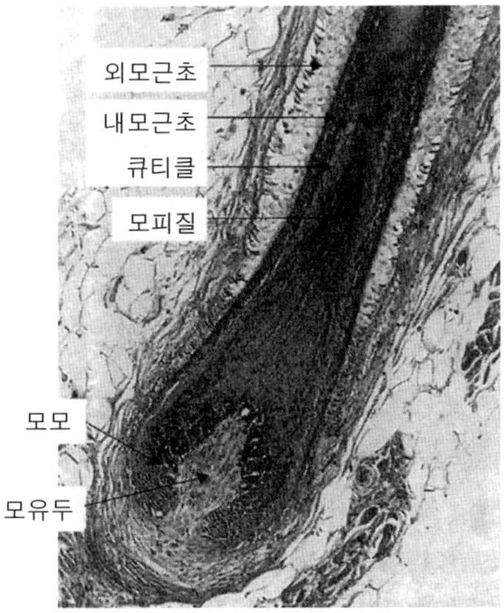

[그림 13-1] 사람의 성장기 모낭의 조직 이미지

2. 모근의 구조

[그림 13-1]은 사람 모발의 모낭의 조직 이미지이다. 모낭의 기저 부분에는 모모세포와 모유두세포라고 하는 2종류의 중요한 세포가 존재한다. 체모는 부위에 상관없이 모모세포의 증식을 통하여 성장하는데, 이 모모세포 증식의 열쇠를 쥐고 있는 것이 모모세포로 둘러싸여 있는 모습의 모유두세포이다. 모유두세포에서 체모의 성장에 관계된 명령이 내려지며 모발의 성장과 휴지는 이 명령에 따른 것이다.

3. 헤어 사이클

자라고 있는 체모는 언젠가는 자연히 빠지고 같은 곳에 다시 체모가 자라난다. 그 주기를 모주기(헤어 사이클)라고 한다. 이 모주기에는 크게 세 개의 단계가 있다[그림 13-2]. 우선 모모세포가 왕성하게 분열을 거듭하여 체모가 성장하는 기간인 성장기로, 이 기간은 약 4~7년 정도이다. 개인차는 있으나 이 기간 동안 체모는 대체로 1개월에 1㎝ 전후의 속도로 자라게 된다. 그 후 성장이 멈추고 모조직이 축소되는 수 주간의 퇴행기를 거친 후, 2~3개월의 휴지기에 들어가면 비로소 탈락되는 것이다. 이와 같은 주기를 갖기 때문에 비록 개인차는 있으나 머리를 감거나 빗을 때 등 매일 70~100개 정도가 빠지는 것은 자연스러운 일이다.

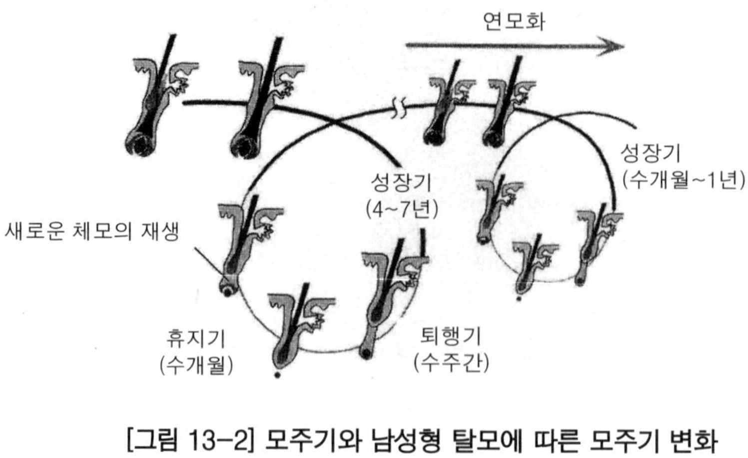

[그림 13-2] 모주기와 남성형 탈모에 따른 모주기 변화

동물의 종에 따라서 모주기의 패턴은 달라진다. 인간의 경우에는 각각의 모근이 독립적인 모주기(모자이크형)를 갖기 때문에 모든 체모가 한 번에 다 빠졌다가 자라지 않고 각각 독립적으로 빠지고 자란다. 단 계절 변동이 있어서 봄이나 가을에는 탈모가 증가하는 것으로 알려져 있다[1]. 모발 이외에도 신체의 여러 부분에 체모가 존재하는데 각각 독자적인 모주기를 지니고 있어서 보통 일정한 길이를 유지한다.

탈모에 대하여

모발이 자라고 있는 부분과 관련된 고민의 대명사로 들 수 있는 것이 탈모일 것이다. 탈모에는 몇 가지 종류가 있는데, 그 대부분은 남성호르몬이 원인이 되는 남성형 탈모이다. 남성형 탈모는 모주기 중 성장기의 기간이 짧아지므로 굵고 긴 경모(종모)에서 가늘고 짧은 산모상의 연모로 변화하는데[그림 13-2], 노화로 인한 머리카락 수의 감소를 제외하면 모낭의 수는 출생 후 변화하지 않는다고 한다. 이와 반대로 액모, 수염, 음모는 성호르몬 분비로 인하여 연모가 경모로 바뀌고, 또 눈썹, 속눈썹, 측두부의 모발은 성호르몬의 영향을 받지 않는다. 이러한 차이는 각각의 체모의 모근 내에 있는 모유두세포의 성호르몬에 대한 감수성이 상이하기 때문이라고 생각된다.

남성형 탈모의 메커니즘은 아직 알려지지 않는 부분도 많으나, 최근에는 유전자 분석법 등의 진보를 통하여 빠른 속도로 밝혀지고 있는 중이다.

4. 모발의 형상과 인종차

모발의 굵기는 일반적으로 직경 40~ 120㎛라고 한다[2) 3)]. 모발 직경은 개인차나 개체(個體)차가 크지만, 평균 직경을 비교하면 일반적으로 아시아인의 모발이 서양인이나 아프리카인의 모발에 비해 굵다고 알려져 있다. 또한, 연령 의존성도 있다. 일본인 남성의 경우 사춘기를 경계로 굵기가 감소하고, 일본인 여성의 경우에는 약 35세에 최고치를 보이다가 그 후 감소하는 것으로 보고되었다.

모발의 형상은 인종에 따라 큰 차이가 있다. 아프리카인의 모발이 가장 곱슬곱슬하고 서양인의 모발은 일반적으로 느슨한 웨이브 형태를 하고 있다. 그에 반하여 일본인 등 아시아인 중에 많은 몽골인종에서는 비교적 곧은 모발이 많은 것이 특징이다.

또한, 모발의 단면 형상은 대부분의 경우 원형이 아니며, 정도의 차이는 있으나 편평한 형태를 하고 있다. 인종별로 비교하면 아시아인의 모발이 가장 원에 가깝고 서양인, 아프리카인의 순으로 편평도가 커진다.

5. 모발의 색과 인종차

아시아인이나 아프리카인의 모발은 일반적으로 검으나, 서양인의 모발은 황색(금색), 갈색, 적색 등 다양하다. 모발의 색은 모발 속에 존재하는 멜라닌의 종류와 양에 의하여 결정된다. 멜라닌에는 검은 유멜라닌과 황색~적색의 페오멜라닌의 두 종류가 있다. 아시아인 등의 모발이 검은 것은 유멜라닌의 양이 많기 때문이다. 멜라닌이 비교적 적은 경우나 모발의 직경이 가늘어서 흡수되는 빛의 정도가 적은 경우, 그리고 페오멜라닌이 많이 섞여 있는 경우에는 모발의 색에 다양한 차이를 보인다.

멜라닌을 생산하는 것은 모모세포에 있는 멜라닌세포라고 하는 조직이다. 백발은 멜라닌세포에서의 멜라닌 합성능력이 저하되었거나, 멜라닌세포 자체가 결여되는 등의 원인에 의한 것이라고 여겨진다.

6. 모발의 구조

[그림 13-3]에 모발의 내부 구조를 모식적으로 나타내었다. 모발을 크게 나누어보면 3개의 조직으로 이루어진다.

가장 바깥쪽에는 큐티클(모소피)이라고 불리는 비늘 모양의 조직으로 덮여 있다. 큐티클(모소피) 1층의 두께는 약 0.4~0.5㎛이며 개인차는 있으나 일반적으로는 5~10층이 겹쳐 있다. [그림 13-3]에 나타낸 바와 같이 하나의 큐티클(모소피)은 다층 구조로 이루어진다.

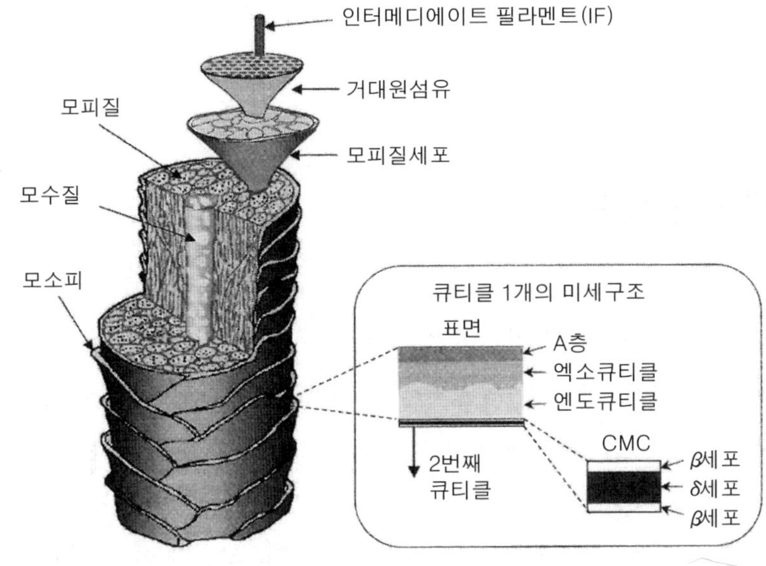

[그림 13-3] 모발의 계층 구조

큐티클(모소피)의 사이에는 세포막복합체(CMC, Cell Membrane Complex)라고 하는 부분이 있으며, 이것은 지질층(β층) 사이에 이황화 결합을 중심으로 하는 δ층[4]이 끼어 있는 다층 구조이다. 큐티클과 큐티클, 또 코텍스(모피질) 내의 세포들을 접착하는 기능을 한다.

큐티클의 안쪽에는 코텍스(모피질)라고 하는 조직이 있다. 많은 코텍스(모피질)세포(직경 약 3㎛, 길이 약 50~100㎛)[5]의 집합체인 코텍스(모피질)는 모발의 주요 부분을 차지한다. [그림 13-3]에 나타낸 바와 같이 코텍스(모피질)세포 내부는 원통형의 거대원세포(직경 0.05~0.2㎛)로 채워져 있고, 또 거대원세포의 내부에는 직경 약 7㎚의 인터메디에이트 필라멘트(IF)가 배열되어 있다. IF는 분자 내에 α-헬릭스를 갖는 단백질(분자량 약 5만)의 집합체이다. IF의 주위를 기질이라고 하는데, 이를 구성하는 것은 KAP(Keratin Associated Protein) 또는 IFAP(IF Associated Protein)라고 하는 비정질의 구상 단백질(분자량 약 1~2만)이다.

모발의 중심 부분에는 메듈라(모수질)가 존재한다. 전자현미경을 이용하여 모발 단면을 관찰하면 모수질은 작은 공동이 있는 다공질체로 보인다[6]. 메듈라(모수질)는 일반적으로 굵은 모발에서 잘 관찰되는데 두피에 가까운 뿌리 부분에서 메듈라(모수질)의 공동이 보이지 않는 모발일지라도 모발 끝 부분에서는 공동이 관찰되는 경우도 많이 있다. 즉 메듈라(모수질)는 드라이어의 열과 같은 모발 손상으로 인하여 공동화되며 현미경상으로만 관찰된다.

7. 모발의 화학 성분

모발은 약 90%가 단백질로 이루어져 있다. 조성의 특징으로서는 유황을 함유한 아미노산인 시스틴이 많다는 점을 들 수 있다. 시스틴은 2분자의 시스테인이 이황화결합을 한 것으로서 단백질 분자 내 또는 분자 간에 가교구조를 이루어 구조의 안정화에 기여한다. 이처럼 유황을 많이 함유하는 상피 유래의 단백질을 케라틴이라고 한다.

단백질 이외의 성분 중 중요한 것으로 지질이 있다. 모발에 들어 있는 지질을 크게 나누어 보면 자라고 있는 모발을 구성하는 내부 지질과 자란 후에 두발 내로 침투한 피지 유래 성분의 2종류로 나눌 수 있다.

멜라닌색소는 티로신을 출발 원료로 하여 복소환을 갖는 고도로 중합된 불용성의 물질이다.

8. 모발의 화학결합

모발의 대부분을 차지하는 단백질은 아미노산이 연결된 고분자인데, 분자 간이나 분자 내에는 그 외에도 공유결합, 이온결합, 수소결합 등의 결합이 형성되어 있다. 공유결합으로서는 시스테인 간의 이황화결합이나 티오에스테르 결합이 있다. 이황화결합은 큐티클의 상층 부분(A층 및 엑소큐티클:[그림 13-3] 참조)나 모피질 내부의 KAP에 많다. 또한, 큐티클세포의 외측 표면은 18-메틸에이코사익산(18 MEA)으로 덮여 있는데 이 지질은 큐티클 단백질과 티오에스테르결합으로 고정된다[7].

모발을 구성하는 아미노산으로는 글루탐산이나 아스파라긴산과 같은 산성아미노산뿐 아니라 리신이나 아르기닌 등과 같은 염기성 아미노산도 많이 들어 있으며 그들 사이에는 이온결합이 형성되어 있다. 또한, 단백질의 아미노결합 사이 등에는 수소결합이 형성되어 있다.

이와 같은 화학결합은 모발 물성에 큰 영향을 준다. 특히 물로 말미암아 이온결합이나 수소결합이 쉽게 끊어지는 까닭에 다음 항에서 이야기하는 바와 같이 물은 모발 물성에 큰 영향을 주게 된다.

9. 모발의 물성

큐티클 표면을 덮고 있는 18MEA는 알킬기의 분자 구조 때문에 표면장력이 극히 약하며 모발의 표면마찰을 줄여 모발을 매끄럽게 함으로써 엉킴이나 걸림을 방지하는 효과를 지닌다. 또한, 표면 A층은 가교밀도가 높기 때문에 화학적 · 물리적으로 안정되어 있으며 다양한 손상으로부터 모발을 보호하는 역할을 한다.

코텍스(모피질)의 반 이상은 α-헬릭스가 주체가 되는 IF로 이루어진 결정 부분이 차지하고 있으며 그것은 모발에 강도를 부여한다. 인장 측정에서 모발의 영률은 건조 조건일 때 약 5GPa 정도인데, 이것은 다른 합성섬유나 플라스틱 재료 등과 비교하더라도 동등 이상의 높은 값이다. 단지 모발의 경도는 습도의 영향을 크게 받기 때문에 습한 상태에서는 마른 상태의 약 5분의 1의 경도가 된다.

모발을 변형시키면 그에 반발하는 힘이 발생하는데, 시간과 함께 모발 구성분자의 구조나 배열이 변화하여 그 힘이 완화되어 간다. 모발의 경우 습한 상태에서는 더욱 빨리 완화된다[8]. 이는 형태에 대한 저항력이 작아지기 때문이다. 이것은 물에 의한 단백질의 아미드 사이에 형성되어 있는 수소결합이 끊어지고 기질 등이 가역화되기 때문이다. 건조 후에는 수소결합이 재생되어 형태에 대한 저항력이 다시 커지게 된다. 드라이 등을 하여 모발의 형태를 만드는 것은 이 현상을 이용한 것이다. 즉 모발을 물에 적시면 수소결합이 절단되므로 모발이 유연해져 변형이 쉬워지고, 그 상태에서 형태를 만들어 건조시키면 그 형태로 고정된다. 이것은 워터세트라고도 하며 그 원리는 모발 내 수소결합의 변화(절단과 재생)이다.

메듈라(모수질)는 물성에 대한 영향이 작은 것으로 여겨지며, 지금까지 모발과학 속에서는 별로 주목받지 못하였다. 그러나 최근 전 세계적으로 컬러링의 사용 빈도가 증대되면서 모발색이 검은 아시아인이라도 모발색을 밝게 하는 것이 일반화되었다. 그 결과 모발 내부까지 빛이 들어가서 메듈라(모수질)의 공동을 통한 난반사로 빛나 보이게 하였으며, 그것이 모발에 대한 연구 대상에 큰 영향을 주었음을 알 수 있다.

10. 모발의 흡습성

모발의 흡습량은 상대습도와 함께 증대되며, 완전히 마른 모발에 비하여 젖은 모발은 모발 수분량이 30% 이상에 달한다. 물을 흡수하면 모발 직경이 증대되고 모발의 길이도 길어진다. 이 변화는 가역적인 것이며 습도 센서로서 습도계에 모발이 이용되기도 한다.

11. 모발의 기능

동물의 털의 가장 중요한 기능은 보온이라고 여겨지지만, 인간의 경우 체모가 거의 퇴화되었고 남아 있는 털은 각각 현대인에게 있어서 또 다른 중요한 의미를 갖는다. 모발의 경우 그 기능으로서 중요한 것은 소중한 뇌의 보호와 배설이다. 대소변 역시 배설을 담당하고 있으나, 모발에는 특히 신체에 유해한 수은이나 비수 등 중금속을 배출하는 기능이 있다. 이것을 이용하여 모발 속에 함유된 중금속을 분석한 사망원인 추측도 가능하다.

| 참 고 문 헌 |

1) 服部道廣, 順天堂医学, **37**(4), 595～600 (1993)
2) Randebrook R., *J. Soc. Cosmet. Chem.*, **15**, 691～706 (1964)
3) 大塚英之, 根本利之, 香粧会誌, **12**(3), 192～197 (1988)
4) Naito S., Takahashi T., and Arai K., *Proc. 8th Int. Wool Res. Conf. Christchurch New Zealand*, vol.I, 276～285 (1990)
5) Swift J.A., "*Fundamentals of Human Hair Science*", Micelle Press (1997)
6) Nagase S. et al., *J. Cosmet. Sci.*, **53**, 89～100 (2002)
7) Negri A.P., Cornell H.J. and Rivett D.E., *Text. Res. J.*, **63**, 109～115 (1993)
8) Feughelman M., *Mechanical Properties and Structure of Alpha-keratin Fibers*, Univ. New South Wales Press (1997)
9) 松崎貴 他, "最新の毛髪科学", 第５章, 毛髪科学技術者協会編, フレグランスジャーナル社 (2003)

14 모발의 손상 원인과 그 증상

1. 들어가며

종종 모발은 죽은 조직이라고도 일컬어진다. 모낭부에서는 활발하게 분열하던 세포도 모공을 지나는 사이에 세포분열 기능이 사라지고 우리 눈에 보이게 될 때에는 단단한 조직으로 변화한다. 그 까닭에 한 번 손상되어 버리면 그 상태를 원래대로 돌릴 수 없다.

또한, 모발은 1개월간 약 1cm 자란다고 하는데 긴 머리의 여성의 경우 길이가 30cm를 넘으므로 모발 끝은 모발로 형성된 후 2년 이상의 시간이 경과한 셈이다. 따라서 모발 끝은 그 사이 다양한 손상이 축적된 상태라고 할 수 있다.

여기서 모발의 뿌리와 끝에 대하여 비교하여 보겠다.

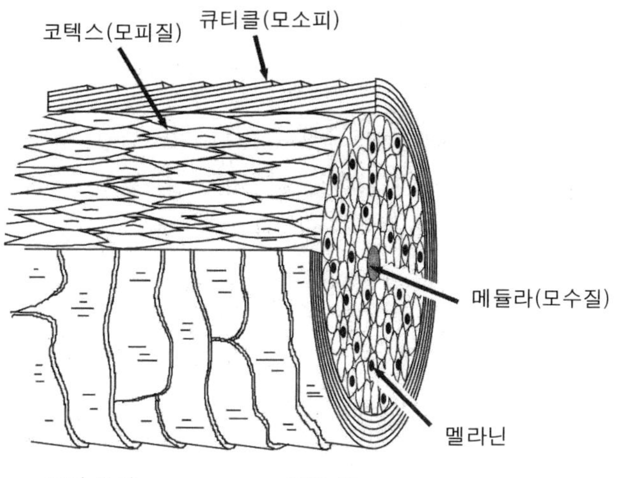

[그림 14-1] 모발의 구조

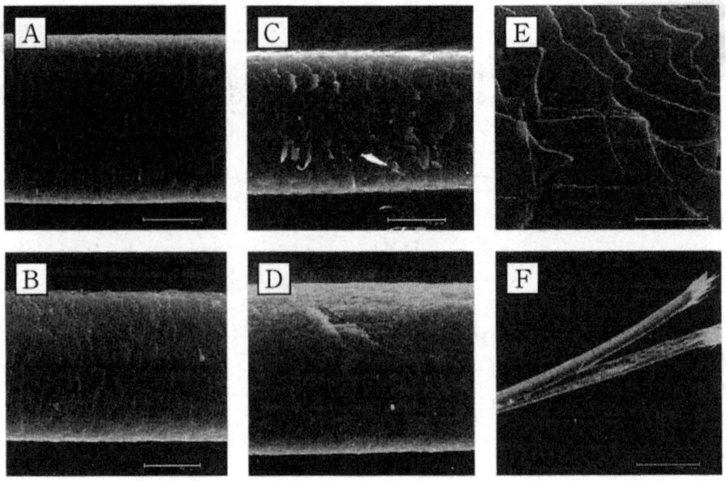

[그림 14-2] 모발의 표면의 주사형 전자현미경 관찰
A, C, E는 정상, B, D, F는 손상모, A, B는 모발 뿌리 부근 C, D, E, F는 모발 끝 부근

모발은 안쪽에서부터 모수질, 모피질, 큐티클의 3개의 부분으로 구성되며[그림 14-1], 그 표면을 관찰하면 기와처럼 겹쳐진 큐티클을 볼 수 있다. [그림 14-2]는 길이 20~30cm 모발의 뿌리와 끝을 주사형 전자현미경으로 관찰한 것이다. 손상이 적은 뿌리에서는 큐티클(모소피)의 에지가 거의 등간격으로 겹쳐져 있고 비교적 둥근 형태를 하고 있는데 반하여 모발의 끝에서는 손상을 입은 끝은 큐티클(모소피)이 부분적으로 벗겨져서 에지의 간격이 불균일하고 각이 진 형태를 하고 있다[그림 C, D, E]. 그뿐 아니라 큐티클(모소피)을 완전히 사라져서 내부의 코텍스(모피질)가 노출되거나 큐티클과 함께 코텍스(모피질)도 손상을 입어서 코텍스(모피질)끼리의 접착력이 저하되어 모발의 길이 방향으로 균열되는 갈라짐도 관찰된다[그림 F].

이러한 손상 상태는 몇 가지의 손상 원인이 복합적으로 작용한 결과라고 생각하는 것이 알맞다. 본래 모발은 인간의 신체 중에서도 비교적 강고한 조직이며, 그 중에서도 큐티클은 특히 더 튼튼한 부분이다. 또한, 모발 표면은 큐티클이 5~10층으로 겹쳐져 있기 때문에 큐티클이 다소 벗겨지는 정도로는 코텍스(모피질)가 노출되는 일은 없다. 그럼에도 불구하고 [그림 14-2]에 나타낸 바와 같이 심한 손상 상태가 되는 것은 다양한 원인으로 말미암아 큐티클이 물러졌기 때문이다.

여기서 다양한 종류의 손상 원인과 그 영향에 대하여 소개하겠다.

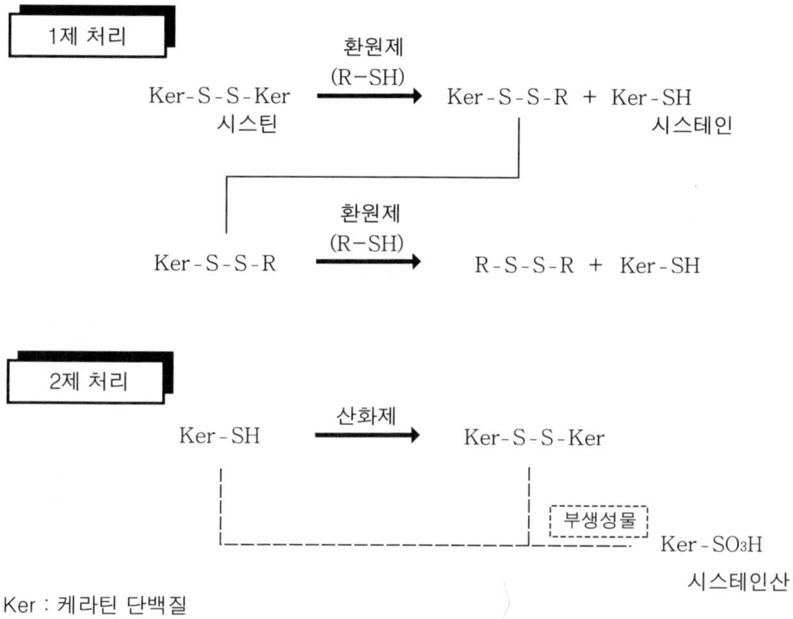

[그림 14-3] 퍼머 처리제에 의한 화학반응

2. 퍼머 처리로 인한 손상

퍼머 처리는 웨이브 헤어나 스트레이트 헤어로 자유자재로 머리 모양을 바꾸는 데 효과적인 시술이다.

일반적인 퍼머 처리는 2종류의 처리액을 순서대로 사용하여 이루어진다. 우선 환원제가 함유된 1제를 모발에 도포하여 단백질 속의 시스틴으로 된 가교(이황화결합)를 환원반응으로 절단한다. 그리고 원하는 형태로 모발을 변형시킨 상태에서 산화제가 함유된 2제를 도포하여 산화반응을 통해 이황화결합을 재형성시킴으로써 모발 형태를 고정하는 처리 기술이다[그림 14-3].

[그림 14-3]에 나타낸 반응식으로 생각하여보면 퍼머 처리의 전후에서 큰 변화가 없는 것처럼 느껴지지만 실제로는 처리 전후에 다양한 변화가 일어남을 알 수 있다.

그 한 가지는 아미노산의 변화이다. 퍼머 처리를 통하여 시스틴이 감소하고 그에 따라서 시스테인산이 증가한다. 시스테인산은 2제를 통한 산화반응 시에 시스틴 혹은 그 환원 상태인 시스테인으로부터 생성되는 부생성물로서 이것이 생성되면 환원제로 처리하더라도 원래의 가교가 재형성되는 등의 상태로 돌아가지 못하게 된다.

또한, 단백질의 분해와 용출을 들 수 있다. 퍼머가 잘되게 하기 위하여 1제는 알칼리 조건에서 이용되는 경우가 많다. 일반적으로 단백질은 알칼리 조건에서 잘 분해되는 것으로 알려져 있는데 모발 단백질 역시 마찬가지로 알칼리 조건하에서 분해되어 저분자화가 야기된다. 그뿐만 아니라 1제로 처리할 때에 이황화결합도 끊어지기 때문에 단백질이 용출되기 쉬운 상태가 된다. 적절한 퍼머 처리 조건이라면 단백질의 분해나 용출을 적게 할 수 있으나 과거에 퍼머를 했거나 처리 시간을 길게 하는 등 과도한 퍼머 처리가 이루어지면 단백질의 용출이 심해져서 모발 변형이 발생하기도 한다.

더불어 이러한 변화의 결과로서 강도 저하도 발생한다. 일례로 퍼머 처리한 모발을 잡아당기면 건강한 모발에 비해 작은 힘으로도 끊어지게 된다. 또한, 마찰이나 진동 등에 의해서 큐티클도 박리되기 쉬워진다.

3. 염색 처리로 인한 손상

염색은 흰머리에 색을 입혀 눈에 잘 띄지 않게 하여 젊어 보이는 인상을 주거나, 모발색을 변화시켜 유행을 따르는 인상을 주는 데 유용한 시술이다. 최근 이러한 특징이 널리 인식되어 염색을 즐기는 사람들이 많아졌고, 그에 따라서 염색 손상에 대한 의식도 고조되었다.

염색에는 흰머리 염색이나 멋내기 염색과 같은 영구 염모제, 모발 속의 멜라닌색소를 분해하는 블리치제, 산성 색소를 침투 · 흡수시키는 반영구 염모제, 안료 등을 모발표면에 부착시키는 일시 염모제 등이 있다. 이 중 산화반응을 이용하는 영구 염모나 블리치가 모발 손상에 깊이 관여하므로 이들에 대해서 설명하겠다.

염색에 사용되는 산화제는 산화반응을 일으키고자 하는 모발 속의 색소(멜라닌)나 염모제 속의 색소 전구체에만 작용하는 것이 바람직하지만 현실적으로는 다른 성분에도 작용하는 것으로 알려져 있다. 퍼머 처리에서도 설명한 이황화결합에 대한 영향도 그 한 가지로서 시스틴을 산화하여 시스테인산으로 변화시켜 버린다.

또한, 퍼머 처리와 마찬가지로 알칼리성의 경우가 산화 반응이 일어나기 쉽기 때문에 일반적인 처리 액은 pH 10 전후가 되도록 조제되어 있다. 그뿐만 아니라 단백질의 분해나 용출도 발생하기 쉽고 손상이 심한 부분에는 많은 공극이 발생하게 된다. 이러한 모발에서는 강도 저하가 야기되는 것은 물론, 윤기의 저하도 발생한다. 모발의 윤기는 모발표면에서의 빛의 반사와 모발 내부에 침입한 빛의 반사의 영향을 받는데 공극이 많아지면 내부로 침입한 빛은 공극에서 산란되기 때문에 전체적으로 부스스해 보이게 되며 윤기가 사라지는 원인이 된다.

그뿐만 아니라 염색으로 인하여 모발 표면도 변화된다[3)4)]. 본래 모발의 표면에는 물을 튕기는 성질을 지닌 지질층(F 레이어)이 존재하여 큐티클의 단백질에 결합하여 있다. 이 결합은 일상생활 속에서 머리를 감을 때에는 끊어지지 않지만 알칼리 조건에서는 끊어지기 쉬운 성질이 있다. 따라서 염색 처리로 인하여 결합이 끊어진 지질이 제거되기 때문에 그 아래에 있는 단백질이 노출되고 물에 젖기 쉬운 상태로 변화한다. 또한, 이 모발 표면의 지질은 물을 튕겨낼 뿐 아니라 모발 특유의 매끄러운 감촉에도 관계하고 있기 때문에 지질을 상실한 염색 모발에서는 매끄러움이 사라지고 감촉이 퍼석퍼석해질 뿐 아니라 모발이 엉키기 쉬운 염색 손상의 특징적인 현상이 일어난다.

4. 자외선으로 인한 손상

화장품 분야에서 빛의 영향이라고 하면 일광화상과 같은 피부로의 영향이 자주 화제가 되지만 모발에도 다양한 변화가 일어나는 것이 알려졌다.

서퍼들의 모발처럼 일광에 계속 노출되었던 모발은 밝고 붉은색으로 변화하는 것이 경험적으로 알려져 있으며 이를 적색화라고 한다. 적색화는 마른 모발보다도 물에 젖은 모발에서 발생하기 쉬우며, 또한 해수와 같은 소금물에 젖은 모발일수록 더욱 일어나기 쉬운 것으로 밝혀졌다[6)]. 이러한 변화는 빛에 의하여 멜라닌색소가 분해되었기 때문이며 그 메커니즘으로는 래디컬 생성을 수반하는 산화반응이 일어나는 것으로 여겨진다.

이 산화반응은 멜라닌색소에만 일어나는 것이 아니며 앞서 말한 이황화결합 역시 분해되는 것으로 알려졌다. 빛을 조사한 모발에서 시스틴이 산화분해로 인해 감소하여 시스테인산이 증가하는 것은 염색 처리와 같지만 그 반응 경로는 서로 다르다고 여겨진다[7].

또한, 빛의 조사가 큐티클의 상태를 변화시키는 것이 밝혀졌다. 예를 들어 큐티클 내에 공극이 발생하거나 큐티클과 큐티클 사이의 세포막복합체(CMC)라고 불리는 미세 조직이 사라지게 된다. 이로 인하여 모발을 굽혀서 변형을 시키면 퍼머 처리나 염색 처리에서는 관찰되지 않는 큐티클 전체가 젖혀지는 상태가 관찰되며 광손상 특유의 손상이 일어나는 것을 알 수 있다

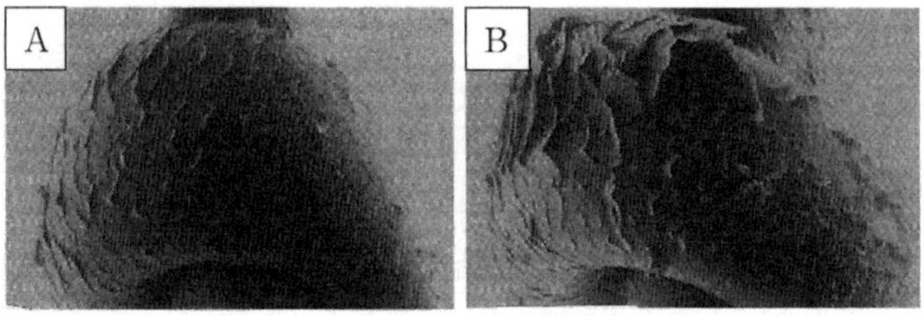

[그림 14-4] 빛에 의한 큐티클 변화
A : 조사하지 않은 모발, B: UVB조사한 모발(23.5MJ/㎡)

5. 온도(열) · 습도로 인한 손상

머리를 감은 후의 모발의 건조나 스타일링 시에는 드라이어를 비롯하여 컬러나 고데기가 사용되는데, 이때 모발의 온도가 100℃를 넘어서는 경우도 있다.

모발의 주성분은 단백질이기 때문에 온도가 높아지면 단백질의 변성이나 분해가 야기되며 이러한 변화가 관찰되는 것은 150℃ 부근보다도 높은 온도에서이다. 드라이어를 바르게 사용한다면 이 정도로 고온이 되지는 않으므로 실제 헤어케어를 할 때에는 열로 인한 손상은 그렇게 크지는 않다고 생각된다.

그러나 열에는 다른 측면도 있다. 모발은 젖어 있을 때와 말라있을 때에서 두께가

변화하는 것에 주의할 필요가 있다. 모발이 젖어 있을 때와 말라 있을 때의 모발의 굵기를 비교하면 젖은 상태가 굵고 팽윤된다고 알려져 있으며, 퍼머 처리나 염색 처리한 모발에서는 더욱 팽윤된다. 이렇듯 젖어서 팽윤이 일어난 모발에 열풍을 가하여 빠른 속도로 건조시키면 표면 부근은 건조하여 수축하려고 하는데 내부는 아직 젖어서 팽윤된 채이므로 표면과 내부에서 뒤틀림이 발생한다. 이러한 뒤틀림의 결과로 큐티클 표면에 균열이 발생하는 경우가 있다. 따라서 모발의 수분을 타월로 닦아내고 드라이어를 사용할 때에는 드라이어를 모발에 너무 가까이 대지 않는 등 적절한 사용에 주의하여야 한다.

또한, 모발의 강도도 습도에 따라서 변화한다. 모발 한 올을 잡아당겨 늘려서 끊어질 때의 하중(파단하중)을 측정하면 습도가 높아질수록 그 하중이 작아지는 것이 밝혀졌다. 일상생활에서도 염색 처리 등으로 인하여 손상된 모발에서는 습도가 높을 때에 약한 힘으로 쉽게 늘어지고 끊어져 버리는 경우가 있다. 드라이어를 사용하여 브러싱할 때에도 모발을 잡아당기지 않도록 주의하기 바란다.

6. 복합 손상

실제 생활 속에서는 이들 손상 원인이 몇 가지나 겹쳐져서 더욱 심각한 손상이 발생하는 경우가 있다.

미용실에서는 퍼머 처리와 염색 처리를 동시에 하기를 권하지 않는다. 보통 모발을 물에 담갔다가 그 물의 액성을 측정하면 중성에서 약산성을 띠지만 염색한 직후의 모발의 경우에는 알칼리성을 띠기도 한다. 따라서 이러한 상태에서는 퍼머가 강하게 될 뿐 아니라 손상의 정도가 커지는 경우가 있다.

또한, 손상된 모발은 물에 잘 젖기 때문에 퍼머액이나 염색액이 침투되기 쉽고 건강한 모발을 처리한 경우에 비하여 손상의 정도가 커지므로 주의가 필요하다.

퍼머나 염색은 개인의 개성을 표현하는 시술로서 중요하고 빛이나 열을 완전히 피하는 생활이라는 것도 상상하기 힘들다. 따라서 모발이 손상되는 것은 어쩔 수 없다고 생각하여야 한다. 그 다음에 모발 손상에 관한 지견을 심화하여 그 실태를 올바르게 파악하고 손상이 적은 퍼머넌트 웨이브, 염모제의 사용이나 손상 모발용 샴푸 · 린스를 이용한 헤어케어를 통하여 손상이 적은 아름다운 모발을 오래 유지할 수 있도록 신경 쓰는 것이 중요하다.

| 참 고 문 헌 |

1) 堀内照夫 他, *JSCCJ*, **14**, 62～65 (1980)
2) 細川稔 他, *JSCCJ*, **31**, 167～175 (1997)
3) Tate M. L. et al., *J. Soc. Cosmet. Chem.*, **44**, 347～371 (1993)
4) Nishida Y. et al., *J. Oleo Sci.*, **53**, 295～304 (2004)
5) Swift J. A. et al., *J. Cosmet. Sci.*, **50**, 23～47 (1999)
6) 細川稔 他, *Fragrance Journal* 臨時增刊号, No.14, 101～107 (1995)
7) Robbins C. R., "*Chemical and Physical Behavior of Human Hair 3rd ed.*", Springer-Verlag New York p.133～137 (1994)
8) 新條善太郎 他, *JSCCJ*, **28**, 66～76 (1994)
9) Gamez-Garcia H., *J. Cosmet. Sci.*, **49**, 141～153 (1998)

15 손발톱의 생리와 구조

1. 손발톱의 구조와 성질

평소에 그다지 신경 쓰지 않고 지내는 사람도 많을 것이라고 생각하지만, 손발톱은 우리들의 일상생활에 없어서는 안 된다. 손발가락의 끝의 배면에 외력이 가해지면 손발톱은 그것을 되밀어서 손발가락을 지지한다. 이를 통해서 손가락으로 물건을 집거나 손가락을 사용하는 세밀한 작업이 가능한 것이다. 만약 발가락에 발톱이 없다면 보행 시 발끝에 힘이 들어가지 않아서 잘 걸을 수 없게 된다[1]. 이와 같은 편평한 판상의 조갑(조판)은 인간을 비롯한 고등영장류에서 관찰되는 특징이며 인간의 고도한 기술을 가능하게 하는 매우 중요한 역할을 담당하고 있다.

[그림 15-1]에 손톱의 기본적인 구조를 나타내었다. 일반적으로 손톱이라고 하면 표면에 노출된 가볍고 완곡한 판상의 부분을 가리키며 이 부분을 조갑이라고 한다. 조갑은 조모에서 형성되며 연령, 성별 등에 따른 차이는 있으나 하루에 약 0.1mm씩 자란다[1)~3)].

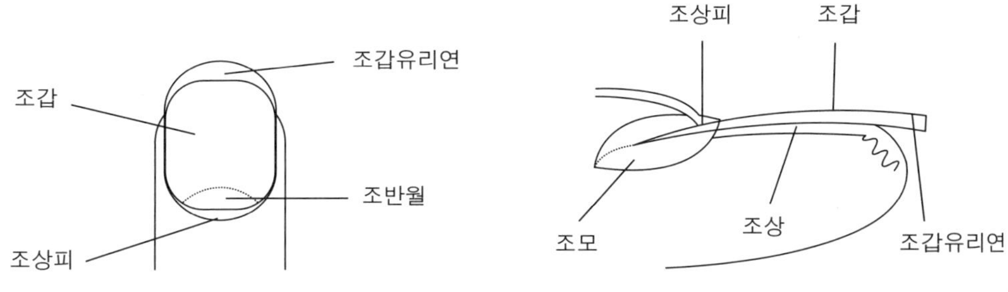

[그림 15-1] 손톱의 구조와 명칭

손톱은 흔히 뼈의 일부라고 오해되나 그 주성분은 시스틴을 11% 가까이 함유한 하드케라틴(경케라틴)이며 칼슘 함유량은 겨우 0.1% 정도에 지나지 않는다[3) 5)]. 하드케라틴은 S-S 결합으로 가교된 단백질이기 때문에 매우 강하고 단단하다. 그러나 물성은 수분의 함유량에 따라서 크게 좌우된다. 손톱은 통상적으로 7~12%의 수분을 함유하고 있다고 하는데[1) 3)] 수분은 조상으로부터 공급되며, 이 수분을 통하여 손톱 자체는 적당한 경도와 유연의 균형을 유지하는 것이다. 조갑유리연(손톱 끝의 하얀 부분)은 수분이 사라져서 매우 단단하고 깨지기 쉽다. 따라서 손톱을 길게 기르면 잘 부러지거나 갈라지는 것이다. 표피 각질층에서는 NMF와 함께 세포간 지질이 보습에 중요한 역할을 하고 있는데 손톱의 보습에도 세포간지질이 중요한 역할을 담당하고 있다는 보고가 있다. 그러나 지질량은 0.2~0.8%로 표피 각질층에 비하여 극히 적다[1) 6)]. 지질량이 적은 것과의 관계가 꼭 명확하지는 않으나 조갑 표면으로부터의 수분 증발량은 두께가 있음에도 불구하고 전완 등의 경피 수분손실량에 비해 몇 배 정도 높다. 또한, 조갑은 약제의 투과성도 높으며 비록 극성에 따라 다르기는 하지만 물질의 투과성이 높은 구조로 되어 있다. 아토피성 피부염 환자의 손톱도 피부처럼 세라마이드량이 저하된다고 하는 보고도 있어서[9)], 손톱 속의 지질의 작용은 흥미롭기는 하나 아직 상세한 내용은 밝혀지지 않았다.

손톱의 뿌리는 하얀 초승달 모양의 부분이 있는데 이것을 조반월이라고 한다. 조반월은 막 만들어진 손톱으로서 수분을 많이 함유하기 때문에 하얗게 보인다. 조반월이 클수록 건강하다고 하는데 실제로는 그다지 관계가 없는 듯하다.

2. 손톱의 트러블

어떤 종류의 전신성 질환에서는 손톱에 다양한 형상이나 색조 변화가 출현하는 것으로 널리 알려져 있으며, 실제로 의사의 진단에 참고가 되기도 한다. 예를 들어서 저색소성 빈혈이 원인으로 조갑이 숟가락 모양으로 구부러지거나(스푼 네일), 선천성 심장질환이나 폐질환 등이 원인이 되어 발생하는 곤봉지 등이 널리 알려져 있다. 이 밖에도 저색소성 빈혈이나 갑상선 기능항진, 약제의 영향, 영양불량 등이 원인이 되어 조갑의 두께가 얇아지거나, 질환은 아니지만 노화와 건조에서 기인하여 세로로 손톱 주름이 발생하는 조갑 종조 등이 있다.

한편, 일상적으로 경험하는 가벼운 손톱 트러블은 질환 이외의 원인인 것이 많다. 퍼머액을 사용하는 미용사나 화학물질 취급자 등이 직업상의 이유로 손톱에 손상을 입는 경우나 유전적 혹은 체질적 이유로 인하여 원래 손톱의 두께가 얇고 강도가 약한 경우 등이 이에 해당한다. 또한, 손톱 그 자체는 아니나 조갑을 둘러싸고 있는 피부인 조곽(爪郭)의 각질층이 벗겨지거나 균열이 발생하는 이른바 손거스러미도 건조나 유분의 부족으로 말미암아 발생하는 손톱 주변의 트러블 중 하나이다.

또한, 특히 여성이 많이 경험하는 손톱 트러블에는 네일 화장품이 다양한 영향을 주는 경우가 있는 것도 보고되었다[1) 3) 6) 10) 11)]. 네일 화장품과의 관계에서 많이 지적받는 것이 유기용제의 영향이다. 수분이나 유분의 손실로 말미암아 손톱이 여러 층으로 갈라지거나 깨지는 경우가 있다. 특히 톨루엔에 대해서는 손톱에 큰 손상을 준다는 것이 확인되어서[10)] 이제는 대부분에 제품에서 톨루엔은 사용되지 않게 되었다. 그 외에도 조갑이 누렇게 변색되는 황변은 네일 에나멜의 피막 형성제 속의 미량 성분이 원인으로 유발되는 것이라고 보고되었다.

리무버도 수분이나 유분을 빼앗아서 손톱에 영향을 주는 것으로 여겨진다. 최근에는 수분이나 유분, 그 밖의 트리트먼트성분 등을 첨가하는 등의 연구된 것도 많이 판매되고 있다.

3. 손발톱 연구의 향후

손발톱에 관한 연구는 표피의 각질층에 비하여 아직 늦다. 질환과의 관계에 대해서는 다양한 연구가 진행되었으나 건강한 손발톱이란 어떤 것인지 적절한 관리는 어떻게 해야 하는지에 대해서는 아직 연구가 충분히 진행되었다고는 할 수 없다. 향후 건강한 손발톱 유지라고 하는 관점에서의 연구가 더욱 진전되기를 바란다.

| 참 고 문 헌 |

1) 安田利顕, *Fragrance Journal*, **79**, 12～15 (1986)
2) 西山茂夫, *Fragrance Journal*, **79**, 4～7 (1986)
3) 東 禹彦, 日本薬剤師会雑誌, **49**(8), 1435～1445 (1997)
4) H.P. Baden et al., *Biochim. Biophys. Acta*, **322**, 269～278 (1973)
5) 東 禹彦, *Fragrance Journal*, **79**, 8～11 (1986)
6) 松下 篤, 山下美香, 大越健自, *JSCCJ*, **28**(3), 288～294 (1994)
7) Spruit D., *J. Invest. Dermatol.*, **56**(5), 359～361 (1971)
8) Jemec G.B.E., Agner T., Serup J., *Br. J. Dermatol.*, **121**, 443～446 (1989)
9) Hollmann J. et al., *Hautarzt*, **42**, 302～306 (1991)
10) 池田敏秀 他, *JSCCJ*, **22**(1), 25～34 (1988)
11) 細川 均 他, 香粧会誌, **21**(4), 292～296 (1997)

제3장

화장품의 유용성·안전성·안정성·사용성의 평가·시험법

01 화장 및 화장품의 유용성 서론

1. 우주와 지구의 자연환경

화장품(cosmetics)라고 하는 단어는 질서가 있는 조화로운 세계인 우주를 의미하는 그리스어인 cosmos에서 유래한 것이다. 우주(宇宙)에는 또 한 가지의 접근법이 있다. 우(宇)는 모든 공간의, 주(宙)는 과거에서 미래까지의 시간의 무한한 전개를 의미하는 것으로서 모든 존재를 포함하는 보편적이고 유일한 우주(universe)이다. 우주의 한 구석에 위치하는 은하계의 그 한 구석에 있는 태양계 중 하나의 행성으로서 46억 년 전에 지구가 탄생하였다. 이 '하늘의 강 은하'는 10만 광년의 크기이며 그 중심으로부터 2만 5000광년 떨어진 곳에 태양계가 있다. 거시적인 시각으로 본다면 태양도 작은 존재로 보이게 된다. 인간은 지구에 생식하는 작은 생물, 우주의 티끌과 같은 존재인 것이다.

지구보다 태양에 가까운 금성은 작열하는 지옥이며, 지구보다 멀리 있는 화성은 저온 지옥이고, 태양과 적당한 거리에 있는 지구만이 적당한 에너지를 받아서 온난한 물의 행성이 되었다. 지구는 태양계의 행성 중 유일하게 물이 3태, 즉 고체, 액체, 기체의 3가지 상태를 취할 수 있는 별이다. 이러한 물의 특성이 수억 년에 걸쳐 생명탄생의 조건이 되었다.

바닷속에서 생명이 탄생한 것은 20억 년 전이며 그 후 산소를 발생하는 생물이 출현하고 대량의 산소가 오존층을 형성하여 태양으로부터의 강렬한 자외선을 막아주었다. 드디어 식물과 동물이 지상에 상륙하여 생활할 수 있는 환경이 마련된 것이다. 그런데 이러한 우주의 균형은 인간이라고 하는 생명체 속에서도 하나의 시스템으로서 자리 잡고 있다. 우주를 보던 거시적인 시각을 이번에는 미시적인 시각으로 바꾸어서 인간의 몸을 관찰한다면, 사람의 신체가 거대한 우주 공간처럼 보이게 된다.

본디 자연환경은 인간에게 그렇게 온화한 것은 아니었다. 태양은 열과 빛, 자외선 발생 장치이며 지구상의 물과 산소가 자연의 자외선 차단 장치를 이룬다. 산소는 생명에너지 생산의 원천이지만 이와 동시에 생명을 녹슬게 하는 산화 장치이기도 하다.

인류는 이러한 자연환경 속에서 탄생하고 진화를 거듭함으로써 지구에 적응한 생물인 인간이 되었다. 인간의 생명은 이 우주환경 조건에 지배받고 있으나 개체로서 독립된 작은 우주처럼 질서와 조화가 잡혀 있기 때문에 인간을 소우주micro-cosmos, 즉 본래의 우주인 macro-cosmos와 대비되는 개념으로서 표현한다. 다시 말해 인간이라고 하는 소우주에는 자율적인 시스템이 자리하고 있어서 생명체의 항상성(homeostasis)이 유지된다고 하는 접근법이다.

지구환경에 적응한, 우주 먼지와도 같은 작은 존재가 오감과 뇌의 진보 · 혁신을 거듭하여 유일하게 화장하는 사회적인 현대인이 된 것이다. 다양한 인류종에서 진화하여 사람속(homo)이 되고, 현대인으로서의 사람(homo sapience)이 출현하지 않았다면 화장 행위는 이루어지지 못하였을 것이다. 그러나 호모사피엔스가 출현한 후 10만 년이나 지난, 5만 년 전 즈음이 가장 오래된 화장의 흔적이라고 한다. 화장 행위가 선천적인 본능이라고 접근하기보다는 큰 뇌를 획득한 현대인의 선조, 사회적 인간이 영위하는 것이라고 생각하여야 할 것이다.

2. 자연환경과 인간 생리의 항상성 유지(homeostasis)

거시적인 시각으로 보면 온난한 물의 행성인 지구의 자연환경도 인간에게는 혹독한 자연환경이다. 태양에 가까운 적도 바로 아래는 혹서가 계속되며 남극은 얼음의 대륙이다. 온화한 사계절의 혜택을 받는 일본에서마저도 여름철의 맹서와 자외선과 겨울철의 찬바람과 건조로 인해 사람은 자신의 피부가 괴로워하는 것을 체험하기도 한다. 인간 피부의 건강과 화장품을 생각할 때 《이솝우화》인 '북풍과 태양'의 이야기가 상징적인 의미를 갖게 된다.

사람의 신체는 가장 바깥층에 피부라고 하는 사람 모양을 한 가죽주머니를 입어서 내부의 생명 시스템을 보호하는 체표를 형성한다. 북풍이 산으로 운반하는 눈은 여름을 대비한 풍부한 물의 저장소가 된다. 그러나 겨울의 건조한 공기 속에서 피부가 강한 북풍에 노출되면 그 즉시 체표로부터 수분을 빼앗겨서 피부는 건조해지고 유연성을 잃으며 생체의 내부환경을 보호하는 힘까지도 빼앗기게 된다. 피부는 허용력의 한계까지 외부의 자극에 저항하면서 생체를 보호하는 것이다.

여름철 태양의 강한 자외선과 고온은 자연의 혜택으로 지구에 도달한다. 그러나 인간의 피부에서는 땀의 근원이 되며 일광화상과 염증의 원인이기도 하다. 해안이나 산에서 부주의하게 장시간 피부를 일광에 노출시키면 피부가 검게 그을릴 뿐 아니라 새빨갛게 짓무르고 수포가 터지며 피부는 불규칙하게 벗겨지는 상황에 처하게 된다. 피부는 순응력의 한계까지 내부 환경을 보호하는 것이다.

북풍도 태양도 피할 수는 없지만 인간은 생체의 허용력을 보완하고 피부의 생리작용을 돕는 케어 방법을 화장 행위 속에서 확립하였다. 인간은 항공기라고 하는 수단을 획득한 덕택에 지구의 북과 남, 여름에서 한겨울의 계절로 같은 날 중에 이동하는 것이 현실이 되었다. 이때 인간의 생체가 순응할 수 있는 한계가 나타나게 된다. 자외선에 대처하는 케어와 건조에 대처하는 케어가 동시에 요구되는 것이다. 인간의 생체의 항상성 유지에 기여하는 것은 인간의 건강에 대한 기여로 이어지게 된다.

3. 사회 환경과 인간의 건강

인간은 사회 환경의 영향 속에서 사람으로서의 개인이 의미를 느끼는 일에 의지를 갖고 자립적으로 행동한다. 화장 행위도 자기의 의지, 자유와 책임으로 행하는 자발적 행위이다.

화장 행위가 피부 건강에 관여하고 활기찬 일상의 활동, 생활에 관여함으로써 화장은 문화로 정착하였다. 화장 행위는 튼튼하고 활기차게 건강을 유지하는 것에 관련된 생활문화인 것이다.

1946년에 제정된 세계보건기구(WHO)의 건강의 정의는 다음과 같은 것이다.

"건강이란 완전한 육체적, 정신적 및 사회적 복지 상태이며, 단지 질병이 없거나 또는 병약하지 않음을 의미하는 것은 아니다." "Health is a state of complete physical, mental and social well-being and not merely the absence of disease or infirmity."

WHO의 건강의 개념은 병에 걸리지 않음, 신체의 튼튼함, 건강 상태뿐 아니라 사람의 마음의 건강 상태와 사회적인 인간의 상호관계의 건강 상태에 대한 종합적인 의미로서 설명하고 있다. 개인적(individual personhood), 주관적인 심신의 건강만이 아닌 사회적인 인간관계의 존재(relational personhood)가 개인의 건강에 영향을 미치는 것이다.

화장 행위 역시 개인에 따른 주관적 의미만이 아닌 자신과 타인의 상호작용, 그리고 화장으로 어떻게 메시지를 전달할지, 타인에게 어떻게 보여지는가와 같은 관계성이 건강 개념의 구조와 유사하다. 고령자나 만성질환 환자에게 화장요법을 실시한 결과 긍정적인 심리효과가 나타난 것도 건강과 화장의 의미 구조의 일치에서 기인한 것일 것이다. 건강의 유지 · 관리라고 하는 관점에서 살펴본다면 병에 걸린 후의 치료(cure)로부터 평소의 화장 행위를 비롯한 생활습관으로서의 '케어'(care) 중시로 그 중점이 이동하게 된 것이다.

4. 인간사회와 사람의 심리(QOL)

의료의 세계에서는 최근 질환의 치료 · 연명을 제일로 삼는 생존 기간에 편중된 시각에 대한 반성으로서 사회적인 생활의 질 quality of life(QOL) 중시의 의료가 도입되게 되었다. 환자의 사회성 향상을 목적으로 한 '화장요법' 시험 등도 그 일환이다. QOL은 건강한 사람에게 있어서도 기쁨이 넘치고 심신 모두 풍요로운 인생을 보내고 있는가가 중대 관심사이다.

The American Cancer Society와 미국화장품공업회(현PCPC)는 "Look Good Feel Better"라고 하는 캠페인을 실시하였다. 암환자에게 메이크업을 해줌으로써 환자의 의욕이 향상되고 화학요법이나 방사선 치료로 인한 부작용이 경감된 사례가 있었다.

의사, 약사, 간호사 등을 의료 종사자(health provider)라고 부른다. 그들은 건강

관련 QOL(health-related QOL)의 향상에 기여하는 직종이다. 앞으로의 고령 장수 사회 속에서 화장품이나 화장 행위는 케어로서의 유용성에 대한 사회적 인지가 더욱 고조될 것이다. 이때 화장품에 관련된 직업인은 미와 건강에 공헌하는 health & beauty provider가 되어 health & beauty-related QOL의 향상에 기여하게 될 것이다.

WHO는 건강의 정의를 반영하여 QOL의 개념을 "개인이 생활하는 문화나 사회적 틀을 배경으로 한 개인의 기준, 기대, 인식을 통한 자기 자신의 인생에 대한 평가" "An individual's perception of their position in life in the context of the culture and value systems in which they live, and in relation to their goals, expectations, standards and concerns."라고 정의하고 있다.

5. 건강과 유지 개선(care)

QOL의 향상에 기여하는 화장 행위에는 몸과 마음과 사회로부터의 종합적인 건강 유지 개선 케어가 요구된다. 그것은 사회성을 지닌 인간의 마음에 의미를 부여하는 것이자 개인의 인생을 건강하게 하여 충실한 휴식 제공을 요구받는 것이기도 하다.

식량 부족 사회에서는 공복을 채우는 것이 제일이어서 영양가가 조금이라도 높으면 그것은 사치스러운 것으로 QOL도 그 나름대로 높아졌다. 신체를 유지하기 위한 정도의 끼니에서 맛있는 식사를 오감으로 맛보고 서로 모여 단란하게 즐기는 식문화로 발전한 것과 같이 화장과 화장품의 세계도 질의 전환이 항상 요구되고 있다. 현대의 종합 과학을 배경으로 한 화장품 기술의 공헌 분야인 health & beauty provider로의 기대가 계속될 것이다.

6. 유용성의 의미와 가치(문화와 사회경제)

화장품의 유용성은 누가 평가하는 것이 타당할까? 과학적이고 객관적인 데이터를 축적하는 것도 매우 중요하지만, 화장품을 사용하고 화장을 하는 당사자의 주관적인 의견이야말로 가장 중요하다고 하는 견해가 QOL의 관점이다. 공급자의 논리에 의하여 소비자이자 수익자의 의견을 존중함으로써 그들이 진정한 만족, 이익을 얻는가가 중요하다. 물질 지향의 평가로부터 사람이 어떻게 생각하고 있는가라고 하는 사회지향의 평가로 이동하여야 한다는 사고방식이 주류가 되고 있다.

화장품의 작용은 온화한 것이다. 생체로의 온화한 작용에는 마음의 미묘한 움직임에 주의하여야 한다. 화장품의 유용성을 평가하기 위해서 객관적인 수치와 같은 하드데이터만으로 논의한다면 수익자의 요구와는 멀어지게 될 위험이 있다.

가령 자외선 차단 효과를 평가할 때에 계측기의 수치적인 차이는 아무래도 좋다. 사용자 자신이 납득할 수 있는 범위 내에서 일광에 타지 않았다고 하는 실감, 붉어지지 않아서 좋았다고 하는 사실의 납득, 나중에 피부가 지저분하게 벗겨지지 않았다, 기미가 남지 않겠구나라고 하는 안심감, 나아가 주위 사람들로부터 "전혀 타지 않았군요."라고 평가되는 만족감이야말로 중요한 의미인 것이다. 의미와 가치는 '상품' 에서 '감성' 평가로의 유용성 질적 변환을 의미한다.

인간은 이와 같은 화장의 의미를 달성하고자 하는 의지로 화장하는 것이다. 화장품의 유용성의 전제로는 바로 이 화장 행위의 유용성, 사회적 가치가 암묵적인 약속으로 존재한다.

인간의 전체상 속에 화장의 의미와 가치의 본질이 존재한다. 소비자에게 있어서의 화장 문화의 의미, 가치 반영이 화장품 산업의 번영이 되고, 그 결과 경제 행위로서의 화폐교환 가치의 증대가 되어 사회경제 혁신에 공헌하게 되는 것이다.

7. 유용성의 기반과 본질

화장 행위의 사회적인 유용성은 QOL 향상에 기여하는 것이다. 시간의 흐름에 따른 시대의 변화에 대응한 유행이나 매력, 그 시기에 강조되는 개성 등이 유용성으로서 화장품에 요구된다. 그러나 중요한 것은 유용성의 기반으로서 구축하여 온 안전성, 안정성, 사용성과 같은 화장품 과학의 기초이다. 그것을 토대로 화장품의 새로운 유용성이 창출되는 것이다.

화장품을 사용하는 사람도 평소에는 안전성, 안정성, 사용성 등에 대하여 위화감이 없다면 특별히 의식하지 않고 플러스적인 유용성만 바라볼 수 있다. 고객이 화장품을 구매하여 사용할 때에는 이것이 안심을 담보하는 품질보증의 기반이 되는 것이다.

안전성이란 피부에 마이너스 작용이 없다는 의미만이 아닌, 장기간에 걸쳐 사용하더라도 생물로서의 인간의 신체에 부정적인 영향을 발생시키지 않는다는 뜻이다. 그러나 모든 화장품 원료는 생체에 작용하지 않는 물질이 아니다. 안전성 평가도 시대와 함께 엄밀 · 정밀해졌다. 또한, 안전성 문제도 시대에 따라서 장점과 단점의 균형을 맞추는 방식 역시 변화하여 왔다. 예를 들어 '연백백분' 은 에도시대부터 줄곧 사용되어 왔으나 20세기가 되면서 그 원료 독성의 관점을 통한 자숙의 움직임이 일기 시작하였으며, 위생시험 데이터의 축적을 통하여 1935년이 되자 시장에서 자취를 감추게 되었다.

현대에는 그런 느긋한 대응은 허용되지 않는데 이것 또한 시대의 흐름, 안전성에 대한 의식의 차이에 의한 것이다. 현대에는 항상 현시점에서의 최신 안전성 지견 데이터를 관리함으로써 타당한 안전성 판단 기준의 계속적인 갱신을 요구받는다. 그것이 화장품을 비롯한 현대의 PL(제조물 책임)법의 논리이다.

안심이란 화장품의 건강 리스크에 대하여 고객이 걱정하지 않아도 되는 환경을 마련하는 것이다. 그 후에 내용물에도 용기에도, 그리고 관련 생활 공간에 대해서도 위화감을 느끼지 않고 납득할 수 있는 사용감을 느끼며 화장품을 다 사용한 후에 비로소 품질보증이 고객 만족을 보증하게 된다.

8. 유용성과 평가법

화장품은 사람의 마음에 어떻게 비추어지고 인식되는가라고 하는 사회적 평가가 중시되지만 화장품 과학의 기본은 실증적인 접근, 객관적 평가로 이루어져야 한다. EBC(evidence based cosmetics)라고 하는 객관적 데이터로 이야기할 수 있는 상품 평가 방법론의 가치는 조금도 저하되지 않는다.

유용성에서도 실증적, 객관적 평가에 대한 데이터가 요구된다. 품질보증 역시 마찬가지로 객관화가 요구된다. 이러한 기본적 접근이 EBC이며, 객관적으로 데이터 비교가 가능한 평가법이 화장품 개발 기술의 진보에 발맞추어 발전하고 있다.

02 스킨케어 화장품의 유용성

1. 스킨케어의 역할

인간의 몸은 어느 연령을 지나면 매년 기능이 저하되어 쇠약해지게 된다. 피부도 예외는 아니어서 '주름' 이나 '피부 처짐', '칙칙함' 과 같은 다양한 노화현상이 출현하게 된다. 그래서 많은 사람들이 "언제까지라도 젊게 살고 싶다."라고 하는 매우 강한 소망을 품고 있는 것이다. 이 소원을 이루는 것, 다시 말해 피부의 젊음을 유지하기 위하여 피부과학 연구는 근년 눈이 부실 정도로 진보하였다.

피부는 신체의 가장 바깥층에서 전신을 감싸고 외부 세계의 다양한 자극(건조 · 자외선 등)으로부터 몸을 지키고 있다. 건강한 피부에서는 적당한 정도의 수분과 지질이 균형을 이루어 유지되고 있으며, 이 균형을 유지하는 메커니즘을 '호메오스타시스' 라고 한다. '호메오' 는 '동일', '스타시스' 는 '일정한 상태' 라는 의미로서 우리말로는 이것을 '항상성 유지' 라고 한다. 스킨케어 화장품은 외부세계로부터의 다양한 자극으로 인하여 이 항상성유지기능이 무너짐으로써 질병은 아니어도 일상생활 속에서 피부의 기능이 잘 이루어지지 않게 되었을 때에 그 기능을 회복시키기 위하여 또는 다양한 외부 자극으로부터 피부를 지키기 위하여 사용되는 것이다.

2. 스킨케어 화장품의 3대 효능

약사법의 규정에서는 화장품의 효능 효과로서 55개 항목이 인정되고 있다. 이 내용에 대해서는 서장에서 상세히 설명하였으니 참고하길 바란다. 이 기능 효과로 살펴본 스킨케어 화장품의 역할을 정리하여 보면 3가지의 큰 효능으로 집약된다. ① 피부를 세정한다. ② 피부를 보호한다. ③ 피부를 건강하게 유지한다.

최근 종류가 상당히 늘어난 바디케어 화장품(입욕제나 입욕 시에 사용하는 바디세정제 등을 포함)도 얼굴용 스킨케어 화장품과 비슷한 역할을 하지만 바디케어 화장품에는 슬리밍이나 데오드란트와 같이 얼굴의 스킨케어와는 다른 역할도 있다.

1) 피부를 세정한다 ⇒ 피부를 청결히 한다

피부의 대사를 통해 피부표면에 분비된 땀이나 피지와 같은 더러움, 물로는 잘 지워지지 않는 메이크업 화장품, 그리고 공기 중에 떠도는 먼지와 같은 외인성의 더러움 등 피부 트러블을 야기할 가능성이 있는 오염물을 물리적 · 화학적인 작용으로 제거하여 피부를 청결하게 한다.

이와 같은 세정 행위에는 피부가 본래 지니고 있는 자정(自淨)작용을 유지하고 여드름의 발생 등을 방지하며 노화를 늦춘다고 하는 관점에서 단순한 세정 기능만이 아닌, 피부를 정돈하여 피부를 건강하게 유지하는 복합적인 효능을 찾을 수 있다. 또한, '피부를 세정한다.' 라는 역할은 최근 개호(介護) 현장에서 매우 중요시되고 있다. 개호를 받는 사람은 신체를 자유롭게 움직이지 못하여 행동에 제한을 받기 때문에 자연히 피부의 신진대사기능이 저하되어서 혈액순환 악화로 인한 욕창이나 균에 대한 저항력 저하로 인한 감염 등의 피부 트러블이 발생한다. 따라서 스킨케어를 통한 청정화가 피부 트러블 예방이나 조기치유에 큰 도움이 된다고 화제를 모으고 있다.

2) 피부를 보호하고 정돈한다 ⇒ 외부 자극으로부터 피부를 지킨다

온도나 습도의 변화, 유해한 외적 요인으로 가장 먼저 꼽히는 자외선, 그리고 눈바람이나 분진과 같은 생활환경 속의 혹독한 조건으로부터 피부의 건조나 거칠어짐, 일광화상 등을 예방하여야 한다. 즉 외부 자극으로부터 피부를 지키는 효능이다. 외부로부터의 자극으로 인해 각질층이 벗겨져 방벽기능이 저하된 피부를 보호하는 일상 스킨케어뿐 아니라 야외에서의 자외선으로부터 피부를 지키는 것 역시 피부를 보호하는 중요한 스킨케어이다. 또한, 최근 매우 많아진 아토피성 피부염의 발생 원인에는 몇 가지가 있다고 한다. 그 중 한 원인으로 진드기, 곰팡이 등의 이종단백질로 인한 염증을 들 수 있다. 실제로 환자의 피부를 진찰하여보면 피부 방어벽 기능의 저하가 관찰된다. 따라서 겨울철 건조 시의 방벽기능 저하를 방지하여 각질층 수분량 상승에 효과가 있다고 입증된 스킨케어 화장품이 각질층의 기능을 바로잡음으로써 외부로부터 자극 물질이 침입하는 것을 방지한다고 하는 관점에서 아토피성 피부염에 대해서도 보완적으로 유효한 대처법이며 피부과의 지침이 되기도 한다.

3) 피부를 건강하게 유지 ⇒ 아름다운 피부를 유지한다

피부를 청결하게 하고 보호, 정돈하는 것에 이어서 연령에 맞는 아름다운 피부를 유지하는 것, 즉 '피부에 활력을 부여하여 건강하게 유지하기' 라는 것이 스킨케어의 세 번째 효능이다. 이 목적을 달성하기 위해서는 피부에 존재하는 세라마이드나 NMF 성분 등 부족한 성분을 보충하거나 피부가 본래 지니고 있는 기능을 특정 약제(히알루론산, 콜라겐, 비타민, 항산화제)를 통해 활성화시키며 피지의 양도 컨트롤하여야 한다.

3. 스킨케어 화장품의 유용성

위에서 설명한 스킨케어의 효능이라는 관점으로 스킨케어 화장품의 유용성에 대하여 설명하도록 하겠다.

1) 세정 [더러움을 씻어냄으로써 피부를 청정하게 함, 세정을 통하여 여드름, 땀띠 방지(세안제)]

'세정' 이란 주로 얼굴의 피부표면에 부착되어 있는 피지나 그 산화물, 각질의 파편, 땀으로 인한 더러움, 공기 중의 먼지, 미생물, 피부에 남아 있는 화장품 등을 제거함으로써 청정한 피부의 표면 상태를 획득하는 화장 행동이다. 세정을 하여 피부를 건강하게 유지하고 생리기능을 활성화시킬 수 있다. 이러한 역할을 담당하는 화장품에는 클렌징크림 · 클렌징젤 · 세안크림 · 세안폼 · 바디솝 · 핸드솝 · 비누 등이 있다.

2) 보습(피부에 촉촉함을 부여, 피부에 수분 · 유분 공급)

화장품의 다양한 유용성 중 '보습' 이라고 하는 것은 스킨케어 화장품의 가장 중요한 기능으로 고려된다. 외부적인 환경이나 신체의 내부적인 요인으로 인하여 각질층이 박리되어 피부가 거칠어지는 것에 관하여 1960~1980년대에 걸쳐 각질층의 수분 유지기능 및 피부의 방벽 기능과의 관계가 주로 논의되어 왔다. 이러한 역할을 담당하는 화장품에는 피부에 원래 존재하는 천연보습인자(NMF, Natural Moisturizing Factor)의 구성 성분인 아미노산이나 요소, 기타 진피에 존재하는 히알루론산이나 각질층에 존재하는 세라마이드가 배합된 화장품이 있다.

3) 자외선 차단(일광 화상을 방지)

많은 연구를 통하여 DNA 손상과 면역 억제작용과 같은 급성 반응이나 '주름', '기미' 와 같은 광노화, 그리고 피부암 등 자외선이 피부에 미치는 영향이 밝혀지면서 자외선 차단 화장품의 중요성과 그 유용성에 대한 관심이 집중되고 있다. 이러한 역할을 담당하는 화장품에는 자외선 산란제(산화티타늄이나 산화아연 등)와 자외선 흡수제(계피산 유도체, 파라아미노안식향산 유도체 등)를 통해 자외선을 차단 혹은 흡수하여 피부를 보호하는 자외선 차단 화장품 등이 있다.

4) 유연(피부의 유연성을 유지, 피부를 부드럽게 함)

마사지크림 등을 이용하여 페이셜 마사지를 하면 혈액순환이 촉진되어서 산소나 영양분을 공급하고 노폐물을 운반하여 림프계나 피부 전체의 대사가 원활해진다. 또한, 피부에 유분이나 수용성 고분자 등으로 이루어진 막을 형성하여 수분의 증발을 막고 피부를 유연하게 하는 역할(에몰리언트)도 한다. 이러한 역할을 담당하는 화장품에는 크림이나 로션 등 마사지를 할 때 사용되는 화장품이 있다.

5) 미백(일광 화상으로 인한 기미, 주근깨를 방지)

자외선으로 인한 피부 손상을 완화하는 작용을 하는 멜라닌이 다량의 자외선 조사로 인하여 과도하게 생산되면 전부 대사되지 못하고 피부의 내부에 축적되어서 '기미' 가 형성된다. 약사법에서는 '미백' 의 효능 표현이 "일광 화상으로 인한 기미 · 주근깨를 방지한다."라고 정의되어 있다. 자외선 등으로 인하여 활성화된 멜라닌세포에서 멜라닌이 생성되는 것을 억제하는 역할을 담당하는 화장품에는 코직산, 알부틴, 루시놀, 엘라그산, 비타민 C 유도체 등의 약제가 개발되어 배합되고 있다.

6) 여드름 방지(세정을 통하여 여드름, 땀띠를 방지)

여드름은 안면이나 등처럼 피지선이 많이 존재하는 부분에 발생하는 염증성 질환이다. 발생 요인으로는 내분비계인 호르몬의 관여나 모공의 이상각화, 아크네균이 생산하는 세균성의 리파아제로 인한 피지 중성지방 분해물, 유리지방산으로 인한 각질화 항진 등을 들 수 있다. 여드름을 방지하는 역할을 하는 화장품에는 피지를 제거하는 피지분비 억제제, 살균제나 항염증제, 모공을 막고 있는 각전을 제거하는 각질층 박리 용해제 등이 배합된다.

7) 주름, 피부 처짐 억제(피부에 탄력을 부여)

'주름' 이나 '피부 처짐' 은 인간이 나이를 먹으면 피부의 섬유 등이 노화되어서 발생하는 자연노화와 자외선을 비롯한 기타 외부 자극 등으로 인한 복합적인 피부 손상으로 말미암아 피부 심부의 엘라스틴이나 콜라겐이 변성되어 유연성이 저하되면서 나타나게 된다. 최근 스킨케어 화장품이 이러한 '주름' 이나 '피부 처짐' 예방에 중요한 기능을 한다는 것이 많은 연구를 통해 밝혀지게 되었다. 향후 과학을 기반으로 한 객관적인 평가법 개발이 발전한다면 스킨케어 화장품의 역할은 한층 더 화제를 모으게 될 것이다. 이러한 노화 방지 화장품에는 지용성의 비타민 A의 일종인 레티놀이나 높은 항산화 능력을 지닌 아스타크산틴과 같은 약제가 배합된다.

8) 스트레스 완화(화장요법, 마사지)

신체적인 노동 · 수면부족이나 정신적인 피로와 같은 스트레스는 내분비계나 자율신경계, 나아가 면역계의 기능에 영향을 미치게 된다. 그 결과 피부가 거칠어지거나 피부색이 칙칙해지고 화장이 잘 받지 않는 등의 피부 고민도 생겨난다. 이러한 고민을 해소하기 위한 하나의 수단으로서 스킨케어 화장품을 이용한 마사지가 효과적이다. 피부를 마사지하면 혈액순환이 촉진되어서 산소나 영양분이 공급되고 노폐물이 제거되어 피부 상태가 개선된다. 실제로 많은 연구로 마사지 전후에 피부 탄력성이나 표면의 형태가 개선된 사례나 스트레스를 받을 때 증가되는 호르몬의 감소가 관찰되는 등 면역계나 내분비계를 비롯한 효과가 실증되었다. 또한, 마사지를 하면 '기분 좋음' 을 느끼듯이 마사지를 통하여 심리적 측면에서도 영향이 받는다는 것을 알 수 있었으며, QOL 향상으로도 이어지는 새로운 스킨케어 화장품의 가치로서 주목받고 있다. 이 효과는 바디에 대한 시술에 있어서도 마찬가지이다.

이상과 같이 스킨케어 화장품의 유용성은 다양하며 그에 대한 수많은 화장품 연구가 이루어지고 있다. 그중에서도 '피부의 거칠어짐' 과 각질층의 수분 유지 기능 혹은 피부 방어벽 기능과의 관계는 1980년경부터 연구되어 왔으며, 이 분야에 관해서는 피부의 생리상태나 생리기능에 관한 다양한 비침습적 측정법이 개발됨으로써 많은 지견을 얻을 수 있었다. 그 결과 피부의 보습과 항상성 유지의 관계, 모이스처 밸런스 등이 입증되었다. 즉 각질층 영역에 대한 연구가 심화되어 온 것이다. 또한, '일광 화상 방지' 나 '일광 화상으로 인한 기미나 주근깨 방지', '여드름 방지' 와 같은 유용성 연구에 있어서도 피부의 생리기능 연구를 통한 메커니즘 해명과 동시에 유용한 소재의 개발도 이루어져 왔다. 한편, '피부 정돈' 이나 '피부를 건강하게 유지' 등의 효능으로 이어지는 '주름 방지' 나 '피부 처짐 방지' 와 같은 부분에 대해서는 앞으로 피부 내부를 조사할 수 있는 비침습적 측정법의 개발로 다양한 데이터 분석이나 지견을 얻을 수 있다면 효능으로서 인정할 수 있게 될 것이다. 현재 스킨케어 화장품의 효능면에서의 기능이 널리 이해되고 인지될 수 있도록 일본향장품학회에서는 산학 연계로 연구를 진행하고 있다. 이 밖에도 향후 더욱 연구가 진행된다면 개호를 비롯한 폭넓은 의미에서의 'QOL 향상' 에 대하여 스킨케어 화장품이 갖는 역할이 한층 더 중요해질 것이다.

03 메이크업 화장품의 유용성

1. 들어가며

우리들은 사람의 외견이나 표정, 태도를 보고 그 사람의 됨됨이를 판단하는 경우가 많다. 최근 한 연구에 따르면 사람이 다른 사람으로부터 얻는 정보(감정이나 태도 등)의 비율은 표정이 55%, 목소리의 질(고저, 크기, 속도 등)에서 38%이며, 이야기하는·내용에서는 7%라고 한다. 이는 다시 말해서 사람과 사람의 정보 교환은 이야기가 주가 되는 것이 아니라 외견을 표현하거나 활용하는 방식이 주체가 되므로 여기서 메이크업이 담당하는 역할과 효과는 상당히 중요하다고 할 수 있다.

메이크업의 역할과 효과에 대한 관점을 생각하였을 때 오늘날의 메이크업에는 베이스 메이크업과 포인트 메이크업이 있으며, 그 역할과 효과는 일반적으로 미적 유용성, 보호적 유용성, 심리적 유용성의 3가지가 고려된다.

1) 미적 유용성

얼굴이나 입술, 눈꺼풀, 볼 등의 부위에 화장(색채, 광택, 탄력, 투명성 등)을 함으로써 아름답고 매력적으로 보이도록 완성하여 외견의 가치를 높이는 기능을 한다.

2) 보호적 유용성

자외선이나 건조, 대기오염, 물리적인 외력(문지름 등) 등 외부 자극으로부터 피부나 신체 부위를 지키는 기능을 한다.

3) 심리적 유용성

화장 및 화장품은 우리들의 '마음'이나 '신체'에 작용함으로써 만족감이나 안심감, 삶의 보람 등을 느끼게 하는 기능을 한다.

2. 미적 유용성

베이스 메이크업

베이스 메이크업에서 요구되는 미적 유용성이란 자신의 취향에 맞는 아름답고 매력적인 화장을 할 수 있는 것이다. 이를 위하여 베이스 메이크업에는 다양한 종류와 제형, 그리고 다양한 컬러(피부색)가 있다. 이들은 다양한 조건(TPO)이나 피부색, 피부 상태, 그리고 자기표현 등에 따라 알맞게 선택하여 자신이 원하는 아름다운 화장을 하기 위한 것이다. 또한, 메이크업의 완성은 약 70%가 베이스 메이크업으로 결정된다는 말처럼 메이크업을 잘 완성하는 비결은 어떻게 아름다운 피부화장을 하는가에 달렸다고 이야기될 정도로 중요한 것이다.

이러한 화장을 실현하는 조건은 여러 가지를 떠올릴 수 있겠으나 주요 포인트로 '화장막의 균일성', '색채와 질감', '화장의 지속력'의 3가지를 생각할 수 있다.

포인트 메이크업

예전에는 '파운데이션과 립스틱' 정도의 간결하고 단정한 화장을 하였지만 오늘날의 메이크업은 적극적인 포인트 메이크업을 통하여 자기연출(자기표현)을 하는 메이크업으로 변화하였다. 포인트 메이크업의 미적 유용성은 베이스 메이크업으로 피부를 정돈한 다음 입술이나 눈꺼풀, 볼 등 각 부위에 색채나 광택, 생기, 입체감, 윤곽, 촉촉함 등을 표현함으로써 그 부위의 표정을 강조하고 전체와의 조화를 꾀하여 아름다운 모습으로 완성하는 것이다[표 3-1].

화장하는 부위(입술, 눈, 손톱 등)의 형태나 특성이 다르고 제품에 요구되는 물질이나 기능 등도 천차만별이지만, 미적 유용성을 실현하기 위한 주요 조건으로는 베이스 메이크업과 마찬가지로 '화장막의 균일성', '색채와 질감', '화장의 지속력'의 3가지가 고려된다.

[표 3-1] 포인트 메이크업의 종류와 미적 유용성

아이섀도	눈꺼풀이나 눈가에 색이나 질감을 부여하여 깊이나 입체감, 광채가 있는 눈의 아름다움을 강조한다.
마스카라	속눈썹을 위로 올려 컬을 만들고 볼륨감을 내어 눈을 크고 또렷하게 보이게 하여서 눈가를 강조한다.
아이라이너	눈의 둘레에 라인을 그려서 윤곽을 강조하여 눈을 크고 또렷하게 보이게 하여 인상을 바꾼다.
아이브로우	눈썹을 원하는 모양으로 그려서 얼굴의 인상을 바꾼다.
매니큐어	손톱에 광택이나 색채를 부여하여 손끝에 다양한 표정을 부여한다.
입술연지	입술에 아름다운 색조나 광택, 촉촉함을 부여하여 아름답고 매력적으로 표현한다.
볼연지	볼에 색채나 질감을 부여하여 밝고 건강해 보이도록 표현한다.

1) 화장막의 균일성

베이스 메이크업을 아름답게 완성하기 위해서는 건강한 피부는 물론 지성 피부, 건성 피부, 요철이 있는 피부 등 다양한 피부에 색이나 화장이 잘 뭉치지 않고 균일한 화장막을 손쉽게 만들 수 있는 것이 중요하다.

포인트 메이크업에서도 화장하는 부위에 따라 형태나 특성, 상황 등은 다르겠지만 균일한 화장막이나 라인을 손쉽게 그릴 수 있는 것이 중요하다.

이와 같이 균일한 화장막을 만들기 위해서는 내용물과 소도구, 피부 상태, 부위, 사용의 편리함(부착력과 진전성 등) 등이 잘 어우러지는 것이 중요하다.

2) 색채와 질감

베이스 메이크업의 아름다움이란 매끄러움, 소프트한 느낌, 투명감과 같은 질감 표현으로 생기 있어 보이고, 색채(피부색)를 입힘으로써 한층 자연스러운 화장이 되게 하는 것이다. 만약 베이스 메이크업의 기능(커버력 등)만을 우선시하면 부자연스러움, 위화감이 발생하기 쉽지만, 색채와 질감의 균형(조합)을 통하여 자연스럽고 아름다운 화장을 할 수 있다. 포인트 메이크업은 화장하는 부위의 면적이 작고 형태나 특성도 다양하다. 아름다움을 강조하기 위해서는 컬러풀한 색채와 질감이 베이스 메이크업 이상으로 큰 역할을 한다. 다시 말해 입술이나 눈 등에 색채와 광채, 광택, 탄력, 촉촉함과 같은 질감 표현으로 매력이나 아름다움을 연출하는 것이다. 메이크업은 색채와 질감의 조합을 통하여 아름다움을 빛어냄으로써 표현할 수 있는 것이다.

3) 화장의 지속력

완성된 화장의 아름다운 상태를 오래 유지(화장 지속력)하는 것은 중요한 일이다. 일반적으로 화장을 한 후 시간이 지나면 화장 주름, 뭉침, 들뜸, 번들거림, 색변화 등이 발생하여 화장이 지워지게 된다. 화장 지속력을 향상시키기 위해서 화장이 지워지는 원인인 피지나 땀, 물리적인 외력(문지르기 등)에 대한 내구성을 높이는 기술적인 연구와 대책이 취해지고 있다.

3. 보호적 유용성

베이스 메이크업은 화장막을 통하여 자외선이나 먼지, 바람, 추위, 건조와 같은 외부 자극으로부터 피부를 지키는 기능을 한다. 최근 자외선의 유해성이 밝혀지면서 자외선으로부터 피부를 지키는 선케어 상품이 개발되고 있지만, 이것은 베이스 메이크업의 적극적인 역할 중 하나이기도 하다. 또한, 베이스 메이크업 화장품은 다양한 환경 하에서 장시간 사용되는 것이므로 아름다운 메이크업을 지속시키고 피부를 보호하는 기능 역시 중요하다. 최근에는 베이스 메이크업에서도 적극적인 스킨케어 효과가 기대되게 되었다. 구체적으로는 건조로부터 피부를 지키는 보습효과나 피부에 대한 부담을 줄이는 호흡성과 통기성이 있는 화장막, 소프트한 느낌이 강한 화장막 등 다방면으로 피부 보호 향상을 위한 노력이 이루어지고 있다.

포인트 메이크업을 하는 부위는 다양하지만 그 중에도 특히 입술은 점막에 가까워서 다른 피부에 비해 쉽게 거칠어지는 성질이 있으므로 건조나 자외선으로부터 입술을 보호해야 한다. 또한, 손톱은 네일 에나멜로 보호되고 강화된다. 아이 메이크업 제품은 민감한 부위에 사용해야 하므로 소프트한 느낌이나 안전성 등에 있어서도 배려되고 있다.

4. 심리적 유용성

아침에 메이크업을 할 때 화장이 잘 받고 예쁘게 되거나 친구들이 메이크업을 칭찬해준 날에는 기분이 좋아서 적극적인 행동으로 이어지게 된다.

또한, 반대로 화장이 잘 받지 않고 생각처럼 화장이 되지 않았을 때에는 기분도 가라앉고 행동도 소극적이 되기 쉽다.

이렇듯 메이크업은 외관을 아름답게 변화시킬 뿐 아니라 '마음'과 '신체'에도 작용하는 힘이 있는 것이다.

오늘날의 고령 사회나 스트레스 사회에서 메이크업이 심신에 작용하는 심리 효과에 대해 여러 관점을 통한 조사와 연구가 수행되고 있으며 수많은 보고가 발표되었다.

1) 정신적 고양과 면역계 · 내분비계 활성화

현대사회는 스트레스 사회라고도 일컬어지듯이 스트레스라고 하는 부정적인 자극이 심신의 메커니즘에 악영향을 끼침으로써 내분비 기능이나 면역 기능의 저하를 야기한다고 한다.

메이크업을 하여 아름다움을 돋보이게 하고 자외선 등으로부터 피부를 지키는 것은 물론, 메이크업을 통해 자신이 원하는 모습이 되었다고 하는 만족감이나 기분 좋음이 우리들의 눈에는 보이지 않는 '마음'에 작용함으로써 내분비 기능이나 면역 기능의 개선으로 이어진다고 하는 보고도 있으며 이와 동시에 QOL 향상으로도 연결되는 것이다.

2) 고령자, 치매환자에 대한 정신적 효능

고령화 사회에 따라 노인 및 치매환자가 큰 문제가 되고 있다.

노인에게 월 1회 메이크업을 해주었더니 조금씩 감정을 표현하거나 의욕이나 적극성 향상되는 모습이 관찰되었을 뿐 아니라 기저귀를 사용하는 횟수도 줄고 의사소통이 전체적으로 활발해지는 등 ADL(Activity of Daily Living : 일상생활 동작)의 개선이 관찰되었다는 보고가 있다.

또한, 치매환자의 의욕, 감정을 고양시켜서 적극적인 행동을 촉진하는 효과도 나와 있다.

또한, 우울증 환자의 경우에도 우울한 감정이 생기로 바뀌고 적극적인 행동이 증가하였으며, 종합실조증 환자의 경우에는 정동은 활성화되고 감정 기복은 안정되었다는 보고도 발표되었다.

3) 얼굴의 트러블과 마음속 고민을 개선하는 힘

피부에 멍, 기미, 화상 등과 같은 트러블이 있어서 화장을 잘 하지 못하여 고민하는 사람은 다른 사람들 앞에 나가는 것에 심리적으로 큰 부담을 느낀다.

메이크업을 통해 이러한 트러블이 잘 커버되고 기대 이상의 효과를 얻을 수 있을 때에는 인간관계에도 적극성이 발현되고 면역항체도 매우 높아지는 것이 실증되었다.

마음의 만족감이 신체에도 좋은 영향을 주는 것을 뒷받침하는 것이다.

프랑스에서는 이와 같은 메이크업이라는 미용을 이용한 치료법인 '소시오에스테틱'이 의료의 한 분야로서 편입되어서 환자의 심리적 지원이라는 측면에서 눈부신 실적을 올리고 있다고 한다. 최근 일본에서도 컴플라쥬 메이크업, 메이크업 테라피, 재활 메이크업이라고 하는 시술이 피부의 트러블 커버뿐 아니라 마음의 고민을 개선하는 데에도 큰 역할을 하고 있다.

이와 같이 최근 메이크업이 심신에 가져다주는 심리적 유용성 사례가 다수 보고되고 있으며, 향후에도 더욱 연구가 진행되어 많은 유용한 정보를 기초로 심신을 풍요롭게 할 수 있는 메이크업 화장품의 개발이 기대된다.

| 참 고 문 헌 |

1）「コスメトロジー研究報告Volume No.13」㈶コスメトロジー研究振興財団, 2005

04 모발용 화장품의 유용성

1. 들어가며

면접 등에서 보다 좋은 인상을 주고자 할 때에는 깔끔한 느낌의 머리 모양이 좋다고 하는 등 외견을 통한 사람의 인상 중 머리의 영향은 크다. 그래서 그 사람이 원하는 머리 상태의 구현을 목적으로 일상생활 속에서 사용되는 샴푸, 린스, 스타일링제, 육모 · 양모제와 주로 헤어살롱 등에서 사용되는 파마제, 컬러링제 등의 유용성에 대하여 설명하겠다.

2. 샴푸

샴푸는 모발과 두피의 더러움을 제거하여 청결하게 유지하는 것을 주목적으로 사용된다.

모발이 자라나는 모공에서는 항상 피지가 분비되며 그 피지는 두피의 표면이나 모발로 퍼져 나간다. 따라서 며칠 동안 머리를 감지 않으면 머리나 두피가 끈적이게 될 뿐 아니라 상재균 등에 의하여 피지가 분해되어 냄새나 가려움, 염증의 원인이 된다. 또한, 헤어왁스나 하드스프레이와 같은 스타일링제를 바른 채로 두게 되면 끈적이거나 뻣뻣해지고 모발이 엉키는 원인이 되기도 한다.

그래서 이러한 성분을 제거하기 위해서는 계면활성제를 주성분으로 하는 샴푸가 유용하다. 계면활성제에는 물로만은 완전히 제거할 수 없는 피지나 스타일링제 속의 유성 성분을 물에 녹이는 성질이 있기 때문에 물로 씻어내면서 물과 함께 제거할 수 있다.

또한, 두피의 트러블로는 비듬을 들 수 있다. 비듬은 두피의 각질이 작고 얇은 파편이 되어 벗겨져서 떨어지는 것인데 이것이 심한 사람이 있다. 이러한 사람의 경우 일반적인 샴푸로도 비듬을 어느 정도는 제거할 수 있으나 머리를 감고 조금만 시간이 지나면 다시 비듬이 눈에 보이게 된다. 이러한 경우에는 비듬 방지 효과가 있는 샴푸를 사용하는 것이 좋으며 이러한 샴푸는 두피의 상태를 정상화하여 비듬이나 가려움을 억제하는데 유용하다. 그 유효성분으로는 필록톤오라민이나 징크피리디온이 사용된다.

머리를 감는 것에는 이러한 더러움의 제거뿐 아니라 정신적인 작용도 있다고 생각된다.

우리들의 조사에 의하면 머리를 감는 목적으로서 '개운해지기 위해서' 나 '긴장이완을 위해서' 라고 응답한 사람이 많았다. 이 사람들은 하루의 생활 속에서의 더러움이나 스타일링제로 인하여 모발에 스트레스를 주었다고 생각하며 그 스트레스를 제거하여 정신적으로도 이완된 상태가 되기 위한 행위로서 머리 감기가 자리 잡고 있는 것이다.

또한, 이완감을 증대시키기 위하여 향이 중요하며 많은 사람들은 향이 있는 샴푸를 선호하고 사용하고 있다. 그 이유로서 "머리를 감으면서 향기를 즐기고 싶다."거나 "향기가 없으면 머리가 청결해졌다는 느낌이 들지 않는다."라고 응답하였다.

3. 린스(컨디셔너, 트리트먼트)

사람의 모발은 염색이나 빗질 등 다양한 원인에 의하여 손상되어 매끄러움이 사라지거나 엉키게 된다. 샴푸를 한 직후의 모발은 특히 엉키기 쉬운 상태가 되므로 이를 방지하여 매끄러운 모발로 만들기 위해 린스(컨디셔너, 트리트먼트)가 사용된다.

샴푸는 피지와 같은 더러움을 씻어낼 뿐 아니라 모발의 성분인 단백질이나 지질을 녹여내며 특히 손상된 모발의 경우 이러한 모발 성분이 많이 용출된다. 그래서 이러한 성분들을 공급하기 위하여 린스류에는 유분이나 단백질의 유사물이 배합된다. 그 중에서도 실리콘류나 양이온성 계면활성제는 모발 표면을 코팅하여 감촉을 매끄럽게 하고 모발이 엉키는 것을 방지하는데 유용하다. 이를 통해 정전기를 방지하고 갈라짐이나 끊어짐을 억제할 수 있다.

또한, 빼앗긴 단백질을 대체할 수 있는 물질을 공급하기 위하여 실크나 보리 등으로부터 획득한 단백질 가수분해물이 배합된다.

이러한 유용 성분을 모발 내부로 공급하는 이미지는 트리트먼트가 더 강하기 때문에 린스에 비하여 많은 성분이 함유되는 경향이 있다. 또한, 트리트먼트는 린스와 마찬가지로 물로 씻어내어서 사용하는 것 외에도 입욕 후 등에 모발에 발라서 씻어내지 않는 것도 있다. 일반적으로 씻어내지 않는 트리트먼트가 물로 씻겨나가기 쉬운 성분까지도 모발 위에 발라 둘 수 있기 때문에 트리트먼트 효과를 더 잘 느낄 수 있다고 한다.

한편, 린스라고 하는 이름은 비누로 머리를 감으면 칼슘 등의 이온과 비누의 지방산이 결합하여 물에 잘 녹지 않는 스컴이 발생하여서 물로 씻어낸 후에 모발이 뻣뻣해지기 때문에 이것을 제거할 목적으로 산성수로 모발을 씻어내는 것, 즉 린스하는 것에서 유래하였다. 따라서 최근과 같이 샴푸 후에 모발에 직접 도포하는 사용법의 경우에는 린스라고 하는 이름은 반드시 바르다고는 할 수 없지만, 습관적으로 린스라고 부르는 경우가 많다. 해외에서는 린스 대신 컨디셔너라고 하는 이름이 쓰이는 경우가 많다.

4. 육모 · 양모제

머리숱이 적어져서 두피가 보이면 실제 연령보다 늙어 보이는 경우가 많다. 또한, 외견뿐 아니라 나이를 먹으면서 머리의 탄력이나 힘이 사라지거나 볼륨이 있는 헤어스타일을 만들기 어려워지게 된다. 그래서 이러한 상태를 개선하거나 머리숱이 적어지는 것을 예방하기 위하여 육모 · 양모제가 사용된다.

모발의 굵기에는 개인차가 있으며 또 같은 사람의 두발이라고 하더라도 굵은 모발이 있는가 하면 가는 모발도 있고 배냇머리와 같은 연모도 있다. 이러한 모발의 굵기는 연령이 높아질수록 가늘어지는 경향이 있는데 남성의 경우에는 30세 전후부터, 여성의 경우에도 50세 전후부터 그러한 경향이 관찰된다. 이러한 경향에도 개인차가 있어서 더 낮은 연령부터 모발이 가늘어지는 경우도 자주 볼 수 있다. 그렇게 되면 두발의 볼륨감이 사라지고 두피가 보이게 된다.

이와 같이 두피가 보이는 상태가 되었을 때 모발이 빠진 모공으로부터는 더 이상 모발이 나오지 않는다고 생각하는 사람도 있으나 그렇지는 않다. 모발이 빠진 후에도 새로운 모발이 자라나지만 모발이 자라는 기간이 짧아져서 충분한 길이나 굵기가 되기 전에 성장이 정지되어 버린다. 그 결과 세모화나 산모화가 발생하여 모발의 볼륨이 없는 것처럼 보이는 것이라고 생각된다. 그러므로 육모 · 양모제의 목적은 모발의 세모화를 방지하는 동시에 세모화 혹은 산모화된 모발을 원래의 굵은 모발 상태로 되돌리는 것이다.

그러나 세모화되는 생체 매커니즘은 매우 복잡하여서 다양한 면에서 연구되고 있기는 하나 아직 밝혀지지 않은 부분이 많다. 또한, 증상도 다양하다. 그러므로 다양한 육모 · 양모에 효과적인 성분이 개발되고 있다. 예를 들어 모발 생성을 위하여 세포가 분열하는 부분(모낭부)으로의 에너지 공급 부족 개선을 목적으로 혈액순환을 촉진하는 성분이나 직접적으로 에너지가 되는 성분 등이 있다. 또한, 남녀에 따라 숱이 적어지기 쉬운 정도에 차이가 있음에 착안하여 성호르몬을 억제하는 성분이 있으며 이들을 함유한 육모 · 양모제도 다수 시판되고 있다.

5. 스타일링제

자고 일어난 후의 모발은 눌리거나 뻗쳐 있다. 이러한 상태로부터 모발을 정돈하여 원하는 헤어스타일을 만들고 그 헤어스타일을 유지하기 위하여 스타일링제가 사용된다.

뻗쳐 있는 상태로는 헤어스타일을 예쁘게 만들 수 없다. 그래서 스타일링의 가장 첫 단계로 뻗친 머리를 원래대로 하여야 한다. 이를 위해서는 모발 내부로 물을 침투시켜야 하는데 워터 제품은 활성제나 알코올 등을 사용하여 물이 침투하기 쉽도록 처방 설계되며 뻗친 머리를 정돈하는데 효과적이다.

차분한 헤어스타일의 경우 스타일링력은 그렇게 필요하지는 않지만 머리를 위로 세우거나 부스스한 모발을 타이트하게 모으고자 하는 경우에는 강한 스타일링력이

[표 4-1] 스타일링제의 사용 부위, 사용 방법별 제형

		도포 방법	
		직접 모발에 도포	손에 덜어서 모발에 도포
사용 부위	모발 전체에 사용	스프레이 워터 리퀴드	무스 젤 왁스 크림
	모발의 특정 부위에 사용	미스트	무스 젤 왁스(특히 수퍼하드)

필요하다. 또한, 헤어스타일은 시간이 지나면 망가지는 경우가 있는데, 그 경우에도 다시 스타일링할 수 있는 성질이 있다면 다시 헤어스타일을 정돈하는 것이 가능하다. 이러한 스타일링력을 내기 위해서는 왁스 등의 유성 성분이나 피막 형성을 하는 고분자화합물 등이 주로 사용된다. 그러나 이것은 끈적이거나 뻣뻣해지는 경우가 많으므로 스타일링과 감촉의 균형을 고려하여 소프트, 하드, 수퍼하드 등으로 스타일링력을 조정한다. 또한, 스타일링제에는 스프레이 제품이나 무스 제품, 왁스 제품 등 다양한 제형이 있어서 헤어스타일에 따른 사용 방법이나 사용 부위의 차이에 따라 적절한 것을 선택할 수 있다[표 4-1]. 이와 같이 자세하게 타입을 나눔으로써 일반인들도 실패하지 않고 스타일링을 할 수 있게 되었다.

또한, 스타일링제에 요구되는 기능으로서 윤기 부여가 있다. 그래서 모발 표면에서의 빛의 반사율을 높이기 위하여 실리콘 유도체나 오일 성분 등이 사용되거나, 차분하게 정돈하여 빛의 반사 방향을 맞추어 윤기를 높이기 위한 고분자 화합물 등이 쓰이기도 한다.

6. 퍼머제

퍼머제도 헤어스타일을 만들고 그 스타일을 유지한다는 점에서는 스타일링제와 마찬가지 목적으로 사용된다. 특히 머리를 감은 후에도 헤어스타일이 유지되며 스타

일링제와 같은 끈적임이나 뻣뻣함을 수반하지 않기 때문에 지속성이 있는 헤어스타일의 기초를 만들기 위하여 유용하다.

일본인과 같은 직모나 서양인에게 대표되는 곱슬머리 등 일반적으로 모발의 형태는 선천적인 요소가 강하다. 그러나 웨이브헤어나 스트레이트헤어의 유행, 나아가 최근에는 모발 끝에 컬을 만든 헤어스타일 등 다양한 헤어스타일에 대한 동경이나 자기 표현법으로 본래의 모발 형태와는 다른 상태로 바꾸고자 하는 니즈가 있다. 또한, 모발의 형태는 모발 전체의 볼륨감과도 깊은 관계가 있어서 직모에 가까운 상태에서는 볼륨이 억제된 실루엣이 되는 것에 반하여 웨이브 상태의 모발에서는 볼륨이 있는 실루엣이 된다.

이렇게 모발의 형태를 변형시키기 위하여 퍼머제가 사용된다.

그 원리의 이미지를 [그림 4-1]에 나타내었다. 퍼머제는 일반적으로 두 단계로 이루어지며 1제를 사용하는 첫 번째 단계에서는 지금까지의 모발의 형태를 없애고 2제를 사용하는 후반 단계를 통해 원하는 헤어스타일의 상태로 고정하게 된다. 고정을 할 때에 가느다란 로트에 감은 상태로 2제 처리를 하면 가는 웨이브가 만들어지며 곧게 편 상태로 2제 처리를 하면 스트레이트 헤어가 된다. 이와 같이 모발 자체에 작용함으로써 상태를 변화시키기 때문에 지속성이 있는 웨이브 형성이 가능하다.

또한, 헤어아이론 등 열을 조합함으로써 심한 곱슬머리를 완전한 직모로 형태를 만들 수 있다.

이러한 제품은 약사법의 의약외품의 퍼머제로 분류되는데, 그와는 다른 분류로서 화장품의 컬링제라고 불리는 제품도 있다. 양쪽에서 사용되는 성분에 차이가 있기 때문에 형태의 정도가 다르며 퍼머제가 더 형태를 뚜렷하게 할 수 있다.

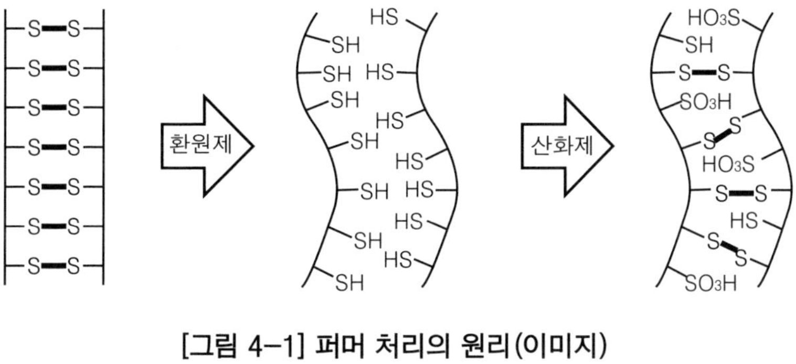

[그림 4-1] 퍼머 처리의 원리(이미지)

7. 염모제 · 블리치제

염모제나 블리치제는 모발의 색이나 농담(濃淡)을 변화시켜 외견의 인상을 변화시키는 데에 유용하다.

흑발이나 금발, 갈색머리 등 두발의 색은 다르다. 이러한 모발의 색은 멜라닌이라고 총칭되는 물질의 종류와 양에 따라서 결정된다. 이것은 앞서 설명한 모발 형태와 마찬가지로 선천적인 요소가 강하다. 또한, 노화로 인하여 멜라닌이 사라져서 흰머리가 난다.

흰머리는 늙은 인상을 주기 때문에 흰머리를 착색하여 젊은 인상을 주기 위한 시술로 흰머리 염색이 있다. 흰머리 염색의 원리를 간단히 설명하면 색소의 전구물질이나 커플러라고 하는 물질을 흰머리의 내부에서 화학반응(산화중합)시켜서 흑색 또는 갈색의 색소를 형성하고 모발 내부에 고정하는 방법이다.

한편, 흑발에는 특유의 아름다움이 있지만 인상이 어두워 보이기도 한다. 그래서 모발색을 밝게 바꾸어 경쾌한 인상을 주기 위해 블리치제가 널리 사용되게 되었다. 멜라닌은 본래 물이나 활성제에는 녹지 않고 산에도 염기에도 녹지 않기 때문에 통상의 샴푸로는 줄어들지 않는다. 그러나 산화반응으로는 분해되어 물에 녹기 쉬운 상태로 변화하기 때문에 블리치액 속에 산화제가 함유된다.

또한, 원래의 모발과는 다른 색을 내기 위하여 사용되는 멋내기 염색이 있다. 블리치 처리로 모발의 색을 밝게 하는 동시에 흰머리 염색과 마찬가지 원리를 이용하여 색소를 새롭게 형성함으로써 본래의 모발 색과는 다른 색을 표현할 수 있다.

여기서 설명한 염모제와 블리치제, 멋내기 염색은 산화반응이라고 하는 화학반응을 수반하는 것들이지만, 그와는 원리가 전혀 다른 것으로 헤어메니큐어가 있다. 헤어메니큐어는 색소(염료)를 모발의 내부로 침투시켜서 착색시키는 것으로서 평소 머리를 감으면서 서서히 씻겨 나가버리기 때문에 2주간 정도면 효과가 사라진다고 한다.

05 향료의 효능

1. 들어가며

아주 오래전부터 우리들은 향료를 생활 속에서 활용하여 왔다. 기원전 3세기부터 1세기까지 고대이집트에서는 올리바눔(유향, olibanum)이나 미르라(몰약, myrrh) 등을 분향료로서 종교의식이나 제사에서 사용하여 향긋한 향기를 신에게 바쳤다. 유향은 식용, 기호품으로서도 사랑받고 있으며 충치나 기관지염 등의 치료에도 빠지지 않는다. 몰약도 강장, 건위제로서 사용된다. 그 밖에 고대이집트나 메소포타미아, 인도 등지에서는 아니스, 시더우드, 커민, 코리앤더, 타임, 페퍼, 카더몬, 정향, 진저, 백단향 등 현재에도 친숙한 향료가 사용되었는데, 이것들은 향료인 동시에 전통 의학에서 쓰이는 약초이기도 하였다.

이뇨, 창상 치유, 진정, 진통, 각성, 가온(加溫), 최면, 면역력 향상, 항염증, 살균 등은 오랜 경험적 측면에서 발견된 향료의 다양한 효능이 과학기술의 발달로 훌륭한 의약품이 만들어지는 현대에도 피토테라피(phytotherapy : 식물요법)이나 아로마테라피(aromatherapy : 향기요법)로서 대체의료 등의 분야에서 숨 쉬고 있다.

이러한 향료의 전승적 효능이 현대 의학의 관점에서 살펴보았을 때 옳은 것일까.

각각의 향료에 대하여 정리하여 보면 같은 향료에 상반되는 효능이 전승되고 있는 등의 모순이 발견되기도 한다. 그러나 몇 천년이나 되는 시대에 걸쳐서 전해져 온 전승 속에는 몇몇 가지의 진실이 숨어 있지 않을까.

향료의 효용을 재검증함으로써 과학적인 근거를 토대로 미용이나 의료 분야에 응용하고자 하는 연구가 진행되고 있다. 여기서는 현대에 과학적으로 밝혀진 향료의 효능에 대하여 간단히 설명하고자 한다.

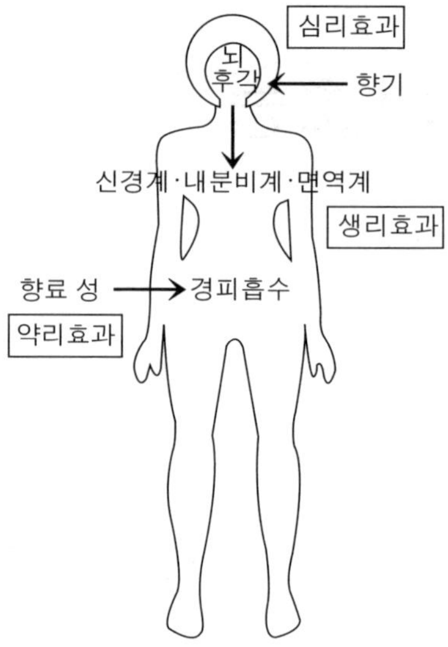

[그림 5-1] 향료 성분의 직접적인 작용과 후각을 통한 향기의 작용

2. 향료 성분의 효능과 향의 효능

향료의 효능은 그 작용 원리에 따라서 크게 2가지로 나누어 생각할 수 있다. 향료에 들어있는 성분이 직접적으로 작용하여 발생하는 약리 효과에 기초한 효능과 향료의 향을 맡음으로써 후각을 통해 발생하는 생리적 효과에 기초한 효능이다[그림 5-1].

유럽의 전통적인 아로마테라피에서는 식물 기원의 천연향료인 정유를 도포하거나 증기를 흡입하거나 또는 내복하였는데 그 효능의 작용기작은 주로 체내에 흡수된 정유 성분의 약리작용에 기초한 것이라고 생각된다.

한편, 향료 성분이 직접적으로 작용하지 않더라도 향기를 맡음으로써 후각정보가 생체로 전달되어 인간의 심신에 다양한 영향을 미친다는 것이 밝혀졌다. 향의 심리생리 효과에 기초한 효능을 조사하여 헬스 & 뷰티 케어로의 응용을 지향하는 연구 영역은 종래의 아로마테라피와 구분하기 위하여 아로마콜로지(aromachology : 향기 심리학)이라고 불린다.

3. 향료 성분의 약리작용

아로마테라피에서는 증상에 따라서 다양한 정유가 사용되는데 그 작용의 근거는 전적으로 경험이나 전승에 기초한 것이 주를 이룬다. 그러나 정유에는 테르펜탄화수소, 알코올, 알데히드, 케톤, 에스테르 등 다양한 종류의 유기화합물이 들어 있으므로 실제로 무언가 약리작용을 나타내는 성분이 존재할 가능성이 있다.

최근에는 *in vitro*나 *in vivo*의 다양한 시험법을 이용하여 정유나 그 성분의 약리작용이 조사되고 있으며, 중추진정, 항불안, 항경련, 항염증, 항알러지, 항궤양, 항균, 항바이러스, 항산화 등의 작용이 확인되었다. 또한, 개개의 성분에 비하여 그 성분들이 혼합되어 있는 정유가 더욱 높은 효과를 보이는 경우도 많으므로 정유 성분의 상승 효과는 정유 사용의 이점 중 한 가지라고 생각된다.

화장품 분야에서는 스킨케어, 헤어케어, 바디케어 등으로의 응용을 목적으로 향료 성분의 약리작용이 연구되고 있다.

1) 미백작용

색소침착의 원인은 색소세포의 멜라닌 생성 과다로 여겨지므로 멜라노마세포를 이용한 멜라닌 생성 억제시험이나 멜라닌 생성의 키효소인 티로시나아제에 대한 저해시험 등 *in vitro* 평가시험법을 통해 향료의 미백작용이 조사되고 있다. 그 결과 시나몬, 몰약(myrrh) 등의 정유나 α-안젤리카락톤, 락로즈 앱솔루트 등에 과도한 멜라닌 생성을 억제하는 미백작용이 있음이 보고되었다.

2) 항노화작용

피부의 노화를 가속하는 인자 중 하나로서 활성산소나 과산화지질과 같은 화학적 스트레스 요인으로 인해 야기되는 산화스트레스가 알려져 있다. 산화스트레스로부터 피부를 방어하는 것은 노화를 억제하기 위하여 중요하다. 활성산소의 일종인 일중항산소의 작용을 조사한 *in vitro* 시험을 통해 라벤더오일, 티트리오일, 재스민오일, 재스민 앱솔루트에 아스코르빈산과 같은 정도의 활선산소제거활성이 발견되었다. 또한, 향료 성분으로는 게라니올, 1,8-시네올, 티몰, 오이제놀 등에서 항산화작용이 확인되었다. 그리고 라벤더오일은 *in vivo* 시험을 통해 자외선으로 인해 피부 속에서 생성되는 활성산소를 제거함으로써 활성산소로 인한 상해로부터 피부를 보호하는 역할을 하는 것이 보고되었다.

한편, 나이를 먹으면서 피부 조직 속의 히알루론산이나 콜라겐 등이 감소하면 피부의 탄력성이나 보습성이 저하되어 주름과 피부 처짐의 원인이 된다. 피부세포 재생으로 이들 생체 고분자 생산을 촉진하는 작용을 하는 향료를 조사한 결과 (-)-무스콘이나 사프란에서 획득한 정유가 인간 피부 섬유아세포의 히알루론산 생산을 촉진하는 작용을 하며 딱총나무, 엘레미, 타임 등의 정유에서 콜라겐 생산을 촉진하는 작용이 발견되었다고 한다.

3) 육모작용

아직은 *in vitro*나 *in vivo* 시험을 통한 연구가 중심적이지만 육모작용이 있는 향료도 발견되고 있다. 계대배양한 모유두세포를 사용한 검사를 통해서 앰브렛오일이 모유두세포의 증식을 촉진하는 것이 판명되었으며 그 활성 성분으로서 (E,E)-파네실아세테이트가 동정되었다. 또한, 모발주기의 휴지기에서 성장기로의 유도에 중요한 역할을 하는 베르시칸의 유전자 발현을 지표로 한 평가시험을 통해 쥐오줌풀, 클레어리 세이지, 유칼립투스 등의 정유에 모낭의 유도를 촉진하는 작용이 있음이 확인되었다.

4. 향기의 생리 · 심리작용

이상으로 향료 성분의 약리 효과에 대하여 몇 가지 예를 소개하였는데, 향료 성분이 직접적으로 약리작용을 보이지 않더라도 향기를 맡음으로써 후각정보가 생체로 전달되어 우리들의 심신에 다양한 영향을 미치는 것으로 알려져 있다.

심리학, 생리학, 생화학 등 다양한 분야의 시험방법을 이용한 연구를 통하여 향이 기분이나 심리 상태뿐만 아니라 뇌기능, 신경계, 내분비계, 면역계, 나아가 피부와 같은 말초기관에도 영향을 미치는 것이 밝혀졌다. 피로감의 경감, 작업 효율의 향상, 수면 개선, 의식수준의 각성, 진정, 스트레스 완화, 자율신경 기능의 조정, 면역기능 개선 등 향기의 다양한 작용이 보고되었다.

1) 긴장완화 · 피로회복 효과

좋아하는 향기를 맡으면 기분이 좋아지는 등 향에 따라 기분이 변화하는 것은 누구나 경험하였을 것이다. STAI, POMS, GACL와 같은 심리 질문지를 이용한 주관평가를 통해 기분의 변화를 조사하면 향을 맡음으로써 기분이 편안해지거나 피로가 회복되는 것이 확인되었다. 나아가 보다 객관적인 평가방법으로서 뇌파의 한 가지인 수반음성변동(CNV)을 이용하여 향기가 기분에 미치는 영향을 조사한 결과, 재스민, 일랑일랑 등의 향기는 기분을 높이고 라벤더, 캐모마일, 리날로올 등의 향기는 기분을 진정시키는 것이 판명되었다.

2) 스트레스 완화 효과

스트레스 완화작용은 가장 잘 알려져 있는 향기의 효능 중 하나이다.

심리적으로 스트레스가 가해지면 우리들의 신체에서는 교감신경 활동의 항진이나 부신피질호르몬의 일종인 코르티솔이 증가하는 등 일련의 스트레스 반응이 일어난다. 역으로 이와 같은 스트레스 반응을 측정하면 스트레스의 정도를 평가할 수 있다.

동공 반응이나 심박변동 등을 측정하여 자율신경 활동을 조사한 결과 페퍼민트, 레몬, 재스민 등의 정유의 향기에, 또 코르티솔 농도를 조사한 결과 라벤더, 쥐오줌풀의 향기에 각각 스트레스 반응을 완화하는 작용이 있음이 밝혀지게 되었다.

그리고 미모사나 장미 등의 향기를 블랜딩한 진정계의 향을 매일 계속해서 사용하면 디하이드로에피안드로스테론(DHEA)가 증가하는 것이 판명되었다. DHEA는 부신에서 생산되는 안드로겐의 일종인데 다양한 생리활성작용과 함께 항스트레스 작용이 주목받고 있으며, 향기로 DHEA 생산을 촉진함으로써 스트레스에 대한 방어능력 향상이 기대되고 있다.

3) 스킨케어 작용

향기는 후각을 통해 피부에도 영향을 미친다.

피부의 각질층은 수분이나 이물질의 투과를 저지하여 외부환경으로부터 피부를 보호하는 방벽의 역할을 한다. 일반적으로는 방벽이 파괴되어 피부가 거칠어진 상태가 되더라도 복구 기능이 작용하여 원래의 상태로 회복된다. 그러나 심리 스트레스가 가해진 상태에서는 복구 기능이 억제되어 회복이 지연된다. 이러한 각질층 방벽의 회복에 향기가 미치는 영향을 조사한 결과 장미향의 성분 중 하나인 디메톡시메틸벤젠의 향에 심리 스트레스로 인한 방벽 기능 회복 지연을 막아서 거칠어진 피부의 개선을 촉진하는 작용이 있음이 판명되었다.

또한, 심리적인 스트레스로 인하여 피지선의 활동이 항진되고 피지분비가 과도해지지만 진정계의 향기를 맡음으로써 과도한 피지 분비를 억제할 수 있는 것도 알려져 있다.

이렇듯 어느 종류의 향기, 특히 진정계의 향기에는 스킨케어 작용이 있음이 밝혀지게 되었다.

4) 슬리밍 작용

한편 교감신경 활동을 항진시키는 고양계의 향기에는 슬리밍 효과가 있음이 밝혀졌다. 교감신경 활동이 활발해지면 백색지방세포의 중성지방 분해나 갈색지방세포의 열 생산이 촉진되어 에너지 소비가 증대되므로 슬리밍 효과를 기대할 수 있다.

심박, 혈압 변동의 파워스펙트럼 해석법을 사용하여 자율신경 기능을 조사한 결과 그레이프프루트, 페퍼, 회향, 타라곤 등의 정유의 향기가 교감신경 활동을 항진시키는 것이 확인되었다. 그뿐만 아니라 그레이프프루트 오일의 향기는 섭취량의 감소나 지방분해 촉진을 야기하여 체중 증가를 억제한다고 보고되었다.

5) 향기의 생리 · 심리작용의 메커니즘

이들 향기의 작용은 어떠한 메커니즘에 기초한 것일까.

아쉽게도 아직 상세한 메커니즘은 밝혀지지 않은 것이 현재의 상황이지만, 향기의 효능 발현에는 우리들의 후각의 특질이 깊이 관여하고 있다.

냄새는 생물이 존재하기 위하여 없어서는 안 되는 역할을 하고 있다. 꽃향기는 수분을 담당하는 곤충을 불러들인다. 암 나방은 냄새로 수컷을 유혹한다. 어느 종의 체취는 포유동물의 수유 행동의 동기가 된다. 맛있어 보이는 음식의 냄새는 우리들의 식욕을 돋우며, 무언가 타는 냄새나 부패한 냄새는 위험을 감지하게 한다.

우리들은 후각으로 냄새를 감지한다. 냄새의 정체는 냄새 분자이다. 냄새 분자는 분자량 약 20에서 300의 휘발성 저분자 유기화합물로서 수십만 종류가 있다고 한다. 호흡과 함께 수강 내로 들어온 냄새 분자는 후상피에 존재하는 후세포에서 발현되는 냄새 분자 수용체를 통해 인식된다. 사람의 경우 약 350종류의 냄새 분자 수용체가 있는 것으로 추정되고 있으며 냄새 분자를 감지하는 센서의 역할을 하고 있다.

하나의 후세포에는 무언가 한 종류의 냄새 분자 수용체만이 발현되며 어느 특정한 구조를 갖는 냄새 분자를 인식하여 시그널을 후각의 제1차 중추인 수구로 전달한다. 후구에서는 이들 냄새 분자 수용체의 인식 응답 패턴을 기초로 냄새 지도가 형성되어 후각 정보가 처리된다.

후각의 특징 중 한 가지는 정동(情動)과 밀접한 관계가 있는 것이다. 정동이란 환희, 불안, 경악, 격노, 공포와 같은 일과성의 강한 감정의 움직임을 일컫는 것으로서 발한, 심박수 항진, 혈압상승, 호흡 수 증가 등 자율신경계나 내분비계의 생리적 변화를 동반한다. 후구에서의 후각 정보는 이들 정동반응을 담당하는 대뇌변연계의 편도체로 직접 입력된다. 대뇌변연계는 자율신경계나 내분비계의 중추인 시상하부나 하수체와 연결되어 기본적인 생명현상의 유지나 조절을 수행한다.

후각의 해부학적인 특성이 향기가 가져오는 후각정보가 다른 감각계에 비하여 정동반응이나 자율신경계, 내분비계 등에 영향을 주기 쉬운 원인이 되며, 향기의 효능의 기반이 되는 것으로 생각된다.

5. 정리

아주 오래전부터 우리들은 향료를 생활에 활용하여 왔다. 향료의 효능에 관한 많은 전승이 남아 있으나 과학적인 검증이 진행된 결과 어느 종류의 향료에는 중추진정, 항불안, 항경련, 항염증, 항알러지 등의 약리작용이나 피로감 경감, 수면개선, 의식수준의 각성, 진정, 스트레스 완화 등 후각을 경유한 향기에 의한 생리심리적 효과가 실증되었다.

종래 화장품은 신체의 외면에서 케어하는 방법밖에 하지 못하였으나 향료, 특히 향기의 효능을 이용함으로써 자율신경계나 내분비계 등에 작용하여 신체의 내면에서도 케어가 가능해졌다. 향후에도 많은 향료의 효능에 관한 과학적인 연구가 진행되어 우리들의 생활을 보다 쾌적하고 건강하게 하는 데에도 도움이 되기를 기대한다.

| 참 고 문 헌 |

1) 土師信一郎, *Fragrance Journal*, **33**(4), 14～19 (2005)
2) 川崎通昭, 香料, **208**, 107～117 (2000)

06 스킨케어를 위한 웰니스와 영양섭취

1. 들어가며

피부와 마음, 그리고 신체는 서로 밀접하고 깊은 관련을 맺고 있어서 심신의 건강 상태가 피부의 상태에도 큰 영향을 미친다. 따라서 스킨케어를 생각할 때에는 화장품과 같은 외부로부터의 접근뿐만이 아닌 신체의 내부로부터의 근본적인 대처도 필수적이다. 그리고 이때 중요한 포인트가 되는 것은 식사, 운동, 수면이라고 하는 기본적인 라이프 스타일이다.

2. 식사 · 영양

세포를 만들고 유지하기 위한 원료가 되는 것은 매일의 식사로 섭취하는 다양한 영양소라는 것은 굳이 말할 필요도 없다. 기본이 되는 영양소는 삼대영양소라고 하는 탄수화물, 단백질, 지질을 비롯하여 비타민, 미네랄과 같은 영양소이다. 탄수화물은 주요 에너지원이 되고, 단백질은 피부, 모발, 근육을 비롯한 모든 세포의 원료이다. 지질은 에너지원이며 세포막이나 호르몬의 원료가 된다. 13종의 비타민 중에서도 비타민 A는 피부의 턴 오버를 정상적으로 유지하고, 비타민 B_2는 '미용 비타민' 이라고도 하여 부족해지면 피부가 거칠어지거나 구각염, 자꾸 눈물이 나는 원인이 된다. 비타민 C, E는 항산화작용을 하며, 비타민 D는 칼슘의 흡수를 돕는다. 이와 같이 각종 비타민은 각각의 고유한 기능이 있으나 상호 협조하여 작용하는 특징이 있다. 또한, 미네랄인 철분은 부족하면 빈혈이 되고 칙칙함이나 다크서클과 같은 피부 고민으로 이어지며, 칼슘은 뼈나 치아를 형성하는 데에 불가결하다. 이들 영양소를 과부족하지 않게 섭취할 수 있도록 균형 잡힌 식사를 하루 3회 규칙적으로 섭취하는 것이 건강의 유지, 증진을 위하여, 그리고 아름다운 피부를 만들기 위해서도 중요하다. 또한, 영양소의 식사섭취기준(영양제 등을 포함)에 관해서는 섭취 부족으로부터의 회피를 목적으로 한 추정평균필요량, 권장량, 기준량과 더불어 영양제의 과도 섭취로 인한 건강장애로부터의 회피를 목적으로 한 상한량이 정해진 영양소가 많으며 무제한의 섭취는 권장되지 않는다[1].

그리고 위에서 설명한 것에 더하여 최근에는 피부를 아름답게 하는 효과가 있다고 화제가 되고 있는 성분에 대하여 몇 가지를 들어 아래에서 설명하겠다[2].

1) 콜라겐

동물의 피부나 연골 등 결합조직을 구성하는 단백질이다. 인체에서는 전체 단백질 중 약 30%를 차지한다. 구성 아미노산은 주로 글리신, 프롤린, 글루탐산, 알기닌 등으로 이루어지며 모발과 피부 보호작용 외에도 관절 · 뼈의 강화, 혈관강화, 면역력 향상 등의 작용을 한다고 한다. 나이를 먹으면서 진피의 콜라겐 양이 감소하면 피부의 탄력이 사라져서 피부 처짐이나 주름의 원인이 된다. 식품 중에는 닭의 껍질, 간, 족발, 소의 힘줄과 근육, 상어 지느러미 등에 많이 함유되어 있다. 임신 중, 수유 중에 섭취하면 알레르기를 유발하기도 하므로 사용을 피해야 한다. 이 점은 히알루론산, 콘드로이틴황산, CoQ10에서도 마찬가지이다.

2) 히알루론산

뮤코다당류의 일종으로서 동물의 결합조직의 바탕질 성분으로 생체 내에 널리 존재한다. 세포조직 구축, 세포외액 조절, 윤활제의 작용을 한다고 한다. 히알루론산 자신의 중량의 약 6,000배나 되는 물을 흡수하는 뛰어난 보습력으로 피부에 탄력을 부여하고 매끄럽게 하는 작용을 하지만, 나이를 먹으면 감소된다. 식품 중에서는 상어 지느러미, 닭의 연골, 돼지의 껍질 등에 많이 함유되어 있다.

3) 콘드로이틴황산

히알루론산과 마찬가지로 뮤코다당류의 일종이며 동물의 결합조직의 바탕질 성분으로서 생체 내에 널리 존재하며 피부의 매끄러움을 유지하기 위해 불가결하다. 이 역시 나이를 먹으면 감소한다. 칼슘의 대사에 관여하기 때문에 골절의 회복이나 뼈의 성장 촉진 효과가 확인되었다. 식품 중에는 상어 지느러미, 장어, 미꾸라지, 연어의 등뼈에 많이 함유되어 있다.

4) CoQ10(코엔자임 Q10)

에너지 생산을 위해 빼놓을 수 없는 조효소[*1)]이다. 강한 항산화력, 면역기능 강화, 심기능 유지 등의 작용을 한다. 본래 의약품으로서 허혈성 심질환이나 뇌출혈 등의 치료에 이용되었다. 체내에서 만들어지지만 나이를 먹으면 합성이 어려워지므로 항산화력 저하로 인한 피부 노화, 면역력 저하, 쉽게 피곤해지는 등의 증상을 야기한다. 식품 중에서는 간, 소고기, 돼지고기, 가다랑어, 참치, 정어리 등에 많이 함유되어 있다. 식품으로서의 섭취량에 대해서는 의약품으로써 이용되는 양을 넘지 않도록 후생성으로부터의 통지가 나와 있다.

이 외에도 미네랄, 비타민의 기능(피부에 대한 효능을 포함)과 섭취기준량에 포함되는 영양 성분량 등을 나타내는 규격 기준을 표에 나타내었으니 참고하기 바란다.

3. 운동

운동의 종류는 크게 3가지로 분류할 수 있다. 워킹이나 사이클링, 수영처럼 비교적 강도가 낮고 장시간 하는 유산소운동[에어로빅스 트레이닝(aerobics training)], 복근운동, 팔굽혀펴기와 같이 근육에 부하를 가하여 단련하는 근육운동[레지스턴스 트레이닝(resistance training)], 천천히 근육을 늘리는 스트레칭 운동[스트레칭(stretching)]이다. 이와 같은 운동을 균형 잡히게 수행함으로써 운동 효과를 높일 수 있으며 부상도 예방할 수 있다. 전신을 사용하여 운동을 하면 혈액순환이 촉진되어 몸속 구석구석에 있는 세포에까지 산소와 영양소가 도달한다. 적당한 정도의 운동을 습관적으로 함으로써 심폐기능 향상, 지방연소, 근육강화를 통한 기초대사 향상 등의 효과를 볼 수 있다. 미용적 측면에서는 잘 살이 찌지 않는 유연한 몸 만들기나

*1) 조효소 coenzyme : 효소반응의 화학기를 주고받는 기능을 하는 저분자량의 유기화합물

다크서클이나 칙칙함과 같은 피부 고민 개선을 기대할 수 있다. 그 밖에도 스트레스 해소, 자율신경 조정 효과가 있으며 냉증, 어깨 결림과 같은 자각 증상의 경감으로도 이어진다. 또한, 비만이나 그에 부대적인 대사증후군의 예방 · 개선 효과가 있음이 밝혀졌다. 그러나 운동은 식사나 수면처럼 강한 욕구를 느끼지 않는데다가 현대에는 일상생활 속 신체 활동량이 감소하는 경향이어서 많은 사람들이 운동 부족에 빠지기 쉽다. 미와 건강을 위해서는 운동도 식사나 수면과 마찬가지로 건강을 유지하기 위해 필요한 습관이라고 생각하고 평소 생활 속에서 적극적으로 대처하여야 한다.

[표 6-1] 건강기능식품의 규격 기준

건강기능식품의 규격 기준은 미네랄 5가지 성분, 비타민 12가지 성분에 대하여 정해져 있다.

영양 성분	하루 섭취기준량에 들어 있는 영양 성분량		영양 기능 표시	주의 환기 표시
	하한치	상한치		
아연	2.10mg	15mg	아연은 미각을 정상적으로 유지하기 위하여 필요한 영양소입니다. 아연은 피부와 점막의 건강 유지를 돕는 영양소입니다. 아연은 단백질 · 핵산의 대사에 관여하여 건강 유지에 도움이 되는 영양소입니다.	본 제품은 다량섭취로 질병이 치유되거나 건강이 증진되지 않습니다. 아연을 지나치게 섭취하면 구리의 흡수를 저해할 우려가 있으므로 과도섭취를 하지 않도록 주의하시기 바랍니다. 하루섭취기준량을 지키시기 바랍니다. 유아 · 소아는 본 제품의 섭취를 삼가시기 바랍니다.
칼슘	210mg	600mg	칼슘은 뼈와 치아의 형성에 필요한 영양소입니다.	본 제품은 다량섭취로 질병이 치유되거나 건강이 증진되지 않습니다. 하루섭취기준량을 지키시기 바랍니다.
철분	2.25mg	10mg	철분은 적혈구를 만들기 위해 필요한 영양소입니다.	
구리	0.18mg	6mg	구리는 적혈구의 형성을 돕는 영양소입니다. 구리는 많은 체내효소들의 정상적인 기능과 뼈의 형성을 돕는 영양소입니다.	본 제품은 다량섭취로 질병이 치유되거나 건강이 증진되지 않습니다. 하루섭취기준량을 지키시기 바랍니다. 유아 · 소아는 본 제품의 섭취를 삼가시기 바랍니다.

<table>
<tr><td>마그
네슘</td><td>75㎎</td><td>300㎎</td><td>마그네슘은 뼈와 치아의 형성에 필요한 영양소입니다.
마그네슘은 많은 체내효소들의 정상적인 기능과 에너지 생산을 도울 뿐 아니라 혈액순환을 정상적으로 유지하기 위해 필요한 영양소입니다.</td><td>본 제품은 다량섭취로 질병이 치유되거나 건강이 증진되지 않습니다.
다량으로 섭취하면 연변(설사)이 되는 경우가 있습니다. 하루섭취기준량을 지키시기 바랍니다.
유아 · 소아는 본 제품의 섭취를 삼가시기 바랍니다.</td></tr>
<tr><td>나이
아신</td><td>3.3㎎</td><td>60㎎</td><td>나이아신은 피부와 점막의 건강유지를 돕는 영양소입니다.</td><td rowspan="3">본 제품은 다량섭취로 질병이 치유되거나 건강이 증진되지 않습니다. 하루섭취기준량을 지키시기 바랍니다.</td></tr>
<tr><td>판토
텐산</td><td>1.65㎎</td><td>30㎎</td><td>판테톤산은 피부와 점막의 건강유지를 돕는 영양소입니다.</td></tr>
<tr><td>비오틴</td><td>14㎍</td><td>500㎍</td><td>비오틴은 피부와 점막의 건강유지를 돕는 영양소입니다.</td></tr>
<tr><td>비타민
A주)</td><td>135㎍
(450 IU)</td><td>600㎍
(2,000 IU)</td><td>비타민 A는 야간의 시력 유지를 돕는 영양소입니다.
비타민 A는 피부와 점막의 건강유지를 돕는 영양소입니다.</td><td>본 제품은 다량섭취로 질병이 치유되거나 건강이 증진되지 않습니다. 하루섭취기준량을 지키시기 바랍니다.
임신 3개월 이내 또는 임신을 희망하는 여성은 과도섭취하지 않도록 주의하시기 바랍니다.</td></tr>
<tr><td rowspan="2">β-
카로틴
(비타민
A의
전구체)</td><td rowspan="2">1620㎍</td><td rowspan="2">7200㎍</td><td>β-카로틴은 야간의 시력 유지를 돕는 영양소입니다.</td><td rowspan="2">본 제품은 다량섭취로 질병이 치유되거나 건강이 증진되지 않습니다. 하루섭취기준량을 지키시기 바랍니다.</td></tr>
<tr><td>β-카로틴은 피부와 점막의 건강유지를 돕는 영양소입니다.</td></tr>
</table>

주) 비타민 A의 전구체인 β-카로틴에 대해서는 비타민 A원의 건강기능식품으로 인정하나, 이 경우의 상한치는 7,200㎍, 하한치는 1,620㎍으로 한다. 또한, 비타민 A의 전구체인 β-카로틴에 대해서는 비타민 A와 같은 건강기능표시를 인정한다. 이 경우 "임신 3개월 이내 또는 임신을 희망하는 여성은 과도 섭취하지 않도록 주의하시기 바랍니다."라는 요지의 주의 환기 표시는 불필요하다. β-카로틴 × 1/2 = 비타민 A

<table>
<tr><td>비타민 B_1</td><td>0.30mg</td><td>25mg</td><td>비타민 B_1은 탄수화물로부터의 에너지 생산과 피부와 점막의 건강유지를 돕는 영양소입니다.</td><td rowspan="7">본 제품은 다량섭취로 질병이 치유되거나 건강이 증진되지 않습니다. 하루섭취기준량을 지키시기 바랍니다.</td></tr>
<tr><td>비타민 B_2</td><td>0.33mg</td><td>12mg</td><td>비타민 B_2는 피부와 점막의 건강유지를 돕는 영양소입니다.</td></tr>
<tr><td>비타민 B_6</td><td>0.30mg</td><td>10mg</td><td>비타민 B_6는 단백질로부터의 에너지 생산과 피부와 점막의 건강유지를 돕는 영양소입니다.</td></tr>
<tr><td>비타민 B_{12}</td><td>0.60μg</td><td>60μg</td><td>비타민 B_{12}는 적혈구의 형성을 돕는 영양소입니다.</td></tr>
<tr><td>비타민 C</td><td>24mg</td><td>1,000mg</td><td>비타민 C는 피부와 점막의 건강유지를 도울 뿐 아니라 항산화작용을 하는 영양소입니다.</td></tr>
<tr><td>비타민 D</td><td>1.50μg
(60 IU)</td><td>5.0μg
(200 IU)</td><td>비타민 D는 장에서의 칼슘 흡수를 촉진하여 뼈의 형성을 돕는 영양소입니다.</td></tr>
<tr><td>비타민 E</td><td>2.4mg</td><td>150mg</td><td>비타민 E는 항산화작용을 통하여 체내의 지질을 산화로부터 지키고 세포의 건강유지를 돕는 영양소입니다.</td></tr>
<tr><td>엽산</td><td>60μg</td><td>200μg</td><td>엽산은 적혈구의 형성을 돕는 영양소입니다. 엽산은 태아의 정상적인 발육에 기여하는 영양소입니다.</td><td>본 제품은 다량섭취로 질병이 치유되거나 건강이 증진되지 않습니다. 하루섭취기준량을 지키시기 바랍니다. 본 제품은 태아의 정상적인 발육에 기여하는 영양소입니다만 다량섭취로 태아의 발육이 좋아지는 것은 아닙니다.</td></tr>
</table>

4. 수면

잠이 든 직후에 깊은 잠을 잘 때에는 뇌하수체에서 성장호르몬이 대량 분비되어 세포의 신진대사가 촉진된다. 이 깊은 수면이 발현되기 쉬운 때가 오후 10시에서 오전 2시까지이므로 이 시간대의 잠이 아름다운 피부를 만들기 위한 '황금 수면' 이라고 한다. 취침시간이 불규칙한 생활을 계속하면 성장호르몬 분비가 방해되어서 피부의 턴 오버에 문제가 생긴다. 육체적으로도 피로회복을 하지 못하여 몸 상태가 나빠져서 자율신경계나 내분비계의 기능에도 지장을 가져오고 미용에도 건강에도 악영향을 미친다. 즉 낮 동안에는 활발하게 활동하고 야간에는 충분한 수면을 취하는, 사람의 자연스러운 생체리듬에 따라 생활하는 것이 건강한 아름다움을 만드는 비결이다.

이와 같이 일상생활 습관이 피부에 큰 영향을 준다는 것을 이해하고 얼마나 신경을 쓰는가에 따라서 심신의 건강관리는 물론 피부의 상태도 크게 좌우된다. 평소의 식사, 운동, 수면은 스킨케어의 기본 중의 기본인 것이다.

5. 여성호르몬과 피부

난포 호르몬[에스트로겐(estrogen)]은 진피의 세포를 활성화하고 황체 호르몬[프로게스테론(progesterone)]은 피지분비에 관여한다. 그래서 난포기에는 피부의 상태가 좋고 반대로 황체기에는 여드름이나 뾰루지가 나기 쉬운 상태가 되는 등 성주기와 피부 상태의 사이에는 깊은 관계가 있다. 또한, 갱년기에는 여성호르몬의 균형이 무너져서 피부가 거칠어질 뿐만 아니라 얼굴이 붉게 달아오르고 땀이 나는 것 외에도 '허리나 손발이 쉽게 차가워짐', '숨이 차고 가슴이 두근거림', '잠을 잘 못 자고 잠이 얕음' 등을 많이 호소하게 된다. 갱년기 증상이 심할수록 미용면의 고민도 커지는 경향이 있다는 보고[3]가 있다. 이와 같이 여성에게 있어서 여성호르몬의 분비와 심신의 건강이나 피부의 아름다움 사이에는 깊은 관계가 있는 것이다. 운동을 통하여 월경 전의 고통이 개선되거나, 운동이나 에스테틱 시술을 통하여 갱년기 증상이 경감되었다고 하는 보고[4)~6)]도 있으므로 평소 자신에게 맞는 방법으로 스트레스 해소에 대처하는 것이 중요하다. 이와 같이 스트레스 관리를 비롯한 일상 속의 좋은 생활습관은 단 한 순간만이 아닌, 일생에 걸친 '건강한 아름다움'의 토대가 된다.

| 참 고 문 헌 |

1) 厚生労働省, 日本人の食事摂取基準 2010年版 (2009)
2) NPO日本サプリメント協会, "サプリメント健康バイブル (帯津良一, 五十嵐 脩 監修)", 小学館, p.97～252 (2004)
3) 互 恵子, たけながかずこ, 日更年医雑, **5**, 増刊号, 78 (1997)
4) 白土真紀, 互 恵子, 佐々木純一, 日更年医雑, **5**, 増刊号, 80 (1997)
5) 白土真紀, 他, 第53回日本体力医学会大会予稿集, 230 (1998)
6) 白土真紀, 互 恵子, 佐々木純一, 日更年医雑, **6**, 増刊号, 110 (1998)

07 화장품의 유용성, 기능성과 평가법

1. 들어가며

화장품의 유용성, 기능성은 스킨케어 제품과 메이크업 제품을 비롯한 헤어케어 제품이나 바디케어 제품, 나아가 향수 제품에 이르는 넓은 범위에서 고려된다. 그 내용도 *in vitro* 평가법에서 사람을 이용한 *in vivo* 평가법까지 다양한 평가법이 존재하지만, 크게 나누면 피부의 생리적인 변화를 조사하는 생물학적 평가법과 피부의 물성 변화를 조사하는 물리화학적 평가법, 그리고 마음의 변화를 조사하는 생리심리학적 평가법으로 분류할 수 있다. 스킨케어 · 메이크업 · 헤어케어 · 바디케어 제품에 관한 유용성에서는 주로 화장품 사용을 통한 피부표면에서 피부내부에 이르는 변화를 조사하여야 하기 때문에, 주로 생물학적 평가법이나 물리화학적 평가법이 이용되고 있다. 한편 향수 제품 등의 유용성에 관해서는 개인이 마음이나 뇌로 느끼는 심리적 측면에 대한 유용성이 주체가 되는 까닭에 생리 · 심리학적 평가법이 이용되고 있다.

여기서는 화장품의 유용성 · 기능성을 검증하기 위한 생물학적 평가법과 물리화학적 평가법, 그리고 생리 · 심리학적 평가법 등을 함께 간단히 설명하도록 하겠다.

2. 스킨케어의 유용성, 기능성과 그 평가법

1) 보습, 피부의 거칠어짐을 방지하는 기능과 유용성 평가법

(1) 피부와 수분량

스킨케어 화장품의 유용성의 기본은 우선 피부 보습에서 시작된다. 그 중에서도 각질층은 약 20%의 수분을 보존하고 있으며 피부의 유연성과 매끄러움, 건조로 인한 피부의 거칠어짐 방지와 같은 중요한 역할을 담당하기 때문에 보습은 화장품으로서 필요불가결한 기능이다. 각질층 수분량의 평가법으로는 피부의 전기적 성질변화를 임피던스의 변화로 파악하여 수분량을 측정하는 Skicon-200이나 Cornoemeter가 있으며, 일정한 온습도의 환경 하에서의 화장품 기제의 각질층 수분량에 대한 영향을 쉽게 측정할 수 있기 때문에 많이 이용되고 있다. 또한, 최근에는 NIR를 이용한 측정법(근적외선 분광법)도 소개되었다.

(2) 각질층 방벽 기능

한편 피부 보습이나 피부의 거칠어짐 방지 기능을 담당하는 각질층의 방벽기능을 평가하는 방법으로는 피부표면으로부터 달아나는 경피 수분손실(TEWL)을 측정하는 방법이 있으며 Evaporimeter나 Tewameter 등이 이용되고 있다. 그리고 피부표면에서 채취한 각질층 상태를 각종 지표에 따라 관찰함으로써 각질층 방어벽 기능을 평가하는 테이프 스트리핑법도 확립되었다. 이 방법을 통하여 각질층의 규칙성, 중층박리량, 유핵세포의 유무, 세포면적 등 각질층의 보습 능력이나 방어벽 기능에 관한 다수의 항목에 대한 평가가 가능하다.

2) 주름 예방 및 개선 기능과 유용성 평가법

주름에 대한 유용성 평가법에 관해서는 화장품 업계 전체적으로 공유화된 주름 평가법 검사나 주름 평가법 가이던스 작성, 그리고 주름 정의 검사가 이루어진다. 여기서는 검증된 주름 평가법을 간단히 소개하겠다.

(1) 육안 판정(스코어평가)법

주름 유무의 정도를 단계로 나누어 눈가 주름의 정도를 육안 판정하는 평가법으로서 현재 업계 전체에서 표준 스코어화가 진행되고 있으며, 향후에는 이 기준 스코어를 기초로 하는 스코어 평가가 예상된다.

[표 7-1] 스킨케어 화장품의 대표적인 기능에 대한 유용성 평가법

예방 개선 기능 항목	유용성 평가법	
피부 거칠어짐	피부수분량 평가	표피수분량 측정
		근적외분광 측정
	각질층 방벽기능 평가	경피수분손실량(TEWL) 측정
		각질층 채취법(테이프 스트리핑 법)
주름	접촉식 평가	주름 모사판 채취법(2차원 영상분석법)
		주름 모사판 채취법(3차원 영상분석법)
	비접촉식 평가	육안 판정법
		비접촉형 피부표면형태 측정
피부 처짐	역학특성 평가	피부탄력성 · 유연성 측정
	비침습적 피부내부 평가	비접촉 3차원 형상계측법 (모아레 등고선 분석법)
		in vivo 공집점 레이저 현미경 관찰
		빛간섭단층촬영법(OCT)
기미 · 주근깨	*in vitro* 평가 (멜라닌 생성억제 평가)	티로시나아제 활성저해
		도파크롬 상호변이효소(TRP-2) 활성저해
		DHICA산화효소(TRP-1) 활성저해
	in vivo 평가 (사람 UV조사 색소침착 평가)	육안 판정법
		색채 색차계 측정
		멜라닌 색소량 측정
다크서클 · 칙칙함	*in vivo* 평가	혈류 측정(레이저 혈류측정계)
		멜라닌 색소량 측정
		분광광도계 측정
		피부표면형태 영상분석 (피부형태 불균일성 측정)
여드름	*in vitro* 평가	5 α-환원효소 활성저해
		P. *acnes* 항균력 측정
		리파아제 활성저해
	in vivo 평가	피지선 크기 · 지질합성량 측정
		P. *acnes* 생균 수 측정
		피지량 측정

(2) 주름 모사판을 통한 영상해석 평가법

주름 모사판(레플리카)은 SILFLO(Flexio)나 EXAFINE(GC사) 등이 알려져 있으며 주름 부위에 도포하여 응고시킨 후 필 오프함으로써 획득할 수 있다. 이 주름 모사판을 이용한 영상해석법에는 몇 가지 방법이 있는데 비교적 간편한 방법으로서 경광조명을 통한 주름영상해석법을 들 수 있다. 이 방법으로는 주름 면적비율, 총 주름 평균깊이 최대주름 평균깊이, 최대주름 최대깊이 등 2차원의 많은 파라미터정보를 얻을 수 있다. 또한, 주름 모사판에 반영된 주름의 모든 3차원 정보를 읽어들여서 주름의 깊이 방향에 관한 파라미터까지도 분석 가능한 방법으로서 레이저포커스 변위계를 이용한 계측법이나 광절단법을 이용한 계측법, 격자패턴투영법을 이용한 평가법 등이 개발되었다.

(3) 비접촉형 측정기기를 통한 주름 평가법

한편 접촉형에서의 피부의 표면 형상의 불규칙함과 같은 영향을 줄이기 위하여 주름을 직접 측정하는 방법도 개발되었다. PRIMOS나 로보스킨 애널라이저 등이 대표적이며, 비접촉으로 짧은 시간에 피부 표면 형태를 영상으로 불러들여 계측하는 기기가 개발됨으로써 주름 모사판을 통한 간접적인 정보와 비교하여 정밀도가 높은 정보를 획득할 수 있을 가능성이 있다.

3) 피부 처짐 개선 기능과 유용성 평가법

피부 처짐은 안면뿐 아니라 바디에서도 여성들의 큰 고민 중 하나가 되는데, 비교적 중력의 영향을 받기 쉬운 현상이기 때문에 무라카미 등은 비접촉 3차원 형상계측장치 VOXELAN을 이용한 사람의 좌위와 와위에서의 등고선군(모아레 등고선) 변화를 피부 처짐의 수치로 정량화하는 방법을 소개하였다. 또 한편 피부 처짐을 피부의 탄력성이나 유연성과 같은 역학적 특성으로 파악하는 방법으로서 Cutometer나 Dermaflex A 등의 기기를 이용한 측정법도 있다. 그러나 이러한 피부 표면 형태나 역학적 특성만으로는 피부의 처짐이나 앞서 설명한 주름들을 본질적으로 파악하기는 어려우며, 진피층 이하의 피부심부의 정보도 획득할 수 있는 평가법이 요구되게 되었다. 이 분야는 종래의 피부조직을 이용한 관찰로부터 비침습적 평가법으로의 큰 변화를 보이고 있으며 오오바 등은 사람의 진피의 UV 손상으로 인한 진피 콜라겐 섬유의

3차원 구조를 비침습적으로 평가할 수 있는 Resiliometer를 개발하였다[3]. 또한, Dermascan 등으로 대표되는 초음파에코나 *in vivo* 공집점 레이저 현미경 · 빛간섭 단층촬영법(OCT) 등도 이에 해당한다. 특히 *in vivo* 공집점 레이저 현미경은 레이저의 반사광을 이용하여 피부표면으로부터의 깊이를 자유롭게 변화시켜가면서 횡단면을 리얼타임으로 관찰할 수 있으며 그 횡단면을 적분하면 깊이 방향의 단층 이미지를 작성할 수 있다.

4) 기미 · 주근깨 예방 및 개선 기능과 유용성 평가법

미백제의 의약외품의 효능 효과 표현은 "멜라닌 생성을 억제하여 기미 · 주근깨를 방지한다."라고 되어 있는데, 현재에는 방지 효과를 담보하면서 '개선'도 의식한 모습의 연구가 진행되고 있다.

(1) *in vivo*를 통한 멜라닌 생산 억제 평가법

멜라닌 생산억제 평가법은 일반적으로 배양세포를 이용한 *in vitro* 평가법이 주가 된다. 세포종으로서는 마우스 멜라노마세포 · 인간 정상 멜라닌세포 · 멜라닌세포와 각질형성세포를 배양한 3차원 피부 모델 등이 이용되고 있다. *in vitro*에서의 멜라닌 생산 억제 평가법은 멜라닌 생산에 관여하는 효소활성 저해시험이 일반적으로 알려져 있으며 티로시나아제 활성 저해 · 도파크롬토토멜라아제(TRP-2) 활성 저해 · DHICA 산화 효소(TRP-1) 활성 저해 등이 평가되고 있다.

(2) 색소 침착 예방 및 개선 효과 평가법

미백 기능을 증명할 목적으로 의약외품의 효능 효과인 "일광화상에 의한 기미 · 주근깨를 방지한다."라는 효과를 충실하게 재현하기 위하여 동물 및 사람을 통한 *in vivo* 색소 침착 평가법이 이용되고 있다. 최근에는 동물애호의 관점에서 사람을 대상으로 한 사례가 많으며, 인공적으로 자외선을 조사하여 색소를 침착시킨 다음 시료를 도포하여 시간의 흐름에 따른 블랭크 부위와 색소 침착도의 변화를 확인한다. 색소 침착도의 평가는 육안 관찰, 색채색차계 L값, 멜라닌 색소량을 반영하는 Mexameter 등을 통하여 스코어화 · 정량화되고 Wilcoxon 검정이나 paired t-test로 유의차 검정된다.

5) 다크서클 · 칙칙함 예방 및 개선 기능과 유용성 평가법

칙칙함에 관해서는 1995년에 화장품 공업 연합회에서 제안한 정의안[5)]에 따르면 칙칙함의 요인은 ① 혈액순환 불량으로 인한 피부색의 붉은기 저하, ② 비만적인 멜라닌의 침착, ③ 탄력 저하로 인한 피부 표면의 요철 형태의 불균일화, ④ 각질층의 비후 등으로 인한 광투과성의 저하 등 많은 요인이 단독 혹은 복합적으로 관여하고 있는 것이 알려졌다. 따라서 그 대처법 역시 다양한데, 예를 들자면 멜라닌 생산 억제나 혈액순환 촉진 등을 통하여 피부를 밝게 하고 피부색의 붉은기를 늘리는 방법이나 피부 표면에서의 피부색이나 형태의 불균일성을 개선하는 방법 등을 들 수 있다. 이때 이용되는 평가법으로서는 멜라닌 분포량을 측정하는 Mexameter나 산화형 헤모글로빈을 측정하는 분광 광도계, 그리고 혈류의 상태를 측정하는 레이저 혈류계 등이 이용된다. 또한, 피부색이나 형태의 불균일성을 측정하는 평가법으로서는 피부 표면을 CCD 카메라로 찍어서 이치화한 후 영상 분석하여 불균일성을 정성 · 정량화하는 방법 등이 이용되고 있다.

6) 여드름 예방 및 개선 기능과 유용성 평가법

종래에는 여드름은 사춘기의 피지분비가 왕성한 시기의 고민이라고 알려져 왔으나 최근에는 20대 이상에서도 여드름에 대한 고민을 안게 되었다. 이들 여드름의 요인으로는 크게 내분비 인자(남성호르몬 유래) · 모공 부위의 각화장애 인자 · 세균성(P. *acnes*) 인자 등을 들 수 있으며, 사춘기 전후의 경우에는 내분비 인자가 주를 이루는 것에 반하여 20대 이후에서는 모공 부위의 각화장애 인자인 경우가 많다. 따라서 화장품으로의 대처법도 각각 내분비 인자에 대해서는 항안드로겐 작용 · 피지선 기능항진억제와 같은 생리학적인 방법이, 각화장애에서 기인한 경우에는 케미컬 필링 등을 통하여 비후해진 각질층 박리를 촉진하여 면포 형성을 억제하는 방법 등이 있다. 또한, 이 밖에 살균작용이 있는 성분을 통하여 P.*acnes* 활성을 저해하는 방법이나 항산화 · 활성산소 제거작용이 있는 성분으로 피지산화를 억제하는 방법도 들 수 있다.

이들의 유용성 평가법에는 *in vitro*로 화장품 소재의 내분비 인자 저해력을 직접 접으로 계측하는 항안드로겐작용 평가법(5α-환원효소활성저해)이나 여드름 발생 원인인 P.*acnes* 항균력 평가법, 리파아제저해 평가법 등이 있다. 또한, 여드름은 증상이 피부 표면에 뚜렷하게 나타나는(면포 등) 까닭에 실제의 피부로 평가하는 경우가 많으며 동물 모델에서는 피지선 사이즈, 지질합성 평가법, 사람의 경우에는 피표 피지량이나 *P.acnes* 생균 수 등을 측정하는 방법 등이 있다.

이상으로 스킨케어 화장품에 요구되는 유용성 평가법을 간단히 소개하였는데 현재 화장품이나 의약외품의 효능 효과 확대을 위하여 항노화(주름)이나 미백 · 선스크린제의 안전성 등에 관한 평가법의 집약화 및 다양화가 진행되고 있다. 가까운 미래에 화장품이나 의약외품의 효능효과에 새로운 항목이 추가되기를 기대한다.

3. 메이크업의 유용성, 기능성과 그 평가법

메이크업 기능을 실증하는 유용성은 크게 피부를 아름답게 보이게 하는 '완성 기능' 과 그 완성 기능을 장시간 지속하는 '화장 지속 기능' 으로 집약된다. 이들 모두 유용성 검증에 광학적 파라미터를 이용한 평가법이 이용되는 경우가 많으므로 아래에 최근 연구된 유용성과 그 평가법에 대하여 간단히 기술하였다.

1) 화장 완성 기능과 평가법

메이크업의 가장 중요한 기능은 피부를 아름답게 보이도록 하는 것으로서 이 기능을 평가하려면 어떻게 사람의 눈으로 인지된 정보를 객관적으로 평가할 수 있을지가 중요하다. 따라서 사람의 눈에 보이는 가시광선과 화장품 소재나 피부와의 관련성을 광학적인 관점을 통하여 조사함으로써 메이크업의 유용성을 평가할 수 있다. 그 유용성 평가를 하기 위해서는 입사각이나 수광각을 바꿀 수 있게 하여 임의의 각도에서 측색할 수 있는 변각분광색채계(코니오포토스펙트라메터)나 빛의 투과율 등을 측정하는 분광 광도계 등이 이용되고 있으며 색 연출이나 질감 연출 등을 통한 메이크업 화장품의 유용성을 평가할 수 있다. 이들은 평가법으로서 이용될 뿐 아니라, 피부나 분체가 지닌 광학적 특성을 다양한 각도로 파악할 수 있기 때문에 메이크업 기능의 색 연출과 질감 연출을 실현하는 소재 개발에도 응용되고 있다.

2) 화장 지속 기능과 평가법

화장이 번지는 주요 원인은 피부에서 분비되는 피지나 땀 등이다. 예를 들어 색조 변화인 메이크업 다크닝은 메이크업이 피지 등에 섞이는 것이기 때문에 주로 분광광도색차계를 통한 L값 상승으로 확인되는 경우가 많으므로 L값 변화를 통하여 화장 지속에 대하여 평가할 수 있다. 한편 피지로 인한 화장 번짐이 화장 지속에 미치는 영향은 소위 '번들거림'이라는 현상으로 나타난다. 이 '번들거림'에 관해서는 광택값으로서 파악할 수 있으므로 광택계(PG-1M)를 통하여 평가할 수 있다.

4. 헤어케어의 유용성과 평가법

1) 모발 표면 개선과 평가법

헤어케어 화장품을 사용할 때 사람들은 크게 '매끄러움', '촉촉함', '부드러움', '탄력' 등의 촉감적 요소와 모발 표면의 '윤기'와 같은 시각적 요소를 통하여 평가한다. 전자의 경우에는 고주파 용량식 수분계(아쿠아체커)를 통한 모발의 수분량이나 마찰감 테스터를 통한 평균 마찰계수(MIU)와 평균편차(MMD)를 지표로 매끄러움을 평가하는 방법, 그리고 빗질을 할 때 가해지는 부하저항력을 검출하여 마찰저항을 측정하는 빗질 저항측정법이 있다. 또 후자의 경우에는 글로스메터를 통한 글로스값을 측정하는 방법이나 앞서 소개한 변색 분광색채계를 이용하는 방법 등이 있으며 이들 결과를 토대로 시작품 간의 상대평가나 관능평가와의 상관성을 파악할 수 있다.

2) 모발 내부의 질적 개선과 평가법

육모나 양모화장품을 통한 모발의 탄력 · 힘의 향상, 린스나 트리트먼트를 통한 모발유연화 등의 질적인 개선효과를 평가하기 위해서는 모발표면 뿐 아니라 내부구조를 비롯한 요소를 평가할 필요가 있다. 이 경우에는 복수의 모발을 평행으로 늘어놓고 구부려 강도를 측정하는 평가법이나 당기는 강도시험법 등 모발의 역학적 성질을 이용한 평가법이 이용된다. 또한, 최근에는 모발에 대해서도 NIR을 이용한 측정법(근적외선분광법)이 이용되게 되어서 모발내부의 정보도 비침습적으로 평가하는 연구가 진행되고 있다. 예를 들어서 미야마에 등은 비침습적으로 모발을 NIR 측정하고 그 스펙트럼에 다변량분석을 적용함으로써 화학처리 등으로 인해 발생하는 모발내부 단백질의 화학손상상태 평가가 가능해졌으며[6] 향후 보다 상세한 모발의 질적 개선 평가가 기대된다.

5. 생리 · 심리학적 평가법 (화장품 적용을 통한 심신에 대한 유용성과 평가법)

화장품이나 향이 사람의 심리나 신체기능 등에 영향을 주는 것은 오래전부터 알려져 있었으나, 현대에는 여성의 QOL 향상에 대한 주장으로 화장품이나 향이 심리적인면, 생리적인 면의 개선을 통해 신체 기능이나 피부 기능에 대한 유용성을 조사하는 연구도 진행되고 있다. 예를 들어 간 등은 오타 모반의 색조 트러블을 갖고 있는 여성에게 오타 모반 전용 파운데이션을 사용하게 함으로써 메이크업 전후의 감정 상태의 변화를 조사하였으며, 나아가 기분 좋은 감촉의 마사지 제품이 심신에 미치는 영향을 타액 중의 면역항체물질인 '분비형 면역글로불린A(S-IgA)'의 농도변화를 지표로 하여 측정하였다. 그 결과 메이크업이나 스킨케어와 같은 화장행위를 통한 타액 중의 S-IgA의 상승이 확인되어서, 화장을 통한 심리적 효과가 정신신경면역학적 장점을 가져온다는 것을 증명하였다. 나아가 타니타 등은 마일드한 테이프 스트리핑을 통하여 일과성으로 피부방벽을 파괴한 후에 강한 정신적 스트레스를 부하하면 방벽기능 회복이 지연된다는 것과 장미향으로부터 획득한 진정효과가 있는 성분이 함유된 조합향료를 맡게 하면 이 스트레스로 인한 방벽회복의 지연을 방지할 수 있음을 확인하였다[9]. 이렇듯 화장품의 기본적 기능에 더하여 지금 설명한 촉감이나 메이크업 · 향기 등에 의한 생리 · 심리적 작용으로 피부에 대한 효과가 증가됨으로써 화장품의 가치는 보다 높은 차원으로 향상될 것이라고 확신한다. 스트레스사회 또는 개성을 표현하는 시대에서는 화장행위가 심신에 미치는 효과는 향후 한 층 더 발전해야 할 분야일 것이다.

이상으로 각 카테고리의 화장품의 주요한 유용성과 그에 관한 평가법을 간단히 소개하였는데, 여기서 소개한 유용성과 평가법의 상세한 내용이나 그 이외의 내용에 대해서는 본절 이후의 각 론을 참조하기 바란다. 모든 화장품의 유용성 · 기능성은 향후 더욱 더 광범위해질 가능성을 품고 있으므로 그에 따른 새로운 평가법도 개발될 것이라고 생각된다. 그에 따라서 화장품이 하게 될 역할도 다양화됨으로써 새로운 QOL 향상에 공헌하게 되기를 기대한다.

| 참 고 문 헌 |

1) 松本克夫, 日皮協ジャーナル, **26**(1), 60～67 (2003)
2) 村上泉子, *Fragrance Journal*, **30**(9), 89～97 (2002)
3) 大場愛 他, *JSCCJ*, **38**(3), 193～201 (2004)
4) 高橋元次, *Fragrance Journal*, **30**(9), 18～34 (2002)
5) 日本化粧品工業連合会 (編), 日本化粧品工業連合会技術資料 101, 148 (1995)
6) 宮前裕太, 山川弓香, 尾崎幸洋, IFSCC中間大会要旨集より (2005)
7) 菅千帆子, 木村知史, *JSCCJ*, **29**(3), 242～251 (1995)
8) 菅千帆子, SCCJ 50周年記念セミナー講演要旨集, 25～32 (1997)
9) 谷田正弘 他, *Aroma Research*, **1**(2), 62～65 (2000)

08 화장품의 안전성과 평가·시험법

안전이라고 하는 단어는 누구라도 알고 있는 높은 관심을 받는 말인데, '화장품에서의 안정성' 은 어떻게 여겨지고 있으며 그리고 평가되고 있는지 아래에 설명하였다.

1. 화장품에서의 안전성이란

화장품은 의약품처럼 용법 · 용량이 지정되어 있지 않고 개인이 자유롭게 선택하여 사용하는 것으로서 마음에 드는 화장품은 몇십 년이나 장기간 사용되기 때문에 안전하게 사용 가능하여야 함이 전제가 된다.

안전성이란 '위험이나 위기로부터 벗어나는 것' 이라고 정의되는데[1] 절대적인 '안전' 은 존재하지 않는다. 피부에 안전하다고 느껴지는 '물' 일지라도 뜨거운 목욕물에 장시간 몸을 담그고 있으면 피부가 불어나고 붉어지거나 쭈글쭈글해지며 그 후에는 건조해진다. 또한, 물이 오염되었다면 가려움이나 자극을 야기하게 된다. 이와 같이 모든 물질은 조건에 따라서 생체에 악영향을 미칠 수 있다. 그러므로 화장품의 안전성은 '특정한 사용 조건하에서' 라고 하는 가능성을 고려하여야 한다. 피부에 바른 채로 하룻밤을 보내는 크림과 사용 후 씻거나 닦아내는 클렌징크림은 사용 조건이 다르므로 배합 가능한 원료도 달라진다. 세안제나 샴푸, 바디샴푸와 같은 세정제는 더러움을 씻어내기 위하여 세정 성분이 있는 계면활성제가 배합된다. 더러움을 씻어내기 위해서는 세정력이 강한 종류를 많이 넣을수록 잘 씻어지겠지만 피부를 자극하고 피부에 필요한 성분까지 씻어내고 만다. 또한, 세정력이 약한 계면활성제를 사용하거나 배합량이 적으면 더러움을 잘 씻어낼 수 없거나 필요 이상으로 피부를 문지르게 되므로 오히려 피부에 자극을 주게 된다. 따라서 세정기능과 안전성의 균형을 고려하여 보다 자극이 적고 적당한 세정력이 있는 원료를 잘 선택하고 구성하여서 제품을 만드는 것이 중요하다. 이렇듯 화장품은 사용 조건에 알맞게 '기능 혹은 유용성'과 '안전성'의 양면에서 균형을 생각한 상품 설계가 이루지는 것이다.

사용 조건에 대해서는 상정 범위를 넓게 잡고 오사용 역시 예측 범위로 고려함으로써 중대한 리스크를 만들지 않도록 예측 평가하여야 한다. 화장품을 고의로 마신 경우는 다르지만, 용기나 향기가 음료와 유사하여 잘못 마신 경우 등은 발생 가능한 리스크로서 실수로 마시지 않도록 디자인이나 표시는 물론 내용물에도 배려하여야 한다.

또한, 화장품은 사용 개시 후부터 사용을 마칠 때까지 수개월 혹은 그 이상 길게 사용한다. 따라서 사용 중에도 품질을 유질할 수 있도록 방부 설계가 이루어진다. 무방부제를 강조한 상품도 판매되고 있으나 상품 제조 시의 오염(1차 오염)과 소비자가 사용할 때 발생하는 오염(2차 오염)의 양면에서 충분히 검토하여 사용 조건하에서 오염되지 않도록 하는 방부 설계가 중요하다.

가끔 안심과 안전을 같은 것이라고 오해하곤 한다. 안전한 것은 안심할 수 있으나, 안심할 수 있는 것이 반드시 안전한 것은 아니다. 예를 들어서 천연 화장품은 안심의 이미지의 대표적인 예이지만 자연의 대명사인 식물 성분 중에는 피부에서 알레르기 반응을 야기하거나 일광을 받으면 독성을 지니는 성분이 들어있는 경우도 있다. 따라서 합성, 천연 원료 모두 안전성을 면밀히 평가, 확인하고 사용하는 것이 중요하다.

2. 안전성을 확보하기 위한 법제도

화장품의 역사는 오래되었으며 경험적으로 사용 원료 중 피부에 염증을 일으키는 성분이나 독성이 강한 것, 알레르기 반응을 일으키는 것, 색소 침착을 일으키는 것이 서서히 밝혀지고 배제되어 왔다. 화장품 및 의약외품의 안전성 확보에 있어서는 '약사법'을 필두로 한 각종 규제로 원료 및 제품의 품질향상이 도모되고 있다. 또한, 화장품 원료 기준, 화장품 종별 배합 성분 규격 등과 같은 각종 기준을 통하여 원료의 규격이 정해지고, 불순물 등으로 인한 안전성의 리스크 저감이 꾀해졌다. 화장품 트러블로 피부과의를 찾는 환자 수도 감소하고 있다[3) 4)]. 그래서 2001년의 약사법 개정에서는 '기업의 자기 책임으로 안전성을 충분히 확인한 후에 배합의 가부를 판단할 것. 안전성에 관한 자료는 제조업자가 수집, 작성, 보관할 것'이라고 명기되어 있다. 또한, 화장품 기준이 도입됨으로써 화장품에 배합하는 원료는 일부를 제외하고는 자유화되어서 기업의 재량 혹은 책임으로 배합할 수 있게 되었다. 그에 따라 화장품 원료기준도 폐지되었으며 사용하는 원료의 규격 역시 기업 책임의 범위가 되었다. 여기서 일부 원료란 '방부제, 자외선흡수제, 타르 색소'가 '포지티브 리스트'로서 배합이 인정되었고 그 이외의 성분이 '네거티브 리스트'로서 배합 금지 혹은 배합량이 규제된다. 또한, 전성분을 표시함으로써 소비자가 피부에 맞지 않는 성분 배합 유무를 확인할 수 있게 되어 안전 확보가 이루어지고 있다.

한편, 의약외품에 있어서는 신청한 제조 판매 승인을 받지 못하면 판매가 불가능하다. 또한, 배합하는 원료에 있어서도 전례가 없는 신규 첨가 성분을 배합한 경우에는 안전성에 관한 자료 제출이 요구된다[6)][표 8-1]. 다시 말해 안전성을 충분히 확보할 수 없는 원료는 허가되지 않는 것이다. 이렇듯 의약외품은 공의 감시하에서 안전이 확보되고 있으며 2006년 4월부터 전성분 표시가 실시되었다.

서양에는 의약외품의 개념이 없다. 또한, 미국에서는 SPF가 높은 선스크린은 OTC 약으로 분류되는 등 세계 지역에 따라서 화장품의 법규제가 다르다. 피부색이나 오래전부터의 화장 습관, 기호성도 다르기 때문에 서양에서는 이전부터 업계 책임의 색채

[표 8-1] 신의약외품 첨가물 신청 시의 안전성 자료

시험항목	첨가물	제제
단회 투여 독성	○	△[1)]
피부 1차 자극성	○	−
연속 피부 자극성	○	−
감작성	○	−
광독성	○[2)]	−
광감작성	○[3)]	−
눈 자극성	○	△[4)]
유전독성	○	−
사람 패치테스트	○	○

1) 배합량 등으로 안전하다고 추정되는 경우에는 불필요
2) 3) 자외선 영역에서 흡수가 최대가 되지 않는 경우에는 생략 가능
4) 첨가물에 자극 반응이 확인된 경우 점막에 사용된 것, 눈에 들어갈 가능성이 있는 것은 필요 방부제·자외선 흡수제 및 의약품 유효 성분 전례가 있는 경우에는 그 외에 반복 투여 독성, 생식 발생 독성, 흡수, 분포, 대사, 배설에 관한 자료가 필요한 것이 있다.

가 강하였다. 최근의 글로벌화에 따라 유럽-미국-일본의 3자 협조 도모로, 2001년의 약사법 개정에서는 서양의 요구를 받아들여 일본 화장품 규제가 완화되게 되었다.

3. 안전성을 확보하기 위한 각종 시험

화장품 · 의약외품 및 그 성분이 생체에 미치는 영향으로는 [그림 8-1]에 나타낸 바와 같이 다양한 작용을 생각할 수 있다. 안전함을 뒷받침하는 객관적인 근거가 필요하므로 독성이나 피부 자극, 알레르기와 같은 작용에 대응한 다양한 예측 평가법이 있다.

각 시험법에 대해서는 〈안전성 평가에 관한 지침 2008〉이나 〈화장품 · 의약외품 제조신청 가이드북 2006〉이 개요를 파악하는데 참고가 될 것이다. 〈제조 신청 가이드북 2006〉에서는 변이원성에서 유전 독성으로 시험 항목이 새롭게 변경되었다. 사람 패치테스트를 제외한 안전성 시험은 모두 사람에게 사용하였을 때의 안전성을 예

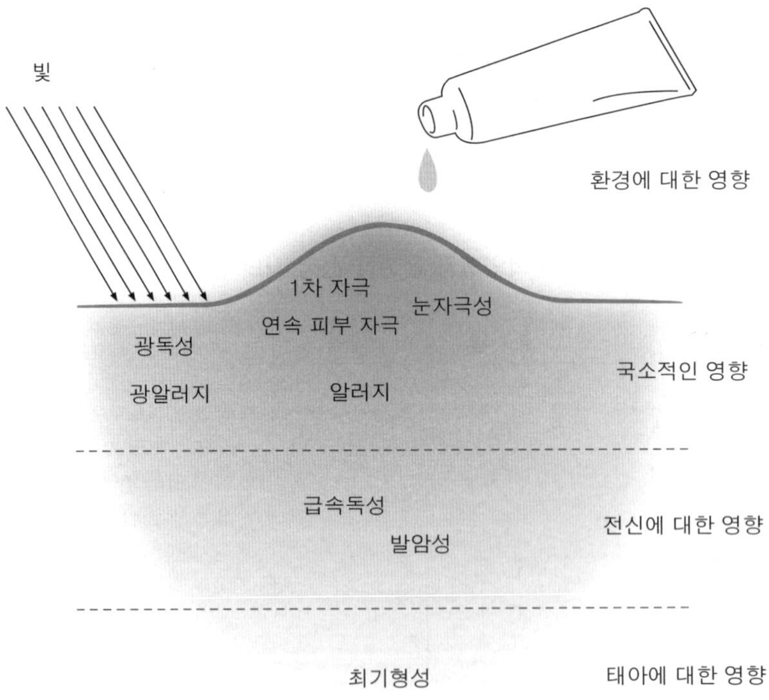

[그림 8-1] 화장품 및 그 성분의 영향

측하기 위하여 *in vivo*(동물) 혹은 *in vitro* 방법을 이용한다. 최근에는 동물애호의 관점으로부터 동물을 이용하지 않는 대체 시험의 검토가 서양과 일본에서도 이루어지고 있으며 유용한 *in vitro* 대체 시험법 개발이 진행되고 있다.

1) 원료의 안전성

화장의 역사는 오래되었으며 원료 역시 경험적으로 사용되는 경우가 많다. 기존의 화장품에 범용되는 원료의 안전성 정보에 대해서는 1970년대까지는 각사의 기업비밀로서 외부로 공개되는 경우가 적었으나, 오늘날 세계적 규모로의 안전성 데이터 공유화가 추진되고 있다. 미국의 PCPC(Personal Care Products Council), 구 CTFA(The Cosmetic, Toiletry and Fragrance Association)의 화장품 성분 리뷰(CIR : Cosmetics Ingredient Review)를 시작으로 공적 기관이나 제3자 기관의 시험결과가 web상에서 공표되어서 쉽게 입수할 수 있게 되었다. 또한, 원료를 공급하는 원료 메이커에서도 각종 안전성 평가 데이터가 보존되고 있다.

한편, 신규 원료를 개발할 때에는 먼저 안전성을 확인하지 않으면 사용이 불가능하다. 원료의 구조 · 조성, 물리화학적 성질, 제조공정, 불순물 등에 관한 정보를 입수하여 기존 물질과의 유사성으로부터 고려되는 작용에 대한 확인이 요구된다. 유용한 결과를 얻기 위해서는 시험 방법, 규모, 시험 농도, 용매와 같은 시험의 디자인을 충분히 검토한 다음 시험하는 것이 중요하다. 또한, 안전성을 예측 평가하여 결과를 판단할 때에는 안전율을 획득함으로써 더욱 리스크를 줄일 수 있다.

2) 제품의 안전성

화장품을 구성하는 원료의 종류는 많으며 그 조합에 따라서 자극을 증강시키는 경우도 있으므로 시장에서의 안전성 확보를 위해서는 원료 평가에 더하여 제품에 대한 평가도 중요하다.

패치테스트는 염모제의 사용 설명에도 기재되어 있듯이 알레르기 반응의 유무를 평가하는 시험법으로서 피부과에서는 알레르기나 1차 자극 진단에 이용되고 있다. 반창고를 이용한 폐쇄 패치테스트를 덮으면 경피 흡수를 높여서 피부로의 영향을 예측 가능하므로 화장품의 1차 자극의 예지 테스트로서도 이용되고 있다.

화장품은 건강한 피부에 사용하는 것이지만 연령, 성별, 부위에 따라서 피부 상태는 달라진다. 또한, 화장품을 사용한 경우 단시간 동안 얼얼하거나 따끔따끔하거나 까끌까끌하다는 호소를 비교적 많이 들을 수 있다. 이렇게 염증을 수반하지 않는 증상을 피부 자극감, 감각 자극이라고 한다. 소위 민감성 피부는 각질층 방어벽 기능의 저하로 인하여 화학물질 등의 자극을 받기 쉽다. 이와 같이 반응성이 높은 사람이 사용하는 화장품이라면 더욱 안전성에 대한 배려가 필요하다[9]. 알레르기를 일으키기 쉬운 성분의 배제는 물론, 따끔따끔한 감각 자극을 일으키기 쉬운 성분을 제외하는 등 저자극으로 하고 제품의 물성(경도, 점도)에서 기인한 물리 자극도 고려한다.

따끔거리는 느낌과 같은 감각 자극 및 눈이 맵다고 하는 트러블이나 스크럽 타입에서의 통증은 사람이 실제로 사용 방법에 따라 사용하지 않으면 알 수 없다. 따라서 최종 제품을 시장에서 안전하게 사용 가능할지의 여부는 대상 피부에서 실제의 사용 방법에 따라서 실제의 환경하에서 적용하는 평가가 유용하다.

3) 앞으로의 안전성 평가

오랫동안 사용해 왔던 동물성 원료는 BSE(광우병) 문제 때문에 식물성으로 대체되고 있다. 또한, 환경 호르몬 유사작용과 같이 화장품 사용자뿐만이 아닌 사용 후 환경에 대한 영향이나 최기 형성과 같은 다음 세대로의 영향도 고려하여 원료 사용을 규제할 필요성이 발생하게 되었다.

사람의 건강 및 환경에 대하여 높은 수준의 보호를 확보하고자 하는 목적으로 유럽에서는 화학물질 관리에 대한 규제 REACH(Registration, Evaluation, Authorization and Restriction of Chemicals)가 2007년에 발효되었다[11]. 이 법령에 의하여 유럽에서 통용되는 화학물질(1t 이내)에 대해서는 등록이 요구되며 제조량 10t 이상의 물질에 대해서는 각종 안전성에 관한 리스크 평가 · 노출 평가 제출이 필요해졌다. REACH에서는 신규 화학물질과 기존 화학물질을 구별하지 않고 일률적으로 규제하므로 향후 안전성 평가의 필요성이 더욱 증가하게 되었다. 사용량이 많은 화장품 원료도 대상이 되는 까닭에 유럽에서 제품을 판매하는 유럽 외의 메이커에게도 큰 영향을 미친다. 이에 더하여 안전성 평가에 있어서는 동물보호 측면에서도 동물을 이용하지 않는 대체 시험 촉진을 REACH의 목적으로 들 수 있으며 동물실험 대체법의 개발도 활발하다.

나아가 화장품 지령으로 인하여 적절한 대체법이 있는 시험에 대해서는 2009년 3

월부터 EU 영역 내에서는 동물시험을 실시한 화장품 성분 및 제품 판매가 금지되었다. 이 지령의 기일을 목표로 EU뿐 아니라 국제적으로 대체 시험법의 검토가 진행되어 광독성의 *in vitro* 시험법을 비롯하여 OECD 가이드라인으로의 대체 시험법 제안도 진행되고 있다[12) 13)]. 일본 국내로 들어오는 원료에 있어서도 대체법의 안전성 데이터만 있는 원료도 늘고 있으므로 안전성 판단도 변화가 요구되고 있다.

한편, 새로운 기능이 있는 화장품으로서 다양한 원료가 개발되고 있다. 특히 효능・효과 등으로 생체에 대한 작용을 기대하는 경우에는 유해한 작용의 발현도 우려된다. 그 리스크를 예측하여 평가하기 위해서는 기존의 평가법으로는 알 수 없으므로 새로운 기능에 따른 새로운 안전성 평가법이 필요하다. 항상 사용자를 의식한 안전성이 높은 화장품・의약외품의 개발이 중요하다.

|참고문헌|

1) 尾澤達也, 福島正二監訳, “化粧品の安全性”, フレグランスジャーナル社, p.204 (1992)
2) 増田光輝, 原田房枝, “新有用性化粧品の開発” 第10章　安全性, p.225～231
3) 厚生労働省医薬食品局, 平成14年度家庭用品に係る健康被害病院モニター報告
4) 中山秀夫, “化粧品の安全性に関する基礎知識と今後について”, *JSCCJ*, **39**(4), 264～273 (2005)
5) ポジティブネガティブリスト
6) 厚生労働省薬務局審査課監修, “化粧品・医薬部外品製造申請ガイドブック第5版”, 薬事日報社 (2006)
7) 日本化粧品工業連合会編, “化粧品の安全性評価に関する指針”, 薬事日報社 (2008)
8) 大野泰雄, *fragrance journal*, **33**(2), 30～35 (2005)
9) 本田成美, 小畑恵子, 野澤進, *JSCCJ*, **20**(1), 12～16 (1986)
10) 太田尚子, “新有用性化粧品の開発” 第5章　低刺激・低アレルギー化粧品, p.94～104
11) 化学物質評価研究機構編, “EU新化学物質規制　REACHがわかる本”, 工業調査会
12) 大野泰雄, *fragrance journal*, **35**(10), 20～28 (2007)
13) 小島肇夫, *fragrance journal*, **37**(1), 65～69 (2009)

09 화장품의 품질 안정성과 평가·시험법

1. 화장품에 요구되는 품질이란

2005년 4월의 약사법 개정 이래, 기업 제조 책임이 클로즈업되면서 품질보증에 관한 기업 윤리나 책임의 방식이 한층 더 중시되었다. 각 기업은 품질보증 체제의 강화를 급선무 과제로 착수를 시작하였다. '품질 안정성의 중요성' 은 화장품 업계에 한정된 것은 아니지만, 여기서는 화장품 품질의 안정성 전반에 대하여 설명하도록 하겠다.

화장품의 품질에 대하여 약사법에서는 품질, 유효성, 그리고 안전성은 각각 별개의 요소로 정의된다. 그러나 일반적으로 가장 먼저 생각하지 않으면 안 되는 것은 고객이 보는 관점이다. 고객이 사용하고 평가하는 항목이 즉 기업으로서 안정성을 확보하여야만 하는 품질의 항목이 되는 것이다. 다시 말해 품질을 생각할 때에는 기능성, 사용성, 안정성, 안전성을 고려하는 것이 중요하며 제품으로서 시장에 나왔을 때에 어떻게 고객의 요구를 만족시킬지가 중요하다. 즉 제조 직후부터 고객이 제품을 다 사용할 때까지 다음과 같은 기능성, 사용성, 안전성이 변질되지 않고 유지되는 것이 품질의 최대 조건이다.

1) 기능성이 뛰어날 것

화장품에 다양한 유용성이 요구되는 시대로 변화하면서 제품별의 유용성이 중시되었다. 예를 들어서 크림은 보습 기능, 클렌징은 피부 세정 효과, 파운데이션은 메이크업 효과라고 하는 등 목적에 따른 충분한 기능을 갖추어야 하며 그 기능을 실감할 수 있는 것이 요구되고 있다.

2) 시각, 촉각, 후각(기호성, 사용성)에 작용 가능할 것

화장품의 인간이 지닌 오감 중에서도 시각, 촉각, 후각에 작용함으로써 사용자에게 생리작용, 심리작용, 물리작용의 효과를 발휘한다. 다시 말해 내용물이 들어 있는 용기의 디자인, 내용물의 색, 향, 사용 감촉 등이 복합적으로 화장품의 품질을 유지하는 것이다.

3) 안전성 확보가 가능할 것

앞서 설명한 1)이나 2)는 화장품으로서 필요한 품질이지만 인체에 대한 안전성 역시 중요한 품질 중 한 가지이다. 화장품은 인체에 사용하는 것일 뿐 아니라 고객이 자유롭게 장기간 연속하여 사용하는 것이기도 하므로 안전과 무해성이 필요 불가결하다.

2. 품질의 안정성에 대하여

앞서 설명한 바와 같이 화장품의 안정성은 '제조 직후부터 고객이 제품을 다 사용할 때까지 앞서 설명한 품질[1) 기능성, 2) 시각, 촉각, 후각(기호성, 사용성), 3) 안전성 등]의 변질 없이 유지되는 것' 이 중요하며 그 때문에 품질보증이 중요하다. 여기서는 앞서 설명한 1)~3)의 품질에 크게 관계하는 기제 및 의약외품 약제의 안정성에 대하여 설명한 다음 안정성 확보에 필요한 품질의 항목에 대하여 이야기하겠다.

1) 시간의 변화에 따른 품질 변화와 안정성 평가법에 대하여

화장품 사용을 통한 기능을 유지하기 위하여, 그리고 고객으로부터의 신뢰를 얻기 위해서는 품질에 큰 영향을 미치는 내용물에 화학적 물리적 열화가 발생하지 않는 것이 불가결하다.

[화학적 열화] 변취, 변색, 퇴색, 결정이나 앙금, 분해, 미생물 오염 등
[물리적 열화] 분리, 크리밍, 침전, 점도 상승 · 저하, 응집, 합일, 발한, 케이킹, 뭉침, 꺾임, 균열, 연화, 고화, 겔화, 휘발 등

이 현상들은 내용 성분이나 그 처방 구성에 따라 배합되는 원료의 열화로부터 야기되는 경우, 각 성분들이 서로 반응하여 일어나는 경우, 용해성으로 인하여 발생하는 경우 등 발생 정도나 종류가 다르다. 또한, 용기 재질이나 구조, 온도, 습도, 열, 운송조건, 고객의 사용 상황 등에 의해서도 다양하게 변화한다. 그 어느 것도 이러한 열화와 기능성을 비롯한 사용성에 큰 영향을 미치며 상품 가치도 저하시킴으로써 고객의 신뢰를 등지는 것이 되는 동시에 이미지 손실로도 이어져서 극단적인 경우에는 기업의 존망에까지 관계된다. 따라서 기업으로서는 이들 제품의 특성을 정확히 파악하여 각각의 제품에 적합한 평가법을 적용함으로써 품질이 어떻게 변화할지를 사전에 예측하여 안전성 확보에 힘써야 한다. 한편 발매 전에 3~5년 동안 품질 안정성을 확인하는 것은 곤란하기 때문에 경시 안정성을 사전에 단기적으로 평가하기 위하여 가속조건(가혹)에서의 평가법 검토도 중요해진다.

2) 일반적인 안정성 평가 시험법에 대하여

아래에 범용되는 평가법에 대하여 열거하였다. 아래와 같은 시험법을 실시할 때에는 실제 시장과 동일한 용기 재질에서 보존하는 것이 중요하다. 또한, 다양한 조건하에서 고객이 사용할 경우를 상정한 안정성 확인이 필요하다. (1)~(8)에 그 일례를 기재하였는데 각각 시험을 수행한 후 아래 ①이나 ②와 같은 관찰이나 분석법을 이용하여 평가를 수행하고 안정성을 확인한다.

① 화학적 열화 및 물리적 열화 등에 대한 외적 관찰

② 분석법 : pH, 경도계, 점도계, 적외선분광(IR), 핵자기공명(NMR), 박층크로마그래피, 가스크로마토그래프, 액체크로마토그래프, X형회절, 형광X선, 주사형 전자현미경, 열분석, 수분량 측정, 원심분리기 등

(1) 온도 안정성 시험 [가속시험(온 · 습도 제어), 사이클 온도 시험을 포함]

화장품을 소정의 온도 조건에 정방치하여 시간에 따른 시료의 화학적 변화나 물리적 변화에 대하여 관찰, 측정한다.

(2) 광 안정성 시험

점두에 진열된 화장품에는 태양광이나 형광등과 같은 빛에 노출되는 경우가 많으

므로 차광된 상자 속에 화장품 용기가 들어 있는 경우를 제외하고 반드시 광 안정성을 보증하지 않으면 안 된다.

(3) 기능성 확인 시험

광 안정성 시험을 통하여 화장품이 지닌 기능이 변화하지 않는가의 여부 확인도 중요하다. 스킨케어 화장품에 있어서는 발림이나 세정력 등을, 의약외품에 있어서는 유효성을, 메이크업 화장품에 있어서는 커버력이나 지속성, 광택 등을 확인할 필요가 있다. 그리고 모발용 화장품에서는 모발 물성에 대한 영향을 확인할 필요가 있을 것이다.

(4) 용기로의 영향에 대하여

용기와 내용물의 상용성에 따라서는 용기 내면으로 배합 원료의 흡착이나 투과, 내면 재질의 표면 활성으로 인한 분해, 내용물로 인한 용기 변형 등이 발생하는 것이 알려져 있다. 특히 의약외품 약제의 경우 뒤에 설명할 '40℃(±1℃) 75%RH(±5%)의 보존 조건에서 6개월 가속시험을 하였을 때에 함량이 90% 이상을 보존' 하는 것이 곤란해지기 때문에 반드시 확인하여 둘 필요가 있다.

(5) 에어로졸 제품의 안정성 시험

에어로졸 제품은 처방계(원액)만으로 된 화장품과는 달리 원액과 분사제로 이루어진다. 확인할 항목으로서는 법규제상 제한되는 내압 변화나 인화성은 물론, ① 노즐 막힘, ② 거품의 질 변화, ③ 캔 부식 등의 트러블을 미연에 방지하기 위하여 에어로졸 용기의 버블 구조나 재질과 원액이나 분사제와의 관계도 충분히 시험할 필요가 있다. 다시 말해 에어로졸 제품의 안정성은 액화가스나 압축가스와 원액, 용기의 상용성이나 사용 시의 분사 상태의 변화 등 원액뿐 아니라 최종품에 대해서도 확인할 필요가 있다.

(6) 특수 · 가혹 보존 시험

앞부분에서도 설명하였는데 화장품은 제조 직후부터 고객이 제품을 다 사용할 때까지 변질하지 않고 본 상태가 유지되는 것이 품질의 최대 조건이다. 그러나 3~5년의 품질 안정성을 실제로 확인하는 것은 곤란하기 때문에 경시 안정성을 사전에 단시간에 평가하기 위한 가속 조건(가혹)에서의 평가법이 다양하게 창작되고 실시되게 되었다. 이 가속 시험은 온도나 진동과 같은 에너지 변화를 아주 짧은 시간으로 농축한 형태로서 시료에 부하를 가하여 화장품의 물리적 화학적 변화를 관측하는 것이다. 아래에 대표적인 시험법을 기재하였다.

① 원심분리법

② 진동법(트럭이나 선박 등 운송 과정 중의 진동으로 인한 영향을 예측하는 방법)

③ 사용 시험 (사용 시의 상황을 재현하여 품질 열화를 예측하는 방법)

④ 낙하법 (사용 시 잘못하여 떨어뜨렸을 때의 영향을 예측하는 방법)

⑤ 하중법 (립스틱, 펜슬, 스틱 타입 화장품의 부러짐 강도를 예측하는 방법)

⑥ 마찰법 (네일 에나멜류의 내구성을 예측하는 방법)

이상으로 각종 가속 시험에 대하여 기재하였는데 예측의 정밀도를 높이기 위하여 실제 사용 장면의 정보를 항상 확인하고 그 일치성을 높이는 것이 중요하다.

(7) 산패에 대한 안정성 시험

화장품이 장기간 공기나 고온에 노출되면 처방 속에 배합된 유지류, 계면활성제 등의 변화의 원인이 된다. 산패취의 발생, 자극 물질 생성, 변색, 증점, 점도 저하, 또는 향료의 변질 등이 발생하기도 한다. 그 때문에 색재를 배합한 메이크업 제품 등은 오븐법(60~65℃), 그 밖에는 용액에 온도를 가하면서 산소를 버블링하는 AOM을 이용한 가속 시험 외에도 ① 과산화물가, ② 카르보닐화, ③ 중량법, ④ 흡광도법 등을 통하여 산패도 평가를 수행한다.

(8) 미생물 오염에 대한 안정성 시험

화장품은 일반적으로 기름이나 수분을 주성분으로 하며 추가적으로 당이나 단백질 등도 배합되는 등 식품과 마찬가지로 미생물이 생육하기 쉬운 환경이다. 따라서 미생물 오염으로 인한 산패와 같은 이상한 냄새, 곰팡이 발생으로 인한 외견 변화 등 제품 품질로의 영향이나 병원균으로 인하여 사람에게 위해를 야기하는 경우가 있다. 이들 미생물 오염은 소비자가 사용하는 중에 2차 오염으로 인한 경우가 많으므로 Challenge test나 Inoculum test(CTFA)의 가이드라인에 기본적인 것이 기재되어 있음)를 통하여 방부력 효과를 평가하는 경우가 많다.

3. 의약외품 약제의 경우

안정성은 의약품으로 규정되는 가속 시험에 준거하여 설정되며 40℃(±1℃) 75% RH(±5%)의 보존 조건에서 6개월 가속 시험을 수행할 때 함량이 규격치의 90% 이상 유지되어야만 한다. 이 데이터는 온실에서 3년 이상 보존한 안정성 시험 데이터에 거의 필적하는 것으로 판단된다. 제제 중의 약제의 안정성을 보증하기 위해서는 ① 약제 그 자체의 안정성 정보 확인, ② 안정성 확보 가능한 기제 선택, ③ 광 열화로 인한 분해 등이 발생하는 경우에는 빛 등의 영향을 최소한으로 하는 용기 선정이 중요하다.

4. 마치며

마지막으로 기획, 개발, 생산에서의 품질 확인에 대해 정리한 것을 [표 9-1]로 나타내었다. 화장품의 안정성 보증에 있어서 '전혀 변화를 일으키지 않는 품질' 을 지향하는 것은 중요하다. 그러나 품질에는 ① 기능성, ② 시각, 촉각, 후각(기호성, 사용성), ③ 안전성 등 다양한 항목을 고려해야 하지만, 안정성만을 우선한 탓에 시간에 따른 변화는 일어나지 않지만 기능성이 전혀 없는 등 품질이 편중되어 고객의 니즈와 괴리되는 경우도 있다. 따라서 품질 안정성을 평가할 때에는 고객의 니즈를 가미하면서 종합적인 품질 안정성을 고려하여 연구개발 단계에서 충분한 평가를 실시할 필요가 있다.

[표 9-1] 제품 개발 단계와 품질 확인 사항

단계	요확인, 결정사 항	품질 확인 항목
기획	목표 품질	① 감촉
		② 냄새
		③ 색
		④ 용기 디자인
		⑤ 기능성(유용성)
		⑥ 사용성
		⑦ 안전성
		⑧ 안정성
연구 · 개발	안전성	① 사용 원료 각각의 안전성 데이터 취득
		② 열이나 빛에 의한 성분 분해물의 안전성 확인
	안정성	① 열이나 빛에 의한 성분 분해 가능성
		② 열이나 빛에 의한 '화학적 열화', '물리적 열화'의 가능성
		③ ②에 의한 기능성에 대한 영향
		④ 용기로의 사용 원료 흡착, 투과, 용기 변형
		⑤ 미생물 평가
생산	생산 준비 품질	① 개발품과 동등한 것을 스케일업 생산으로도 얻을 수 있는가
		② 생산 스케일에서의 품질 재현성을 얻을 수 있는가
		③ 미생물 오염에 대한 확인
	출하 시 품질	① 목표 품질의 확인
		② 출하 전 평가(약제 배합량 확인 등)
		③ 이물질 혼입 확인
		④ 표시나 첨부 자료가 갖추어 졌는지 확인 판매
판매	판매 시의 지도	① 사용법이나 보존 조건 확인
	고객 불만 대응	② 품질정보 수집이나 대응

| 참 고 문 헌 |

1) J. U. Zilles, *SÖFW J.*, **129**(10), 45～46, 47 (2003)
2) Humphreys C., *Inside Cosmet.*, **3**(1), 50, 51, 53 (1998)
3) Sobisch T., Lerche D., *Colloid Polym. Sci.*, **278**(4), 369～374 (2000)
4) Davis J. T., A quantitative kinetic theory of emulsion type, *Proc. Int. Congr. Surface Activity 2nd*, London, **1**, 426 (1957)

10 화장품의 사용성과 평가·시험법

1. 들어가며

화장품에게 본래 요구되는 기능은 의약품과 비교하여 온화하게 작용하여 피부 및 모발을 건강한 상태로 유지하는 것이다. 그러나 화장품과 의약품의 큰 차이점은 화장품의 사용성에 관한 부가가치이다. 여기서 말하는 사용성이란 화장품을 사용하였을 때 사람이 오감으로 느끼는 모든 인상을 가리킨다. 본래 의약품에는 약효와 같은 기능이 최우선으로 설계되는 것이지만, 화장품은 피부과학적, 생물학적 유용성은 물론 매일 화장품을 사용하는 행위 속에서 실감하는 기분 좋음이나 만족감 등 감성에 관한 부분이 큰 요소를 차지하기 때문에 사용성이야말로 화장품다움이라고 말할 수 있다. 예를 들어서 용기의 형상, 구조 등에 따른 편리한 사용감을 비롯하여 용기 디자인이나 화장품의 색, 향기에 대한 기호성, 나아가 사용 시의 느낌에서 사용 후의 만족감으로 대표되는 사용감 등 소비자는 이들을 모두 종합 판단하여 화장품의 사용성을 평가한다.

이와 같은 화장품의 사용성을 평가하기 위해서는 사전에 설정된 목표 품질이 제품에서 어떻게 구현될 것인지를 검증하기 위하여 제품을 실제로 사용하였을 때의 관능 평가법과 그것을 객관적으로 증명하는 물리화학적 측정법 등이 이용된다. 본 절에서는 그 평가법이나 시뮬레이션 기술을 응용한 관능 평가법에 대하여 간단히 소개하였다.

2. 관능 평가를 통한 사용성 평가

관능 평가란 인간의 오감을 측정 수단으로 하여 내용물의 품질 특성을 묘사, 식별, 비교 등을 수행하는 평가법이다. 화장품을 관능 평가할 때 인간은 단순히 촉감뿐 아니라 시각, 후각과 같은 감성을 최대한 발휘하여 사용성을 평가하며 그 복잡함 때문에 타당성이나 신뢰성이 문제가 된다. 관능 평가를 하는 방법에는 다면적인 품질 특성을 갖는 시료를 묘사하여 일반적인 위치를 매기는 프로파일법(절대평가법), 미리 스탠더드품을 결정하여 그 대상품과 시료의 차이를 수치화하는 일대비교법, 그리고 일대비교법에 있어서 차이가 미미한 경우에는 사람이 식별할 수 있을 정도의 유의차가 있는지를 확인하기 위하여 2점 식별법이나 3점 식별법 등이 있다. 또한, 다수의 시료들 간의 순위를 매기는 경우에는 시험 항목의 양쪽 중 어디에 가까운 것부터 자료의 순위를 매기고 클레이머 검정 등의 분석을 하는 순위 매김법이 있다.

이러한 관능 평가의 수법에서는 미리 시험 항목과 척도를 정한 관능 프로파일 시트를 작성하여 항목별로 시험하여 나가는 것이 일반적이다. 시험 항목은 일반적으로 부드러움~단단함과 같은 양극 용어(반의어의 조합) 항목과 광택이 없음~있음과 같은 단극 용어(없음~있음의 유무의 조합) 항목으로 크게 나뉜다. 또한, 척도는 일반적으로 5~9단계 정도의 스코어가 이용되는데 평가자의 숙련도나 시료의 사용성의 폭에 따라서 척도는 그때그때 설정되는 경우가 많다.

이때 흔히 화장품을 도포하기 전후의 사용 감촉이 중심이 되기 쉬우나 앞서 설명한 바와 같이 시각, 후각으로 인식되는 화장품의 색이나 향기, 용기 디자인에 관한 기호성 등에 대해서도 마찬가지 방법으로 관능 평가가 이용된다.

3. 관능 평가의 통계학적 분석

이 관능 평가를 실시한 후에는 반드시 그 결과를 집계하여 분석하는데 가장 단순한 것으로는 평가항목에서 얻은 패널 평가치의 평균치를 산출하여 시료간의 평가치를 상대평가하는 방법이 있다. 단지, 그 결과에 타당성이 있는지의 여부를 검증하기 위해서 통계학적 수법이 이용되는 것이다. 화장품 연구에서는 단순한 하나의 평가 항목 분석은 그 품목의 단편적인 정보일 뿐 아니라 사용 초기부터 사용 후까지에 이르는 복수의 평가 항목을 종합적으로 분석하여 해석하지 않는다면 하나의 화장품의 사용성으로 성립하지 않는다. 가령 크림 제품 하나의 관능 평가 항목을 보더라도 우선 크림을 손가락에 찍었을 때의 상태(윤기, 감촉, 단단함, 탄력성, 점도, 부착)에서 시작하여 사용 중의 감촉(발림 및 그 변화도, 기름짐) 그리고 사용 후의 감촉(끈적임, 겉돌음, 매끄러움)에 이르기까지 많은 항목을 들 수 있다. 나아가 여기에 향기나 색에 대한 기호성 등의 평가를 더한다면 관능 평가가 얼마나 많은 요소의 복합인지를 알 수 있다. 이러한 경우에는 각 평가 항목에 대한 결과를 주성분 분석하는 방법이나 다변량 분석의 방법이 이용된다.

예를 들어 스가누마 등은 수 품종의 메이크업 화장품의 사용성 평가와 주성분 분석을 실시하였는데 그 하나의 예로서 립스틱의 종합적 만족도에 가장 기여하는 사용성은 '바르는 느낌이 좋음' 으로서 관능 표현으로써는 '잘 발림', '촉촉함', '끈적이지 않음' 등이 중시되는 것을 밝혀내었다.

이렇듯 화장품의 관능 표현 및 그 평가 결과를 주성분 분석이나 다변량 분석함으로써 패널들이 그 화장품에 대해 어떠한 점을 기대하고 중시하고 있는가를 알 수 있으며 소비자의 니즈를 발굴하기 위한 하나의 방법도 될 수 있다.

4. 사용성의 객관적 평가법

이상과 같이 화장품의 사용성에 관한 관능 평가법에 대하여 설명하였는데 관능 평가법은 주관적인데다가 화장품의 사용성을 과학적으로 검증한다는 점에서는 많은 과제가 발생한다. 예를 들어 관능 평가를 할 때에는 각 개인의 심리 상황, 기호성이나 그 장소의 환경, 평가 방법 등 많은 변동 요인을 내포되어 있으며 평가 시의 환경, 평가 방법을 일정하게 제한하더라도 그 밖의 변동 요인에 따라 크게 좌우되게 된다. 따라서 연구에 있어서는 관능 평가만으로는 신뢰성이 부족하므로 그 타당성을 증명하기 위하여 관능 평가 결과를 통하여 객관적인 근거로 뒷받침할 수 있는 것이 많으며 기기를 이용한 객관적 평가법이 개발되었다[표 10-1].

[표 10-1] 관능 용어를 검증하는 대표적인 물리화학적 평가법

	관능 용어 예	물리화학적 평가법
물리적 관능 요소	• 촉촉함 ⇔ 보송보송함 • 부들부들함 • 뽀드득함 ⇔ 매끄러움 • 가볍게 발림 ⇔ 뻑뻑하게 발림 • 빠르게 스며듬 ⇔ 느리게 스며듬 • 부드러움 ⇔ 딱딱함(화장품)	• 마찰감 테스터 • 점탄성 측정(리오미터)
	• 탄력이 있음(피부) • 부드러워짐(피부)	• 유연성 측정(Cutometer)
	• 끈적임 ⇔ 끈적이지 않음	• 핸디 압축 시험법
광학적 관능 요소	• 투명감이 있음 ⇔ 매트함 • 윤기가 있음 ⇔ 윤기가 없음	• 변색분광측정계 (고니오스펙트럼포토메터) • 클로스메터
	• 화장 지속력이 좋음 ⇔ 화장이 지워짐 • 균일하게 도포할 수 있음 ⇔ 뭉침 번짐	• 색채측정 (분광측색계를 통한 명도 측정) • 확대비디오관찰 (비디오마이크로스코프)
	• 번들거림(빛남) ⇔ 번들거리지 않음	• 광택계

1) 물리화학적 평가법

객관적인 평가법으로는 크게 나누어 화장품을 피부나 모발에 도포할 때에 느끼는 '매끄러움', '촉촉함', '부드러움', '탄력'과 같은 촉감적 요소를 평가하는 방법이나 모발 표면의 '윤기'나 메이크업을 통한 '커버력', '투명감' 등의 시각적 요소를 평가하는 물리화학적 평가법을 들 수 있다. 전자에서는 피부나 모발 표면에 발생하는 마찰력을 표면마찰 측정기기(마찰감 테스터)를 통해 측정하는 방법이나 피부를 국소적으로 당겨서 흡인한 후에 다시 돌아오는 정도를 평가하는 등의 방법이 있다. 또한, 후자에 관해서는 색채색차계 등을 이용하여 직접 색감을 평가하는 방법이나 변각분광측정계(고니오포토스펙트라메터)나 광택계 등을 이용한 방법 등이 있다.

2) 생리심리적 평가법

한편, 사용성 중에서도 향이나 색 등에 대한 기호성에 있어서는 사람의 심리적 요

소를 객관화할 필요가 있다. 사람의 심리적 요소를 직접 객관화하는 것은 매우 힘든 일이나 최근에는 화장품의 사용 전후의 스트레스 지표인 면역항체 물질 변화나 긴장 이완의 지표인 뇌파 중의 α파의 변화 등을 조사함으로써 화장품 사용에 대한 기호성(기분 좋음)을 객관화할 수 있게 되었고, 이 분야는 향후 발전이 기대된다.

어느 것이라도 화장품의 사용성을 평가함에 있어서는 관능 평가에 의한 주관적 요소와 물리화학적 평가에 의한 객관적 요소의 양면으로부터 접근하는 것이 중요하며 또 사람의 감성 표현을 가시화하여 해명하는 데에도 필수적이다.

5. 시뮬레이션 영상을 이용한 관능 평가법

지금까지 설명한 관능 평가법이나 물리화학적 평가법에서는 실제의 평가 대상이 되는 사람에게 화장품을 도포하지 않으면 평가를 할 수 없기 때문에, 가령 메이크업 제품의 완성도나 헤어컬러로 염색을 하였을 때의 인상은 확인할 수 없는 경우가 많다. 실제로 같은 색의 메이크업 제품이나 헤어컬러를 사용하더라도 얼굴의 형태나 피부색, 혹은 머리 모양에 따라 인상이 다른 것은 명확한 일이다. 이러한 경우는 화질이 향상된 최근의 CG 기술을 응용한 시뮬레이션이 새로운 관능 평가 기술로서 활용되고 있다. 예를 들어서 히라야마는 이 평가법을 사용하여 각각 피부색과 립 컬러의 색채와의 연관성에 대한 연구를 수행하여 안면의 피부색에 어울리는 임의의 립컬러 색을 추정, 제안하는 방법 등을 보고하였으며 향후 소비자가 혼자 화장품을 화면상에서 가상으로 체험함으로써 자신의 기호성에 맞는 화장품을 선택할 수 있게 하는 시도도 활발하게 이루어지고 있다.

6. 마치며

이상으로 화장품의 사용성에 관한 평가법에 대하여 설명하였는데 사람이 화장품을 도포하였을 때의 감각을 똑같이 재현하는 것은 아직 과제가 있다. 관능 평가법은 주관적이지만 연구자뿐 아니라 일반 소비자가 일상 대화에서 표현하는 용어로 구성되어 있어서 화장품을 통해 연구자와 소비자를 연결하는 가장 가까운 도구인 것도 사실이다. 그 증거로서 전술한 메이크업 화장품의 사용성 평가를 1991년부터 잡지에 게재한 결과 독자 앙케이트에서는 항상 게재 내용의 상위의 랭크를 차지하였다고 하는 현상으로부터도 소비자의 화장품 지식 향상에 따른 보다 알기 쉬운 화장품 정보 제공이 기대되는 것도 사실이다. 또한, 화장품을 막론한 상품의 흐름은 양에서 질로, 그리고 다양화에서 감성으로의 시대로 변천하였으며 향후 보다 고차원의 감성 평가가 기대되는 시대로 돌입할 것이 예측된다. 이러한 관점으로부터도 여기서 소개한 관능평가 프로파일 등을 비롯하여 업계 전체적으로 한층 더 관능 평가법의 부가가치를 높이는 대응을 기대한다.

| 참 고 문 헌 |

1) 菅沼薫, *Fragrance Journal*, **20**(10), 73～81 (2000)
2) 平山賢哉 他, *JSCCJ*, **32**(2), 170～177 (1998)

11 화장품의 규격과 분석·시험법

1. 들어가며

화장품의 표시 성분 수는 통상적으로 10~30개 정도이고, 많은 성분을 혼합함으로써 섬세한 사용감, 기능을 지니는 화장품이 제조된다. 그리고 향료, 유지, 식물 추출물 등 자연에서 나온 성분은 물론, 활성제, 고분자 등 화학 합성 성분도 그들 자체가 다성분의 혼합물이다. 실제로 화장품을 자세하게 분석하면 성분 수는 표시 성분 수의 수 ~ 십 수 배가 된다.

이렇듯 수많은 성분으로 구성되는 화장품의 품질, 기능을 유지하기 위해서는 마치

[표 11-1] 규격 작성 수속에서의 성분 분류

<table>
<tr><th>일반 기재</th><th>계면활성제</th><th>천연 성분</th></tr>
<tr><td rowspan="3">탄화수소류
유지 · 왁스 · 에스테르류
지방산
1가알코올(스테롤 포함)류
다가알코올 · 당
에테르 · 케톤
유기산 / 동염
금속비누
아미노류
아미드류</td><td>음이온성 활성제(아미노산계 포함)
양이온성 활성제
양성이온 활성제
비이온성 활성제
레시틴 / 동유도체 · 기타 활성제</td><td>동물유래물(천연색소 포함)
식물유래물(조류, 천연색소 포함)
미생물유래물
단백질 · 아미노산 · 핵산
암석 · 광물유래물
무기화합물(금속 포함)
무기 · 유기표면처리물제</td></tr>
<tr><th>고분자 화합물</th><th>약제 등</th></tr>
<tr><td>합성 고분자 화합물(라미네이트 포함)
천연 고분자 화합물
반합성 고분자 화합물
실리콘
불소 화합물</td><td>비타민 / 동유도체
기타 유기 화합물
(단품 향료 포함)</td></tr>
</table>

다수의 복잡한 부품으로 이루어진 정밀기계처럼 최종 제품만이 아닌 개개의 성분(부품)이 일정한 물리 · 화학적 기준(규격)을 만족하는지 다양한 분석 · 시험법을 통하여 확인하는 것이 중요하다. 또한, 이 점이 본 장에서 이야기하여 온 안정성, 안전성, 사용성, 유효성 평가의 기반이 되기도 한다.

본 절에서는 주로 성분, 제품의 규격 및 관련 분석 · 시험법에 대한 생각에 대하여 현재의 상황을 소개하는 동시에 제품 분석을 개괄적으로 설명하고 고도기기 분석법의 응용 사례를 나타내었다.

2. 성분 및 제품 규격

공정 성분 규격의 항목은 안전성 담보가 주목적이기 때문에 실용적으로 제공되는 경우에는 사용성 등 제품 독자적인 기능의 보증에 필요한 항목을 추가하여 설정한다.

화장품 성분에 관련된 유일의 공정 규격은 의약외품 원료 규격(외원규, JSQI) 2006 및 동추보[1]이며 화장품 허인가 제도가 폐지된 2001년 이전의 구 공정규격인 화장품 원료기준, 화장품 종별 배합 성분 규격에 기재된 성분과 의약외품 유효 성분을 합하여 총계 약 2,600 성분이 망라되어 있으며, 2009년 6월 추가 · 개정을 기하여 정기적인 검토가 이루어지고 있다. 또한, 타르색소는 2003년 성령 개정에 기초하여 규격이 정리되었다. 한편, 허인가 제도 간소화의 일환으로서 안전성이 담보된 복수의 동족 성분을 단일 성분으로서 취급(포괄화)하게 됨으로써 보다 엄밀한 관리를 위한 실용 성분 규격으로 적용할 때에는 다시금 분류, 세분화할 필요가 있다. 또한, 공정규격작성의 개념, 구체 사례를 [표 11-1]의 29성분 분류로 정리한 안내서[4]도 중요한 참고가 된다. 그리고 외원규의 기반이자 의약부 규제의 원점이기도 한 일본약국방, 그리고 2011년 제16개정을 위한 원안 작성 세측안도 잊어서는 안 된다.

[표 11-2]에 규격 항목의 분류를 분석 · 시험법례가 되는 외원규 통칙, 일반 시험법의 번호, 약칭을 함께 나타내었다. 성분의 화학구조, 조성, 유래의 동정(Identification)을 주목적으로 하며 화장품에서 중요한 요소인 점도 등에 대한 기능 관련 특성(시성치)의 확인을 하는 확인 시험과 반응 부산물, 유연 물질, 혼입 물질과

같은 혼재 물질의 한도를 규정하는 순도 시험, 그리고 함량을 구하는 정량 시험의 3가지로 분류된다.

확인 시험에서는 화학구조뿐 아니라 유지, 활성제 등 그 자체가 혼입물이며 많이 쓰이는 기제 성분 중의 친유기, 친수기의 분포 · 조성의 확인, 기능 관련성 확인이 포함되며 가장 중요한 시험으로서 위치하고 있다.

공정규격의 순도 시험은 중금속, 비소 등의 혼입 가능성이 있는 유해물, 고분자 화합물 속의 잔류모노머 등 안전성 관련 항목이 주체로서 양에 대한 규정도 안전성에 대한 우려에 대응하여 ppm 레벨에 이르는 경우도 많다. 실용 성분 규격에서는 제품의 제조, 특성에 영향을 미치는 혼재물, 예를 들어서 양이온성 활성제 속의 식염량, 무기분말로부터 화장품의 대표적 용매인 물로 용출되는 성분의 총량 등의 항목을 추가할 필요가 있다. 마찬가지로 극히 미량의 분해물 등을 반영하는 성상 중의 색, 냄새도 중요한 항목이 된다.

정량 시험은 약제, 방부제 등의 특정 기능이 있는 화학적 순물질에 기본적으로 설정된다. 정량 대상 물질이 다수에 이르며 혹은 특정하기 곤란한 식물 추출물, 가수분해 단백질 등은 특정 물질 정량 대신 구성 아미노산량의 총지표가 되는 질소의 정량, 효소 등에서는 기능 지표가 되는 역가측정을 하는 경우도 있다. 물과 같이 타 기제 성분의 용액으로 쓰이는 성분에 대해서는 용매를 증발시킨 잔류물량, 혹은 간접적인 용매정량을 통하여 유효분을 총체적으로 구하는 경우도 많다.

안전성 이외의 항목 선택, 규격치의 결정은 실제 제조 스케일의 성분 3배지 정도를 사용하여 변동과 그 제품 특성으로의 영향을 시작 등의 방법으로 확인한 다음 실시한다. 공정규격에 유사성분을 비롯하여 기록이 없는 신규 성분은 신규 의약외품성분, 포지티브리스트 성분 승인신청에 관한 '물리적 화학적 성질 및 규격 및 시험 방법에 관한 자료' 작성 요령[7], 의약품 ICH 가이드라인의 불순물역치 0.1%[8]를 참고로 조성물을 전체적으로 분석한 다음 규격을 작성한다.

제품규격의 대표적인 예는 의약외품 중 유효 성분의 확인, 정량 시험이 있다. 규격치는 일반적인 배합량의 90~110%의 범위로 설정하지만 안정성이 낮은 비타민 등에는 하한 80%까지가 인정되는 경우도 있다. 생리처리용품, 염모제, 퍼머넌트 웨이브용제, 약용 치약류에는 승인기준으로서 규격 · 시험 방법[7]이 일부 정해져 있다. 성상의 색, 냄새, 형상은 유효기한 표시에 관련되는 항목이기도 하며 또 화장품 기준 네거

[표 11-2] 성분규격 항목과 분석 · 시험법 예

분류	규격 항목	분석 · 시험법
확인시험	특정 화학 구조	41. 자외선흡수스펙트럼, 64. 분말X선회절, 71. 양이온성 계면활성제
	특정 화합물군	7. 액화가스, 25. 고급알코올, 26. 고급알코올지방산에스테르, 27. 향료, 32. 지방산, 36. 실리콘, 39. 수용성콜라겐, 40. 스테로이드, 42. 다가알코올, 43. 다가알코올지방산에스테르, 48. 당, 49. 당에스테르 · 솔비탄지방산에스테르, 65. 폴리옥시알킬렌글리콜킬에스테르
	표준물질(유지시간, 유지거리)와의 일치	8. 액체크로마토그래프, 13. 가스크로마토그래프, 54. 박층크로마토그래프, 76. 납지크로마토그래프
	구성원소, 이온	11. 염색반응, 45. 정성반응
	물리 · 화학상수	18. 응고점, 21. 굴절률, 22. 안개점, 51. 연화점, 53. 점도, 56. 비중 · 밀도, 57. 비시광도, 62. 끓는점 · 증류, 66. 겉보기 비용, 70. 녹는점
	평균 조성	3. 아미노가, 9. 에스테르가, 23. 비누화가, 28. 산가, 37. 수산기가, 72. 요소가
	형상	통칙 27. 성상, 17. 경검
	유래	통칙 14. 15. 본질 · 기원
순도실험	중금속 등 혼입물	24. 원자흡광광도, 33. 중금속, 46. 철, 50. 아연, 58. 비소
	특정 반응 부산물, 유연물질, 혼재물	5. 암모늄, 8. 액체크로마토그래프, 10. 염화물, 13. 가스크로마토그래프, 15. 흡광도, 28. 산가(유리지방산), 54. 박층크로마토그래프, 72. 요소가(불포화화합물), 74. 황산염
	수분 등 휘발성 성분	14. 건조감량, 19. 강열감량, 38. 수분정량
	잔존모노머등	1. 아크릴잔존모노머, 2. 아크릴로니트릴, 68. 메탄올
	물, 산가 · 불용성혼재물	통칙 30.1. 용상, 29. 산가용물, 31. 산불용물, 67. 수가용물
	회분, 불휘발성혼재물	12. 회분 · 산불용성회분, 34. 증발잔류물
	액성	55. pH
	미량불순물, 기타	통칙 27. 성상(색, 냄새), 60. 불비누화물, 75. 황산정색물
정량시험	특정화합물, 관능기, 원소	4. 알코올 수, 8. 액체크로마토그래프, 13. 가스크로마토그래프, 15. 흡광도, 16. 흡광도비, 30. 산소플라스코연소, 44. 질소정량, 47. 전기적정, 52. 이산화티타늄정량, 59. 비타민 A정량, 61. 불소, 69. 메톡실기정량
	특정화합물군	6. 음이온성 계면활성제, 7. 액화가스, 63. 프로테아제력가, 73. 리파아제력가
	총체함량	35. 발열잔분

티브 리스트(배합 금지, 제한) 성분 및 포지티브 리스트(EU 화장품 지령 향료 알레르겐 표시 성분, 국제향료협회 IFRA 규제 성분 등), 경시적으로 분해, 생성될 가능성이 있는 안전성 우려 성분(포름알데히드, 니트로아민 등)도 필요에 따라 제품규격에 포함을 요한다.

3. 규격 분석 · 시험법

규격 항목의 분석 · 시험법은 고전적인 물리 · 화학시험에서 최신 기기분석까지 광범위한데 보유 설비, 시험 빈도, 필요 감도 · 정밀도 등을 고려하여 효율적으로 선택한다. [표 11-2]의 외원규 일반 시험법에는 화학시험과 기기분석법을 선택 가능하도록 병기되어 있는 것도 있다.

유기화합물의 구조 확인에서는 관능기특이적인 자외선 흡수 스펙트럼법(IR)이 필수 범용기기의 하나이며 참조 · 참고 스펙트럼[1)]도 제공되고 있다. 무기분말과 같은 결정 구조에 기초하여 확인하는 데 유용한 분말 X선회절분석법(XRD)의 범용성은 반드시 높다고는 할 수 없으며 구성 금속원소의 정성반응을 통해서 확인하는 경우가 많다. 유지, 활성제와 같은 다성분 혼합물의 분포 · 조성 확인에는 동족 화합물의 분리가 우수하고 정량에도 극히 유효한 가스(GC), 액체(HPLC) 크로마토그래프가 각각 수소염이온화검출기(FID), 자외선부검출기(UV)와 함께 범용되며, IR과 마찬가지로 필수기기로 들 수 있다. 비누화가, 수산화가 등의 시성치는 분포 · 조성의 평균 이미지를 나타내는 분석 · 시험법으로서 유용하다.

제품에 들어 있는 약제와 같은 기능성 성분, 유해 성분의 정량에는 분리와 고감도 검출이 우수하고 복잡한 시료 전처리가 불필요한 GC, HPLC가 범용되는데 위생감시 관점으로부터 시험법 종합[9)]이 이루어지고 있으며 국제표준화기구 ISO에서도 가이드라인 15819 'HLPC-질량 스펙트럼법(MS)-MS에 따른 화장품 중 니트로소제탄올아민정량' 의 2008년 발행에 기하여 다음 해 10310 '동대체 포스카럼 HPLC법', 그리고 '크로마토그래프법 베리데이션 기준' 검토로 이어지고 있으며 향후 주목을 요한다. 아연과 같은 미량 유해 중금속 정량에는 고온 불꽃 속에서의 원자화와 그 특정 파장 광흡수를 이용한 원자흡광 스펙트럼법(AAS)도 범용된다.

4. 제품 분석 및 고도기기 분석법

앞 장의 제품규격 관련 분석 · 시험 이외의 제품 분석의 주목적은 라이벌 제품의 기술 분석이었는데 2001년 화장품 전성분 표시, 2006년 의약외품 자율적 규제를 통하여 그 필요성이 축소되었다. 한편, 복잡한 조성을 갖는 제품의 전체 분석을 위하여 개발된 기술은 고전적 분리법과 고도기기 분석법이 융화된 것으로서 광범위한 응용이 가능하므로 그 한 예를 소개하도록 하겠다.

고전적 분리법에는 증발, 용매 추출, 흡착 · 분배 · 이온교환칼럼 크로마토그래프법이 범용되며 이러한 방법들을 통하여 같은 물리 · 화학적 성질을 갖는 성분군(휘발성, 무기분말, 고분자, 음이온성, 양이온성, 저 · 중 · 고극성 물질 등)으로 크게 나눈 후 성분 규격의 분석 · 시험법을 기반으로 한 IR, GC, HPLC 등 범용기기로 분석한다. 각종 탄소 결합상태(화학변환)를 고분해능으로 나타내는 13C-핵자기공명스펙트럼법(NMR)은 데이터베이스의 검색과 반정량정보의 조합을 통하여 복수 성분의 비분리 동정이 가능하다. 분자량 이온을 고효율적으로 발생시키는 소프트이온화법과 더불어 다중 하전이온화, 비행시간형 측정을 통하여 십만 단위의 고분자량까지 측정이 가능해진 MS도 분포를 갖는 고분자 동족 화합물 동정에 유용하다. 고도 분리가 가능한 GC, HPLC를 각각 승온, 구배용출(그라디언트) 조건하에서 IR, MA, UV · 가시광선스펙트럼 측정이 가능한 다이오드 어레이형 검출기, 원소 조성 분석이 가능한 원자발광검출기(AED), 특정원소의 고감도 선택적 분석이 가능한 고주파유도플라즈마발광스펙트럼법(ICP-AES) 등과 연결하는 일종의 주사적 분석도 실시된다. 상호 분리가 곤란한 무기분말 화합물의 조성 분석에는 XRD에 더하여 X선 조사로 발생하는 원소특이적 형광 X선스펙트럼(XRF)을 측정하는 방법도 이용된다.

5. 마치며

혼합물의 혼합물이라고 하는 화장품의 복잡한 처방으로 만들어지는 섬세한 기능을 염두에 두어 본절의 기본이 되는 성분, 제품의 규격, 분석 · 시험법의 체계와 범용기기 분석법에 대하여 개략적으로 설명하였다. 또한, 제품 분석을 개략적으로 설명하면서 고도기기 분석법도 언급하였는데 전성분 표시를 통하여 필요성이 축소되는 한편 신규성분의 개발, 특히 자연 지향에서의 식물 추출물 등의 개발에 관련된 천연자원 분석, 혹은 화장품이 적용되는 피부, 모발과 같은 생체 기구분석으로 유효성분 탐색에는 고도의 분석 기술과 그들의 복잡한 조합의 필요성이 높아지고 있다. 이들을 상세하게 나타내는 완성된 문서, 총설을 화장품 분석[10) 11)], 생체 관련 분석[12)]에 표시하여 이어지게 하였다.

| 참 고 문 헌 |

1）"医薬部外品原料規格2006" および同追補, 薬事日報社 (2006, 2009)
2）厚生労働省医薬食品局長通知, "「医薬部外品原料規格2006」の一部改正について", 薬食発第0630011号, 6月30日 (2009)
3）日本化粧品工業連合会編, "法定色素ハンドブック　改訂版", 薬事日報社 (2004)
4）日本化粧品工業連合会編, "日本化粧品原料集2007", 薬事日報社 (2007)
5）日本公定書協会編, "第15改正日本薬局方", じほう (2006)
6）*JP Forum*, **15**(4), p.496～535 (2006)
7）"化粧品・医薬部外品製造販売ガイドブック2008", 薬事日報社 (2008)
8）厚生労働省医薬局審査課長通知, "新有効成分含有医薬品のうち原薬の不純物に関するガイドラインの改定について", 医薬審発第1216001号, 12月16日 (2002)
9）日本薬学会編, "衛生試験法・注解2005", 金原出版, p.657～696 (2005)
10）梅澤喜夫 他, "最新の分離・精製・検出法", エヌ・ティー・エス, p.752～782 (1997)
11）木嶋敬二 編, "最新香粧品分析法", フレグランスジャーナル社 (1995)
12）高松 翼, *Fragrance Journal*, 臨時増刊No.15, 196～208 (1996)

제4장

화장품 및 화장품 원료 가이드

화장품 가이드

01 화장품 가이드 서론

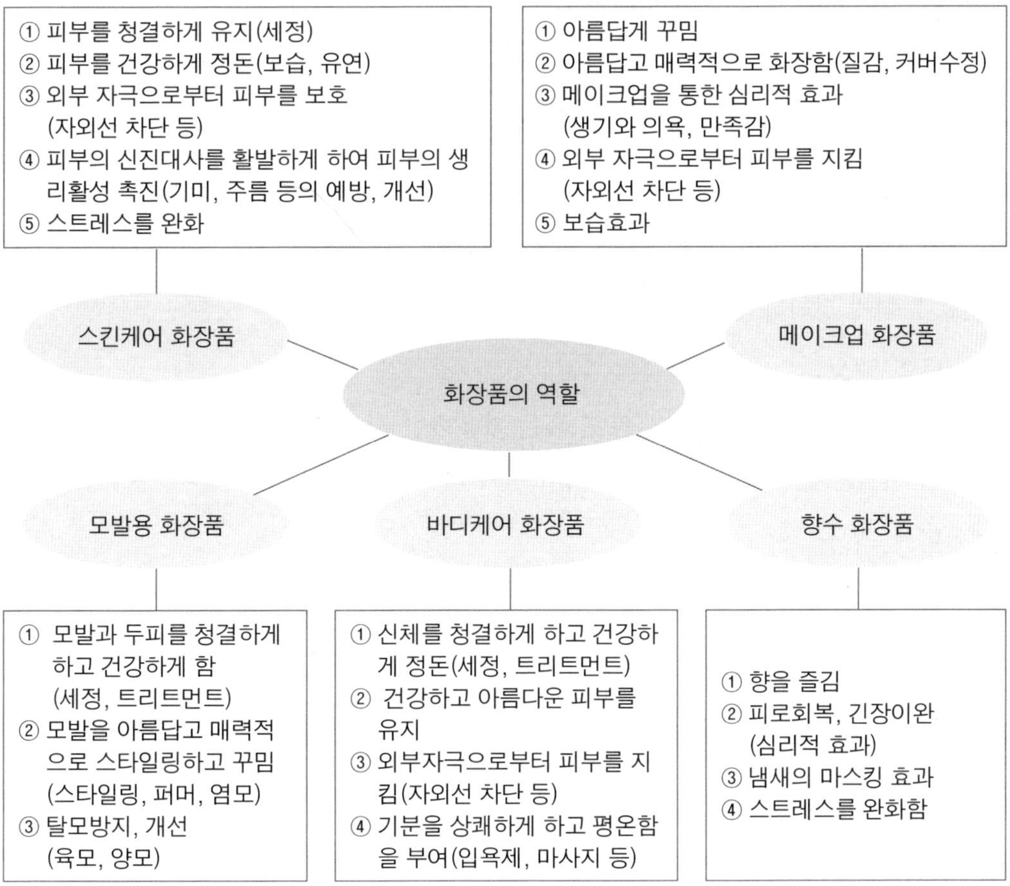

[그림 1-1] 각 화장품의 역할

일상생활 속에서 많은 사람들이 사용하고 있는 화장품은 부위, 목적, 기능 등에 따라서 다음의 5가지 타입으로 분류된다.

① 스킨케어 화장품

② 메이크업 화장품

③ 모발용 화장품(헤어케어 화장품 포함)

④ 바디케어 화장품 · 입욕제

⑤ 향수 화장품

이들 5분류의 화장품이 어떠한 기능, 역할을 하는지 한 눈으로 전체상을 알 수 있도록 [그림 1-1]에 나타내었다. 약사법 상으로는 의약외품인 제품도 있으나 여기서는 그것들도 포함하여 화장품을 논하도록 하겠다.

각각의 상세한 내용은 각 화장품의 항에서 설명하였으며 여기서는 타입, 종류별로 주요 제형, 기능, 성분 및 특징을 기초로 간략하게 정리하였다.

1 화장품의 제형과 제품군

특히 제품의 모체가 되는 제형에 대하여 화장품 전체를 통틀어 그 타입과 각 제품을 [표 1-1]에 정리하였다.

① 투명 액상

각종 원료를 물 등의 용매에 용해 혹은 가용화한 것으로서 안정성 면에서 보존 중에 침전이나 혼탁, 퇴색이 발생하지 않도록 주의를 기울일 필요가 있다.

② 분산 액상

대표적인 제품은 네일 에나멜로 용매에 색재가 균일하게 분산(흩어져 퍼짐)되어 있는 것이다. 색재의 비중이 커서 보존 중에 이들이 가라앉아 분리되면 외관이 나쁘므로 안정성 면에서 이러한 일이 발생하지 않도록 주의를 기울일 필요가 있다.

③ 로션

로션이 대표적인 제품이다. 최근에는 유화기술의 진보를 통하여 안정성 등이 뛰어난 제품이 시장에 나와 있는데, 안정성 면에서는 보존 중에 분리가 발생하지 않도록 주의를 기울일 필요가 있다.

④ 크림

화장품 중 대표적인 제형으로서 많은 제품에서 이용되고 있다. 크림 역시 로션과 마찬가지로 유화기술이나 실리콘계의 새로운 계면활성제의 이용을 통하여 안정성,

[표 1-1] 화장품의 제형과 그 제품군

제형의 타입	제품
① 투명 액상	스킨, 투명 에센스, 퍼머제, 세트로션, 샴푸, 바스오일, 클렌징 오일, 향수, 육모제 등
② 분산 액상	네일 에나멜, 물분 등
③ 로션	로션, 린스, 리퀴드파운데이션, 아이라이너 등
④ 크림	크림, 마스카라, 아이섀도, 헤어왁스, 크림파운데이션 등
⑤ 겔	팩, 립글로스, 클렌징젤 등
⑥ 반고형	연백분, 고체향수 등
⑦ 고형	고형분, 각종 파운데이션, 립스틱, 아이섀도, 아이브로우, 비누 등
⑧ 거품	클렌징폼, 무스 등
⑨ 분말, 과립	가루분, 팩, 베이비파우더, 클렌징파우더, 입욕제 등
⑩ 에어로졸	헤어스프레이, 데오드란트 파우더 스프레이 등
⑪ 기타 시트, 다층, 롤온 타입 등	제모테이프, 팩, 카마인로션 등

사용성 등이 양호한 제품이 만들어지고 있다.

⑤ 겔

사용이 편한 타입의 제품으로서 수계와 유계의 것이 있다. 색재, 펄제를 분산시켜서 예쁘게 만든 제품도 있으며, 수계의 것은 깔끔하므로 여름철에 사용하기 알맞다.

⑥ 반고형

액상과 고형의 중간의 제품으로서 유화하지 않은 제품을 의미한다. 여름철과 겨울철을 통틀어 사용성이 가능한 변치 않아야 하며 안정성에도 주의가 기울여지고 있다.

⑦ 고형

화장품, 특히 메이크업 화장품의 대표적인 제형으로서 많은 제품이 이 타입에 속한다. 그 중 파운데이션과 립스틱에 대하여 설명하자면 전자는 색재, 분체가 주가 되는 제품으로서 여기에 유분, 계면활성제 등이 추가된다. 색재, 분체의 표면을 처리하거나 복합화하여 광학적으로 빛의 투과나 확산반사를 컨트롤함으로써 주름, 모공과 같은 요철을 감추거나 흐리게 하는 것도 가능해졌으며, 또 간섭 색의 펄제 등을 이용함으로써 피부를 밝고 투명하고 아름답게 완성할 수 있게 되어서 색채적, 질감적으로 원하는 메이크업을 가능하게 한다.

색재, 분체, 유분, 계면활성제의 종류, 배합량, 첨가 방법 등을 변화시킴으로써 목적에 알맞은 사용감의 제품을 만드는 것 역시 가능하다.

후자인 립스틱도 대표적인 메이크업 제품인데 입술에 깔끔하게 발리고 오랜 시간 그 상태를 보존할 수 있어야 하며, 또한 입술에는 물기를 머금은 것 같은 윤기가 요구되므로 윤기를 내는 원료도 개발되고 있다.

⑧ 거품

베이스에 공기를 넣으면 거품(무스)상의 제품이 되며 사용감도 소프트해서 잘 발리는 제품을 만들 수 있다. 두발 등에 사용된다.

⑨ 분말

⑦에서 기술한 바와 같이 색재, 분체의 표면처리 기술의 진보를 통하여 분말상 제품에 있어서도 사용감이 뛰어난 타입이 생겨났다. 또한, 분체에 스킨케어 요소를 넣음으로써 보습효과가 있는 분체가 만들어져서 고형상, 분말상 제품에 응용되고 있다.

⑩ 에어로졸

제품을 균일하고 넓게 도포하기 위해서는 에어로졸식이 좋으며 헤어 제품, 데오드란트 제품에 널리 사용되고 있다.

⑪ 기타

시트 타입의 미백제나 팩, 클렌징 제품 등이 있으며 휴대가 편리하고 사용이 간단하여 근년 그 사용이 광범위해지고 있다.

02 스킨케어 화장품 (기초 화장품)

1. 스킨케어 화장품의 역할

피부는 인체의 바깥에서 생체를 감싸고 있는 가장 큰 장기이다. 피부는 외부 세계의 건조, 자외선, 산화와 같은 외부환경과 화학물질, 세균과 같은 외부 요인으로부터 생체를 지키며 방어를 위한 방벽으로서의 역할과 내부 환경의 항상성을 유지시키는 일을 하고 있다.

이 생체 항상성 유지는 호메오스타시스라고도 하며, 생체를 언제나 정상 상태로 유지하고자 하는 힘으로서 체내에는 다양한 항상성 기능이 작용하고 있다.

피부 각질층의 수분도 천연 보습 인자와 지질, 피지를 통해 보호되고 있으며 이들 3자의 균형을 통해서 촉촉한 피부가 만들어지는데 이 역시 항상성의 일종이다.

피부는 몸의 표면에 있기 때문에 외부 환경의 영향을 가장 잘 받기 쉬운 곳이며 또 정신신경계나 내분비계 등과도 밀접한 관련을 지니고 있어서 수면부족이나 스트레스 등으로 인해서 피부의 상태가 나빠진다는 것도 밝혀졌는데, 항상성에 문제가 발생하여 정상적인 상태가 되지 못하게 된 결과 피부가 거칠어지거나 피부가 약진다고 알려져 있다.

이와 같은 피부 문제를 개선하여 항상성을 유지하고 에이징에 따른 피부 고민을 방지하는 예방적인 역할을 하는 것이 스킨케어 화장품이다.

구체적인 스킨케어 화장품의 기능, 역할에는 다음과 같은 것들이 있다.

① 피부의 더러움을 제거하여 청결을 유지(세정)

② 피부를 건강하게 정돈하여 거칠어짐이나 건조를 방지(보습, 유연)

③ 외부 자극으로부터 피부를 보호(자외선 차단 등)

④ 피부의 신진대사를 활발하게 하여 피부의 생리활성을 촉진(기미, 주름 등의 예방, 개선)

⑤ 스트레스 완화

이어서 스킨케어 화장품을 제제별로 분류하면 **스킨, 크림, 로션, 겔, 에센스, 팩** 등으로 이루어지며, 기능에 따른 분류로는 **세안용 화장품[세안제, 클렌징(메이크업 리무버)], 보습, 거칠어짐 방지용 화장품, 자외선 차단 화장품, 미백 화장품, 주름 개선 화장품, 여드름 방지 화장품 등]**이 있다.

스킨케어 화장품 사용 순서는 **(클렌징, 메이크업 리무버) → (세안제) → (스킨) → 로션, 크림** 순으로 이용되며, 가장 먼저 피부(얼굴) 위의 더러움을 세정하여 청결하게 하기 위하여 클렌징(메이크업 리무버)이나 세안제를 사용하고, 이어서 보습을 위하여 스킨을 바른 후 잠시 두었다가 로션 또는 크림을 발라 피부 위에 유성의 막을 만들어서 피부의 수분을 보존하고 피부를 유연하게 하는 것이 기본적인 스킨케어이다. 피부 상태에 따라서 각각의 제품이 구분되어 있는 경우가 많으며, 계절이나 생활환경, 피부 타입, 연령 등을 고려하여 기본적인 패턴에 더해서 에센스, 팩 등의 화장품이 퍼스널 케어로서 추가 사용된다.

최근에는 생체계측 기술도 진보되면서 표피 속, 특히 각질층의 세포간지질, 접착장치, 박리메커니즘, CE 등에 관한 연구가 이루어져 각질층의 방벽기능의 유지 · 향상을 목적으로 한 스킨케어 제제가 개발됨으로써 피부의 거칠어짐이나 피부노화 등의 개선에 도움이 되고 있다[1)~5)].

또한, 최근 스킨케어 화장품을 만드는 기술의 눈부신 진보를 통해 새로운 원료나 유화법(D상 유화법, 액정 유화법, 마이크로에멀션법, 겔네트워크 유화 등)이 개발됨으로써 새로운 타입의 스킨케어 화장품이 태어나고 있다.

2. 스킨케어 화장품의 종류

1) 세안용 화장품(세안제)

세안용 화장품은 주로 얼굴의 피부표면에 부착되어 있는 피지나 그 산화물, 각질층의 파편, 땀에 의한 더러움과 같은 피부 생리 대사물이나 공기 중의 먼지, 미생물, 피부에 남은 화장품 잔여물 등의 제거를 목적으로 하는 것이다.

화장을 하지 않은 피부라도 일광(자외선)에 의하여 피지(특히 스쿠알렌)가 산화되어 과산화지질이 발생하고, 이것을 방치하게 되면 피부에 이상을 초래하는 것으로 알려져 있으므로 반드시 그날 중에 세안하여야 한다. 세안은 피부를 아름답게 유지하기 위해서도 중요하다.

최근에는 워터프루프 타입의 파운데이션이나 마스카라 등을 쉽게 지우고자 하는 요구에 의해 메이크업 세안용의 화장품이 개발되었으며, 세정력의 차이에 따라서 세안제는 계면활성형 세안제와 용제형 세안제(메이크업 클렌징)의 2타입으로 분류된다.

세안용 화장품의 세정력(더러움을 씻어내는 힘)도 제품에 따라 다르므로 피부 상태나 사용 목적을 고려하여 자신의 피부에 맞는 제품을 선택하는 것이 중요하다.

(1) 계면활성제형 세안제

계면활성제형 세안제는 계면활성제를 비교적 많이 배합한 것으로 사용 시에 물을 가해 거품을 내서 사용하는 타입이며 이들 제품에 대해 설명하도록 하겠다.

① 세안용 비누(화장비누)

비누는 유지를 검화(비누화)하여 만들어지는 지방산나트륨 등으로 만들어지며 오래전부터 세안에 이용되어 왔다. 비눗물은 염기성이기 때문에 세안 후 피부가 뻣뻣해지거나 피부가 알칼리에 약하여 사용을 피하는 사람들도 있으나, 씻어낸 후의 산뜻한 감촉으로 사랑받고 있다.

② 세안용 크림, 세안용 폼

세안용 크림은 지방산 비누나 그 밖의 계면활성제(트리에탄올아민형 계면활성제, 아실글루탐산나트륨, 비이온성 POE 글리세롤지방산에스테르, 양이온성 세정제 등)

를 목적에 알맞게 선택한 후 유연제(유분), 보습제, 정제수 등을 배합한 것으로써, 사용 시에 물을 가하여 손바닥에서 거품을 내거나 세안용 폼을 그대로 사용한다. 사용 후에 비누 사용 시와 같은 당김이 없으며 산뜻하게 씻긴다. 타입으로서는 거품 타입과 크림 타입이 대표적이나 로션, 스킨 타입도 있다. 또한, 스크럽제를 배합하여 세정력을 높인 제품도 있다.

(2) 용제형 세안제(메이크업 클렌징)

세안용 크림으로는 워터프루프 타입의 파운데이션, 유성의 마스카라 등은 잘 지워지지 않는다. 그래서 용제형의 세안제를 사용하여 피부상의 제품이나 더러움을 세안제 속의 유성 성분에 용해 혹은 분산시켜 닦아내거나 씻어냄으로써 제거하는 것이다. 필요에 따라서는 이중 세안이라고 하여 세안용 폼으로 한 번 더 세안하는 경우도 있다. 아래에 이들 제품에 대하여 나타내었다.

1 클렌징크림

이 타입에는 비유화 타입과 유화 타입이 있다.

전자는 유성 성분(주로 유동파라핀, 바셀린, 고형파라핀)으로 구성되며 유성의 메이크업이나 무대용 메이크업(도란)을 지우는 데에 적합하다. 이러한 제품은 리퀴파이닝크림이라고도 불린다.

후자의 유화 타입의 것으로는 수중유형(O/W형)과 유중수형(W/O형)이 있는데, 사용감이 촉촉하고 물로 씻을 수 있는 수중유형이 주로 사용된다.

2 클렌징젤

비이온성 계면활성제와 다가알코올을 이용한 액정기제에 다량의 유분을 첨가한 것으로서 유성의 더러움을 재빠르게 용해시킬 뿐 아니라 물로 씻어내는 것만으로도 메이크업 화장품을 피부에서 쉽게 제거할 수 있다. 클렌징젤은 메이크업 리무버의 주류를 이루고 있다.

3 클렌징오일

클렌징오일은 미네랄오일과 같은 유성기제에 그것을 유화시켜 씻어내기 위하여 안전성 및 유화력이 높은 비이온성 계면활성제가 배합된다.

현재 겔 타입을 대체하는 오일 타입이 증가하고 있다. 그 이유로 마스카라의 사용률의 증가를 들 수 있으며 이 때문에 세정력이 충분한 오일 타입이 선택되고 있다.

이 타입은 사용 시 물을 혼입하여 유화시키는데 세정력 저하로 인하여 젖은 손으로는 사용이 불가능하지만 기름 속으로 물을 다량으로 가용화함으로써 물이 혼입되어도 세정력이 저하되지 않는 클렌징오일이 개발되고 있다.

이 때문에 비이온성 계면활성제로는 높은 수가용화능 발현을 위하여 HLB 밸런스 조정과 OH기와 같은 소유성(疎油性)이 높은 수산기를 갖는 활성제의 조합(라우린산 PEG-12, 2쌍 올레인산모노글리세라이드 [1])가 사용된다[8].

4 클렌징밀크, 클렌징워터

로션, 스킨 타입의 클렌징에는 수중유형이 많다. 크림에 비하여 세정력이 약간 떨어지지만 피부에 순하다. 스킨 타입에는 마이크로에멀션을 이용한 것도 있다.

2) 스킨(화장수)

피부를 청결하게 하고 수분과 보습 성분을 보급하여 피부를 건강하게 유지시키는 스킨케어 화장품이다. 대부분 투명한 수용액이며 가용화법으로 만들어진다. 그 밖에도 마이크로에멀션법으로 만들어지는 반투명한 것이나 분말이 들어 있는 스킨도 있다. 화장수의 타입에 대해서 정리하자면 아래와 같다.

1 유연화장수(소프트닝 로션)

각질층에 수분, 보습 성분을 공급하여 피부를 유연하고 윤기가 있으며 부드럽고 촉촉하게 만들어주는 스킨이다.

과거에는 유연성을 부여하기 위하여 약알칼리성으로 만들었으나 최근에는 피부의 pH에 가까운 약산성 타입의 스킨이 많으며 보습제로 글리세린, 트레할로스, 아미노산계의 성분이 사용되고 있다. 처방으로서 가용화계가 주를 이루나 마이크로에멀션법을 이용하여 소량의 유분을 고압으로 유화함으로써 피부를 더욱 촉촉하게 하는 타입의 반투명 스킨도 탄생하였다.

2 수렴 화장수(아스트린젠트 로션, 토닝 로션)

각질층에 수분, 보습 성분을 공급할 뿐 아니라 피부에 긴장감을 주어 과도한 피지나 발한을 억제하고 피부를 정상적으로 유지하기 위한 스킨으로서 사용 감촉도 산뜻하여 지용성 피부나 여름철용으로서도 적합하다. 피부에 긴장감을 부여하는 성분(수렴제)로서 구연산이나 술포석탄산염 등이 이용된다. 여름철용이나 T존(이마나 코 주변)용으로서는 에탄올의 배합량을 많게 함으로써 보다 산뜻한 사용 감촉을 지닌 것이 많다.

3 세정용 화장수(닦아내는 화장수)

클렌징크림 등으로 화장을 지우고 티슈페이퍼로 닦아낸 후에 피부에 남아 있는 유분을 닦아내는 스킨으로서 가벼운 화장을 지울 때에도 이용된다. 세정 효과를 높이기 위하여 비이온성 계면활성제와 에탄올을 배합하며 사용 촉감도 산뜻한 것이 많고 프레시너라고도 불린다.

4 2층(또는 다층)식 화장수

수층과 분말층, 수층과 유층 등 2층으로 구성된 스킨이 많으며 그 이상의 층으로 이루어진 것도 있다. 이들 스킨은 흔들어서 사용하며 각 층에 함유된 성분의 효과를 피부에 부여하도록 처방되어 있다.

수층과 분말층의 스킨는 카밍로션(카라민로션이라고도 한다)이라고도 불리며 일광화상을 입은 피부의 화끈거림을 진정시키기 위하여 산화아연, 장뇌 등이 함유되어 있어서 여름철에 이용되는 경우가 많다.

5 무알코올 화장수

스킨에는 사용 감촉을 산뜻하게 하거나 향료 등을 가용화하기 쉽게 하기 위하여 에탄올이 배합되는데 피부가 알코올에 약한 사람도 있어서 알코올을 배합하지 않은 스킨도 있으며 이 타입을 넌알코올 화장수라고 한다.

3) 크림

크림은 스킨과 함께 오래전부터 범용되어 온 스킨케어 화장품으로서 피부에 수분과 유분을 공급하여 보습효과나 유연효과를 부여한다.

피부표면에는 피지선에서 나온 피지가 있으며 각질층 속에는 세포간지질과 천연보습인자가 존재하는데 이들과 수분은 피부의 보습을 지키는 중요한 역할을 한다. 그러나 연령이나 계절, 스트레스, 체질 등에 따라서 피지나 지질, 천연보습인자의 양이 감소하여 보습의 균형이 무너지고 각질층의 방벽기능이 저하되면 피부가 거칠어진다는 것이 알려져 있으므로 이러한 성분들을 보충해 주어야 한다.

따라서 피지, 지질, 천연보습인자와 유사한 유성 원료나 보습제를 선택하여야 하며, 이들을 이용한 유화기제(크림)로 방벽기능이 저하된 피부가 개선된다는 것이 실증[9]되었다.

스킨을 사용하고 잠시 둔 후 크림을 사용함으로써 피부의 개폐 효과를 통해 수분의 증산을 방지하고 피부보습을 촉진할 수 있다.

크림은 물과 기름 성분처럼 서로 섞이지 않는 두 개의 상을 안정된 상태로 분산시킨 에멀션으로서 각종 유화법을 통하여 만들어진다. 크림은 약제 등을 효과적으로 피부에 공급 가능한 기제이다. 각각 제품의 특징을 아래에 나타내었다.

1 비유성 크림(넌오일 크림)

유분을 전혀 사용하지 않으며 수용성 폴리머(셀룰로오스유도체, 폴리아크릴산유도체 등)와 물을 주성분으로 하는 크림. 사용감촉이 매우 산뜻하며 물에 녹는 약제의 사용이 가능하다.

2 약유성 크림

유분이 적어서 사용감이 산뜻한 크림이 많다. 대표적인 것으로서는 배니싱크림이 있으며 이것을 피부에 도포하여 문지르면 크림이 사라지는(vanish) 것처럼 보이기 때문에 이러한 이름이 붙여졌다.

스테알린산과 수산화칼륨을 배합한 스테알린산칼륨을 유화제로 하여 유화시키면 크림의 pH는 약알칼리성이 된다. 현재에는 크림의 pH를 중성에 가깝게 하기 위하여 비이온성 계면활성제를 중심으로 소량의 비누를 병용함으로써 사용감을 산뜻하게 한다. 배니싱 크림은 남성이 면도 후에 바르는 크림으로서도 이용되고 있다.

3 O/W형 중유성 크림(유연 크림)

유연 크림이라고 지칭하는 것의 대부분의 타입이 여기에 속하며 영양크림, 나이트 크림, 수분크림이 여기에 해당된다. 유성과 약유성 사이로 중유성이라는 이름이 붙여졌다.

사용감이 적당히 산뜻하며 지용성, 수용성 약제의 배합이 가능하여서 이 타입을 통해 보다 폭넓은 용도의 크림을 만들 수 있게 되었다.

4 W/O형 중유성 크림(콜드 크림, 마사지 크림 등)

콜드크림이 대표적이라고 할 수 있다. 콜드크림은 피부에 도포하였을 때에 차가운 느낌을 주기 때문에 이러한 이름이 붙여졌다.

예전에는 밀납 속의 유리지방산(세로트산 등)과 붕사로 비누를 만든 다음 여기에 유화제와 유동파라핀을 섞어서 크림을 만들었다. 이 유분이 많은 크림은 끈적임, 유분기 때문에 사용 감촉으로는 사랑받지 못하였다. 현재에는 새로운 유화법(아미노산 겔 유화법이나 유기변성 점토광물 겔 유화법)에 의해서도 W/O형이지만 사용감이 비교적 산뜻한 크림이 제조되고 있다.

5 O/W형 유성 크림(마사지 크림)

마사지를 할 때 사용되는 크림으로서 피부의 혈액순환을 좋게 하고 신진대사를 활발하게 하여 피부 전체의 기능을 향상시키는 작용을 한다.

예전에는 비누계의 콜드크림이 이용되었으나 잘 펴발라지지 않고 사용감도 나쁘기 때문에 현재에는 잘 발리고 사용감도 깔끔한 O/W형 크림이 이용되고 있다.

6 O/W/O형, W/O/W형 멀티플 크림

1단계 유화법이나 2단계 유화법으로 만들어지는 멀티플 크림은 O/W, W/O형 크림과는 사용감이 다르며, 산뜻하고도 촉촉한 W/O/W형 크림도 개발되었다.

이 기술을 이용하여 약제의 안정성이나 향료의 서방 효과(내용 성분이 서서히 방출되어 지속적으로 효과가 발생)를 갖는 크림도 만들 수 있다.

7 기타 크림(마이크로캡슐 내장 크림)

크림 속에 작은 마이크로캡슐을 혼합한 것이다.

그 한 예로는 향료를 마이크로캡슐에 넣은 다음 크림에 혼합하여서 사용 시에 마이크로캡슐을 손바닥 위에서 파괴하여 사용하는 타입의 크림이 있다.

일반적인 크림에 비하여 신선한 향을 사용 시마다 즐길 수 있다.

향료 이외에도 약제를 마이크로캡슐에 감싸 안정화시켜 이용할 수도 있다.

4) 로션

로션은 스킨과 크림의 중간적인 성질을 갖는 것으로서 구성 성분은 크림과 유사한 것이 많지만 고형유분이나 왁스류의 사용 비율이 크림에 비해 매우 적으며 유동성이 있는 에멀션이다.

타입에는 크림과 마찬가지로 O/W형과 W/O형의 로션이 있으며 사용감이 산뜻한 O/W형이 대부분을 차지한다.

피부에 대한 로션의 기능, 효과는 크림과 같지만(크림항 참조) 크림보다 잘 발라지고 잘 스며드는 O/W형은 사용감이 더욱 산뜻하므로 지성피부나 여름철용의 로션으로서 적합하다. 또한, 세정 · 메이크업 리무버, 미백화장품, 자외선 차단 화장품의 기제로서 로션이 사용된다.

5) 겔

수성겔과 유성겔로 분류되며 전자는 수분을 다량 함유하기 때문에 피부에 수분을 공급하여 보습효과나 청량효과를 주는 제품의 기제로서 이용된다. 또한, 사용감도 촉촉하고 산뜻하며 청량감도 있으므로 여름철용이나 지성피부용 제품으로 이용된다.

후자는 유분을 다량 함유하므로 피부에 유분을 공급하여 피부의 건조를 방지하는 제품의 기제로서 또 메이크업 리무버의 기제로서 이용된다.

6) 에센스(미용액)

에센스는 스킨과 달리 점성이 있으며 보습기능과 더불어 유연기능도 지니므로 피부가 거칠어지는 것을 방지하고 피부를 건강하게 유지한다. 이와 같은 기능 외에도 기미, 주근깨를 방지하기 위한 미백효과, 자외선으로부터 피부를 지키는 자외선 차단 효과, 그리고 나이가 들면서 발생하는 잔주름 개선 등 다양한 효과, 기능을 겸비한 에센스가 있다.

1 보습 에센스(메이크업 베이스용 에센스)

일반적인 스킨에 비해 보습제의 배합량을 많게 하여 보습 효과를 높인 투명 또는 반투명 액상 타입의 에센스이며 증점제를 첨가하여 겔 상태으로 만든 타입도 있다.

최근에는 히알루론산이나 콜라겐을 배합한 에센스도 많아지고 있다.

2 일광화상으로 인한 기미, 주근깨 방지용 에센스

미백제를 배합하여 일광화상으로 인한 기미, 주근깨를 예방하는 에센스(미백화장품항 참조)이다.

3 자외선 차단용 에센스

자외선 차단제나 항산화제를 배합하여 일광화상으로부터 피부를 지키는 에센스(자외선 차단 화장품 항 참조)이다.

7) 팩

피부에 대한 팩의 효과로는 다음의 3가지를 들 수 있다.

① 제품이 지닌 보습, 유연 효과와 더불어 얼굴이나 피부 위에서 팩의 폐쇄 효과를 통해 수분 증발을 막고 보습을 촉진한다.(Occlusion 효과)

② 팩 속의 분말을 통하여 흡착작용을 하거나 건조시킨 후 팩을 떼어낼 때 피부 표면의 오래된 각질층이나 더러움을 제거하여 피부를 청정하게 한다.

③ 팩이 건조되는 과정에서는 피부에 긴장감을 부여함으로써 떼어낸 후에 피부의 혈액순환을 좋게 한다.

1 닦아내거나 씻어내는 타입(워시 타입) ①, ②의 효과

피부에 도포하고 약 30분간 방치한 후 닦아내거나 씻어내는 타입의 팩이다. 이러한 타입에는 피막 형성 성분은 배합되어 있지 않은 것이 많고 피부에 긴장감을 부여하는 효과는 없으나 폐쇄 효과를 통하여 수분의 증발을 막아서 보습을 촉진하고 피부의 혈액순환을 좋게 하는 작용을 한다.

이러한 타입에는 거품 타입, 클레이 타입(진흙팩), 겔 타입 등이 있다.

2 떼어내는 타입(필오프 타입) ①, ②, ③의 효과

피부에 도포하여 건조시킨 후 피막을 떼어내는 타입의 팩으로 그의 대부분은 투명한 젤리 상태이지만 분체 성분을 배합한 불투명 타입도 있다. 피지 등의 흡착 효과가 있어서 지성피부용으로도 사용된다.

3 석고팩(고화 후 떼어내는 타입) ①, ②, ③의 효과

구운 석고를 주성분으로 하는 분말상의 제품으로서 사용 시에 물에 녹여서 페이스트상으로 만든 다음 얼굴에 도포하고 얼굴 위에서 굳힌 후 박리한다.

4 붙이는 타입 주로 ①의 효과

부직포에 겔이나 스킨 등을 흡수시킨 타입으로서 휴대가 편리하며 사용도 간단하다.

8) 미백화장품

크게 나누어서 자외선으로 인한 멜라닌색소 생성 억제, 멜라닌색소의 환원, 멜라닌색소의 배출을 촉진시키는 작용을 하는 화장품으로서 기미, 주근깨의 발생을 방지하는 효과가 있는 화장품을 미백화장품이라고 한다.

또한, 이와 같은 효과가 있는 성분을 미백제라고 한다. 이하에 대표적인 미백제를 열거하였다.

① 멜라닌 생성을 억제하는 것
　비타민 C와 그 유도체, 알부틴, 엘라그산, 루시놀, 글루타티온, 캐모마일 추출물, t-AMCHA(트라넥섬산) 등

② 멜라닌을 환원시키는 것
　비타민 C와 그 유도체

③ 멜라닌 배출을 촉진하는 것
　비타민 C와 그 유도체, 유황, 젖산, 글리콜산, 리놀산 등

미백화장품에는 미백스킨, 에센스, 크림, 로션, 팩 등이 있으며 목적에 따라 상기의 미백 성분이 배합된다.

9) 자외선 차단 화장품(UV케어 화장품)

인체(특히 피부)에 나쁜 영향을 주는 태양광선 속의 자외선(UVB, UVA)으로부터 피부를 지키는 화장품이다.

자외선 차단 화장품은 선스크린 화장품과 선탠 화장품으로 나뉜다.

이하에 사용 목적별로 제품과 그 특징을 나타내었다.

1 선스크린 화장품

자외선 흡수제와 자외선 산란제를 조합하여 태양광선 속의 UVB, UVA의 두 영역을 방지하는 효과를 나타내는 화장품이다. 제품의 타입으로서는 로션, 크림, 에센스, 거품 타입에 더하여 메이크업 화장품인 파운데이션에 자외선 차단제를 배합한 것이 이용되고 있다. 자외선 차단의 지표로서는 UVB를 차단하는 정도를 나타내는 수치인 SPF값과 UVA에 대한 차단 효과를 나타내는 PA분류가 표시되고 있다.

사용 도중 땀이나 물, 피지로 인하여 선블럭 화장품이 피부에서 지워지지 않는 것이 중요하며 이를 위해 내수성이나 내유성이 있는 기제가 이용된다. 사용 감촉이 나빠지지 않도록 주의를 기울여야 하며 저점도의 실리콘 오일이나 수지 등이 배합된다.

최근에는 피부 항산화제를 배합한 제품도 있다.

2 선탠 화장품

선탠 화장품은 UVB로 인한 홍반이나 수포 등을 방지하여 균일하고 아름다운 색으로 태닝할 수 있게 하는 화장품이다.

제품의 형태로서는 오일 상태가 일반적이나 여름 해변에서 사용하는 경우가 많으므로 끈적이지 않고 모래가 피부에 달라붙지 않도록 깔끔한 저점도의 실리콘 오일이 사용되는 경우가 많다. 오일 타입 외에도 유화 타입, 겔 타입, 스킨 타입도 제품화되었다. 최근에는 피부 항산화제를 배합한 제품도 있다.

이 밖에 다른 자외선 관련 제품으로는 다음과 같은 것이 있다.

10) 선케어 관련 제품

1 셀프태닝 제품

유해한 자외선을 조사하지 않고 피부를 갈색으로 만드는 화장품이다. 외용으로 피부를 갈색으로 하는 약제로는 디하이드록시아세톤(DHA)이 있으며 이것은 피부케라틴의 아미노산이나 아미노그룹과 반응하여 갈색의 화합물을 생성한다.

수상측에 DHA를 5% 첨가하여 O/W형의 크림으로 만든 것이 이용된다.

2 애프터선 화장품

자외선을 받은 피부를 관리하기 위해 사용하는 화장품이다. 일광화상을 입은 피부의 화끈거림을 진정시키기 위해서 산화아연이나 항염증제를 배합한 카밍로션이나 수성의 겔이 사용된다. 이밖에 미백화장품으로 사용된다.

11) 여드름 방지 화장품

여드름을 예방하거나 악화되는 것을 방지하기 위한 화장품이나 의약외품이다.

모공을 막는 과도한 피지를 제거하는 피지분비 억제제, 모공을 막고 있는 각주를 제거하는 각질층 박리용해제, 여드름을 자극하여 악화시키는 여드름 갈균 등의 증식을 막는 살균제, 여드름의 염증을 막는 항염증제가 여드름 방지 화장품에 배합된다. 각각의 대표적인 성분은 다음과 같다.

① 피지분비억제제 : 비타민 B_6

② 각질층 박리 용해제 : 유황, 글리콜산, 살리실산 등

③ 살균제 : 염화벤젤코니움 등

④ 항염증제 : 알란토인, 글리실리신산류

여드름 방지 화장품의 종류는 세안제(여드름용 약용 비누, 세안용 폼), 팩(클레이팩), 스킨, 크림, 로션 외에도 파운데이션, 가루분 등 품종이 다양하다.

03 메이크업 화장품(색조 화장품)

1. 메이크업 화장품의 역할

스킨케어 화장품으로 피부를 청결하게 하고 피부를 촉촉하게 한 후에 하는 화장이 메이크업으로서 얼굴 등을 아름답고 매력적으로 만들며 외부 자극으로부터 피부를 지키고 보습과 같은 스킨케어 요소를 도입하여 피부 등을 개선하는 화장품이다.

메이크업 화장품의 역할, 효과로는 다음과 같은 3항목을 들 수 있다.

① 피부나 손톱 등을 아름답게 보이게 하는 미적 역할

- 얼굴, 입술, 손톱 등의 색을 좋아하는 색으로 바꾼다(색채적 효과).
- 얼굴의 광택, 탄력, 투명감과 같은 질감을 바꾼다(질감적 효과).
- 얼굴의 입체감, 피부의 요철을 보정한다(형태적 효과).
- 피부의 결점(기미, 주름, 멍 등)을 커버한다(커버, 수정 효과).

② 메이크업을 통한 안심감, 만족감이라는 심리적 역할

- 화장을 함으로써 자신감을 갖고 사람들 앞에서 안심할 수 있으며 대인관계가 적극적이 된다.

③ 자외선이나 건조, 산화, 물리적인 힘과 같은 외부 자극으로부터 피부, 입술, 손톱 등을 지키는 보호적 역할

2. 메이크업 화장품의 2분류

메이크업 화장품은 베이스 메이크업과 포인트 메이크업으로 분류되며 그 기능과 종류는 다음과 같다.

베이스 메이크업

피부를 외부의 자극으로부터 보호하며 피부의 색이나 질감을 바꾸고 얼굴에 입체감을 부여하며 피부의 결점을 커버함으로써 얼굴을 아름답게 만드는 화장품[표 3-1].

포인트 메이크업

눈 주위나 입술, 손톱에 색을 입히고 질감을 바꾸어 아름답고 매력적으로 만드는 화장품[표 3-2].

1) 베이스 메이크업

(1) 가루분, 고형분

분은 화장 후 피부의 질감을 변화시키며 시간이 지나서 땀이나 피지로 인해 발생하는 광택(번들거림)을 억제하여 화장이 번지는 것을 막고 화장을 오래 지속시키는 효과가 있으며 결이 고운 자연스러운 피부색으로 완성하는 화장품이다.

화장이 번지고 뭉치거나 피부가 칙칙해졌을 때에 수정을 하기 위해서도 사용된다.

분에는 분체를 주체로 한 가루분(루스파우더, 페이스파우더)과 이에 수량의 유분을 결합제로 사용하여 압축 성형으로 고형화함으로써 휴대가 간편하여 외출지에서도 수정화장에 사용할 수 있는 고형분(프레스드파우더, 컴팩트파우더)이 있다.

이 밖에도 지백분이나 수백분, 연백분도 있다.

1 가루분

탈크를 주성분으로 하여 매트함(광택이 없는 것)과 커버력을 조정하기 위하여 카오린이나 산화티타늄 등을 배합하며, 또 부착성 향상을 위하여 미리스틴산아연 등이 사용된다. 땀이나 피지를 흡수하기 위하여 탄산칼슘이나 하이드로아파이트 등을, 그리고 피부색 보정을 위해 착색안료나 진주광택안료 등을 사용하는 경우도 있다.

각 분체를 블랜더로 혼합하여 조색 후 향료를 균일하게 분사 혼합한 다음 분쇄 후사를 통해 제품화한다.

2 고형분

원료는 가루분과 같으나 고형으로 성형하기 위하여 결합제로 소량(약 5%)의 유분을 사용한다. 각 분체를 블랜더로 혼합하여 결합제 등을 첨가하고 조색 후 향료를 분사하여 균일화하고 분쇄 후사를 통해 용기에 압축성형한다.

3 지백분

소량의 가루분을 수용성 고분자에 분사시켜서 종이에 균일하게 도포하고 건조 후 재단하여 제품화한다.

피부에 배인 땀이나 피지를 막아주며 간단하게 수정 화장을 하기 위하여 사용한다.

[표 3-1] 베이스 메이크업 화장품의 종류

베이스 메이크업 화장품의 종류	① 가루분, 고형분 ② 메이크업 베이스(언더 메이크업, 프라이머, 컨트롤 컬러) ③ 파운데이션

[표 3-2] 포인트 메이크업의 종류

입술, 볼의 메이크업	① 입술연지(립컬러, 립스틱) ② 볼연지
눈가의 메이크업	① 아이라이너 ② 마스카라 ③ 아이섀도 ④ 아이브로우(눈썹연필)
손발톱의 메이크업	① 네일 컬러(네일 에나멜) ② 네일 관련 제품

4 수백분

글리세린 등이 함유된 화장수에 가루분을 분사한 것이다. 사용 시에는 잘 흔들어서 균일화시킨 후 적용한다. 산뜻한 청량감을 주며 엷은 화장이 특징이다.

5 연백분

목을 화장할 때에 사용되며 무대용 화장에도 사용된다.

커버력을 강하게 하기 위하여 이산화티탄이나 아연화(산화아연)를 많이 배합하고 이들 분말을 글리세린과 같은 용액에 섞은 것이다.

(2) 메이크업 베이스(언더 메이크업, 프라이머, 컨트롤 컬러)

메이크업 베이스는 언더 메이크업, 프라이머라고도 하며 파운데이션 아래에 사용함으로써 파운데이션의 발림이나 부착, 화장 지속을 좋게 하는 메이크업 화장품이다. 또한, 보색효과로 붉은 얼굴을 감추기 위하여 녹색의 메이크업 베이스나 얼굴을 하얗게 하는 노란색의 메이크업 베이스도 있으며 이들을 컨트롤 컬러라고 한다.

(3) 파운데이션

파운데이션은 피부색을 원하는 색으로 바꾸어주며 광택, 투명감과 같은 질감 수정, 기미나 주근깨, 주름 커버, 피부의 요철 등의 보정, 자외선과 같은 외부 자극으로부터의 보호, 보습, 트리트먼트 등 많은 기능을 겸비한 메이크업 화장품이다.

파운데이션은 형태, 사용 특성에 따라서 다음과 같은 다양한 타입으로 나뉜다.

1 파우더 파운데이션(케이크 타입, 고형 파운데이션)

탈크, 마이카와 같은 체질안료, 백색안료, 착색안료를 혼합하고 스쿠알렌과 같은 결합제를 가하여 균일화한 다음 색조 후 압축 성형한 파운데이션이다.

스펀지로 문질러 피부에 도포하는 타입으로서 고형분과 유사한 사용감으로 휴대도 간편하여 외출지에서의 수정 화장에 쓰인다.

최근에는 기능성 분체를 활용함으로써 스킨케어 요소를 도입한 제품도 개발되고 있다.

2 케이크 파운데이션(케이크 타입, 고형 파운데이션)

물을 묻혀서 적신 스펀지로 제품 표면을 문질러 피부에 도포하는 고형의 파운데이션으로서 비이온성 계면활성제가 배합되기 때문에 도포 시에 유액 상태가 되고 산뜻하고 부착성이 좋으며 여름철용 파운데이션으로서 적합하다.

3 양용 파운데이션(케이크 타입, 고형 파운데이션)

마른 스펀지를 사용할 때에는 파우더 파운데이션의 사용감과 같고 물에 적신 스펀지를 사용할 때에는 케이크 파운데이션의 사용감과 같아서 양쪽의 기능을 지니며 마른 스펀지와 젖은 스펀지를 모두 사용할 수 있기 때문에 양용 파운데이션이라고 불린다. 파우더 파운데이션을 물에 적신 스펀지로 사용할 때에 발생하는 케이킹 현상(친수성이 있는 분체가 물을 흡수하여 고화되어서 파운데이션을 스펀지에 묻힐 수 없게 되는 것)을 사용하는 분체의 소수화 처리(물을 튕기는 성질을 갖게 하는 것)를 통해 해결함으로써 양용 파운데이션이 탄생하였다.

4 유성 파운데이션

유성 원료(기름, 왁스)를 용해시킨 후 체질안료, 백색안료, 착색안료를 배합, 분쇄하여 분산시킨 것으로서 컴팩트 타입과 스틱 타입이 있다.

유성 파운데이션은 내수성이 우수하고 밀착성도 높으며 커버력도 있으므로 기미, 주근깨 등을 커버하는 부분용 파운데이션으로도 사용된다.

무대용인 메이크업은 이 타입의 파운데이션이다.

5 O/W형 유화 파운데이션

수상에 유상 및 혼합된 분체를 유화 · 분산시킨 타입의 파운데이션으로서 크림 타입과 리퀴드 타입이 있다.

외상(바깥쪽의 상)이 수상의 유화계이므로 윤기가 나고 보습력도 높은 반면 W/O형 파운데이션에 비해 내수성이 약하여 화장 지속력은 조금 떨어지지만 습도가 낮은 건조한 지역에서는 선호되는 타입이다.

6 W/O형 유화 파운데이션

W/O형 유화 파운데이션은 외상이 유상이기 때문에 사용 감촉이 끈적이는 문제가 있으나 최근에는 실리콘계 계면활성제를 사용함으로써 외상의 기름에 휘발성이 있는 실리콘 오일을 사용함으로써 종래의 W/O형 파운데이션에서는 볼 수 없었던 깔끔한 사용감과 화장 지속력이 좋은 리퀴드 파운데이션을 얻을 수 있다.

또한, W/O형 파운데이션을 고형화하여 용기에 충진하여서 컴팩트형으로 만든 파운데이션도 있는데 트리트먼트 효과가 뛰어나고 휴대가 간편한 제품이다.

각종 타입의 파운데이션에 대하여 그 특징을 설명하였는데 최근에는 신규 원료나 새로운 유화 · 분산 기술, 제법에 의해 지금까지는 출시되지 않았던 기능성 파운데이션이 탄생하였다. 특히 광학 특성을 살린 기능성 분체의 개발이 크게 기여하고 있다고 할 수 있다.

이들 중에서 여기에서는 2가지의 타입에 대하여 설명하겠다.

① 포토크로믹 분체를 사용한 백탁 방지 파운데이션

실내에서 파운데이션을 사용하여 메이크업을 하고 실외의 태양광선이 강한 곳에 나오면 얼굴이 하얗게 떠 보이는 현상(백탁현상)이 발생하기도 하는데 포토크로믹 분체(광조사를 하면 빛의 강도에 따라 명도가 저하되고, 또 실내에 들어오면 원래의 색으로 돌아가는 분체)를 파운데이션에 사용함으로써 어디에서도 자연스러운 메이크업이 가능하게 되었다.

② 피부의 멍이나 칙칙함을 감추는 파운데이션

푸른 멍이나 붉은 멍을 감추기 위해서는 종래에는 은폐력이 강한 산화티타늄 등을 사용한 파운데이션을 사용하였으나 화장이 두꺼워져서 자연스럽지 못하였다.

새롭게 개발된 파운데이션은 빛의 보색에 대한 고려를 도입한 것으로서 기능성 분체인 청 간섭 펄제를 사용한 황색의 투명광으로 푸른 멍을 감추고, 또 적 간섭 펄제로는 녹색의 투과광으로 붉은 멍을 감추는 것이 가능해졌다. 이것은 프리즘 필터 효과로 선택적으로 목적한 색을 감출 수 있다. 이들 기능성 분체를 사용한 파운데이션은 두꺼워지지 않고 자연스러운 화장을 가능하게 한다. 이 기술은 일반적인 칙칙함에 대한 개선에도 도움이 된다.

2) 포인트 메이크업

(1) 입술연지(립컬러, 립스틱)

입술은 피부와는 달리 각질이 극히 얇고 피지선도 거의 없으며 천연 보습인자(NMF성분)도 적은 부위이다. 따라서 입술의 수분량은 적으며 수분 증산 속도는 빨라서 매우 쉽게 거칠어지는 부위이다. 또한, 멜라닌의 양도 적어서 자외선의 영향을 받기 쉽다.

입술에 아름답고 매력적인 색을 입히고 외부 자극으로부터 입술을 보호하며 입술이 거칠어지는 것을 방지하는 메이크업 화장품이 입술연지이다.

예전에는 홍화에서 추출한 색소 등이 사용되었으나 일본 내에서 처음으로 스틱타입의 입술연지가 개발된 것은 1917년으로서 핑크계열의 입술연지 발매는 1958년이었다.

입술연지는 스틱 타입이 많으나 이 밖에 팔레트식의 것, 입술의 윤곽을 그리는 립펜슬이나 액상이나 크림 타입으로 입술을 적셔서 윤기와 광택을 부여하는 립글로즈, 그리고 거칠어짐 방지용 립크림이 있다.

입술연지는 유성의 것이 대부분이나 소량의 물을 입술 위에 오래 있도록 하는 연구를 한 W/O형 유화 입술연지도 있으며, 최근에는 식사 중 컵이나 의복에 부착되지 않는 오래가는 입술연지도 제품화되었다. 아래에 입술연지에 대해 그 특징을 나타내었다.

1 스틱 타입 입술연지

일반적으로 입술연지(립컬러)라고 하는 것은 유성으로서 유기 허가안료, 백색안료와 허가 염료가 배합된 스틱상의 제품으로서 사용하는 타입이다.

액상유분과 고형유성원료(왁스 등)을 용해시켜 안료와 기름을 롤러로 반죽한 것(레이크)과 염료 용액을 가하여 균일하게 분산시킨다. 향료나 진주광택안료를 가해서 균일하게 하여 탈기 후 기정의 온도에서 성형형으로 충진냉각하여 성형되는 것을 입술연지 용기에 장진 후 플레이밍(광택내기)을 하여 제품화한다. 최근에는 자동성형법을 통한 성형도 이루어지며 플레이밍을 하지 않고도 광택이 있는 입술연지를 얻을 수 있다.

품질 상 입술연지에 요구되는 것은 입술을 케어하고 도포 시 도포 후 시간이 지나면서 입술 위에서의 사용성이 좋아서 그 항목으로서는 입술 위에서의 발림, 부착, 광택이 좋고 번지지 않으며 필요 시간 도포한 입술연지의 균일성이 유지되는 것(뭉치지 않을 것)을 들 수 있다. 이 밖에는 사용 중 부러지거나 뭉개지지 않고 시간이 지나면서 냄새, 맛이 변하지 않으며 외관상 발산, 발분이 확인되지 않아야 한다.

2 투톤 립스틱(투톤 입술연지)

입술연지의 외관색이 오렌지색이고 입술에 도포하면 핑크색으로 변화하는 스틱타입의 립스틱으로서 투톤 입술연지라고 불리며, 색이 변하기 때문에 변색 입술연지라고도 한다. 앞서 말한 입술연지에 안료를 제외한 것으로서 색의 수는 1~2색으로 적으나 발림이 좋은 타입이다.

3 립펜슬(립라이너)

입술의 윤곽을 그릴 목적으로 사용하며 입술연지가 입술라인으로 번지는 것을 방지하거나 입술연지와의 색조 균형을 잡기 위하여 사용한다.

심은 고형 유성원료와 색재로 이루어지며 심을 나무로 보호한 연필 타입과 수지축 타입이 있다. 수지축 타입은 립펜슬의 효과와 립스틱으로도 사용 가능하다.

4 립크림(립포마드)

액상유분과 고형유분을 용해시켜 거칠어짐을 방지하거나 트리트먼트 효과 주는 약재 등을 첨가하여 성형한 스틱이나 크림상의 것이다.

메이크업 제품이라고 하기보다는 립케어의 역할을 지닌 제품이다.

5 립글로스

입술이 젖은 듯한 윤기와 펄의 광택을 주는 액상이나 크림상의 제품으로서 입술에 입체감을 주는 제품이다. 끈적이지 않고 입술을 윤기 있게 하는 유분(고점도 에스테르유 등)이나 보습 성분에 색재(입술연지용 안료와 펄제)를 첨가하여 분산시킨 것이다. 크림상의 경우에는 고형유분을 첨가하거나 유화기제가 사용된다.

6 지워지지 않고 묻어나지 않는 입술연지

유성의 입술연지를 비롯한 지금까지의 입술연지는 기제에 안료가 분산되어 있는 것으로서 약간의 염료를 사용한 것이나 입술 위에 도포한 후에는 안료가 컵 등에 부착된다.

지워지지 않고 묻어나지 않는 입술연지는 도포한 입술연지가 컵 등에 부착되지 않는 타입이다.

이것을 가능하게 한 것은 실리콘 폴리머, 휘발성 실리콘 오일, 그리고 초미립자의 실리카 분체가 사용된다.

입술연지를 도포하여 휘발성의 실리콘 오일이 서서히 휘발되어 수분 후 초미립자 실리카 분체와 실리콘 폴리머가 연속층이 되어 안료, 유상의 표면을 피복하여 코팅한 캡슐이 되어서 컵 등에 부착되지 않는 타입이 된다.

이 타입도 사용성의 개량이 계속되어 촉촉함과 윤기를 늘린 입술연지가 되고 있다.

(2) 볼연지

볼에 도포하여 안색을 건강하게 하고 음영을 만들어 입체감을 내기 위해 사용하는 메이크업 화장품으로서 치크컬러나 치크 블러셔라고도 한다.

제형으로서는 고형 타입, 크림 타입, 스틱 타입이 있으나 구성 성분이나 제법은 같은 타입의 제품(앞서 설명)과 거의 비슷하다. 자연스럽게 완성하기 위하여 피복력은 파운데이션에 비하여 적고 입술연지와는 달리 염료는 피부에 부착되므로 사용하지 않는다.

고형 타입의 볼연지는 베이스 메이크업을 마친 후 브러시로 도포하는 경우가 많으나 그 밖의 타입은 메이크업 베이스 위에 바른 파운데이션과 잘 섞여서 경계를 흐리게 하여야 하므로 적당한 피복력, 광택, 부착성을 갖게 한다. 이후에 고형분을 퍼프로 눌러주어 자연스럽게 완성된다.

(3) 아이 메이크업

입술연지와 함께 아이 메이크업 화장품은 포인트 메이크업의 대표적인 제품군으로서 최근에는 젊은 사람들 및 매우 폭넓은 연령층에서 사용되는 패션성이 높은 화장품이다.

아이 메이크업 화장품으로는 아이라이너, 마스카라, 아이섀도, 아이브로우 제품이 있으며 이들을 지우기 위한 리무버(세안용 화장품 항목 참고)도 관련 제품이다.

1 아이라이너

속눈썹이 자라난 선을 따라서 가는 붓으로 가늘게 라인을 그려서 눈의 인상을 변화시키고 매력을 주는 화장품이다.

제형으로서는 액상의 것과 고형의 것이 있으며 [표 3-3]과 같이 각각의 타입으로 나뉜다.

아이라이너의 요구 품질 중에서도 특히 주의할 점은 눈가에 바르는 제품이므로 자극이 없고 오래 사용하여도 미생물로 인한 오염이 없고 안전한 것이 제일이며, 타입에 따라 차이는 있으나 내수성이 좋은 것이 발랐을 때에 깨끗하다. 그리기 좋고 깨끗하게 완성되는 것은 모든 타입에서 공통적이다.

[표 3-3] 아이라이너의 제형별 분류

- 아이라이너
  - 액상
    - 수계
      - 피막타입(수지에멀션에 색재를 분산시킨 것)
      - 비피막타입(수성 성분과 색재를 유화분산시킨 것)
    - 유성계(수지와 색재를 유성 성분에 분산시킨 것)
  - 고형상
    - 케이크 타입(계면활성제를 배합하여 분체와 색재를 고형으로 만든 것)
    - 펜슬 타입(색재를 유성 성분으로 굳혀서 심으로 만든 것)

2 마스카라

속눈썹을 진하고 길게 하며 컬을 주어 눈가를 아름답게 하는 화장품이다.

마스카라를 제형별로 분류하면 [표 3-4]와 같다.

완성별로 살펴보면 마스카라에 섬유를 함유시켜 속눈썹을 길어 보이게 하는 롱래쉬 타입과 속눈썹에 마스카라가 잘 붙는 타입으로 두껍고 진하여 양이 많아 보이는 볼륨 타입, 그리고 왁스나 수지가 속눈썹의 컬을 유지시켜 고정하는 컬 타입이 있다.

마스카라의 주요 요구 품질로서는 균일하게 발릴 것, 속눈썹을 진하고 길어 보이게 할 것, 컬을 만드는 효과가 있을 것, 완성 후 눈 아래에 붙거나 눈물 등으로 지워지지 않을 것, 미생물 오염이 없을 것을 들 수 있다.

마스카라에는 스크류브러시, 컴, 프로키브러시 등 수 종의 브러시가 있어서 속눈썹의 모양이나 완성에 따라서 나누어 사용한다.

[표 3-4] 마스카라의 제형별 분류

- 마스카라
  - 유성 마스카라(휘발성의 오일에 색재, 왁스 수지를 분산시킨 것)
  - 유화 타입 마스카라
    - 수성 피막 타입(수지와 색재를 수성 성분에 유화 분산시킨 것)
    - 수성 비피막 타입(색재를 수성 성분에 유화 분산시킨 것)

3 아이섀도

눈꺼풀이나 눈 주위에 도포하여 입체감을 내고 눈의 아름다움을 강조하기 위하여 사용하는 화장품

제형별로 분류하면 다음과 같다.

[표 3-5] 아이섀도의 제형별 분류

- 연고, 크림 타입 아이섀도
  - 유성 타입 아이섀도(액상, 고형 유성 성분에 아이섀도용 색재를 분산시킨 것)
  - 유화형 아이섀도 (유성 성분, 물, 보습제, 아이섀도용 색재를 유화시킨 것, W/O, O/W타입이 있음)
- 고형 타입 아이섀도
  - 분말 고형 타입 아이섀도 (고형분의 성분에 아이섀도용 색재를 첨가하여 고형분과 같은 제법으로 성형한 것)
  - 유성 스틱 아이섀도(립스틱의 성분과 유사하나, 아이섀도용 색재를 사용함. 염료는 배합하지 않으나 제법도 립스틱과 같음)
  - 펜슬 타입 아이섀도 (아이섀도용 색재와 고형유성원료로 심을 만들고 나무로 보호한 것)

아이섀도용의 색재로서는 무기안료(이산화티타늄, 군청, 산화철 등), 유기 허가안료, 운모티탄계의 펄제가 사용된다.

아이섀도로서는 안전성이 높고 사용성으로서는 그라데이션을 하기 쉽고 또 밀착성이 좋으며 화장 지속이 좋은 것이 주요 요구 품질이 된다.

4 아이브로우

눈썹을 전용 가위(아이브로우 시저스)로 모양을 정돈한 후 원하는 형태로 라인을 그리거나 눈썹을 진하게 하여 얼굴 이미지에 변화를 주고 매력적으로 하는 화장품.

제품으로서는 펜슬 타입의 것이 가장 많이 사용되고 있으나 고형 파우더 타입도 있다.

펜슬 타입은 고형과 액상의 유분에 안료를 첨가하고 반죽하여 심을 성형하고 목축 등으로 보호한 것이다.

아이브로우의 요구 품질로는 피부에 부드럽고 섬세하게 그려지며 땀이나 피지에 잘 번지지 않고 화장이 번지지 않을 것을 들 수 있다.

(4) 네일 에나멜

손톱은 하드케라틴이라고 하는 단백질로 이루어져 있으며 각질층의 케라틴(하드케라틴)에 비하여 외부로부터의 자극에 대한 저항력이 강하지만 손톱의 수분량은 습도에 영향을 받기 쉬우며 특히 겨울철에는 수분량이 저하되어 딱딱해지고 깨지기 쉽다. 이러한 손톱을 강인하고 유연한 도막으로 보호하는 동시에 아름다운 색조나 광택으로 손톱을 장식하는 화장품이 네일 에나멜, 네일 컬러이다.

네일 에나멜은 주로 피막형성제인 니트로셀로스, 막에 밀착성, 광택을 부여하는 수지류, 유연성을 부여하는 가소제, 각종 용제, 침전을 방지하여 틱소트로피성을 부여하는 겔화제, 펄제를 비롯한 색재로 이루어진다.

새로운 타입으로서는 유기 용제를 사용하지 않는 폴리머 에멀션을 피막 형성제로 쓰는 수성 네일 에나멜, 물을 배합한 네일 에나멜로 손톱으로부터 탈수작용이 없고 손톱에 수분을 공급하여 손톱의 표면 상태도 양호하게 하는 W/O형의 유화 네일 에나멜이나 네일 에나멜의 건조시간을 단축할 목적으로 도포한 네일 에나멜을 물에 적셔 재빨리 건조시키는 '물로 말리는 네일 에나멜' 도 제품화되었다.

이밖에 네일 에나멜 관련 제품으로서는 네일 에나멜을 제거하는 에나멜 리무버나 손톱 뿌리 쪽을 정리하는 큐티클 리무버 등이 있으며 손톱의 케어 제품으로서 손톱에 유분, 보습 성분 등을 공급하여 트리트먼트하는 네일 크림이나 네일 에나멜을 도포하기 전에 미리 손톱 위에 발라서 손톱이 깨지는 것을 강화하고 네일 에나멜의 접착성을 강화하는 베이스코트 등이 있다.

04 모발용 화장품 (헤어 케어 화장품과 모발을 미화하는 화장품)

모간의 구조를 나타내면 [그림 4-1]와 같다. 우리들이 모발이라고 부르는 부분은 두피 위로 나온 모간을 가리킨다. 실제로 모발이 만들어지는 부분은 피하조직에 있는 모모세포로서 모낭이 감싸고 있는 부분이다.

모발용 화장품에 대해서는 부위에 따라서 3가지로 나누어 생각할 수 있으며 각각에 대응하는 제품군이 있다.

① 두피와 모간을 대상으로 하는 케어와 그 제품군
  세발용 화장품(샴푸, 린스)

② 모간(모발) 케어 및 형상이나 색조 변화로 모발을 미화하는 제품군
  스타일링제 및 퍼머넌트 웨이브, 염모제, 헤어블리치(탈색제)

③ 모낭과 두피를 대상으로 하는 케어와 그 제품군
  육모제, 비듬 · 가려움 방지용 화장품

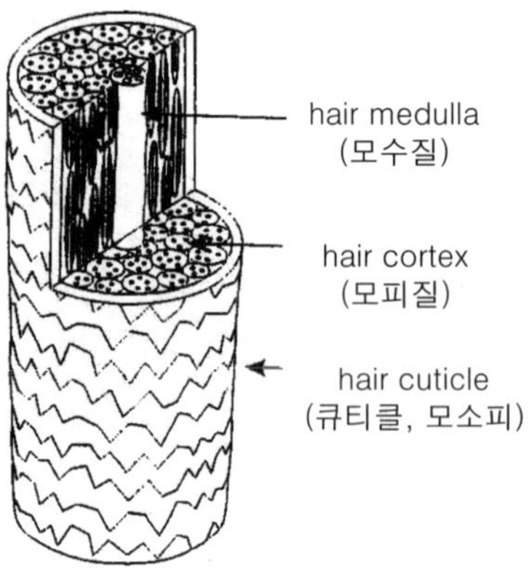

[그림 4-1] 모발의 구조
(일본화장품기술자회편,《화장품사전》, p.119, 2003, 마루젠에서 일부 개변)

1. 세발용 화장품

두피나 모발에는 일상생활 속에서 다양한 더러움이 부착된다. 더러움에는 피지선에서 분비되는 피지나 땀, 그리고 각질층의 박리로 인한 비듬, 먼지, 미생물, 그리고 화장품도 포함된다. 이들 더러움은 두피 등에 있는 상재균에 의하여 분해되어서 발생한 자극물질이 두피를 자극하여 가려움을 유발하고 비듬증의 원인이 된다. 또한, 자외선에 의하여 피지 속의 스쿠알렌에서 과산화피지가 생성되며 이를 방치하면 피부를 자극하게 된다. 이와 같은 더러움이나 자극물을 두피와 두발로부터 씻어내고 청결하게 하는 것은 헤어케어에서 필수적인 일이다. 이 세정에 사용되는 화장품이 샴푸이며 샴푸 후에 사용하는 린스를 합하여 인배스 화장품이라고도 한다.

1) 샴푸

두발과 두피에 부착된 더러움을 씻어내고 비듬이나 가려움을 방지하며 두발과 두피를 청결하게 유지하기 위한 세정용 화장품이다.

샴푸의 기능으로는 다음과 같은 것을 들 수 있다.

① 불필요한 피지류는 씻어내고 피부에 필요한 피지는 남기는 선택 세정성이 우수할 것

② 거품이 곱고 크리미하며 풍부할 것

③ 물로 씻어내기 쉽고 머리카락이 엉키지 않을 것

④ 머리를 감은 후 모발에 자연스러운 윤기와 적당한 유연성을 부여할 것

⑤ 눈이나 두피에 자극이 없고 머리를 감을 때 모발 손상 방지 효과가 높을 것

샴푸의 주요 배합 성분을 나타내면 [표 4-1]과 같다.

(1) 샴푸의 분류

샴푸는 기능별, 외관별 등 다양하게 분류되며 주요한 제품은 다음과 같다.

1 기능별 분류

- 오일 샴푸(유분을 첨가한 샴푸로서 건성두피, 두발에 적합한 타입)
- 토닉 샴푸(멘톨 등을 배합하여 청량감이 있는 샴푸)

- 비듬관리 샴푸(징크피리디온 등을 배합한 비듬 방지용 샴푸)
- 컬러 샴푸(산성 염료 등을 배합하여서 샴푸를 반복 사용하면 흰머리가 서서히 염색되는 샴푸)
- 컨디셔닝 샴푸(린스 성분을 배합하여 린스를 사용하지 않는 샴푸)
- 드라이 샴푸(물이 없는 곳에서도 샴푸를 할 수 있는 제품. 두피, 두발에 스프레이하여 마사지한 후 닦아내는 타입의 제품. 물, 알코올, 비이온성 계면활성제 등으로 이루어진다.)

② 외관별 분류

- 투명 샴푸(외관이 투명하고 비교적 세정력이 높은 것이 많으며 많이 사용되고 있는 타입)
- 펄샴푸(에틸렌글리콜지방산에스테르 등을 배합하여 진주광택을 낸 샴푸)

[표 4-1] 샴푸의 주요한 배합 성분(정제수를 제외)

- 샴푸의 원료
  - 기포 세정제
    - 음이온성 계면활성제(폴리옥시에틸렌라우릴에스테르황산나트륨, 라우릴황산트륨, 아실메틸타우린염 등
    - 양성이온 계면활성제(안전성의 향상, 증점효과)
  - 컨디셔닝제
    - 양이온계 셀룰로스 (헹굴 때에 엉키지 않도록 하며 모발손상방지효과가 있다)
  - 기타
    - 유분(에스테르오일, 실리콘오일)
    - 보습제
    - 향료, 색소, 약제 등

2) 린스(헤어린스, 헤어트리트먼트)

샴푸 후 두발에 사용하며 두발에 손가락이나 빗이 잘 지나갈 수 있게 하며 두발을 유연하게 하고 자연스러운 광택을 부여하는 씻어내는 타입의 화장품이다.

린스의 기능은 린스의 마이너스로 대전된 모발 표면에 린스의 주성분인 양이온성 계면활성제의 플러스로 대전된 부분이 흡착되어 마찰계수를 낮춤으로써 손가락이 잘 지나가게 하고 모발의 표면을 매끄럽게 하는 것이다. 또한, 건조 후에도 빗이나 브러

시로 잘 빗기게 하고 정전기를 방지하며 두발이 엉키지 않게 하고 자연스러운 윤기를 부여한다.

린스의 종류는 모발의 질(부드러움, 뻣뻣함, 건성, 지성), 손상 정도에 따라서 배합 성분의 종류나 농도를 달리한다. 다음에 린스의 종류에 대하여 나타내었다.

린스의 주요 배합 성분(정제수를 제외)

- 양이온성 계면활성제(빗질을 좋게 하는 것으로 염화알킬트리메틸암모늄 등)
- 유분(매끄러움과 윤기를 부여하는 것으로 세틸알코올, 탄화수소오일, 에스테르오일, 실리콘오일 등)
- 보습제(촉촉함을 부여하는 것으로 글리세린, 프로필렌글리콜 등)

(1) 크림 린스

크림상의 린스로서 대부분의 린스가 이 타입이며, 양이온성 계면활성제와 세틸알코올로 겔을 만들고 이 기제에 유분 등을 첨가하여 유화하면 크림상의 린스가 된다.

① 린스인샴푸

린스와 샴푸를 혼합하면 침전이 발생하여 어느 한쪽의 기능도 하지 못하지만 샴푸를 하는 것만으로 린스의 효과까지 얻을 수 있는 편리한 제품이 개발되었다. 이것을 린스인샴푸(컨디셔너 샴푸, Two in one shampoo)라고 한다.

이 타입의 배합 성분은 양성이온 계면활성제, 음이온-양이온 복합 체계, 또는 양이온성 계면활성제, 유분 등으로 이루어진다.

② 컬러 린스

린스 기제에 산성 염료나 염기성 염료를 배합한 것으로서 린스를 반복하여 사용함으로써 모발에 색을 입히는 제품이다. 흰머리를 서서히 검게 만드는 제품이 많다.

③ 헤어팩

손상된 모발에 유분이나 보습제를 공급하는 제품이다.

[표 4-2] 스타일링제의 제형별 분류

분류	제형
스타일링제	액상(헤어리퀴드, 세팅로션, 헤어오일, 손상모 코팅액)
	크림상(헤어크림, 헤어왁스)
	젤상(헤어젤, 포마드, 헤어왁스)
	고형상(헤어칙)
	거품상(무스)
	에어로졸 · 스프레이상(헤어스프레이, 헤어블로우)

2. 모발의 케어와 미화를 위한 제품

1) 스타일링제(헤어스타일링제)

모발에 윤기와 촉촉함을 부여하여 머리 모양을 정돈하기 쉽게 하고 유지시키는 화장품이다.

제형으로는 액상, 크림, 겔, 고형, 거품, 에어로졸 타입 등 많은 제품군이 있다.

이들 제품은 머리를 감은 후에 사용하는 것으로서 아웃배스 화장품이라고도 한다.

스타일링제의 제형별 분류로는 다음과 같은 것이 있다[표 4-2].

(1) 액상 타입

1 헤어리퀴드

주로 남성용의 액체 스타일링제로 물, 에틸알코올에 스타일링을 위하여 폴리알킬렌글리콜 등이 배합된다. 끈적임을 적게 머리를 정돈할 수 있으며 씻어내기 쉬운 타입이다.

2 세트 로션

브러시나 컬러를 사용하여 머리를 말아서 스타일링할 때에 사용하는 스타일링제이다. 비이온, 음이온, 양이온, 양성의 폴리머(합성 고분자)가 세팅제로서 사용되며 이들을 에탄올과 물의 혼합 용액에 용해시킨 것이 세트 로션이다.

③ 헤어오일

모발에 윤기와 촉촉함을 부여하고 끈적임이 적은 유성의 스타일링제. 현재에는 동백오일 외에도 다양한 종류의 오일이 사용되고 있다.

④ 손상모 코팅액

갈라진 모발을 수지의 얇은 피막으로 감싸서 모발의 표면을 매끄럽게 하여 모발이 더 갈라지지 않게 하는 휘발성 타입의 액체로서 고분자 실리콘(폴리디메틸실록산)을 휘발성이 있는 유분에 용해시킨 것이다.

(2) 크림 타입

① 헤어크림

모발에 윤기, 유연성을 부여하여 빗질이 잘 되도록 하는 스타일링제로서 O/W형의 유화크림이다. 성분은 피부용 크림과 같은 것이 많다.

② 헤어왁스

카나우바 왁스 등 왁스와 기름을 유화시킨 크림 또는 겔 상태의 스타일링제로서 물과 잘 섞이며 스타일링력을 조절하기 쉽다. 모발에 힘과 윤기를 부여하여 자연스럽게 완성할 수 있으며, 손으로 간단하게 재스타일링이 가능하고 씻어내기 쉬운 타입이다.

(3) 겔 타입

① 헤어젤

수용성 고분자나 세팅제, 보습제 등으로 이루어진 겔 상태의 투명 또는 반투명 스타일링제이다.

수용성 고분자나 세팅제의 배합량이 많아지면 모발에 탄력이 강해지며 보습제를 많게 하면 젖어 있는 듯이 완성된다.

② 포마드

목랍과 피마자오일로 이루어진 겔 상태의 유성 스타일링제가 대표적이며 유동 파라핀과 고형 파라핀으로 이루어진 타입도 있다. 예전에는 많이 쓰이던 스타일링제였으나 끈적이고 씻어내기 힘들며 또 머리 모양의 유행 때문에 현재에는 사용이 줄어들었다.

(4) 고형 타입

1 헤어칙

피마자오일와 같은 기름에 밀랍과 같은 왁스를 녹여서 고형화한 스틱 타입의 스타일링제이다. 포마드와 마찬가지로 현재에는 사용이 줄어들었다.

(5) 거품 타입

1 무스

스타일링 조성물(세팅제, 유분, 보습제, 계면활성제로 이루어진 유화 원액)과 유화가스를 에어로졸 캔에 담은 것이다. 원액이 에어로졸 캔에서 분출되면 그와 동시에 유화가스가 기화하여 원액이 거품 상태(폼 상태)가 되는 스타일링제이다.

이 제품의 특징은 거품으로 되어 있어서 양을 조절하기 쉽고 두발에 바르기 쉬우며 모발에 균일하게 발라지고 끈적이지 않아서 사용이 편리하다. 세팅제의 배합량에 따라서 세팅력을 자유롭게 조정할 수 있다.

(6) 에어로졸 · 스프레이 타입

1 헤어스프레이

세팅한 모발 위에 스프레이하여 머리 모양을 유지시키는 목적의 스타일링제이다.

주성분은 피막 형성제이며 여기에 가역제, 유분, 알코올 등을 첨가하여 원액을 만들고 액화가스와 함께 에어로졸 캔에 담은 것이다.

피막 형성제로는 다양한 종류의 공중합체가 사용되는데 컬링한 세팅이 습도로 인해 망가지지 않고 원하는 컬을 유지하는 데에 적합한 수지가 선택된다.

2 헤어트리트먼트 스타일링

액체, 크림, 겔 등 다양한 타입이 있으며 끈적이지 않고 모발을 촉촉하게 세팅하는 것으로서 트리트먼트제와 세팅제가 하나가 된 것이다.

세팅제로는 두발에 잘 흡착되며 유연한 피막을 만드는 양이온 폴리머가 사용되고 트리트먼트제로서는 갈라진 모발을 코팅하기 위하여 쓰이는 수지나 프로테인 유도체가 많이 사용된다.

2) 퍼머넌트 웨이브용제(퍼머제)

모발 케라틴 속의 이황화결합(-S-S-)을 환원제로 부분적으로 절단한 다음 산화제로 재결합시켜서 모발에 웨이브를 만들어 변형시키는 것을 퍼머넌트 웨이브라고 한다. 시술 시에는 모발을 로트에 말고 1액(환원제 용액)을 발라서 소정의 시간 동안 방치한다. 그 후 물로 씻고 타월 드라이하여 2액(산화제액)을 바르고 소정의 시간 동안 방치한다. 최종적으로 컬의 상태를 조사한 다음 물로 씻고 로트를 빼낸다.

(1) 티오글리콜산을 주성분으로 하는 퍼머넌트 웨이브용제

1액의 환원제로서 티오글리콜산 또는 그 염류가 사용되며 그 밖에 알칼리제, 계면활성제, 안정제 등이 배합된다.

2액의 산화제에는 브롬산나트륨, 과산화수소수 등이 사용된다.

알칼리제를 사용한 티오글리콜산계 퍼머제는 강한 웨이브력을 지니지만, 그 대신 어느 정도의 모발 손상을 수반하므로 모발의 성질을 조사하여 강한 웨이브가 필요한 경우에 사용된다. 알칼리제를 쓰지 않은 것은 산성 퍼머(콜드웨이브)라고 하며 웨이브 형성력은 약하다. 그러나 손상 모발에도 사용 가능하므로 시술 시 고려하여야 한다.

(2) 시스테인류를 주성분으로 하는 퍼머넌트 웨이브용제(시스테인 퍼머제)

1액의 환원제로서 시스테인을 사용한 퍼머제로 티오글리콜산계의 퍼머제에 비하여 모발 손상은 적으나 강한 웨이브력을 내지 못한다.

2액의 산화제는 티오글리콜산계와 같다.

(3) 티오젖산 퍼머넌트 웨이브용제

1액의 환원제로서 티오젖산을 사용한 퍼머제이다. 이 퍼머제는 강한 웨이브력을 얻을 수 있을 뿐 아니라 모발 손상이 적은 장점을 지닌다.

(4) 스트레이트 퍼머제

곱슬머리를 화학적 작용으로 곧게 만들기 위해 사용하는 퍼머제로서 스트레이트 퍼머제라고 한다.

이 퍼머제의 1액, 2액에 쓰이는 환원제나 산화제는 티오글리콜산 퍼머제와 같지만, 다른 점은 스트레이트 퍼머제의 1액, 2액 모두 점성이 있는 크림상 기제라는 점이다. 이것은 곱슬머리를 곧게 펴기 쉽게 하기 위해서이다.

스트레이트 퍼머제는 곱슬머리로 고민하는 사람에게는 효과적이지만 모발 손상을 입기 쉬우므로 시술 시 잡아당기는 등 모발에 무리하게 힘을 가하지 않도록 주의하여야 한다.

3) 헤어컬러

두발을 물들이기 위하여 사용하는 화장품을 헤어컬러라고 한다.

헤어컬러는 의약외품의 염모제(영구 염모제)와 화장품의 염모제(반영구 염모제, 일시적 염모제)로 나뉜다.

헤어컬러의 종류, 성분, 염모 메커니즘, 특징을 나타내면 [표 4-3]과 같다.

(1) 영구 염모제(산화염모제)

산화염료를 쓰기 때문에 산화염모제라고도 하며 1제와 2제로 구성된다. 1제에는 산화염료, 알칼리제, 계면활성제 등이 배합되며, 2제에는 산화제로서 과산화수소, 안정제, pH 조정제 등이 배합된다.

사용 시 1제와 2제를 혼합한 후 솔에 묻혀 모발에 도포하면 [그림 4-2]와 같은 현상이 모발 내부에서 벌어지게 된다.

설명하자면 알칼리제(암모니아수)가 모발의 큐티클을 팽윤시켜 넓힘으로써 산화염료가 들어가기 쉽게 하고, 알칼리에 의해 분해가 촉진된 과산화수소가 모발 속의 멜라닌을 탈색한다. 그리고 이와 동시에 산화염료를 중합시켜서 큰 분자를 만들고 모피질의 단백질을 염색하여 오래가는 헤어컬러가 된다.

산화염료 속의 염료 중간체와 커플러를 조합하여 다양한 종류의 색조를 얻을 수 있으며 멋내기 염색으로도 사용된다.

이 산화염료는 사용자의 체질에 따라 알러지 반응을 일으키는 경우도 있으므로 사용 전에는 반드시 패치테스트를 하는 것이 의무이다.

이밖에 금속성 염모제와 식물성 염모제가 있다.

[표 4-3] 헤어컬러의 종류

<table>
<tr><th colspan="3">종류</th><th>약사법
상 취급</th><th>주요 성분</th><th>상품 형태</th><th>염모
메커니즘</th><th>색상 지속
기준</th></tr>
<tr><td colspan="3">일시적 염모제
(모발착색제)</td><td>화장품</td><td>카본블랙안료</td><td>스프레이 타입
매직잉크 타입
마스카라 타입
스틱 타입(크레용)</td><td>모발표면에
부착</td><td>1회의
샴푸로
색상 소실</td></tr>
<tr><td colspan="3">반영구 염모제
(산성염모제)</td><td>화장품</td><td>산성염료
(법정색소)</td><td>젤리 타입
크림 타입</td><td>모발 단백질
과 산성염료
의 이온결합</td><td>2~3주 가량</td></tr>
<tr><td rowspan="3">영구 염모제</td><td rowspan="2">산성 염모제</td><td>산성
산화염
모제</td><td rowspan="2">의약부
외품</td><td rowspan="2">산화염료
(파라페닐렌디
아민 등)</td><td rowspan="2">분말 타입
액상 타입
크림 타입(튜브)
스프레이 타입</td><td rowspan="2">산화염료가
모발 속에서
산화 중합하
여 색소를
생성</td><td rowspan="2">2~3개월
가량 지속</td></tr>
<tr><td>알카리
성산화
염모제</td></tr>
<tr><td colspan="2">비산화
염모제</td><td>의약부
외품</td><td>제일철이온
다가페놀</td><td>액체 2제타입
스프레이 1제 타입
크림 1제타입</td><td>제일철이온
과 다가페놀
에 의하여
모발 속에서
흑색색소를
생성</td><td>2제 타입의
경우 1개월
가량 지속</td></tr>
</table>

일본헤어컬러공업회 염모제간담회 (1992년 9월)

(2) 반영구 염모제

산성 염모제, 산성 헤어컬러, 헤어메니큐어라고도 불리는 염모제로서 아조계의 산성염료가 착색제로서 사용되며 염색성을 높이기 위하여 침투제로서 벤질알코올이 배합되고 또 산성일수록 염색이 잘 되므로 구연산이 배합된다.

염색 원리는 산성으로 플러스 전하를 띤 모발단백질의 아미노기와 마이너스 전하를 갖는 산성염료의 설폰기와의 이온결합이다.

이 염모제의 색상 지속(색이 빠지는 정도)은 영구염모제보다 떨어지지만, 알러지 걱정이 없고 모발의 손상이 적으므로 퍼머를 한 직후에 산성 염모제 사용이 가능하다.

이 염모제의 단점은 피부에 대한 오착으로서 헤어라인에 묻지 않도록 주의할 필요가 있다.

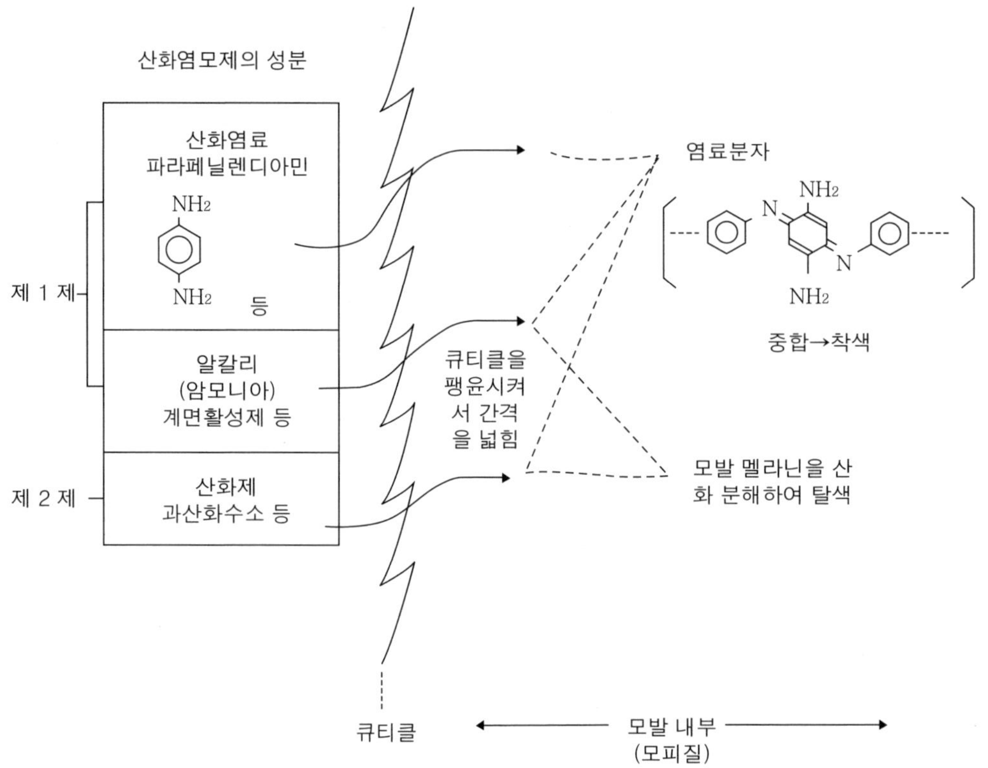

[그림 4-2] 산화 염모제의 착색 원리

최근에는 염기성 염료 등도 사용되고 있는데, 산성 염료에 비해 염색성은 약간 떨어지지만 피부로의 오착(汚着)이 적은 장점 때문에 염색성 향상을 위한 연구가 진행되고 있다.

(3) 일시적 염모제

모발의 표면에 착색제(카본블랙이나 착색안료, 법정색소)를 물리적으로 피복하는 염모제이다.

모발 표면에 안료가 부착되어 있는 형태로서 샴푸로 간단히 씻어낼 수도 있으며 염색성은 나쁘나 일시적으로 모발의 색을 바꿀 때에 적당하다. 헤어라인의 흰머리를 감추거나 모발에 부분적으로 색을 입힐 때에도 적당하다.

제형으로서는 마스카라 타입, 헤어스틱 타입, 컬러스프레이, 헤어왁스 타입 등이 제품화되어 있다.

(4) 헤어 블리치(모발 탈색제)

모발 내의 멜라닌색소를 분해하여 모발의 색을 밝게 하는 것을 탈색제라고 한다.

모발을 갈색으로 하기 위해 사용하거나, 보이고 싶지 않은 털을 탈색하여 눈에 잘 띄지 않게 하는 데에도 이용된다.

탈색제는 다음의 3종류로 분류된다.

① 1제식 탈색제(헤어라이트너)

과산화수소수를 주성분으로 하여 그 산화작용으로 모발을 탈색한다. 한 번의 사용으로 모발을 밝게 하지는 못하나 서서히 색을 변화시키는 타입으로서 미스트나 거품 타입이 있다.

② 2제식 탈색제

1제로 암모니아, 모노에탄올아민과 같은 알칼리제를 사용하고 과산화수소수와 같은 산화제를 배합하여 사용 직전에 2제와 혼합하여 사용한다. 제형으로는 크림 타입이 많다.

알칼리제로 모발을 팽윤시키면 과산화수소가 모발에 침투하여 멜라닌색소를 분해하여서 탈색시킨다. 사용 시간에 따라 모발의 색이 달라지는데 약 30분으로 흑발을 밝은 밤색으로 바꿀 수 있다.

모발의 블리치나 손발의 잔털을 탈색하는 데에도 이용된다.

③ 3제식 탈색제

탈색력을 더욱 강화한 탈색제로서 하이블리치라고 한다.

2제식의 탈색제에 더하여 산화촉진제(과황산암모늄과 같은 과황산염)인 부스터를 사용하여 탈색하는 방식으로서 제형은 3제식으로 이루어져 있다.

1회 사용으로도 모발의 색을 상당히 밝게 할 수 있다.

탈색제는 모발에 손상을 주기 쉬우므로 사용 시에는 사전에 모발의 손상 정도를 잘 알아본 후 타입을 선택하며, 사용 시간과 온도를 체크하여야 한다. 또한, 탈색제는 모발뿐 아니라 사용 시에 두피나 손발의 피부에도 탈색제가 부착되므로 피부를 손상시키지 않도록 주의하여야 한다.

3. 모낭과 두피 케어를 위한 제품

1) 육모제

알코올 수용액에 혈액순환 촉진제와 같은 약용 성분, 보습제 등을 첨가한 외용제이다. 두피에 사용하여 헤어 사이클 기능의 정상화를 돕고 혈액순환을 원활하게 하며 모공의 기능을 향상시킴으로써 육모를 촉진하거나 탈모를 방지하고 아울러 비듬이나 가려움을 방지하는 제품이다.

육모제는 의약외품의 명칭이며 화장품에서는 양모제라고 한다. 그 차이는 유효성분의 종류나 양에 있다.

화장품에서의 효능 효과는 비듬과 가려움을 억제하고 두피와 모발에 촉촉함을 부여하여 건강하게 유지하는 것이며, 의약부외품에서는 육모, 양모, 박모, 탈모를 방지하고, 모발 생성과 발모를 촉진하며, 병후나 산후의 탈모 방지, 비듬, 가려움 억제가 효능의 범위이다.

육모제의 성분으로는 혈액순환 촉진제, 국소 자극제, 모모세포 부활제, 항남성호르몬제, 항지루제, 각질층 용해제, 살균제, 항염증제, 보습제, 영양제, 비듬 억제제, 침투 촉진제 등을 들 수 있다[표 4-4].

[표 4-4] 육모제의 성분

기능	성분명
모유두세포의 활성화, 활관확장	미녹시딜, t-플라바논
혈액순환 촉진제	당약추출물, 염화카프로늄 등
국소 자극제	고추틴크, 멘톨, 니코틴산벤질 등
모모세포 부활제	판토텐산 및 그 유도체, 펜타데킨산글리세리드 등
항남성호르몬제	에스트라디올, 에티틸에스트라디올
항지루제	염산피리독신, 유황 등
각질층 용해제	살리실산, 레조르신
살균제	염화벤잘코늄, 히노키티올
항염증제	Dipotassium Glycyrrhizinate, 글리실리진산 등
보습제	글리세린, 히알루론산 등
영양제	비타민, 아미노산 등

05 바디케어 화장품·입욕제

바디케어 화장품이란 다양한 목적에 따라 신체를 케어하는 화장품을 일컫는다. 바디케어 화장품이 종류를 부위 및 목적별로 정리하면 [표 5-1]과 같다.

[표 5-1] 바디케어 화장품의 종류

부위	목적	제품명
전신	세정	비누, 바디샴푸
	트리트먼트	스킨, 로션, 크림
	자외선차단	자외선차단화장품, 선탠화장품
	슬리밍	슬리밍화장품(로션)
	향수	코롱, 파우더
	모기기피	모기기피제
손, 손가락	거칠어짐 방지, 개선	핸드크림, 약용크림
겨드랑이 아래	방취, 제한	방취, 제한로션, 스프레이, 스틱
팔꿈치, 무릎	유연	각질유연로션
다리	붓기 방지	레그로션, 크림
발	탈색, 제모, 방취	디스컬러, 제모크림, 방취로션

1. 비누

일상적으로 사용하는 비누는 고급지방산의 알칼리염으로 만들어지며, 그 기원은 오래전으로 거슬러 올라가서 기원전부터 사용되어 왔다.

비누는 음이온성 계면활성제에 속하며 그 수용액은 표면장력 및 계면장력을 저하시키는 작용을 하고 세정성과 기포성이 있다.

세정작용은 비누의 수용액이 더러움과 피부 사이에 침투하여 양자 간의 부착력을 약화시키고 더러움을 수용액 속으로 유화 · 분산시키는 것이다.

비누는 예전부터 얼굴을 비롯한 신체의 세정에 사용되었으며 비누의 장점은 거품이 잘 나고 씻어낸 후의 산뜻한 느낌으로서 일본인은 특히 이 감촉을 좋아하여 널리 사용되어 왔다. 그러나 수용액이 염기성이기 때문에 세안 후 사람에 따라서는 얼굴이 당기거나 피부가 염기성에 약한 등의 이유로 비누를 사용하지 않는 사람도 있다.

비누의 종류는 다음과 같이 분류된다.

- 미용비누(일반적으로 기계로 반죽한 비누. 거품을 크리미하게 하기 위하여 고급지방산 등을 배합한 것이 많다.)
- 투명비누(일반 비누와 마찬가지로 유지류를 비누화하고 설탕 등을 첨가하여 틀에 담아 냉각 고화, 건조, 숙성시켜 만들어진다.)
- 신데드바(양성 계면활성제 등을 주원료로 하며 일반 비누와는 달리 염기성이 아니어서 경수에도 사용 가능)
- 약용비누(비누에 살균제를 배합한 데오드란트 솝과 비누에 소염제를 배합한 메디케이티드 솝이 있다.)

2. 기타 바디케어 화장품

1) 액체 바디 세정제(바디샴푸)

피부 표면의 더러움을 씻어내고 청결하게 유지하기 위하여 사용하는 액상의 바디 세정제이다.

액체 상태나 겔 상태이기 때문에 타월, 스펀지 등에 즉시 흡수되고 풍부한 거품으로 피부를 세정할 수 있으며 샤워를 하는 빈도가 증가하는 등의 이유로 비누 대신 보급되어 있는 세정제이다.

주성분은 기포 세정제와 보조제, 안정제이며 제품의 분류로는 비누계의 바디샴푸, 비누 이외의 음이온성 계면활성제를 주체로하는 타입(신데드 타입), 민감성 피부용의 타입이 있다.

2) 바디로션

피부에 촉촉함을 부여하는 스킨이다. 보습 성분, 유분을 배합한 약산성 타입의 스킨이 많다.

3) 바디크림

피부에 유분, 보습 성분을 공급하여 촉촉함과 유연성을 부여하는 것으로서 O/W형 타입의 산뜻한 감촉의 크림이 이용된다.

4) 슬리밍 화장품

바디에 사용하여 목적 부위의 사이즈를 줄이는 효과를 내는 화장품으로서 살 빠지는 화장품이라고도 한다.

제형으로서는 스킨, 에센스, 젤이 주류이며 신체에 사용되기 때문에 끈적이지 않아야 한다. 최근에는 시트 제제도 나오고 있다.

사용 목적은 과식, 운동 부족, 연령 증가로 인하여 증대된 피하지방(중성지방)을 감량하는 것으로서 지방은 효소 리파아제를 통해 분해되므로 이 리파아제 활성을 높이는 슬리밍 성분이 화장품에 배합된다.

슬리밍 성분인 리파아제 활성 촉진 약제로 카페인, 테오필린 등이 배합되며 또 리파아제가 노르아드레날린의 자극을 받아 활성화되는 점을 이용하여 노르아드레날린의 분비를 높이는 성분이 배합된다. 즉 교감신경계를 활성화하는 효과가 있는 그레이프프루트, 페퍼, 펜넬, 에스트라곤 등이 배합되어 슬리밍 효과를 내는 것이다.

그 효과는 피하지방의 감량, 사이즈 다운으로 확인된다. 또한, 슬리밍 화장품은 셀룰라이트(울퉁불퉁한 피하지방)의 방지에도 도움이 된다.

5) 핸드크림

손이 거칠어지는 원인은 생리기능에 관계된 것(아토피 등)과 세제와 같은 외부 요인을 고려할 수 있다.

손이 거칠어지는 것을 예방 또는 개선하기 위한 거칠어짐 개선제[20]로서 보습제, 항염증제, 수렴제, 비타민 등을 배합한 약용 핸드크림이 사용된다[표 5-2].

화장품으로는 건조로부터 손을 지키는 핸드크림과 물을 사용하는 작업을 하기 전에 도포하여 크림의 발수성을 통해 손이 거칠어지는 것을 방지하는 핸드크림이 있으며, 전자는 각종 보습제나 바셀린이 배합되고 후자는 실리콘 오일이나 고분자 실리콘이 배합된다.

손의 거칠어짐도 초기 단계에서 케어하는 것이 중요하다.

[표 5-2] 손의 거칠어짐 개선제

분류	성분명	기능 · 작용
보습제	아미노산, 글리세린, 솔비톨, 요소, 젖산나트륨, 필로리돈카르본산나트륨, 히알루론산나트륨, 뮤코다당류 등	피부 속의 수분의 유출을 방지
항염증제	β-글리시레티닌산, 알란토인, 아줄렌, ε-아미노카프로산, 하이드로코르티손 등	외부 환경으로부터의 자극이나 약한 염증을 방지
수렴제	산화아연, 환산아연, 알란토인하이드록시알루미늄, 염화알루미늄, 탄닌산, 구연산, 젖산 등	피부에 긴장감을 부여하고 정돈하는 기능
기타	비타민(비타민 A, 비타민 B군, 비타민 D, 비타민 E 등) 호르몬(에스트라디올, 에스트론, 코르티손 등) 스멕타이트 트리클로산 등 살균제	피부의 생리기능을 유지 피부의 항상성을 유지 피부의 방벽기능을 강화 피부를 청결하게 유지

토다 키요시, 《화장품 기술자와 의학자를 위한 피부과학》, 문광당, 35쪽(1990) [20]

6) 제한 · 데오드란트 화장품

체취를 억제하기 위한 목적으로 사용되는 화장품으로서 방취화장품이라고도 한다.

제형으로는 액상, 분상, 에어로졸, 고형 분말, 스틱상, 롤온타입 등 각종 제품이 있으나 분말을 함유한 에어로졸제(파우더스프레이)가 가장 일반적이다.

체취에는 땀 냄새, 겨드랑이 땀 냄새, 발 냄새 등이 있으며 냄새의 원인은 땀(에크린선, 특히 아포크린선)에 들어 있는 지방이나 단백질이 피부상재균(건강한 사람의 피부 표면에 통상적으로 존재하는 균으로서 표피 포도구균이나 아크네균, 효모 등)이 효소 리파아제 등에 의하여 분해되면서 불쾌한 냄새가 발생하는 것으로 알려져 있다.

냄새의 성분은 저분자인 유기산, 알데히드 등으로 겨드랑이 땀 냄새, 발 냄새에는 특유의 냄새 물질(이소발레르산 등)이 검출된다.

제한 · 데오드란트 화장품은 체취가 발생하는 과정을 고려하여 다음과 같은 기능을 한다.

① 땀을 억제하는 제한 기능

② 피부상재균의 증식을 억제하는 항균 기능

③ 발생한 체취를 억제하는 탈취 기능

④ 향기를 통한 마스킹 기능

발한을 억제하기 위해서는 제한제가 사용되며 그 중에서도 클로로하이드록시알루미늄이 많이 사용되고 있다.

피부상재균의 활성을 억제하기 위해서는 염화벤젤코늄과 같은 살균제를 사용한다.

그리고 발생한 체취를 억제하기 위해서는 냄새 성분(저급지방산)을 금속염으로 변화시킨 산화아연[21]이나 제올라이트의 미세한 구멍 속으로 냄새를 흡착시키는 방법이 이루어지고 있다.

이러한 기능과 더불어 체취를 마스킹하는 향료도 배합된다.

최근에는 고령화가 진행되고 있는데 중고령자의 체취에는 젊은이의 체취와는 다른 냄새가 들어 있다는 것이 밝혀졌다. 이 냄새는 가슴이나 등에서 나는 것으로 기름 냄새가 나고 조금 풋내가 나는 '장마철의 곰팡이가 슬은 낡은 책'과 같은 불쾌한 냄새로서 나이를 먹으면서 증가하는 것이 밝혀졌으며 분석 결과 피지 중의 지방산의 9-헥사데센산이 산화분해되어 생성된 노네날이라는 것이 밝혀져 이 냄새를 가령취라고 부른다.

이 노네날의 발생을 억제하기 위해서는 항산화제 티오타우린이 효과가 있으며, 이와 함께 마스킹제를 배합한 바디용 제품이 탄생하였다.

3. 제모제

손발이나 겨드랑이 아래처럼 보이고 싶지 않은 털을 제거하는 것을 목적으로 하는 제품이다.

제거 방법으로는 2가지 타입이 있으며 물리적으로 잔털을 제거하는 제모제와 화학적 작용으로 제거하는 제모제가 있다.

1) 물리적 제모제

약사법에 기초한 상품 분류에서는 잡화가 된다. 물리적 제모제는 잔털을 잡아당겨 모근까지 뽑아내는 것으로서 효과는 비교적 오래 지속되나 사용 시 다소 통증을 동반하는 단점이 있다.

제형으로서는 제모 왁스, 젤, 테이프가 있다.

(1) 제모 왁스

로진과 같은 수지, 밀납, 파라핀 등에 산화방지제를 배합한 것이다.

사용 시 제모 왁스를 가열 용해시켜서 제모하고 싶은 부분에 솔로 도포하고 고화되면 강하게 잡아당겨서 왁스와 함께 잔털까지 제거하는 타입이다.

(2) 제모 겔

수지류, 당, 이온교환수 등으로 이루어진 겔 상태의 제품으로서 피부에 도포한 후 그 위에 부직포와 같은 얇은 시트를 붙여서 시트와 겔과 함께 잔털을 제거하는 것으로서, 제모 효과는 제모 왁스보다는 조금 떨어진다.

(3) 제모 테이프

합성수지 점착제를 부직포에 도포한 테이프로서 접착 면을 잔털이 있는 곳에 붙인 후 한 번에 떼어내서 제모한다. 간편하지만 피부에 부담이 가해지는 것이 단점이다.

2) 화학적 제모제

티오글리콜산칼슘 또는 나트륨 등 환원제를 함유한 크림으로 이루어진 의약외품이다.

잔털 위에 도포하여 털의 시스틴 결합을 환원제로 화학적으로 절단하여 제모한다. 환원제의 작용을 효과적으로 하기 위하여 pH는 11~13 정도의 염기성으로 설정되어 있는 경우가 많다.

사용 시 피부에도 부착되므로 사람에 따라서는 염증을 유발하는 경우도 있기 때문에 사용상 주의를 잘 읽고 사용하는 것이 중요하다.

3) 모기 기피제

의약외품에 속하며 모기, 파리 등 벌레 물림 예방을 목적으로 하는 제품으로서 스프레이제가 대부분이며 대체로 기피제, 인섹트리펠러(insect repellent)라고도 한다.

기피 성분은 수 종류가 있으나 현재 가장 많이 사용되는 것은 Deet(N,N-디에틸-m-톨루아미드)이다.

기피제를 신체에 도포하면 증산되어 증산됨으로써 신체의 주위를 감싸서 증산된 기피제가 모기 등의 탄산가스 감지기를 마비시켜서 기피 효과를 보인다.

사육한 모기를 이용한 사람에 대한 기피 시험 결과, 무도포에서는 즉시 흡혈하여 30분 후에는 피실험자 13명 전원이 흡혈되었으나, Deet 도포부에서는 3시간까지 100% 기피 효과가 확인되었다.

4. 입욕제

입욕 시 따뜻한 물에 풀어 사용하는 제품으로서 화장품과 의약외품이 있는데 대부분은 의약외품의 입욕제이다.

의약외품의 효능 효과에 더하여 땀띠, 피부 거칠어짐, 타박상, 어깨 결림, 염좌, 신경통, 습진, 동상, 요통, 류머티즘, 틈, 피로회복, 여드름, 피부 갈라짐, 냉증, 산전 산후의 냉증, 치질, 고부백선, 무좀, 백선, 개선을 약사 상으로 들 수 있다.

이들 효능은 다음의 작용에 기초한다.

① 온열작용 : 말초신경의 혈액순환의 촉진하여 신체보온, 피로회복

② 발한작용 : 발한을 촉진하여 체내 노폐물 배출

③ 피부질환에 대한 예방 효과

의약외품의 대표적인 입욕제로는 생약 배합 입욕제가 있다.

약용식물의 건조품을 재단 또는 분쇄한 것을 주머니에 담거나 추출 엑기스를 제품화한 것이다.

약용식물로는 회향, 캐모마일, 쌀 발효 엑기스, 창포, 고추, 당귀, 유자, 쑥, 알로에 등이 있으며 보온, 혈액순환 촉진, 소염, 진정, 진통, 살균 등의 목적으로 사용된다.

이밖에 대표적인 입욕제로는 이온 흡수, 염류막 형성을 통하여 의학적 효과를 발휘하는 무기염류 입욕제, 이산화탄소 발생으로 혈관 확장을 통한 어깨 결림, 수족냉증개선을 목적으로 하는 탄산가스 입욕제[24] 외에도 효소활성을 통한 세정 · 미용 효과를 목적으로 한 효소 입욕제가 있다.

5. 목욕 관련 제품

1) 배스오일

각종 액상 유성 원료가 주성분으로 입욕 후 피부로부터 수분이 증발되는 것을 억제하며 피부를 유연하고 매끄럽게 하는 것이 목적이다.

사용 시 유분의 상태에 따라서 4가지의 타입으로 나뉜다.

① 기름방울이 따뜻한 물의 표면에 뜨는 타입

② 기름막으로 퍼지는 타입

③ 유분이 고운 입자가 되어 따뜻한 물에 분산되는 타입

④ 유분이 따뜻한 물속에서 유상으로 바뀌어 백탁분해되는 타입

이 중에서 타입 4는 끈적이지 않고 산뜻하여서 그 감촉이 선호되고 있으며 젤라틴으로 된 연질 캡슐에 담겨 있는 것도 제품화되었다.

배스오일 중에서도 향을 즐기는 것을 주목적으로 하는 것은 샤워코롱 또는 배스퍼퓸이라고 한다.

06 향수 화장품

향수 화장품은 향료(향기)가 주체인 화장품으로서, 액상의 향수는 향료의 함유량(%)에 따라서 퍼퓸, 오드퍼퓸, 오드뜨왈렛, 오드코롱, 샤워코롱으로 분류된다. 향의 지속성은 향조에 따라 차이가 있으나 일반적으로는 [표 6-1]과 같다.

이외에도 고체 향수(부향률 5~10%), 방향 파우더(부향률 1~2%), 향수비누(부향률 1.5~4%)가 있다.

[표 6-1] 향수 화장품의 종류

종류	향료 함유량(부향률) %	지속시간
퍼퓸	15~30	5~7
오드퍼퓸	7~15	4~6
오드트왈렛	5~10	3~4
오드코롱	2~5	2~3
샤워코롱	1~2	1~2

1. 퍼퓸

퍼퓸은 향료를 에틸알코올에 녹인 것으로서 약 95%의 알코올이 사용된다. 이 밖의 제품에는 같거나 그 이하의 농도의 알코올이 사용된다.

향수는 향기의 예술품이라고도 일컬어지며 첨단기술을 통해 만들어진 합성 향료와 천연의 꽃 등에서 추출한 천연 향료를 사용하여 조향사에 의해 만들어진다.

좋은 향수의 요건으로는,

① 아름다운 향이 나며 세련되고 격조 높은 향일 것

② 향에 특징이 있을 것

③ 향의 조화가 잡혀 있을 것

④ 향의 확산성이 좋을 것

⑤ 향이 적당하게 강하고 지속성이 있을 것을 들 수 있다.

지금까지 많은 향수가 탄생되고 사용되었으며 제각기 고유의 향을 갖고 있다. 어떠한 향으로 분류되는지, 향기의 분류 중에서 중요한 향조에 따른 분류를 나타내면 [표 6-2]와 같은 타입별로 분류된다.

이 분류는 그 향수의 타입과 그 향기로부터 받는 종합적인 이미지나 분위기를 나타낸 것이다.

(1) 향수의 특성

향수는 몸에 뿌린 후 시간이 흐르면서 향이 변화한다. 이것은 향료의 휘발성으로 인한 것으로서 그 향기를 탑 노트, 미들 노트, 라스팅 노트라고 한다.

1 탑 노트

피부에 뿌린 후 약 10분 동안 나는 향으로서 향의 첫인상이기 때문에 중요하다.(알코올이 날아간 후의 냄새)

주요 향료 : 레몬, 오렌지, 베르가못과 같은 시트러스 노트, 라벤더, 일랑일랑, 히아신스와 같은 플라워 노트, 그린 노트

2 미들 노트

10~30분 정도의 향기. 그 향수의 가장 중심이 되는 향기

주요 향료 : 재스민, 장미, 은방울꽃과 같은 플로럴 노트, 바질, 시나몬과 같은 스파이스 노트나 알데히드 노트

[표 6-2] 여성용 향수 화장품의 향기 타입과 그 주요 이미지

주성분	소분류	향의 이미지
오리엔탈 계열		사랑의 향기라고 일컬어지며, 자신의 매력을 숙지한 성숙한 여성의 이미지로서 섹시하고 여성스러움을 표현한다.
플로리엔탈 계열		우아하며 섹시하고 성숙한 이미지에 더하여 가볍고 세련된 이미지. 도시적으로 세련된 엘레강스한 여성의 관능을 느끼게 한다.
시프레 계열		우아하고 성숙한 이미지, 엘레강스, 여성스러움, 밝고 윤기 나는 이미지. 온기가 있는 깊은 향기에 은은한 달콤함이 감돈다.
알데히드 플로럴 계열		고급스러운 이미지. 화려하고 로맨틱한 여성에게 적합하다.
플로럴 계열	싱글플로럴 계열	심플하고 청순한 이미지. 젊은 여성에게 알맞다.
	플로럴부케 계열	세련되고 부드러운 여성의 이미지. 페미닌한 향기
	화이트플로럴 계열	가볍고 밝은 여성의 이미지. 희고 사랑스러운 꽃의 향기
	그린플로럴 계열	개성적인 상쾌함과 퓨어한 이미지. 자연스럽고 시원스러운 여성이나 행동적인 분위기의 여성, 자유와 자연을 사랑하는 여성에게 잘 어울린다.
	프레시플로럴 계열	상쾌하고 프레시한 감각이 넘치는 이미지. 남녀 공용의 셰어프레그런스
	프루티플로럴 계열	적극적인 여성의 이미지. 무슨 일에나 도전하며 적극적으로 인생을 즐기는 젊고 밝은 천성의 여성에게 적합하다.
시트러스 계열		프레시하고 스포티하며 때 묻지 않은 이미지. 현대적인 상쾌함을 느끼게 한다.

(일본화장품기술자회편, 《화장품사전》, p.734, 2003, 마루젠에서 전제)

3 라스팅 노트(잔향)

피부에 뿌린 후 30분 정도 지나서 체취와 섞여 그 사람만의 독자적인 향기가 된 것
주요 향료 : 샌들우드, 오크모스와 같은 우디 노트, 앰버 또는 발사믹계의 향기

향의 변화를 어떻게 즐길까에 따라서 이들 향기를 잘 조합하여 향수가 만들어진다.

2. 고체 향수

에스테르 오일, 탄화수소 오일에 왁스를 가열 용해한 기제에 5~10%의 향료를 첨가하여 고형화한 향수이다.

컴팩트 용기에 담긴 것이 많으며 휴대가 편리하여 손끝이나 귓등에 소량 사용한다.

07 아로마테라피와 아로마콜로지

1. 아로마테라피와 그 효과

아로마테라피란 향기를 의미하는 아로마(aroma)와 요법을 의미하는 테라피(theraphy)를 연결한 조어로서 향기요법을 일컬으며, 프랑스의 병리학자이자 정유 연구자인 르네 모리스 가테포세에 의해 이름이 붙여졌다.

아로마테라피의 기본적인 방법은 다음과 같으며 각각에 대한 제품이 시장에 나와 있다.

① 정유의 방향을 맡음, 들이쉼

② 정유를 바르고 마사지함

③ 정유를 첨가한 아로마배스에서 전신욕 또는 부분욕(족욕)

④ 허브티로 마심(화장품 외)

⑤ 정유를 복용함(화장품 외)

아로마테라피에 사용되는 대표적인 정유와 그 효과를 나타내면 [표 7-1]과 같다.

[표 7-1] 향수 화장품의 종류

정유	효능
라벤더	불안해소, 항우울, 혈압강하, 향균 효과 등
로즈	불안해소, 항우울 등
재스민	불안해소, 최면, 스트레스 완화 등
캐모마일	불면증, 최면, 소염 등
유칼립투스	각성, 향균 효과 등

이들 요법은 모두 의사나 아로마테라피스트 등 자격을 갖고 있는 사람에 의해 실시되는 것으로서 잘못된 요법으로 인하여 트러블이 발생하는 경우도 있으므로 주의가 필요하다.

2. 아로마콜로지와 그 효과

아로마콜로지란 향기를 뜻하는 아로마와 생리심리학을 뜻하는 피지올릭 사이콜로지(physiologic psychology)를 연결한 조어이다.

인간이 향을 맡았을 때에 발생하는 생리심리변화나 면역학적 변화를 조사하여 그 유용성을 제품 등에 응용하는 것이다. 아래에 이 분야의 연구 중 흥미로운 결과 및 제품의 응용 예를 나타내었다.

1) 면역계에 대한 향기의 효과

쾌적한 냄새인 라벤더나 베르가못의 향을 맡으면 타액 속의 면역항체인 분비형 면역글로불린 A(S-ig A)의 농도가 상승하는데 불쾌한 냄새인 이소발레린산(발 냄새)이나 스카톨에서는 이러한 변화가 관찰되지 않았다. 이와 같은 결과를 통해서 쾌적하고 좋아하는 향기를 일상생활에 도입하는 것은 예방의학적인 관점에서도 매우 중요하다는 것을 알 수 있으며 제품에도 응용되고 있다.

2) 슬리밍 효과

슬리밍 화장품의 항에서 나타낸 바와 같이 그레이프프루트 등의 향기를 맡음으로써 교감신경계를 활성화시키는 효과가 인정되며 슬리밍 효과에 기여한다[19].

3) 향료(향기)의 피부 방벽의 항상성 유지 기능에 대한 효과

건강한 여성 9명(19~23세)을 피실험자로 하여 3명씩 3그룹으로 나눈 다음 각 그룹에 대하여 무향료, 스트룹 검사를 통한 스트레스 부하, 향기 및 스트레스 부하의 3조건 중 1조건씩 순서대로 변화시켜 적용하는 시험을 3일에 걸쳐 수행하였다. 피부 방어벽 기능은 경피 수분손실(TEWL)을 측정으로 평가하였다. 테이프 스트리핑법으로 실험적으로 피부 방벽을 파괴한 다음 TEWL을 지표로 회복 경과를 조사한 결과, 실험적으로 부하된 정신적 스트레스로 인하여 피부 방어벽 기능의 회복이 지연되는 것을 확인하였다.

또한, 티로즈 성분 배합 향료와 같이 스트레스 완화 효과가 있는 향기를 맡은 경우에는 향기를 맡지 않은 경우에 비하여 피부 방어벽 기능 회복의 지연이 유의하게 개선되는 것이 판명되었다. 이것은 향기가 뇌를 자극하여 신경계나 내분비계를 통해 피부의 기능이 개선된 예이다.[27)~29)]

08 방향제, 탈취제, 방향 탈취제

공간에 향기를 부여하는 것을 방향제라고 하며, 냄새를 화학적인 반응(중화반응과 산화환원반응)이나 감각적인 작용 '마스킹법과 중화법(냄새를 향기의 구성 성분에 결합시킴으로써 전체적으로는 좋은 향기로 바꾸는 탈취법)' 등으로 제거 또는 완화하는 것을 탈취제라고 한다[25].

최근 경향으로 방향제의 향기도 플로럴이나 프루트(그레이프프루트나 오렌지 등)를 기조로 한 달콤한 향기가 많아졌다.

한편, 방향제는 축소 경향이 있으며, 탈취제에 방향 성분을 배합한 방향 탈취제가 대부분을 차지하게 되었다.

제품 형태는 겔, 리퀴드, 에어로졸이 주를 이루며 용도는 거실용, 화장실용, 현관용, 자동차용 등으로 구성된다. 이들은 약사법상 잡화로 취급된다.

1. 방향 탈취제

방향 탈취제의 방향 성분에도 천연 정유나 꽃향기, 삼림의 향기가 사용된다. 이들을 분석한 결과 악취 성분이 섞여 있더라도 좋은 향기로 느껴진다는 것이 밝혀졌다. 따라서 악취를 제거한 향기를 처방함으로써 악취가 가해지더라도 방향 성분과 조화를 이루어 악취에 대한 느낌이 한층 줄어드는 중화법이 이용되고 있다.

방향 탈취제의 제제별 분류를 나타내면 [표 8-1]과 같다.

[표 8-1] 방향 탈취제

겔	워터베이스(향료는 계면활성제를 사용하여 유화시킨다. 겔화 기제로는 카라기난 등이 사용된다.)
	오일베이스(무취의 석유계 용제에 향료를 용해시키며 겔화 기제로는 왁스, 스테아린산 등을 사용한다.)
리퀴드	워터베이스(향료를 계면활성제를 사용하여 가용화시킨 것. 알코올을 첨가한 것도 있다.)
	오일베이스(향료를 무취의 용제에 녹인 것)
에어로졸(즉효성이 있으며 즉시 악취를 마스킹할 수 있으나 지속성은 없다.)	

| 참 고 문 헌 |

1) Mao-Qiang Man, M.D. et al., *Arch. Dermatol.*, **129**, 728～738 (1993)
2) Ruby Ghadially et al., *The Journal of Clinical Investigation*, Inc., **95** 2281～2298 (1995)
3) 小山純一 他 *JSCCJ*, **33**(1),16～26 (1999)
4) T. Hirano et al., *IFSCC magazine*, **6**(2), 103～109 (2003)
5) 河野善行, *JSCCJ*, **36**(4), 253～261 (2002)
6) 河野善行, *JSCCJ*, **27**(1), 33～40 (1993)
7) 鈴木敏幸, *JSCCJ*, **25**(3), 193～202 (1991)
8) 津田ひろ子, *JSCCJ*, Vol.39, 3～9 (2005)
9) 尾沢達也 他, 皮膚 第27巻 第2号, 276～288 (1985)
10) Kumano Y. et al., *JSCCJ*, **28**( ), 285 (1977)
11) 山口道広, 油化学, 39, 95 (1990)
12) 野田章他, *JSCCJ*, **25**(4), 223～231 (1992)
13) Kawai E. et al., *IFSCC magajine*, **5**(4), 269～275 (2002)
14) 大野和久, *JSCCJ*, **27**(3), 314～325 (1993)
15) 勝山智祐 他, IFSCC. シドニー大会 報告会要旨集 123～127 (1996)
16) 細川均, *JSCCJ*, **36**(4), 253～261 (2002)
17) 山崎一德 他, *JSCCJ*, **31**(4), 403～412 (1997)
18) 金子勝之, *JSCCJ*, **35**(1), 8～13 (2001)
19) 針谷 毅 他, 日本薬学会 第122年会要旨集2, p.124 (2002)
20) 戸田浄, "化粧品技術者と医学者のための皮膚科学", 文光堂, 35 (1990)
21) 神田不二宏, *JSCCJ*, **23**( ), 219～224 (1989)
22) 合津陽子, *JSCCJ*, **34**(4), 379～386 (2000)
23) 押田勝, 家庭薬研究 No.2, 87～94 (1983)
24) 萬秀憲 他, 日温気物医誌 **47**(3)(4), 130～136 (1984)
25) 田中雄一, *Fragrance Journal*, 4, 58～64 (2005)
26) 菅千帆子, *JSCCJ*, **29**(3), 242～251 (1995)
27) 土師信一郎, 皮膚と美容, **36**(2), 79～85 (2004)
28) 伝田光洋 他, 自律神経 37 ; 419～424 (2000)
29) Denda M. et al., *British J. of Dermatology*, Vol.142, 1007～1010 (2000)

화장품 원료 가이드

01 화장품 원료 가이드 서론

1. 화장품의 원료(필요조건)

맛있는 요리를 만들기 위해서는 재료의 조성, 특성을 잘 알고 음미하는 것이 중요하며, 그리고 이들 재료의 특징을 잘 살리는 요리법을 통하여 훌륭한 요리가 완성된다.

화장품 역시 요리에 쓰이는 재료에 못지않을 정도로 많은 원료가 사용되고 있어서 그 수는 일본에서는 약 9,700개(표시 명칭의 수)에도 이른다고 하며 매년 증가하고 있다.

식품과 마찬가지로 화장품을 만들 때에도 구성 원료 각각의 조성·특성을 잘 조사할 필요가 있는데, 식품과 다른 점은 화장품 원료는 사람의 피부나 모발 등에 사용되는 것으로서 부위에 따라서 사용하여도 문제가 없는지 안전성을 잘 조사하는 것이 중요하다는 점이다.

예부터 화장품 원료로 천연물이 널리 사용되어 왔으며, 현재에도 많은 천연물이나 그 정제·가공품이 이용되고 있다. 천연물은 좋은 성질을 갖는 것들도 많으나 화장품을 만들기에는 좋지 않은 성질의 것도 있으므로 천연물의 단점을 제거하여 새롭고 유용한 원료를 만드는 것이 중요하다.

최근에는 바이오테크놀로지, 복합화 기술, 나노테크놀로지 등을 응용한 원료 개발도 이루어지고 있다.

앞에서도 이야기한 바와 같이 화장품 원료는 일상적으로 피부 등에 사용되는 것이며, 그러한 의미에서 화장품 원료 선택 시의 필요조건은 아래와 같다.

1) 안전성이 높을 것

화장품은 피부, 점막이나 모발 등에 사용하는 것으로서 사용 원료는 피부 등에 자극을 주거나 독성이 있거나 알러지를 유발해서는 안 된다. 또한, 모발이나 손톱 등을 손상시켜서도 안 된다. 이와 같이 사람에게 유해한 물질의 유무를 안전성 시험이나 분석 시험을 통하여 조사하고, 만약 이러한 성분이 있는 경우에는 그것들을 제외하거나 정제함으로써 안전하게 할 필요가 있다.

천연물이라거나 먹을 수 있다고 하여 모두 화장품에 이용 가능한 것만은 아니므로 주의가 필요하다. 중금속류(비소, 아연 등)는 피부, 신체에 나쁜 작용을 하므로 분석 조사함으로써 원료에 포함되지 않았는지를 확인하고 사용하여야 한다.

2) 경시 안정성이 우수할 것

화장품은 식품과는 달리 단기간에 다 사용할 수 있는 것은 아니며, 비교적 오래 사용된다. 따라서 시간이 경과하면서 그 품질이 나빠지지 않도록 안정성이 우수하여야만 한다. 그러므로 원료 중에서 불안정한 성분을 조사하여 그것들을 제외하거나 정제함으로써 안정화를 꾀할 필요가 있다. 또한, 화학구조상 불안정한 요소를 지닌 원료인 경우에는 그 특성을 변화시키지 않고 안정한 화학구조를 가진 화합물을 고안할 필요도 있다. 특히 유성원료, 향료, 천연물류는 공기산화에 의해 산패하여 냄새가 변하는 것이 있으므로 주의가 필요하다. 또한, 미생물에 의해 분해되기 쉬운 원료도 있으므로 문제가 되지 않는지의 여부도 확인하여야 한다.

3) 사용 목적에 알맞은 기능, 유용성을 지닐 것

그 원료를 사용함으로써 최종 제품에 그 원료의 기능성, 유용성이 발현되어야 한다. 이 기능성, 유용성은 다양한 각도로 검토하여야 하는 것인데, 예를 들어서 생리활성효과(미백 효과, 육모 효과와 같은 약리 효과)가 높으며 최종 제품에 뛰어난 효과를 나타낸다거나 사용 특성이 뛰어나며 사용 시 제품의 발림, 부착, 광택 등이 우수함을 들 수 있다.

4) 원료가 시간이 흐르면서 냄새가 나거나 착색되지 않을 것, 맛이 나지 않을 것

원료에 따라서는 특유의 냄새를 지닌 것이 있다. 화장품의 원료에 있어서 냄새나 착색은 문제가 되며 또한, 시간이 지난 후에 냄새가 발생하는 것, 착색되는 것도 사용할 수 없다.

또한, 입술연지처럼 입술에 사용하는 것은 원료에 맛이 나지 않아야 하므로 이 점 역시 체크 항목이 된다.

5) 원료에 대한 법규제(화장품 기준 등)를 조사할 것

사용하는 원료 중의 방부제, 자외선 흡수제, 타르색소가 배합 제한 성분 리스트에 올라 있는가, 미등록의 특정 원료인가, 배합 금지 성분 리스트 또는 방부제, 자외선 흡수제, 타르색소 이외의 배합 제한 성분 리스트인가 역시 사용 시 반드시 확인이 필요하다. 또한, 배합하는 원료에도 전례가 없는 신규 첨가 성분을 배합하는 경우에는 안전성 등에 관해서 충분히 고려해야 한다.

이 밖에 해외로 제품을 수출하거나 반대로 수입하는 경우에는 국가에 따라 원료 규제가 다른 경우도 있으므로 사용 원료 전체에 문제가 없는지 확인하여야 한다.

6) 환경에 문제가 되지 않는 원료일 것

사용량이 많은 샴푸, 린스 등이 생분해성이 있는 원료인 것도 환경적으로 중요하다.

7) 안정적인 원료 공급이 가능할 것

8) 기타, 사용량에도 좌우되나 가격이 적정할 것

이상의 항목을 잘 조사하여 소비자가 사용한 경우 문제가 없는지 안전성, 안정성, 기능성(유용성), 사용성의 면에서 충분히 확인한 후 원료를 선택할 필요가 있다.

2. 화장품과 원료의 관계

화장품에는 많은 종류가 있으며(화장품 가이드 참조) 각 제품의 특징을 살리기 위하여 고유의 원료가 쓰이고 그 수도 많다.

그 원료들에 대하여 조성별로 분류하고 기술한 저서가 많지만, 각각의 원료 자체에 대한 설명이 주체가 되어 화장품과의 관계에 대한 설명은 희박한 경향이 있어서 화장품 원료가 화장품의 구성 원료로서 어떠한 기여를 하고 있는지 전체상을 파악하기는 어려운 상황이었다.

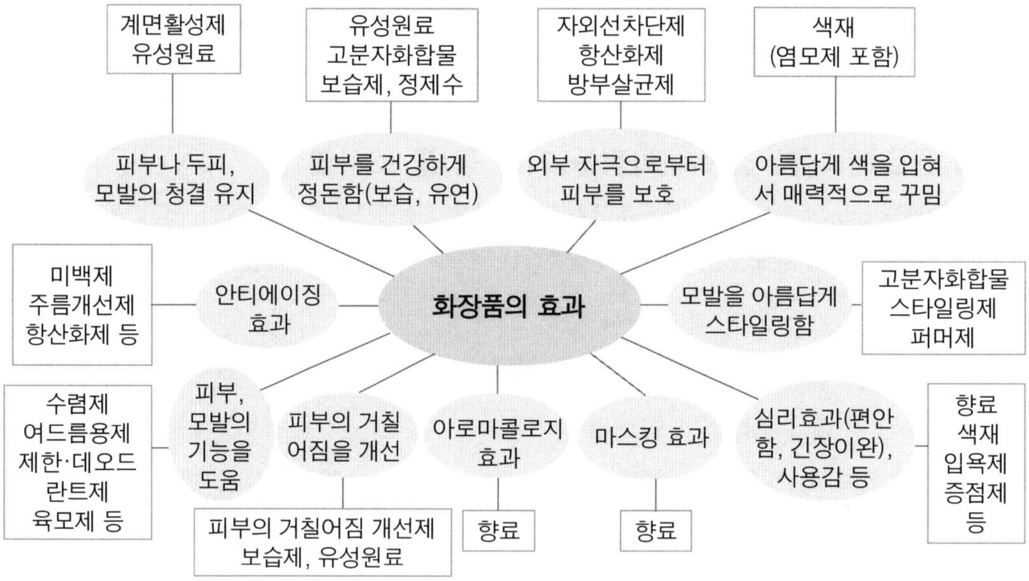

[그림 1-1] 화장품의 효과와 화장품 원료와의 관계

본서에서는 화장품과 원료와의 관계를 보다 명확히 하기 위하여 다음의 3가지 각도, 즉

① 화장품의 효과와 화장품 원료와의 관계[그림 1-1]

② 화장품에서 화장품 원료가 갖는 역할[그림 1-2]

③ 각종 화장품의 원료 구성[그림 1-4~그림 1-11]

과 화장품 가이드의 서론에서 이야기한 각종 화장품의 역할에 대한 그림과 조합하여 각 화장품의 원료를 살펴볼 때 그 원료의 위치나 역할을 조금이라도 이해하기 쉽도록 힘썼다.

1) 화장품의 효과와 화장품 원료와의 관계

[그림 1-1]에 화장품의 효과를 각각 기술하고 각각의 효과에 관련된 원료의 종류를 나타내었다. 그림을 보면 하나의 효과에 대해서도 많은 원료가 관계되어 있음을 알 수 있다. 뒤에서 설명할 각각의 원료에 대한 설명과 함께 이 그림을 활용한다면 그 관계를 이해하기 쉬울 것이다.

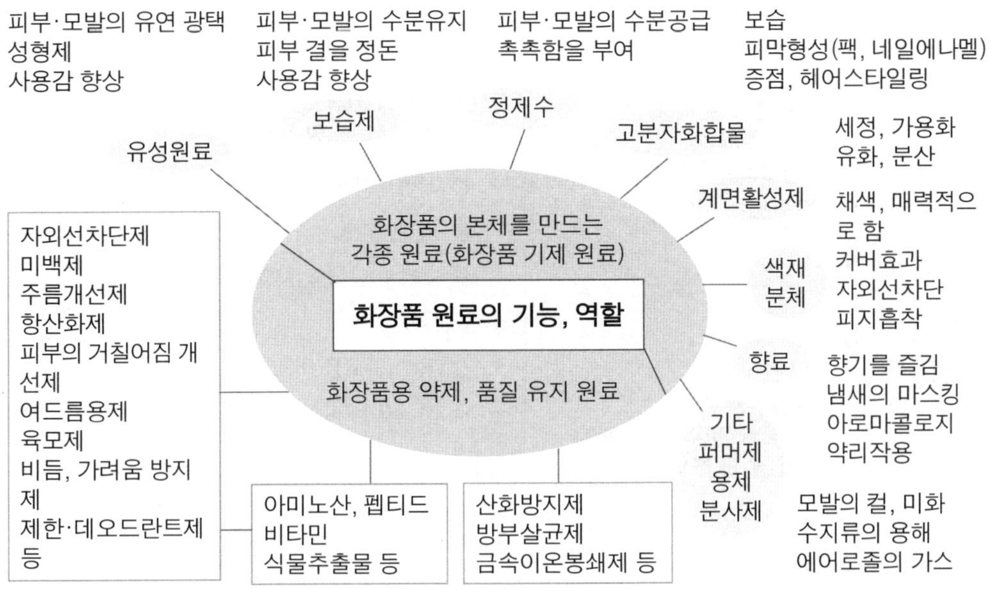

[그림 1-2] 화장품에서 화장품 원료가 갖는 역할

2) 화장품에서 화장품 원료가 갖는 역할

[그림 1-2]에 화장품 원료를 열거하고 각각의 역할을 기술하였다. 어떠한 역할을 위하여 어떠한 원료가 화장품에 쓰이는지를 안 다음에 활용할 수 있으며 전체상도 바라볼 수 있다.

계면활성제를 예로 들자면, [그림 1-1]에서는 피부나 두피, 모발을 청결하게 유지하기 위해서 필요하지만 가용성, 유화, 분산이라고 하는 계면활성제의 중요한 기능은 가려지므로 [그림 1-2]에서 이 기능을 알 수 있다. [그림 1-2] 주요 기능, 역할을 나타내었는데 각각의 원료에 대한 상세한 설명에 관해서는 각 항의 내용을 참고하기 바란다.

3) 각종 화장품의 원료 구성(화장품의 기제와 그 원료)

화장품 · 의약부외품에 어떠한 성분이 들어있는가는 그 제품의 표시, 다시 말해 전성분 표시를 보면 알 수 있도록 되어 있으며 정해진 명칭으로 기재되어 있다.

그러나 제품의 원료 구성(뼈대)을 한눈에 이해하기는 일반적으로 어려운 일이다.

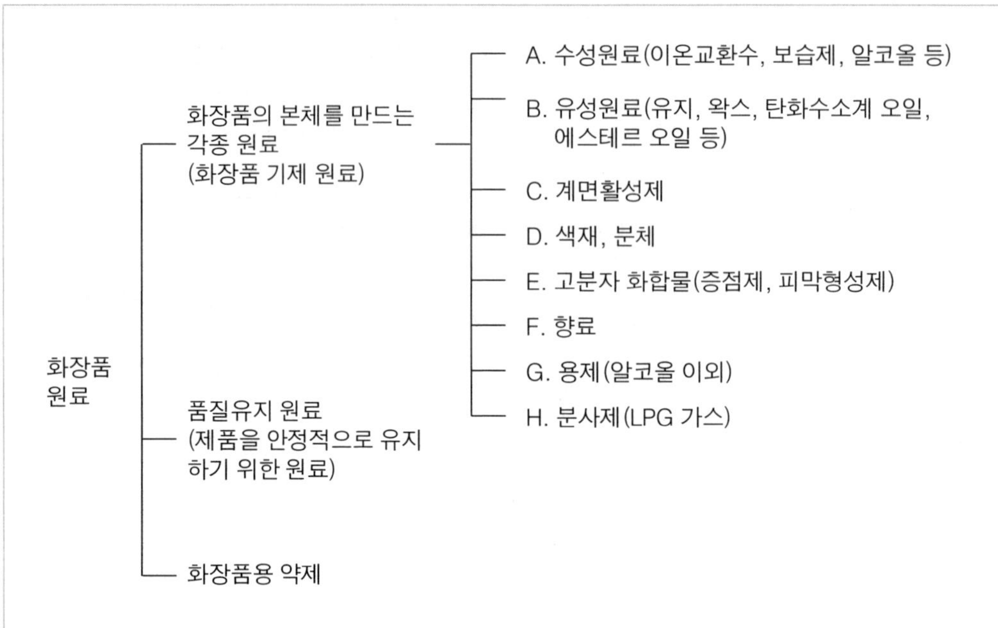

[그림 1-3] 화장품 원료 분류

그래서 화장품과 원료의 관계를 알기 위하여 화장품의 본체를 이루는 모든 원료(화장품 기제 원료)들의 조합에 대하여 생각하고 어떠한 제품이 만들어지는지 시험하였다.

화장품의 본체를 만드는 원료[그림 1-3]와 그 조합의 토대가 되는 패턴을 [그림 1-4]에 나타내었으며, 아래에 각각의 조합에 대해 그 내용을 나타내었다. 품질유지 원료나 화장품용 약제는 모두 제품에 있어 중요한 원료이나 내용이 복잡해지므로 여기서는 관계를 나타내는 정도에 한하였다. 또한, 향수류를 제외한 일반 제품에서의 향료의 조합도 생략하였다.

(1) 1원료군계

1 투명 액상 수성원료계(A타입)

수성원료군만으로 만들어지는 화장품으로서 이온교환수에 보습제나 소량의 알코올을 첨가한 스킨을 예로 들 수 있다. 일반적으로 스킨은 향료와 같은 소량의 유성물질을 함유하기 때문에 계면활성제를 사용한 가용화계가 쓰이는데 이 계에 대해서는 뒤에서 설명하겠다.

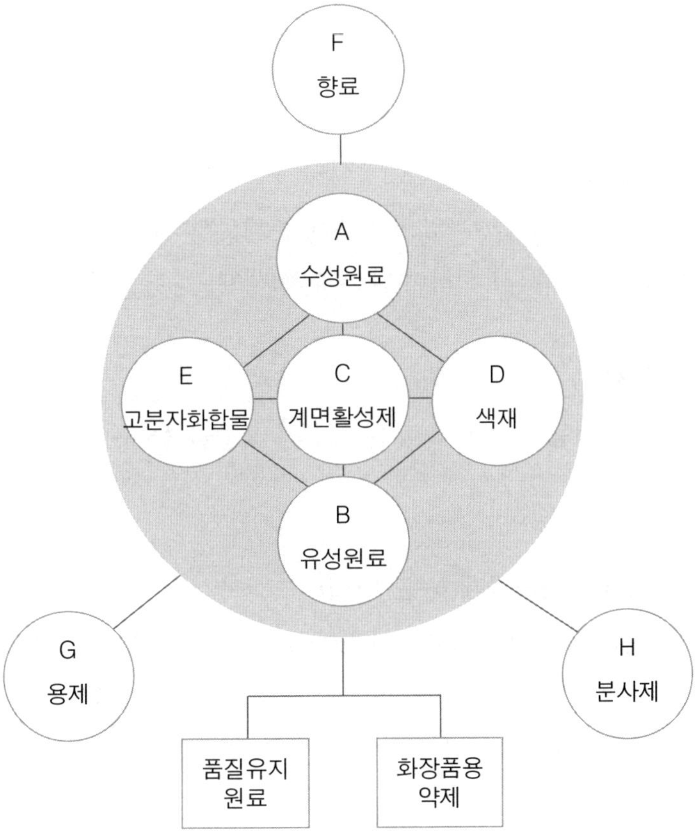

[그림 1-4] 화장품을 구성하는 원료군과 그 조합에 대하여

2 투명 액상 유성원료계(B타입)

유성원료군만으로 만들어지는 화장품으로서 이 계에 속하는 화장품으로서는 동백기름이나 에스테르 오일 등을 사용한 두발유와 식물유나 호호바유 등을 사용한 유성의 마사지 오일을 들 수 있다. 향료 등의 첨가는 고려하지 않으며 기본계로서 취급한다.

3 반고형, 고형 유성원료계(B타입)

액상은 아니지만 반고형이나 고형의 유성원료계로는 포마드, 헤어칙을 들 수 있다

4 계면활성제계(C타입)

이 계에 속하는 화장품은 많지는 않으나 비누(지방산의 알칼리염), 특수비누(음이

온성 계면활성제 등)를 들 수 있다. 실제로 비누, 특수비누에는 첨가물이 들어가나 여기서는 주원료계로서 취급하였다.

5 색재(분체)계(D타입)

가루분, 베이비파우더를 들 수 있으며 주요 분체로서 체질안료인 탈크가 사용되며 커버력, 부착성 등을 부여하기 위하여 다른 분체(색재) 등이 더해진다.

(2) 2원료군계

이 계에 속하는 화장품은 이하와 같은 종류의 것들을 들 수 있으며 각각에 대하여 설명하였다.

1 수성원료-고분자화합물계(A-E 타입)

이 타입의 화장품으로는 세팅로션, 팩 등을 들 수 있다. 유성원료가 들어있지 않은 에센스도 이 계에 속하며 고분자화합물 선택에 따라 사용 감촉이 다른 제품도 만들 수 있으며 이 타입의 계로 페이셜젤이나 헤어젤도 있다.

2 수성원료-계면활성제계(A-C 타입)

[그림 1-3]의 수성원료와 계면활성제의 조합으로 이루어지는 계로서 이 타입의 대표적인 예로는 샴푸를 들 수 있다. 수성원료로는 이온교환수, 보습제가 사용되며 여기에 세정 · 기포 효과가 있는 음이온성 계면활성제나 양성이온 계면활성제가 조합된다. 샴푸의 원료 구성 개념도를 나타내면 [그림 1-5]와 같다. 그림 중에서 원의 크기는 대략적인 배합률을 나타낸다.

3 수성원료-색재계(A-D 타입)

수성원료와 색재와의 조합으로 이루어지는 계이다. 이온교환수, 보습제에 체질안료나 백색안료 등의 조합을 분산시킨 2층계로서 제품으로서는 물분과 카밍로션이 있다.

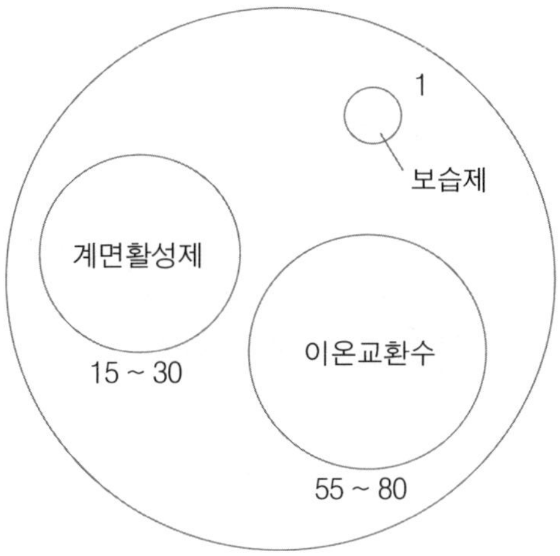

[그림 1-5] 샴푸의 원료 구성 개념도
(원 밖의 숫자는 배합 적정 비율을 나타낸다.)

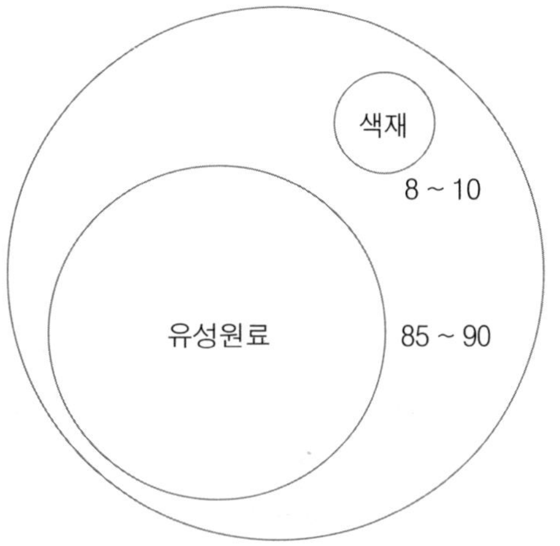

[그림 1-6] 유성 입술연지의 원료 구성 개념도
(원 밖의 숫자는 배합 적정 비율을 나타낸다.)

④ 수성원료(알코올)-향료계(A-F 타입)

수성원료의 일종인 에탄올에 각종 향료의 혼합물(조합향료 등)을 용해한 것으로는 향수, 오데코롱 등이 있으며 향수는 95%의 알코올에 조합향료를 15~25%를 함유시킨 것으로서 함유율이 3~5%이면 오데코롱가 된다.

식물, 합성 등 각종 향료를 조합함으로써 다양한 향조를 만들 수 있다.

⑤ 유성원료-계면활성제계(B-C 타입)

하드메이크업 클렌징용 클렌징 오일은 이 계로 이루어져 있으며, 메이크업과 잘 섞이는 유성원료와 씻어내기 위한 계면활성제를 사용한다. 씻어낼 때에는 O/W형 유화물이 되어 물과 잘 섞이는 타입이 된다.

⑥ 유성원료-색재계 (B-D 타입)

유성원료와 색재와의 조합으로 만들어지는 화장품으로서 식물유, 에스테르 오일, 왁스와 같은 유성원료가 많이 들어 있는 계로는 입술연지가 있고, 체질안료, 백색안료, 착색안료와 같은 색재가 많이 들어 있는 계로서는 고형 파운데이션 중 파우더 파운데이션, 리퀴드 파운데이션을 들 수 있다. 유성원료에 대한 색재의 분산성이 제품의 양부를 결정하는 열쇠가 되므로 분산성 향상을 위하여 색재 표면처리가 이루어진다.

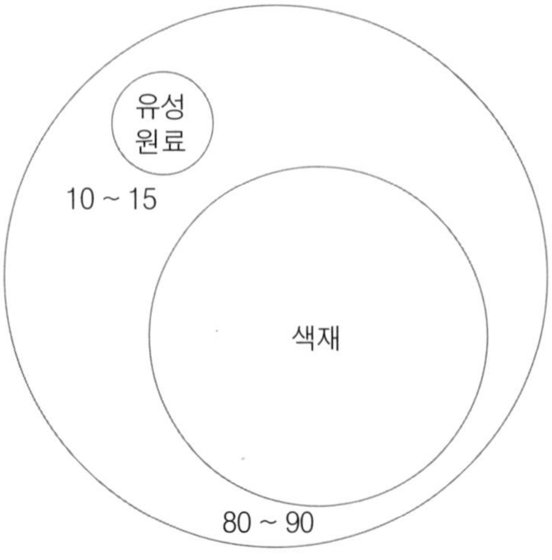

[그림 1-7] 파우더 파운데이션의 원료 구성 개념도
(원 밖의 숫자는 배합 적정 비율을 나타낸다.)

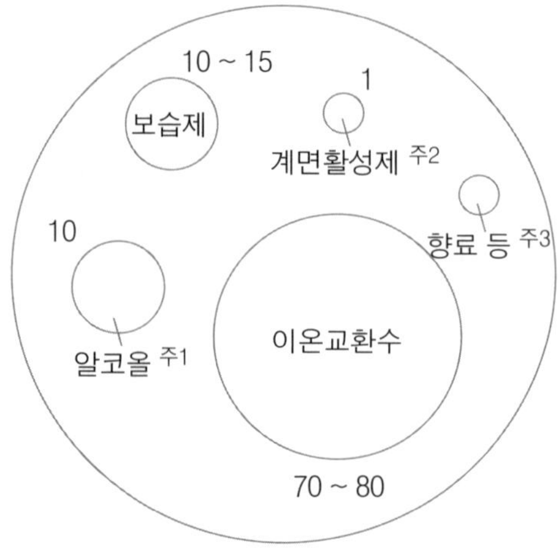

[그림 1-8] 스킨의 원료 구성 개념도
(원 밖의 숫자는 배합 적정 비율을 나타낸다.)

주1: 사용하지 않는 경우도 있다.
주2 : 향료 등의 가용화에 사용된다.
주3 : 적량(소량)

각각의 제품에 대한 개념도를 나타내면 [그림 1-6]과 [그림 1-7]과 같다.

(3) 3원료군계

[표 1-1]의 화장품 본체를 만드는 원료군 3종의 조합으로 이루어지는 화장품으로서 그 내용은 다음과 같다.

1 수성원료-유성원료-계면활성제계 (A-B-C 타입)

수성원료, 유성원료, 계면활성제의 3원료군으로 이루어지는 화장품계이다. 수성원료와 유성원료는 서로 섞이지 않으나 그 양자의 중간 역할을 하는 물질(계면을 활성화시키는 물질)을 첨가하는 가용성, 유화라고 하는 계면기술을 이용하여 많은 스킨케어 화장품을 만들 수 있다.

사용하는 원료의 특성이나 배합비율에 따라서 다양한 타입의 제품(스킨, 로션, 크림, 세안제, 헤어왁스 등)이 만들어지는데 이 경우에도 앞서 이야기한 바와 같이 피부 등의 생리를 고려하여 사용할 원료를 선택하는 것이 중요하다.

이어서 대표적인 제품(스킨, 로션, 크림과 클렌징크림)에 대해 그 개념도를 나타내고 각각을 설명하였다.

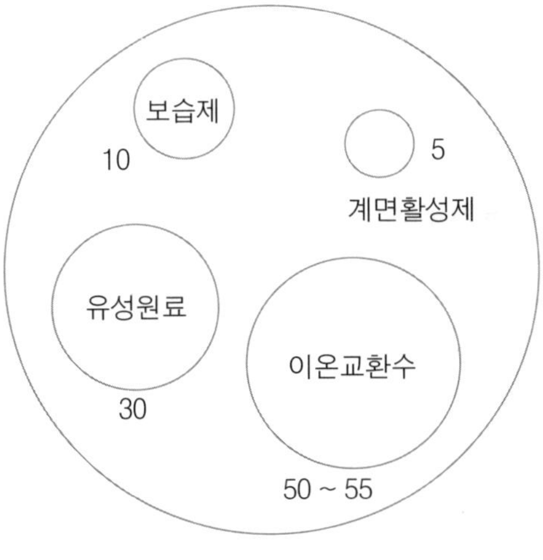

[그림 1-9] O/W형 크림, 로션의 원료 구성 개념도
(원 밖의 숫자는 배합 적정 비율을 나타낸다.)

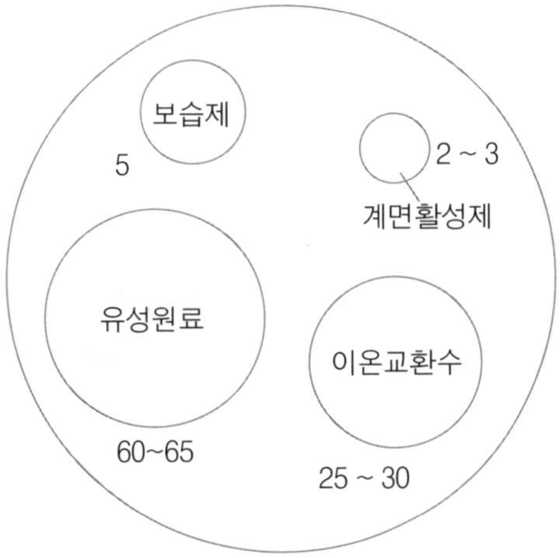

[그림 1-10] 클렌징크림의 원료 구성 개념도
(원 밖의 숫자는 배합 적정 비율을 나타낸다.)

① 스킨[그림 1-8]

(1)항의 투명액상 수성원료계에서도 스킨의 예를 들었는데, 그 계는 스킨으로서는 특수한 것에 속하며 일반적인 스킨은 가용화계를 이용한 3원료군계에 속한다.

왜냐하면 스킨에는 소량의 유성원료나 향료가 배합되는데 그것들은 물에는 녹지 않아서 균일하게 용해되지 못하지만, 여기에 소량의 계면활성제를 사용하면 콜로이드 과학적으로 마이셀(콜로이드 집합체) 속으로 용해시켜 투명한 스킨을 만들 수 있다.

② 크림, 로션[그림 1-9]

이들 계도 3원료군계에 속한다. 가용화계와 달리 크림, 로션은 배합하는 유성원료의 양이 많은데, 로션은 크림에 비해 고형의 유성원료의 사용량이 적으므로 유동성의 유화물로 만들어진다. 유화물의 타입도 수중유형(O/W형)과 유중수형(W/O형)을 대표적인 예로 들 수 있다.

유화 타입에 따라서 다르기는 하지만 일반적으로 크림이나 로션은 유성원료에 계면활성제를 혼합하고 특정한 온도에서 수성원료를 첨가, 교반시키고 유화하여 만들어진다.

이들 제품을 만들기 위한 계면과학기술에 대해서는 제5장의 제제 기술을 참조하기 바란다.

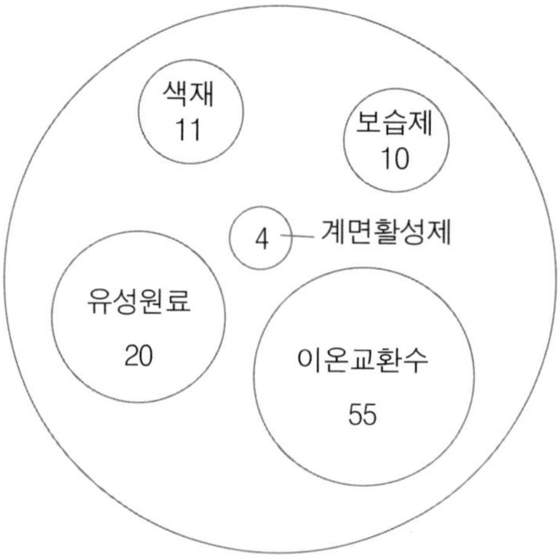

[그림 1-11] O/W형 리퀴드 파운데이션의 원료 구성 개념도
(원 밖의 숫자는 배합 적정 비율을 나타낸다.)

③ 클렌징크림 [그림 1-10]

세안에 사용하는 클렌징크림도 이 계에 속하는데 일반적인 크림과 다르게 클렌징크림은 세정을 목적으로 하기 때문에 사용하는 계면활성제의 타입도 달라서 세정력이나 기포력이 있는 계면활성제가 사용된다.

2 수성원료-고분자 화합물-계면활성제(A-E-C 타입)

이 계로 만들어지는 화장품으로서는 보습 겔이 있으며 이온교환수에 보습제나 수용성의 고분자와 비이온성 계면활성제를 배합하여 만들어진다.

3 수성원료-고분자 화합물-색재(A-E-D 타입)

이 계로는 헤어컬러젤을 들 수 있으며 일시적 염모제로서 이용된다.

4 수성원료-고분자 화합물-분사제(A-E-H 타입)

수성원료인 알코올, 보습제에 피막형성작용을 하는 고분자 화합물을 배합한 원액을 액화석유가스와 같은 분사제와 함께 내압용기에 담은 헤어스프레이를 들 수 있다.

5 유성원료-고분자 화합물-색재(B-E-D 타입)

워터프루프 아이라이너나 마스카라, 피막 타입의 립스틱 등이 이 계에 속하며 각각의 제품에 적합한 고분자 화합물을 선택하여 기능성을 향상시킨다.

6 용제-고분자 화합물 -색재(G-E-D 타입)

지금까지의 화장품과는 달리 손톱을 아름답게 하는 네일 에나멜이 이 계에 속한다. 가능한 신속하게 건조되며 균일하고 아름다운 도포막을 만들기 위하여 주용제로서 알코올을 비롯한 각종용제에 피막형성성의 고분자화합물을 용해하고 각종 화장품용 색재를 분산시킨 것이다.

(4) 4원료군계

4가지의 원료군으로 이루어지는 화장품을 아래에 나타내었다.

1 수성원료-유성원료-계면활성제-색재계(A-B-C-D 타입)

크림, 로션계에 더하여 색재가 들어가는 4원료군으로 이루어지는 화장품으로서 리퀴드 파운데이션과 립글로스 등이 이 타입에 속한다. 유화와 더불어 색재의 분산성 등이 제품의 양부를 결정하는 열쇠가 된다.

O/W형의 리퀴드파운데이션의 개념도를 나타내면 [그림 1-11]과 같다.

2 수성원료-고분자 화합물-계면활성제-색재계(A-E-C-D 타입)

수성원료에 피막성 고분자나 계면활성제를 용해시키고 여기에 색재를 분산시킨 계로서 피막형의 아이라이너 등이 이 계의 화장품에 속한다.

3 유성원료-고분자 화합물-계면활성제-색재계(B-E-C-D 타입)

이 계의 예로서는 휘발성 유제와 왁스 또는 실리콘수지의 혼합물에 계면활성제를 사용한 색재를 분산시킨 유성 아이라이너와 마스카라가 있다.

4 수성원료-유성원료-계면활성제-분사제계(A-B-C-H 타입)

유화물인 원료를 액화석유가스와 같은 분사제와 함께 내압용기에 담은 것으로서 사용 시에 거품(폼)이 되는 제품인 무스 등이 있다.

이상과 같이 화장품 본체를 이루는 기본적인 골격인 각 원료를 혼합함으로써 각종 화장품을 만들 수 있음을 설명하였는데, 실제로는 품질유지원료나 각종 약제와 같이 필요로 하는 원료도 첨가된다.

화장품 원료 해설

화장품 원료 해설에서는 [그림 1-1](336쪽)과 [그림 1-2](337쪽)와 관련지어서 우선 화장품의 본체를 만드는 원료들(유성원료, 보습제, 물, 고분자화합물, 계면활성제, 색재(분체), 향료, 퍼머제)을 설명하고 화장품의 품질 유지 원료(산화방지제, 방부살균제, 금속이온 봉쇄제)와 화장품용 약제(자외선 차단제, 미백제, 주름 개선제, 항산화제, 피부의 거칠어짐 개선제, 여드름 용제, 육모제, 비듬 · 가려움 방지제, 수렴제, 제한 · 데오드란트제, 아미노산 · 펩티드, 비타민, 식물 추출물)의 순으로 설명하였다.

02 화장품용 기제

1. 유성원료

1) 기능과 역할

유성원료는 화장품의 유상을 구성하는 유성성분으로 화장품에서 고유의 기능, 역할을 한다. 이들을 정리하면 [표 2-1]과 같다.

2) 분류 · 특징, 용도

유성원료에는 유지, 왁스류, 탄화수소, 고급지방산, 고급알코올, 에스테르오일, 실리콘오일과 불소오일의 외에도 지방 성분이나 세포간지질의 유사물질 등 매우 다양하다.

[표 2-1] 화장품에서 유성원료의 기능 · 역할

화장품의 종류		화장품의 종류
스킨케어 화장품	크림 로션 등	• 피부의 거칠어짐을 개선 • 피부의 유연화 • 크림 등 기제의 고형화 • 유상 구성 • 사용 감촉 향상 • 유화의 안정화 등
	클렌징 등	• 더러움을 용해 · 세정, 피부의 유연화 • 유상 구성 • 사용 감촉 향상 등
메이크업 화장품		• 안료, 분체의 피부, 입술에 부착 효과 • 입술연지 등 기제의 고형화 • 윤기 향상 • 유상 구성 • 사용 감촉 향상 등
모발용 화장품 (헤어케어 화장품)		• 모발에 윤기 부여, 세팅 • 모발의 유연화 • 사용 감촉 향상 등
바디케어 화장품		• 피부의 거칠어짐을 개선 • 더러움을 용해 · 세정 • 피부의 유연화(마사지 효과) • 사용 감촉 향상

(1) 유지

유지는 각종 고급지방산과 글리세린과의 에스테르로서 글리세리드라고 한다.

화장품에 쓰이는 유지는 식물이나 동물에서 얻어지며, 상온에서 액상인 식물성 기름과 동물성 기름, 상온에서 반고체 또는 고체인 식물성 지방, 동물성 지방 등으로 나뉜다. 이들은 탈색, 탈취와 같은 정제를 한 후에 사용된다.

식물성 기름으로는 올리브오일, 피마자오일, 동백오일, 마카다미아넛오일 등이 있으며, 모두 불건성유로서 주로 불포화지방산으로 이루어져 있다.

포마드 등에 쓰이는 목랍은 화학구조상 유지에 속하며 주성분은 팔미트산 트리글리세이드로 이루어져 있고 고체이기 때문에 목랍이라고 불린다.

동물성 기름으로는 말기름 등이, 동물성 지방으로서는 우지나 마지 등이 사용된다.

유지는 크림이나 로션과 같은 스킨케어제품이나 메이크업제품 등에 유분으로서 배합되며 우지나 야자오일 등은 비누의 주원료이다.

이들 원료를 정리하면 [표 2-2]와 같다.

[표 2-2] 화장품에 사용되는 주요 수지

식물성 기름	올리브유, 피마자유, 동백기름, 마카다미아넛유, 아몬드유, 야자유 등
식물성 지방	카카오버터, 시어버터 등
동물성 기름	말기름, 난황유, 밍크오일 등
동물성 지방	우지, 마지(馬脂) 등

[표 2-3] 화장품 원료로서 사용되는 왁스류

식물성 왁스	고체 왁스	카나우바 왁스, 칸델릴라 왁스
	액체 왁스	호호바유
동물성 왁스	고체 왁스	밀납
	반고체 왁스	라놀린
	액체 왁스	오렌지 라피유

(2) 왁스류

고급지방산과 고급알코올의 에스테르를 주성분으로 하며 동식물로부터 얻어진다. 이 밖에 탄화수소계 유분, 고급알코올이나 수지류를 함유하는 것도 있다. 왁스류를 구성하는 고급지방산이나 고급알코올의 탄소 수는 유지류의 지방산보다 20~30가량 더 많다. 그 때문에 라놀린과 같이 점성이 높은 반고형이거나 카나우바왁스나 칸델릴라왁스처럼 녹는점이 높은 고체인 것이 많다. 크림이나 로션에서는 유상의 녹는점이나 점성을 조정하여 사용 감촉을 개선하거나 유화 안정성을 향상시킬 목적으로 밀납이나 라놀린을 사용하며, 입술연지 등에서 액상유분을 고화시키고 윤기를 내는 성분으로서 카나우바왁스나 칸델릴라왁스가 사용된다.

왁스는 대부분 고체이지만 호호바오일이나 오렌지라피오일와 같은 액체 왁스도 있다. 호호바오일은 불포화 고급알코올과 불포화 고급지방산의 에스테르로 구성된 액상의 왁스로서 크림이나 립스틱 등에 사용된다. 또한, 오렌지라피오일은 오렌지라피라는 심해어로부터 채유한 액체의 왁스로서 크림이나 메이크업 제품에 사용된다. 이들을 정리하면 [표 2-3]과 같다.

(3) 탄화수소계 유분

화장품에 사용되는 것으로는 유동파라핀, 바셀린, 고형파라핀, 세레신, 미정질 왁스나 심해 상어나 식물로부터 획득한 스쿠알렌을 수소첨가하여 얻어진 스쿠알란, 합성유분인 α-올레핀올리고머나 폴리부텐 등이 있다. 유화하기 쉽고 피부에 소수성의 피막을 형성함으로써 수분 증발 방지 효과가 높은 특징이 있다.

(4) 고급지방산

동·식물성 유지 및 왁스의 구성 성분으로서 이들을 가수분해하여 얻을 수 있으나, 석유화학 제품을 원료로 합성하기도 하며 탄소의 수가 12 이상인 지방산을 일컫는다.

고급지방산 중 대표적인 것은 스테아르산이며 크림, 특히 배니싱크림의 유성원료로서 중요하다. 이 밖에 로르산과 미리스틴산은 비누나 세안제의 원료로 사용된다.

고급지방산에는 포화 고급지방산과 불포화 고급지방산이 있는데 전자는 우지 등에 함유되어 있고 고체이며, 후자는 식물성 기름에 함유되어 있고 액상이다. 이밖에 분지구조를 갖는 지방산으로는 이소스테아르산이 있으며 분지구조이기 때문에 녹는점이 낮고 불포화지방산에 비하여 잘 산화되지 않으므로 유성원료로서 에스테르의 원료로 사용된다.

(5) 고급알코올

왁스의 구성 성분으로서 왁스를 가수분해하거나 고급지방산을 환원시켜서 만든다. 이 밖에 석유화학제품을 원료로 합성한 것도 있고 탄소의 수가 6 이상의 1가 알코올을 일컫는다.

대표적인 것으로는 세틸알코올(세탄올)과 스테아릴알코올로서 크림, 로션과 같은 유화물의 유화안정제로 사용되며, 또 세탄올은 양이온성 계면활성제와 겔을 형성하여서 린스(컨디셔너)에 사용된다. 이 밖에 분지 구조를 갖는 이소스테라릴알코올은 액상이며 유성원료로 이용된다. 또한, 천연의 고급알코올에는 콜레스테롤, 시토스테롤 등이 있으며 화장품에 이용된다.

(6) 에스테르오일

천연의 유지는 산화되거나 가수분해되어 시간이 흐르면서 냄새가 변하는 등의 문

[표 2-4] 화장품에 사용되는 대표적인 실리콘 오일

			종류	주요 용도
실리콘 오일	스트레이트 실리콘 오일	비반응성	디메틸 실리콘 오일	크림 등에 사용
			메틸페닐 실리콘 오일	에탄올에 녹인 후 크림 등에 사용
			환상 실리콘 오일	휘발성이 있으며 메이크업, 선케어 제품에 사용
		반응성	메틸하이드로젠 실리콘 오일	분체 표면에 발수성을 부여하기 위해 사용
	변성 실리콘 오일	비반응성	알킬 변성 실리콘 오일	분체처리용
		반응성	아미노 변성 실리콘 오일	모발에 윤기를 내기 위해 사용

제가 발생하는 경우가 있기 때문에 이를 대신하는 유분으로서 각종 합성 에스테르류가 이용된다. 특히 분지(分枝)지방산이나 분지 알코올의 유도체인 분지 에스테르오일은 산화 안정성이나 가수분해 안정성이 높고 녹는점이 낮아서 넓은 온도 범위에서 액상을 유지하며 저점도로 사용 감촉이 산뜻하기 때문에 미리스틴산이소프로필, 미리스틴산옥틸도데실, 에틸헥사노익산세틸, 사과산디이소스테아릴 등 많은 종류가 이용되고 있다. 또한, 콜레스테롤이나 피토스테롤의 에스테르는 물과 잘 결합하는 성질이 있으므로 피부를 유연하게 하는 유연제로서 스킨케어 화장품에 배합된다.

(7) 실리콘오일 · 불소오일

실리콘오일은 규소원자에 결합된 유기치환기의 종류에 따라서 스트레이트 실리콘 오일과 변성 실리콘 오일로 크게 나뉜다.

스트레이트 실리콘 오일에는 비반응성의 디메틸 실리콘오일, 메틸페닐 실리콘오일 등이 있으며 반응성의 것으로는 메틸하이드로겐 실리콘오일이 있다. 또한, 변성 실리콘 오일은 디메틸 실리콘오일에 각종 유기기를 도입한 것으로서 디메틸 실리콘 오일의 우수하고 뛰어난 장점에 새로운 기능을 부가한 실리콘 오일이다.

최근의 화장품에서는 유분으로 인한 유성감이나 끈적임이 지양되고, 가볍고 산뜻한 사용 감촉이 선호되는 경향이 있어서 사용감촉을 가볍게 할 목적으로 실리콘오일이나 불소오일이 사용된다. 또한, 실리콘오일이나 불소오일은 휘발성이 높고 피부나 모발에 발림이 우수하다는 장점이 있다.

화장품에 이용되는 대표적인 실리콘 오일을 [표 2-4]에 나타내었다.

(8) 세포간 지질 · 유사지질

최근에는 세포간지질인 세라마이드나 그 유사물질(유사 세라마이드), 콜레스테롤 에스테르가 피부의 보습 성분으로서 이용되게 되었다.

2. 보습제

1) 기능과 역할

건강한 피부는 수분과 깊은 관련이 있어서 건조로 인한 거칠어짐을 방지하기 위하여 각질층의 수분량 유지를 목적으로 보습제가 배합된다. 이 보습제의 기능은 크게 2가지로 나뉘는데 물을 얼마나 흡수할 수 있는지를 뜻하는 흡습성과 건조 하에서 흡수한 수분을 얼마나 오래 보존할 수 있는지를 가리키는 보습성이 있다. 각각의 특징을 살려서 용도나 목적에 따라 구분하여 사용하거나 복수의 보습제를 병용한다.

또한, 보습제는 화장품 자체의 수분보유제로서의 작용을 하며 화장품의 안정성 유지 역할도 하고 있다. 그 밖에 정균 효과(세포의 성장과 대사를 저지) 성분으로서 혹은 향료의 보유제로서 이용되는 경우도 있다.

화장품에서의 보습제의 기능으로는 다음과 같은 것을 들 수 있다.

① 피부, 모발에서 수분 유지, 건조 방지, 피부결 정돈(보습 효과)

② 사용감 향상과 유연성 부여

③ 제품의 수분 증발 방지와 점착도 유지, 동결 방지 효과

④ 유화 제품의 안정화(유화 입제를 작고 균일하게 함)

⑤ 정균 효과(1,3-부틸렌글리콜 등)

2) 종류와 특징, 용도

화장품에 쓰이는 보습제로는 글리세린, 디프로필렌글리콜, 1,3-부틸렌글리콜, 폴리에틸렌글리콜이나 소르비톨과 같은 다가알코올이 가장 일반적으로 사용된다. 또

[표 2-5] 화장품에 사용되는 보습제

다가알코올계	글리세린, 프로필렌글리콜, 1,3-부틸렌글리콜, 폴리에틸렌글리콜, 폴리글리세린 등
당, 다당류	글루코오스, 자당, 트레할로스, 풀루란 등
천연보습인자성분	아미노산(피로글루탐산, 시트룰린 등), 젖산염, 요소 등
생체고분자 등	히알루론산나트륨, 콜라겐, 단백질의 가수분해물 등

한, 생체 고분자인 히알루론산나트륨, 콘드로이틴황산이나 키틴 · 키토산과 같은 뮤코다당, 콜라겐이나 엘라스틴과 같은 단백질의 가수분해물 등도 이용된다.

그 밖에 피로글루탐산과 같은 아미노산이나 글루코오스, 자당, 트레할로스와 같은 당류, 풀루란과 같은 다당류, 다양한 종류의 식물 추출물도 보습제로 이용되고 있다.

다가알코올은 매우 높은 보습성과 보수성을 지니는 매우 효과적인 보습제이지만 저습도하에서 흡습성이 저하되거나 고농도로 사용할 경우 자극적이거나 끈적이는 등의 단점도 지적받고 있다.

히알루론산나트륨과 같은 생체 고분자는 2차 결합수를 많이 보존할 수 있고 외부 환경의 습도의 영향을 잘 받지 않는 특징이 있어서 흡습성이 높은 저분자의 보습제와 조합하여 사용된다.

피부의 각질층 속에는 NMF(천연보습인자)라고 하는 친수성 물질이 존재하며 피부 보습의 중요한 역할을 담당하고 있다. NMF의 주성분은 피로글루탐산, 젖산염 또는 요소이며 이들 역시 보습제로서 이용된다. 피로글루탐산의 나트륨염은 굉장히 높은 흡습성을 지닌다. 화장품에 사용되는 보습제를 [표 2-5]에 나타내었다.

3. 물

1) 기능과 역할

우리들의 생체는 체중의 약 2/3이 물로 이루어져 있으며 물은 생명유지를 위해 중요한 역할을 하고 있다. 생체의 최외곽층에 위치하고 있는 피부의 각질층은 생체 내부에 비해 상당히 건조한 외부 환경과 접하고 있기 때문에 생체 내부의 수분을 잃지 않도록 방어벽 기능의 역할을 하고 있다. 각질층은 건강한 상태에서는 10~20%의 수분을 유지하나 이 수분 유지력이 저하되면 피부가 거칠어지게 된다. 이러한 각질층 수분량의 저하에 따른 피부 거칠어짐을 방지하고 각질층의 수분 유지 기능을 돕기 위한 목적으로 물이 중요한 성분으로서 배합된다. 모발용 화장품에서도 수분 유지 기능을 돕기 위한 목적으로 사용된다.

2) 종류와 특징

일반적으로 화장품 제조에 사용되는 물은 일본 약국방의 상수 혹은 화장품 원료 기준의 정제수이다. 상수는 수도수급 및 우물물을 가리키며 수도법에 따른 수질기준에 준한 상수도수를 이용한다. 정제수는 상수를 증류하거나 또는 이온교환수지를 통해 정제한 물이다. 화장품에 쓰이는 물은 위생적인 면뿐만 아니라 각종 성분을 용해시키는 용매로 사용되기 때문에 용해도와의 관계, 경시 변화에 따른 침전, 탈색 등의 영향과 피부에 대한 작용을 생각하여 잡균이나 금속이온, 염소, 유기물 등의 불순물을 제거한 것이 이용된다.

최근에는 기능성이나 콘셉트가 있는 물이 화장품에 사용되기도 한다. 예를 들어 칼슘을 함유한 물을 전기분해한 경우 음극에서 생성되는 알칼리 이온수나 태양광이 닿지 않는 200m 이상의 깊은 바닷물로 부영양성, 청정성, 저수온성, 수질 안정성 등이 우수한 자원성을 지닌 해양 심층수나 국내외 각지의 온천수 등이 화장품의 물로서 이용되기도 한다.

4. 고분자 화합물

1) 기능과 역할

화장품에는 증점(제품에 끈기를 부여), 유화, 분산 안정화, 거품의 안정화, 보습, 피막형성, 제제 보존, 사용 감촉 향상 등의 목적으로 고분자 화합물이나 분자량이 큰 물질이 이용된다.

2) 분류와 특징, 용도

고분자 화합물을 분류하여 각각의 역할(특징)과 종류, 용도를 [그림 2-1], [표 2-6]에 나타내었다.

[표 2-6] 화장품에서 사용되는 주요 고분자 화합물의 종류와 용도

기능	고분자 화합물의 종류	용도
증점	카르복시비닐폴리머, 폴리아크릴산나트륨, 셀룰로오스에스테르폴리아크릴아미드, 알긴산나트륨	샴푸, 스킨, 크림
겔화	카르복시비닐폴리머 에틸렌 · 아크릴산공중합체	크림, 겔타입 기초화장품, 헤어젤, 포마드
유화 · 분산	아크릴산 · 메타크릴산알킬공중합체 소수화셀룰로오스에스테르, 카르복시비닐폴리머, 폴리아크릴산나트륨, 실리콘계 계면활성제	크림, 로션, 스킨, 리퀴드파운데이션
보습 피부 거칠어짐 개선	폴리펩티드, 콜라겐, 히알루론산나트륨, 콘드로이틴황산나트륨, 키토산, 덱스트란, 폴리(2-메타크릴로일옥시에틸포스포릴코린)	크림, 로션, 스킨
피막 형성	폴리비닐알코올, 풀란, 니트로셀룰로오스, 알키드수지, 아크릴산 · 실리콘공중합체, 아크릴산알킬공중합체에멀션, 아크릴산알킬 · 스틸렌공중합체에멀션, 아크릴산알킬 · 초산비닐공중합체에멀션, 비닐필로리돈 · 스틸렌공중합체에멀션, 폴리초산비닐에멀션	팩 네일 에나멜 아이라이너, 마스카라 아이섀도
스타일링	폴리비닐필로리돈, 비닐알코올 · 비닐필로리돈공중합체, 폴리아크릴아미드	헤어스프레이, 헤어리퀴드 헤어젤, 무스
헤어케어	아미노변성실리콘, 양이온화 셀룰로오스 양이온화구아검 디메틸아크릴암모늄폴리머	샴푸, 린스 트리트먼트
감촉 향상	폴리에틸렌파우더, 나일론파우더 등	파운데이션 등
	수용성고분자 (폴리아크릴산나트륨, 히알루론산나트륨 등)	로션, 크림, 에센스, 스킨

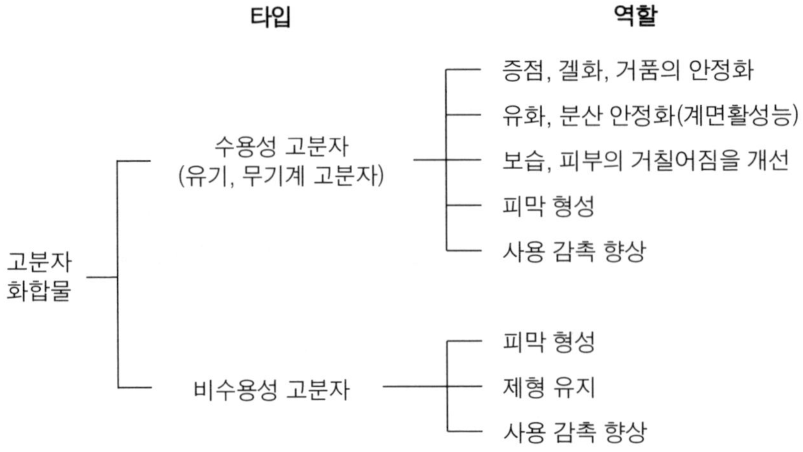

[그림 2-1] 화장품에서의 고분자 화합물의 타입과 그 역할

5. 계면활성제

1) 기능과 역할

계면활성제(surfactant)는 [그림 2-2]과 같이 분자 속에 친수성의 부분과 친유성의 부분을 모두 갖기 때문에 물과 기름처럼 성질이 다른 것의 경계면(계면)에 모여서 그들을 섞이게 하는 성질을 지닌다. 생체 내에 존재하면서 세포막을 구성하는 레시틴이나 담즙에 존재하는 담즙산, 식물계에 널리 분포하고 있는 사포닌 등도 계면활성제의 사촌이다.

[그림 2-2] 계면활성제의 모식도

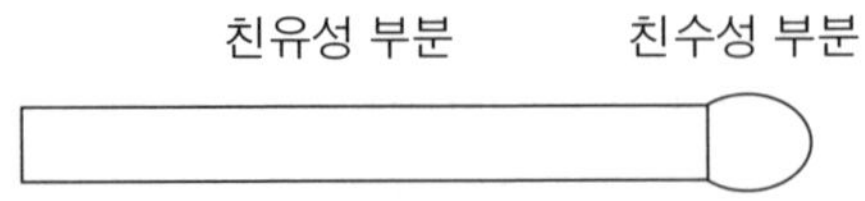

계면활성제는 유성원료를 물속에 콜로이드화학적으로 투명하게 용해시키는 가용화작용, 유성원료와 물을 콜로이드 화학적으로 균일하게 혼합시키는 유화작용, 분체를 물이나 기름 속에 안정적으로 분산시키는 분산작용, 거품을 만들거나 더러움을 제

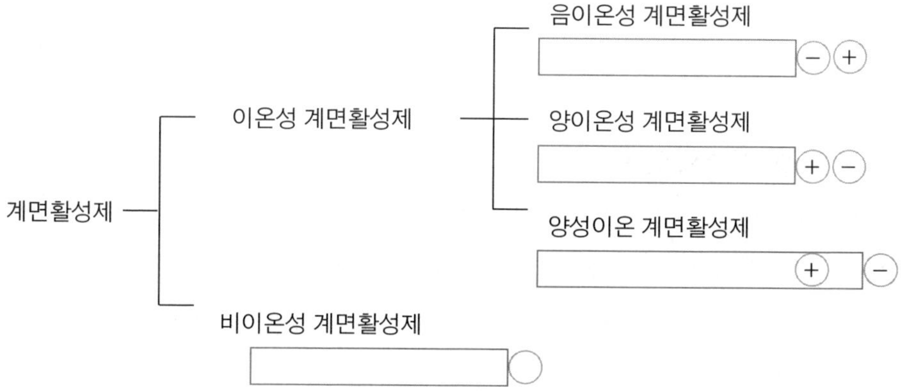

[그림 2-3] 계면활성제의 분류

거하는 기포 · 세정작용 등도 갖고 있다. 그러한 까닭에 가용화제, 유화제, 분산제, 기포 · 세정제 등과 같은 이름으로도 불린다.

2) 분류와 특징, 용도

계면활성제는 [그림 2-3]에 나타낸 바와 같이 물에 용해시켰을 때에 이온으로 해리되는 이온성 계면활성제와 이온으로 해리되지 않는 비이온성 계면활성제로 크게 분류되며, 그리고 이온성 계면활성제는 해리된 이온이 마이너스이온, 플러스이온, 플러스와 마이너스 양쪽 어느 쪽인가에 따라서 음이온성 계면활성제, 양이온성 계면활성제, 양성이온 계면활성제로 분류된다.

(1) 음이온성 계면활성제

물에 녹였을 때 이온이 해리되어 친수기의 부분이 음성으로 대전되는 계면활성제를 음이온성 계면활성제(anionic surfactant)라고 한다.

오래전부터 세정제로서 사용되어온 비누(지방산의 알칼리 금속염)는 대표적인 음이온성 계면활성제이다. 일반적으로 친수기 부분은 카르본산염, 설폰산염, 황산염, 인산염 등이 있으며 반대이온은 나트륨염, 칼륨염, 트리에탄올아민염 등이 이용되고 있다. 친유성 부분은 직쇄 혹은 다지쇄의 탄화수소사슬, 방향족고리 등이 있으며 수많은 음이온성 계면활성제가 사용되고 있다. 이들은 기포력, 분산력, 세정력이 우수하기 때문에 많은 제품에서 사용된다.

샴푸에 쓰이는 음이온성 계면활성제로는 알킬황산염, 폴리옥시에틸렌알킬에스테르황산염, α-올레핀설폰산염, N-아실글루타민산염이나 아실메틸타우린염 등이 있다.

(2) 양이온성 계면활성제

물에 녹였을 때 이온으로 해리되어 친수기의 부분이 양성으로 대전되는 계면활성제를 양이온성 계면활성제(또는 카티온성 계면활성제)라고 한다.

양이온성 계면활성제는 계면활성을 발휘하는 부분이 비누와는 반대의 구조를 가지므로 역성비누라고도 한다.

양이온성 계면활성제는 지방족 제4급 암모늄염이나 지방족아민염, 환식 제4급 암모늄염 등으로 분류된다.

헤어린스(컨디셔너)에 사용되는 양이온성 계면활성제는 염화세틸트리메틸암모늄, 염화스테아릴트리메틸암모늄, 염화베헤닐트리메틸암모늄, 염화디스테아릴디메틸암모늄 등으로서 모발표면에 대한 흡창성이 뛰어나므로 대전방지 · 유연성 부여를 위해 사용된다. 또한, 염화벤젤코늄이나 염화벤제토늄은 살균, 정균작용이 있기 때문에 살균 · 소독제로서도 사용된다.

(3) 양성이온 계면활성제

한 분자 속에 음이온 활성기와 양이온 활성기 모두를 갖고 있으며 산성 영역에서는 양이온 활성을, 알칼리 영역에서는 음이온 활성을 보인다.

화장품에 주로 쓰이는 것으로는 베타인형과 아미노산형이 있다. 베타인형은 세정력, 기포력, 유연효과, 대전방지효과 등이 있어서 샴푸, 린스 등에 사용된다. 아미노산형은 특히 피부 자극이나 안점막 자극이 거의 없어서 베이비샴푸 등에 이용된다.

천연의 것으로는 인산에스테르형의 음이온활성기와 제 4급 암모늄염의 양이온활성기를 갖는 레시틴이 유화제로서 크림 등에 이용된다.

(4) 비이온성 계면활성제

비이온성 계면활성제는 유화제, 세정제, 침투제, 가용화제, 분산제로서 화장품에 널리 이용되고 있다.

타입으로서는 크게 폴리옥시에틸렌(POE) 사슬을 친수기로 하는 것과 다가알코올의 수산기를 친수기로 하는 것으로 분류할 수 있다. 또한, 친수성이 작아서 물에 용해되지 않는 친유성 계면활성제와 친수성이 커서 물에 용해되는 친수성 계면활성제로도 분류된다.

POE 사슬을 갖는 비이온성 계면활성제는 POE 사슬의 길이에 따라서 친수성의 크기를 조정할 수 있다. 일반적으로 POE 사슬을 갖는 비이온성 계면활성제는 기름에도 물에도 잘 용해되기 때문에 기름과 물의 표면장력을 낮추어 작은 힘으로 미세한 입경의 에멀션을 만들 수 있으므로 유화제로서 우수하다. 또한, 많은 기름을 가용화할 수 있다.

폴리글리세린지방산에스테르, 자당지방산에스테르 등으로 대표되는 다가알코올을 친수기로 하는 계면활성제도 에스테르화도, 폴리글리세린의 중합도의 차이에 따라서 친유성에서 친수성의 계면활성제가 존재한다. 이들 계면활성제는 안전성이 높고 생분해성이 우수하므로 특히 식품, 화장품 분야에서 많이 사용된다.

글리세린지방산에스테르나 솔비탄지방산에스테르 등 친유계면활성제도 식품, 화장품 분야에서 많이 사용된다.

(5) 그 밖의 계면활성제

소량으로도 효과를 내고 안전성이 높은 고분자계 계면활성제, 실리콘의 유화에 적합한 실리콘계 계면활성제, 레시틴으로 대표되는 천연계 계면활성제 등이 사용된다.

6. 색재

1) 기능과 역할

화장품에 사용되는 색재는 파운데이션, 가루분, 아이섀도, 립스틱 등 주로 메이크업 화장품에 배합되며 색연출, 질감연출, 피부트러블 커버, 자외선 차단 등의 효과를 부여하기 위해서는 빼놓을 수 없는 원료이다. 색재에 요구되는 기능이나 역할에는 착색성, 부착성, 연전성, 윤기와 같은 시각 혹은 촉각 등의 감각적 효과와 흡착(흡수) 특성, 자외선 차단 등의 기능적 효과가 있다.

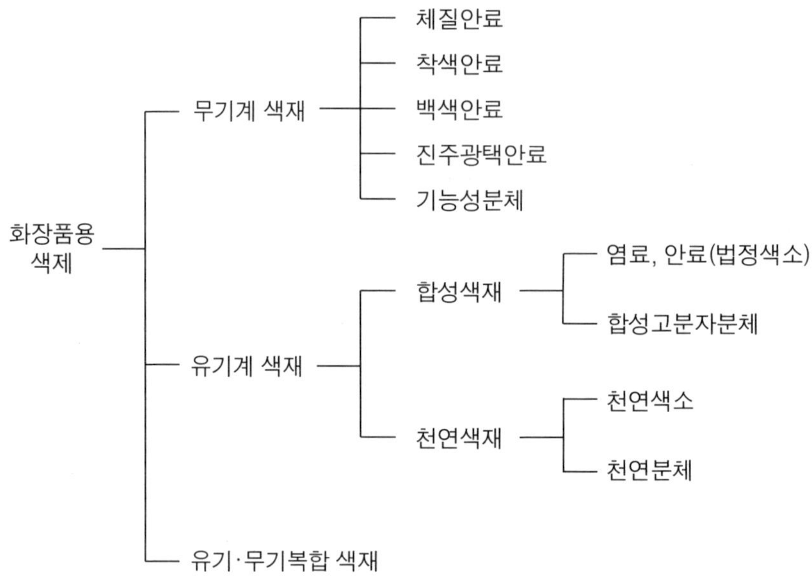

[그림 2-4] 화장품용 색재의 분류

2) 분류와 특징, 용도

화장품용 색재는 다음의 표와 같이 유기계 색재, 무기계 색재, 유기 · 무기 복합 색재로 분류된다. 그리고 유기계 색재는 합성 색재[염료, 안료(법정색소), 합성 고분자 분체]와 천연 색재(천연 색소, 천연 분체)에 또 무기계 색재는 체질안료, 착색안료, 백색안료, 진주광택안료, 기능성 분체로 분류된다[그림 2-4].

(1) 무기계 체질안료

무기 체질안료는 제품의 제형을 유지하기 위하여 사용되며 사용성(퍼짐성, 부착성)이나 광택 등을 조절하고, 또 희석제로서 색조의 조정에 이용되는 분체이다.

주요 체질안료로서는 탈크, 마이카, 세리사이트와 같은 천연에서 나온 것, 무수규산, 질화 산, 합성마이카, 알루미나, 황산바륨 등을 합성한 것이 있다.

(2) 무기계 착색안료

착색안료는 오래전에는 자연에서 나오는 광물(적토, 황토, 유리) 등을 분쇄, 정제한 것이 사용되어 왔다. 그러나 이들은 불순물이 많고 또 일정한 품질을 유지하기 어렵기 때문에 현재에는 대부분 합성품을 사용한다.

무기 착색안료는 색조나 채도, 착색력 등이 유기계 안료에 비하여 떨어지는 면도 있으나 내광성이나 내열성이 우수하고 내용제성이 강한 등 안정성이 높다. 벵갈라, 황산화철, 흑산화철은 그 독특하고 차분한 색조로 파운데이션 등에 많이 사용된다. 그 밖에 군청, 카본블랙, 수산화크롬 등이 있다.

(3) 무기계 백색안료

백색안료는 굴절률이 크고 광 반사율이 높은 것이 많이 사용된다. 화장품에서는 특히 산화티타늄이 메이크업 화장품에 많이 사용된다. 그 밖에 산화아연, 탄산칼슘 등이 있다.

(4) 진주광택안료

진주광택안료는 포인트메이크업 제품인 아이섀도나 립스틱 등에 진주광택을 부여하고 특수한 광 반사 효과를 연출하여 기초화장품이나 토일리트리 제품에서 광택을 부여하여 고급스러움을 연출하기 위하여 사용되고 있다.

일반적으로는 빛의 간섭을 통한 광휘성을 보이는 운모티타늄(산화티타늄 피복처리 마이카)이 알려져 있으나 마이카 대신 합성마이카, 알루미나, 황산바륨 등을, 산화티타늄 대신 산화철이나 실리카 등을 사용하여 독특하게 빛을 반사하도록 설계된 펄안료도 있다.

또한, 무기이기는 하나 폴리에틸렌 등으로 만들어진 적층 필름을 가늘게 절단한 라메라고 하는 유기분체도 최근 사용되게 되었다.

(5) 무기계 기능성 분체

무기계 기능성 분체는 무기계 체질안료나 착색, 백색안료의 형상을 변화시키거나 복합화하여 새로운 기능을 부여한 분체이다.

예를 들자면 산화티타늄이나 산화아연과 같이 굴절률이 높은 미립자 분체 등이 있다. 산란과 차폐라고 하는 물리적인 구조를 통하여 자외선을 차단한다. 산화티타늄의 경우 입자의 직경이 100㎚ 이하가 되면 가시광선 영역에서 투명해지고 자외선 영역의 차단효과를 발휘한다.

그 밖에는 산화티타늄에 산화철을 도핑한 포토크로믹산화티타늄이라고 하는 빛의 조사에 따른 명도차 컨트롤을 목적으로 한 기능성 안료 등이 있다.

(6) 유기계 합성 색재

유기계 합성 착색재로서는 법정색소(화장품이나 의약품 등에 사용 가능한 타르색소)가 많이 사용되며 물성이나 사용 방법에 따라 염료와 안료로 분류된다. 염료는 물 또는 용제(유제)에 녹아서 피부 등에 염착하는 성질이 있으며 안료는 물이나 용제(유제)에 불용성으로 염착능력이 없는 것이다. 법정색소는 무기계 착색안료에 비하여 매우 선명하게 발색되기 때문에 아이섀도, 립스틱과 같은 포인트 메이크업 화장품에 배합되는 경우가 많다. 그 밖에 염모용의 착색제(안료 염료)가 염모제에 이용된다.

유기계 합성 고분자 분체로는 체질안료(무기체질안료 항목 참조)로서 사용된다. 알칼리수지, 나일론수지, 우레탄수지 등 구상의 폴리머가 있다.

(7) 유기계 천연 색재

유기계 천연 색재는 천연물에서 추출된 색소로서 대표적인 것으로서 β-카로틴, 치자, 페니홍화(적), 시코닌(코티닐) 등이 있다. 천연색재를 화장품으로 이용한 것은 매우 오래되어서 톱분취나 쑥으로 문신을 하거나 쪽으로 머리를 감고 홍화를 사용하여 입술연지를 만들었다. 천연색재에는 합성색재로는 낼 수 없는 색조가 있으며 약리효과를 겸비하는 등의 특징이 있어서 메이크업 화장품에 사용된다. 이들 색재는 천연물이기 때문에 물성이 불안정하며, 고가이고 고순도물이 적고 색조가 한정되어 있으며, 맛이나 냄새가 변색되기 쉽고, 내광성이나 내열성이 일반적으로 낮으며 타르색소보다 염착성이 약한 등의 단점도 있다.

유기계 천연분체는 체질안료로서 사용된다. 예를 들어 실크, 셀룰로오스와 같은 천연섬유의 분체, 콘스타치(전분) 등이 있다.

(8) 유기 · 무기 복합 색재

유기 · 무기 복합 색재는 유기분체와 무기분체를 복합화한 분체로서 기능성을 추구한 분체가 많다.

예를 들어 입자 직경이 큰 분체에 입자 직경이 작은 분체를 복합화한 미립자 산화티타늄 피복나일론파우더 등이 있으며 가루분에 사용된다. 유기분체에 자외선 차단 효과라고 하는 새로운 기능을 부여하고 감촉을 더욱 좋게 만든 분체이다. 금속비누나 지방산, 아미노산 유기물질로 무기안료를 처리한 분체도 유기 · 무기계 색재의 일종이다.

3) 최근 동향

빛의 성질을 컨트롤하여 아름다운 피부로 보이게 하는 기능을 갖는 분체가 개발, 상품화되고 있다.

예를 들어 형상 변경(구체나 이형)이나 다층구조화를 통하여 빛의 투과나 확산반사를 컨트롤한 분체, 간섭색 펄을 이용함으로써 특정 파장의 반사 컨트롤을 목적으로 한 분체 등이 많이 사용되고 있다. 전자는 주름, 모공과 같은 피부의 요철을 감추거나 흐리게 하는 제제의 사용되며, 후자는 피부를 밝아 보이게 하거나 투명감이 있는 피부로 보이게 하는 파운데이션에 사용된다.

이들이 사용되는 것은 피부가 맑고 투명하며 자연스러워 보인다고 하는 키워드에 기초하여 맨살의 질감을 중시하고 요철이나 기미, 주근깨와 같은 결점을 자연스럽게 커버 가능한 베이스 메이크업 화장품이 요구되고 있기 때문이다. 그리고 최근에는 실리콘겔 속에 배열한 폴리스틸렌 입자로 이루어진 콜로이드결정으로는 색소를 쓰지 않아도 선명한 색을 만들어낼 수 있게 되었다. 향후에는 이러한 기능성 분체나 소재를 통하여 베이스 메이크업이나 포인트 메이크업 화장품이 개발, 상품화될 것이라고 생각된다.

7. 향료

1) 기능과 역할

좋은 향을 몸에 뿌리고 즐기거나 화장품을 사용하는 사람의 기분을 풍요롭게 하여 사용자의 매력을 부각시키는 효과가 있으며 주위 사람들에게 좋은 인상을 줄 목적으로 사용된다. 또한, 좋지 않은 냄새를 마스킹하기 위해서 향료가 이용되는 경우도 있다. 화장품의 좋은 향기는 소비자가 제품을 선택할 때에 중요한 역할을 담당하며, 제품의 사용 감촉이나 효과에도 영향을 미치기도 하므로 매우 중요한 것이다.

최근에는 향기가 사람의 생리 · 심리효과에 영향을 미친다는 것이 밝혀졌으며 향기가 긴장 이완, 스트레스 완화, 기분 전환, 또는 슬리밍 효과 등을 갖는다고 하는 아로마콜로지의 연구가 진행되어 향료가 단순히 제품에 좋은 향기를 부가하는 것이 아니라 이와 같은 유용성을 지닌 것으로서도 사용되게 되었다.

2) 분류와 특징, 용도

향료는 천연 향료, 합성 향료와 조합 향료로 크게 나뉜다.

(1) 천연 향료

그 기원에 따라서 식물성 향료와 동물성 향료로 나눌 수 있다. 식물성 향료는 식물의 꽃, 잎, 전초, 과피, 나무, 수피, 줄기, 뿌리 등으로부터 추출한 것이다. 동물성 향료는 동물의 분비선 등에서 채취한 것으로서 머스크(사향), 시벳(영묘향), 카스토르(해구향) 및 앰버그리스(용연향)의 4가지가 있는데 멸종위기에 처한 동물을 보호하기 위한 워싱턴조약이나 동물애호의 관점에서 최근에는 동물 향료가 사용되지 않게 되었다 [그림 2-5].

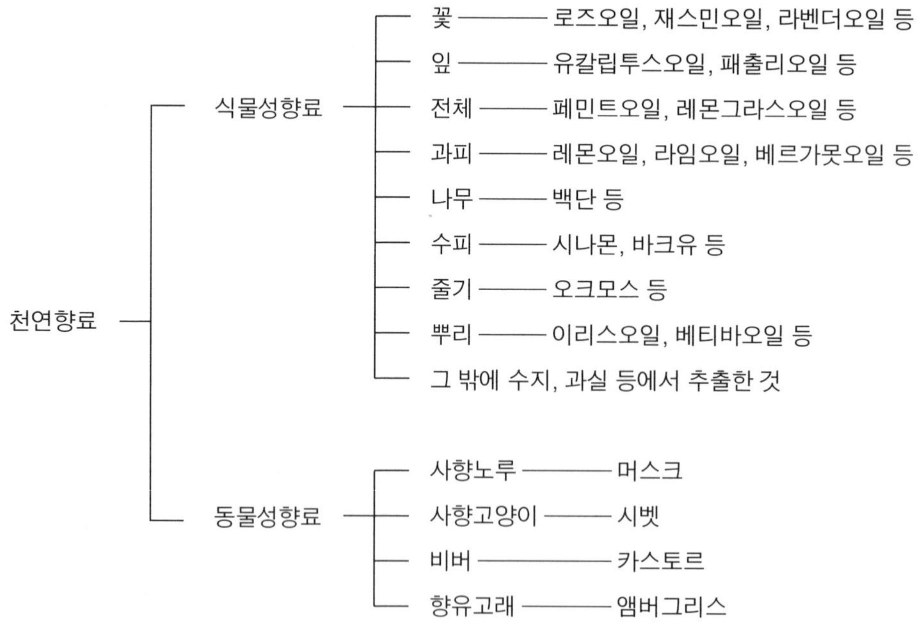

[그림 2-5] 천연향료의 종류

[표 2-7] 대표적인 합성 향료의 분류

화학구조분류		향료명	향기의 타입
탄화수소	모토테르펜	α-리모넨	오렌지의 향기
	세스키테르펜	β-칼리오필렌	우디의 향기
알코올	지방족알코올	시스-3-헥사놀	신록의 어린잎의 향기
	모노테르펜알코올	리나롤	은방울꽃의 향기
	세스키테르펜알코올	팔네솔	그린노트로 플로럴 향기
	방향족알코올	β-페닐에틸알코올	로즈의 향기
알데히드	지방족알데히드	2, 6-노나제날	제비꽃, 오이의 향기
	테르펜알데히드	시트랄	레몬의 향기
	방향족알데히드	α-헥실신나믹알데히드	재스민의 향기
케톤	지환식케톤	β-이오논	희석하면 제비꽃의 향기
	테르펜케톤	L-칼본	스페어민트의 향기
	대환상케톤	시크로펜타데카논	머스크의 향기
에스테르	테르펜계에스테르	리나릴아세테이트	베르가모트, 라벤더의 향기
	방향족에스테르	벤질벤조에이트	약한 발삼의 향기
락톤		γ-언데카락톤	피치의 향기
페놀		오이게놀	정향의 향기
옥사이드		로즈옥사이드	그린, 플로럴의 향기
아세타르		페닐아세트알데히드디 메틸아세타르	은은한 히아신스의 향기

《신화장품학》 127~128쪽 [표 4-2] 대표적 합성 향료의 내용을 일부 개변

(2) 합성 향료

단일 화학구조로 표시되는 향료을 지칭하며 화학합성으로 합성되는 것 뿐 아니라 천연향료에서 분리된 단리향료도 포함된다.

그 화학구조 혹은 관능기에 따라 일반적으로 탄화수소, 알코올, 알데히드, 케톤, 에스테르, 락톤, 페놀, 옥사이드, 아세탄올 등으로 분류된다(표 2-7 참조).

(3) 조합 향료

천연 향료나 합성 향료를 목적에 따라서 블랜딩한 것으로서 향료를 블랜딩하는 전

문가를 조향사(퍼퓨머)라고 한다. 화장품에 향을 입히기 위해서는 천연 향료나 합성 향료 그대로 단독 사용되는 경우는 적으며, 많은 경우 이들 소재를 목적에 따라 조합한 조합 향료가 이용되는 경우가 일반적이다.

8. 퍼머제

1) 기능과 역할

모발을 로트에 말고 모발케라틴의 SS결합(이황화결합)을 환원제로 부분적으로 절단하고 이어서 산화제로 재결합시킴으로써 모발에 웨이브를 주거나 같은 반응을 통해 곱슬머리를 곧게 하여 모발을 변형시키는 것을 퍼머넌트 웨이브(퍼머) 혹은 스트레이트 퍼머라고 한다.

그리고 이 시술에 쓰이는 용제를 퍼머제라고 한다.

2) 분류와 특징

퍼머제는 환원제와 산화제로 구성되며 환원제(1제)는 티오글리콜산계와 티오젖산계, 그리고 시스테인계로 나눌 수 있다. 스트레이트 퍼머제로는 티오글리콜산계만이 사용된다. 산화제(2액)에는 브롬산나트륨, 브롬산칼륨, 과붕산나트륨 및 과산화수소의 수용액이 사용된다.

특징으로서 티오글리콜산계 퍼머제는 강한 웨이브력을 내지만 어느 정도의 모발 손상이 따르므로 건강한 모발에서 강한 웨이브를 만들 때에 사용된다. 시스테인계 퍼머제는 모발 손상은 적지만 강한 웨이브력은 내지 못한다.

티오유산계 퍼머제는 강한 웨이브력을 얻으면서도 모발 손상이 티오글리콜산계 퍼머제보다 적은 장점을 지닌다.

03 화장품의 품질유지 원료

1. 산화방지제

1) 기능과 역할

화장품에는 유지 · 왁스류, 지방산, 에스테르류, 각종 활성 성분이 들어있다. 이 원료들은 공기 중의 산소나 제제 중의 용존산소를 흡수하여 자동산화를 일으킴으로써 산패현상에 이르게 된다. 산패는 불쾌한 냄새, 변색 등의 원인이 되어 제품의 품질을 손상시킬 뿐 아니라, 산패로 발생하는 과산화물질은 대표적인 피부자극 물질이다. 이러한 산화반응을 억제하는 물질이 산화방지제이다. 화장품에 사용되는 산화방지제는 생체에 무해하며 지속성이 있고 또 다른 원료에 대해 영향을 주지 않을 것이 요구된다.

최근에는 피부 구성성분의 항산화도 중요시되면서 산화반응을 억제하는 항산화제가 화장품에 사용되고 있다. 이에 관해서는 항산화제, 주름 개선제의 항을 참조하기 바란다.

2) 화장품에 사용되는 산화방지제의 종류와 용도

주요 산화방지제를 [표 3-1]에 나타내었다.

이들 산화방지제는 단독으로 사용되기보다는 보조제로 혼합하여 사용함으로써 방지 효과가 높아지는 경우가 많으며 이를 상승 효과라고 하여 이를 위한 첨가 보조제로 인산, 구연산, 아스코르빈산 등 산류가 있다. 또 산화방지를 위해 금속이온 봉쇄제를 첨가하는 경우가 많다(금속이온 봉쇄제의 항 참조).

[표 3-1] 화장품에 사용되는 주요 산화방지제

산화방지제	특징 · 용도
비타민 E dl-a-토코페롤	유지류의 산화방지제로서 널리 화장품에 사용된다. 이 밖에 피부의 혈액순환을 좋게하는 작용을 한다.
부틸 하이드록시 아니솔 (BHA)	유지에 대하여 강한 산화방지효과가 있으며 BHT와 병용하면 안정도가 증가한다. 향수, 립스틱, 파운데이션, 크림 등에 널리 사용되고 있다.
디부틸 하이드록시 톨루엔 (BHT)	BHA와 병용하면 안정도가 증가한다. 용도는 BHA와 같다.
갈산프로필	용도는 BHA와 같다.
에리소르빈산	식품의 산화방지에도 사용되며 화장품에서는 크림, 로션에 사용된다.

2. 부패 살균제

1) 기능과 역할

유해한 미생물을 살균하거나 증식을 억제하는 약제로서 사용목적에 따라 살균제와 방부제로 나뉜다.

살균제는 피부를 소독하여 청결하게 유지할 목적으로 사용되며 단시간에 균을 사멸 혹은 감소시키는 효과를 지닌 것이다. 공장에서 제조, 충진할 때 발생하는 미생물 오염(1차 오염)을 방지하기 위해서도 사용된다.

한편, 방부제는 외부로부터 화장품을 오염시키는 미생물의 증식을 억제하고 경시적으로 사멸시켜서 제품의 열화를 방지하므로 소비자에 의한 사용 중의 미생물 오염(2차 오염)을 방지하기 위해 사용된다.

2) 방부 살균제에 요구되는 조건

화장품에 사용되는 방부 살균제에는 다음과 같은 조건이 요구된다.

① 제제에 가용되어 결정이 석출되거나 분리되지 않을 것

② 무색, 무취로 안전성이 높고 피부 자극이 없을 것

③ 넓은 범위의 미생물에 대해 효력이 있을 것

④ 처방된 각 성분과의 적합성이 풍부하며 또 pH와 같은 조건에 의해 항균 활성에 영향을 받지 않을 것

⑤ 물리화학적으로 안정하며 효력에 지속성이 있을 것

3) 화장품에서의 방부 살균제의 사용 예

(1) 살균제

사용 목적별 성분을 나타내면 [표 3-2]와 같다.

[표 3-2] 살균제의 사용 목적과 그 성분

사용 목적	사용 살균제
아크네균 증식억제 (여드름 방지 화장품)	염화벤잘코늄 염화벤제토늄 할로카르반, 트리클로산 등
두피세균류의 억제 (비듬 · 가려움 방지 화장품)	트리클로로카르바닐리드, 징크피리디온, 클로르헥시딘, 히노키티올 등
약취의 원인으로 고려되는 피부 상재균의 사멸 혹은 감소 (데오드란트 화장품)	트리클로산 염산크로르헥시딘 염화벤잘코늄 염화벤제코늄
멸균·소독용	염화벤잘코늄 글루콘산클로르헥시딘의 에탄올액이나 알칼리 용액

(2) 방부제

2차 오염 방지를 위하여 사용되는 방부제로서는 p-하이드록시 안식향산 메틸, 에틸, 프로필, 부틸과 같은 파라벤류나 페녹시에탄올 등이 있으며 최근에는 고분자의 염산염인 폴리아미노프로필비구아니드도 사용되게 되었다.

또한, 제제 속에는 폴리올류로 인한 방부력이 상승적으로 증강되므로 1,3-부탄디올이나 1,2-펜탄디올, 1,2-헥산디올 등과 병용하는 경우가 많다.

3. 금속이온 봉쇄제

1) 기능과 역할

화장품에 극히 미량이라도 금속이온이 혼입되면 유지류의 산화를 촉진함으로써 화장품의 변취나 변색이 야기되거나 투명계 화장품의 혼탁이나 침전이 발생하는 등 화장품의 열화가 촉진된다. 그 중에서도 특히 철이온이나 구리이온은 매우 미량이라도 유지류의 산화를 촉진한다. 이 이외에도 칼슘이온이나 마그네슘이온 등이 화장품 속의 성분과 결합하여 그 작용을 저해하거나 침전을 발생시키기도 한다.

이들 화장품의 열화를 방지할 목적으로 금속이온의 작용하여 고차 화합물(킬레이트 화합물)을 형성시켜 안정화시키기 위하여 금속이온 봉쇄제(킬레이트제)가 사용된다.

2) 금속이온 봉쇄제의 종류

대표적인 것은 에틸렌디아민 사초산(EDTA)나트륨산이나 폴리인산나트륨염이 사용된다. 그 밖에도 화장품의 pH를 조정하기 위해 배합되는 구연산이나 주석산 등도 금속이온 봉쇄제로서의 작용을 한다.

04 화장품용 약제

1. 자외선 차단제

1) 기능과 역할

자외선(UV)은 파장 190~400㎚의 전자파로서 그 중 파장이 190~290㎚인 UVC는 성층권에 있는 오존층에서 흡수 산란되므로 지표에는 도달하지 않으나, 290~320㎚의 UVB 및 320~400㎚의 UVA는 지표에 도달하여 우리들의 피부에서 다양한 반응을 일으킨다. UVB는 피부에 염증성의 일광화상(선번)이라고 하는 홍반을 유발시키며, 장기간 조사하게 되면 피부면역기능 저하나 DNA 손상을 야기한다. 또한, UVA는 피부의 심부까지 도달하여 피부의 탄력을 저하시키는 등 피부노화의 원인이 된다.

이들 자외선을 흡수 또는 산란시킴으로써 자외선의 유해성으로부터 피부를 지키는 기능을 하는 것이 자외선 차단제이다.

2) 분류와 특징, 용도

자외선 차단제는 [그림 4-1]과 같이 분류할 수 있으며 자외선 흡수제는 용해성에 따라서 수용성과 지용성의 흡수제로 나눌 수 있다.

(1) 자외선 흡수제

자외선 흡수제는 자외선을 효율적으로 흡수할 수 있는 유기화합물로 유해한 자외선으로부터 피부의 일광화상이나 제품의 품질을 보호하기 위하여 배합된다. 자외선 흡수제는 흡수한 에너지를 열에너지와 같은 다른 무해한 에너지로 변화시켜 방출함으로써 자외선 차단 기능을 한다.

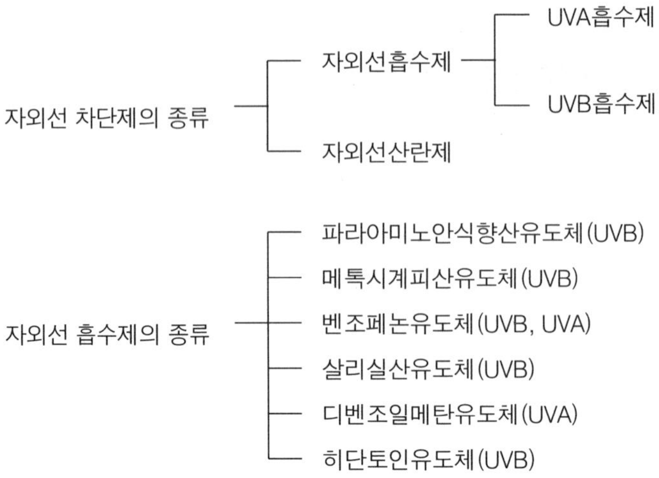

[그림 4-1] 자외선 흡수제의 분류

현재 사용 가능한 유기 자외선 흡수제를 구조에 따라서 분류하면 [그림 4-1]과 같다. 파라아미노안식향산(PABA)유도체, 메톡시계피산유도체, 벤조페논유도체, 살리실산유도체 등이 있고 안전성, 안정성 및 유효성 등의 관점에서 사용 가능한 자외선 흡수제가 제한되게 되었다. 지용성의 UVB 흡수제 중 현재 가장 많이 사용되는 것은 메톡시계피산유도체인 파라메톡시계피산 2-에틸헥실이며, 312㎚의 UVB 영역에서 최대흡수파장을 갖는다. 또한, UVA 흡수제는 UVB 흡수제에 비하여 매우 적으며 현재 사용되고 있는 것은 벤조페논유도체, 디벤조일메탄유도체 및 히단토인 유도체에 불과하다. 이 중 가장 많이 사용되는 것은 디벤조일메탄유도체인 4-t-부틸-4'-메톡신디벤조일메탄으로 이것은 360㎚ 영역에서 최대 흡수파장을 갖는다.

(2) 자외선 산란제

자외선 산란제에는 입자 크기가 15~50㎚인 초미립자의 무기 분체가 사용되며 표면에서 자외선을 물리적으로 산란 및 흡수함으로써 자외선 차단 효과를 보인다. 현재 사용되고 있는 자외선 산란제는 초미립자 이산화티타늄과 초미립자 산화아연으로 높은 자외선 차단 효과를 얻을 수 있다. 종래의 자외선 산란제는 피부에 도포하였을 때 하얗게 되는 것이 문제가 되었으나 미립자 및 분체의 형태를 컨트롤함으로써 피부에 도포하여도 백탁현상이 일어나지 않게 되었다. 그러나 제품에 배합하여 효과를 발휘시키고 또 지속시키기 위해서는 미립자 분체가 잘 분산되어야 한다. 액상의 제품의 경우 기계력을 통한 분산만으로는 충분하지 않으며 시간이 흐르면서 응집되어 효과가 감소되기도 하므로 미립자 분체를 지방산이나 지방산의 금속비누 또는 실리콘 등으로 표면처리하고 적당한 분산제를 선택하여 이용함으로써 분산성의 향상 및 분산 안정성의 향상을 꾀한다.

2. 미백제

1) 기능과 역할

미백제는 일광화상 등으로 인한 멜라닌색소의 생성을 억제하고 그 침착을 예방하는 효과가 있는 성분이다.

2) 미백 메커니즘과 그 성분

미백제 메커니즘으로서 현재 일반적으로 알려져 것은 ① 멜라닌색소 생성 억제, ② 멜라닌색소 환원, ③ 멜라닌색소 배출촉진을 들 수 있다. 이하에 대표적인 미백제를 [표 4-1]에 나타내었다.

[표 4-1] 미백제의 성분

미백 메커니즘(기능)	성분
멜라닌색소 생성 억제	아스코르빈산, magnesium ascorbyl phosphate, 아스코르빈산인산2나트륨, 아스코르빈산글루코시드, 모노스테아린산아스코르빌, 모노팔미틴산아스코르빌, 아스코르빈산에틸에텔, 알부틴, 엘라그산, 코직산, 루시노올, 마그놀리그난, 비타민 E, 니코틴산아미드, 지용성 감초 추출물, 상백피 추출물, 당귀추출물, 시스테인, 글루타티온, 오이풀추출물, 캐모마일 추출물, t-AMCHA(트라넥사민산)
멜라닌색소 환원	아스코르빈산, 아스코르빈산인산에스테르마그네슘, 아스코르빈산인산2나트륨, 아스코르빈산글루코시드, 모노스테아린산아스코르빌, 모노팔미틴산아스코르빌
멜라닌색소 배출 촉진	비타민 C와 그 유도체, 유황, 글리콜산, 리놀산

3. 주름 개선제

1) 기능과 역할

주름의 형성은 가늘고 얕은 주름에서 시작하여 나이를 먹으면서 점차 깊은 주름으로 진행된다. 얕은 주름은 주로 각질층의 건조에서 기인하는 것이므로 보습제(다가알코올, 뮤코다당류, 아미노산 등)를 적용하여 개선이 가능하다. 깊은 주름의 형성을 촉진시키는 원인 중 한 가지로 태양 자외선을 들 수 있다. 자외선에 의해 촉진되는 노화를 '광노화'라고 총칭하는데 깊은 주름은 광노화의 대표적인 특징으로서 자외선 조사에 따른 피부 세포의 DNA 손상, 염증 반응 야기, 활성산소 생성 등의 요인으로 말미암아 세포대사 활성의 변조 혹은 이미 생성된 바탕질 성분의 물리적 변성에서 유래된 것이라고 생각된다. 이렇게 복잡한 과정을 통해 형성되는 주름을 예방하거나 개선하는 것을 주름 개선제라고 한다.

2) 주름 개선 성분의 종류와 특징

깊은 주름의 예방이나 개선을 목적으로 하는 주름 개선제에는 ① 자외선에 대한 직접적인 방어(흡수제 및 산란제), ② 산화스트레스로부터의 방어(항산화제), ③ 세포기능 저하 방어(세포부활제) 또는 ④ 진피바탕질 생성을 촉진하는 활성 성분, ⑤ 진피바탕질 분해를 억제하는 성분 등이 효과가 있는 것으로 생각된다. 이하에 각각에 대한 특징을 나타내었다.

(1) 자외선 차단제

주로 유기계 자외선 흡수제(메톡시계피산유도체, 디벤조일메탄유도체 등)와 무기분체인 자외선 산란제(미립자 산화티타늄, 산화아연 등)가 사용된다.

(2) 항산화제

활성산소의 발생으로 인하여 세포가 과도한 산화스트레스에 노출되면 세포를 구성하는 단백질이나 지질 등이 산화되어서 세포기능의 변조를 초래할 뿐 아니라 염증계 사이토카인이나 세포 표면에 존재하는 성장인자 수용체 등이 활성화되어 표적 유전자 발현이 유도된다. 대표적으로 콜라겐이나 엘라스틴, 바닥막 분해 등에 관여하는 바탕질 메타로프로테이네이즈(MMP, matrix metalloproteinase) 효소군 등이 알려져 있다. 또한, 활성산소는 이미 생성된 콜라겐에 대해서도 작용하여 가교형성반응을 촉진하기 때문에 주름이 형성되는 다수의 과정에 크게 관여하는 것으로 생각되며 실제로 항산화제 첨가로 주름 형성이 억제되었다고 하는 보고가 있다.

대표적인 항산화제로는 비타민(B_2, C, E), 카로티노이드(α-카로틴, β-카로틴, 라이코펜), 식물 추출물, 코엔자임Q, 락토페린 등이 있다. (항산화제 항 참조)

(3) 세포 부활제

약해진 세포의 기능을 활성화시키므로 피부 상태를 회복시킬 뿐 아니라 피부의 턴오버를 개선하여 세포 밖 바탕질의 대사를 높인다. 주름 개선제인 α-하이드록시산 및 비타민 A 관련 원료도 세포부활제로서의 기능을 한다.

(4) 바탕질 생성 촉진제

콜라겐 생성 촉진제로서 비타민 A와 비타민 C 유도체 등이 사용된다.

(5) 바탕질 분해 억제제

몇 가지의 식물 추출액에 대한 MMP 활성 저해작용이 보고되었다. 예를 들어 유칼립투스 추출물은 I형 콜라게나아제(MMP-1) 활성에 대하여 높은 저해작용을 보이고, 또 서양덧나무추출물이 엘라스타아제 활성 저해작용을 보인다고 보고된 바 있어서 이들 식물 추출물은 바탕질 분해 억제에 효과가 있는 것으로 여겨진다.

4. 항산화제

1) 기능과 역할

화장품 원료 중에서 불포화결합을 2개 이상 갖고 있는 유지류 등은 산화되기 쉬워서 냄새나 자극의 원인이 된다. 이와 같은 산화를 막기 위하여 산화 방지제가 화장품에 사용되는데, 최근에는 자외선 조사나 노화에 따른 피부 성분의 항산화의 중요성도 지적되면서 생체에 관한 산화방지제로서의 항산화제가 주목받고 있다.

항산화제는 생체 내의 활성산소나 래디컬을 제거하는 것과 래디컬로 인해 발생하는 과산화 연쇄반응을 제거하는 것이 있다.

2) 분류와 특징

활성산소 · 제거제로서는 생체 내에 존재하는 수퍼옥사이드 디스뮤타아제(SOD), 카탈라아제, 글루타티온과산화효소로 대표되는 항산화계 효소군과 트랜스페린 등으로 대표되는 금속 킬레이트가 있다.

또한, 생체 유래의 항산화제 성분에는 글루타티온, 메탈로티오닌, 티오레독신, 티오타우린이 있으며, 티오타우린은 일중항산소 제거 반응이 우수하여 지방 항산화제로서 화장품에도 응용된다.

또한, 천연물 유래의 활성산소 제거제로는 각종 식물 추출액이 있으며 계피, 정향 등 많은 생약 엑기스가 제거작용을 하는 것이 보고되었다.

한편, 과산화연쇄반응의 제거제로서 작용하는 것은 비타민 C, 비타민 E(α-토코페롤), 카로티노이드(β-카로틴) 등이 있다.

이 밖에 식물 중의 폴리페놀(카테킨류)나 플라보노이드도 항산화제로서 이용된다.

5. 피부 거칠어짐 개선제

1) 기능과 역할

자각할 수 있을 정도로 피부가 거칠어진 경우, 형태적으로는 피부의 버석거림 · 갈라짐 · 균열, 피강(皮溝) · 피구(皮丘)의 불명료화 등의 변화가 확인되며 생리학적으로는 경피수분손실(TEWL)의 증가 · 각질층 수분량의 감소, 이상각화, 턴 오버 이상 등이 관찰된다. 또한, 그 증상이 심한 경우에는 가려움이나 출혈을 동반한다. 피부 거칠어짐 개선제란 이들 증상을 완화 · 회복시키는 약제 혹은 제제를 가리키며 피부가 거칠어지는 것을 예방하거나 개선하는 데 중요한 역할을 담당하고 있다.

피부 건조 개선제는 화장품과 의약외품으로 분류되며 약사법에서 "피부를 건강하게 유지, 피부를 촉촉하게 함, 피부를 보호, 피부의 건조를 예방, 땀띠 · 동상 · 갈라짐 · 틈을 예방, 피부의 거칠어짐 예방" 등의 표현이 인정된다. 일반적인 피부 거칠어짐 개선용 화장품은 수분 · 유분 · 보습제로 구성되며 피부 표면의 모이스처 밸런스를 유지하는 데에 적합하지만, 최근에는 그 작용을 넓은 의미로 피부의 항상성을 유지하는 약제 혹은 제제라고 이해하고 있으며 표피 조직의 기능 유지, 회복, 향상을 목적으로 하는 화장품 · 의약외품 성분 개발이 적극적으로 이루어지고 있다.

피부의 거칠어짐은 건조, 염증 및 각질화 항진 등 주요 원인이 되는 다양한 요인이 상승적으로 복합되어서 발현된다. 그러므로 피부 거칠어짐 개선제는 발생 원인에 대하여 단독적으로 사용되는 경우도 있지만, 대부분은 복수의 피부 거칠어짐 개선제의 조합이 사용된다.

2) 기능별 성분 분류

각각의 기능을 크게 나누면 보습제, 유성 성분, 항염증제, 비타민류 및 기타 성분으로 분류할 수 있다. (보습제, 유성성분은 화장품약제로는 분류되지 않지만 피부 거칠어짐 개선에는 중요한 성분이다.)

(1) 보습제

보습제는 각질층 수분량의 유지를 목적으로 하는 기능을 지닌 성분으로서 수분을 얼마나 흡수할 수 있는가를 나타내는 흡수(습)성과 흡수한 수분을 얼마나 오래 보존할 수 있는가를 나타내는 보습성의 2가지 기능으로 나뉜다. 전자의 대표적인 성분은 당류와 글리세린, 1,3-부틸렌글리콜과 같은 다가알코올이며 다가알코올은 흡습성과 함께 높은 보습성을 갖는다. 한편, 후자의 대표적인 성분은 히알루론산나트륨, 콜라겐 및 키틴 · 키토산 등의 생체고분자와 아미노산으로서 수분을 분자 내의 결합수로서 보존함으로써 보습성을 나타낸다.

(2) 유성 성분

유성 성분은 과도한 수분증산에 대하여 폐쇄작용 및 피지 · 세포간지질 성분 공급을 통한 피부의 정상화를 목적으로 사용된다. 식물유지, 탄화수소, 에스테르오일류, 실리콘오일 등은 주요한 유성 성분으로서 범용되며 화장품의 사용감 향상에도 기여한다. 한편, 피부의 정상화를 목적으로 하는 성분으로는 세라마이드, 스핑고지질, 콜레스테롤, 지방산 및 그 유도체 등이 일반적이며 이들은 세포간지질을 구성하는 성분이다. 즉 세포간지질의 라멜라 구조를 피부 위에 재현하거나 세포간지질 그 자체의 회복을 촉진하는 작용이 기대된다.

(3) 항염증제

항염증제로서는 글리실리신산과 염화리소짐 등이 유명하며 이에 더하여 트라넥삼산유도체 및 비타민 E 인산에스테르가 최근 의약외품의 주요 기제로서 인가되었다. 이들 성분의 사용은 피부에 대한 다양한 자극에서 기인한 염증에 관련된 반응을 진정시키는 것을 목적으로 한다. 트라넥삼산유도체는 피부가 거칠어지는 과정에서 중요한 역할을 하는 플라스미노겐활성화계를 억제하여 플라스미노겐이 플라스민이 되는 것을 저해하고 비타민 E 인산에스테르는 활성산소종 제거작용을 통하여 염증성 반응을 저해함으로써 피부가 거칠어지는 것을 방지한다.

(4) 비타민류

비타민류는 피부대사 상태의 정상화를 목적으로 하는 성분으로서 비타민 A, 비타민 D, 비타민 E, 판토텐산칼슘, 비오틴, 비타민 C, 니코틴산아미드, 비타민 B_6 및 그 유도체 등을 들 수 있다. 구체적으로는 세포의 과증식, 분화 · 성숙부전에 따른 턴 오버 부전의 개선이 주요 작용이다(비타민 항 참조).

(5) 기타 성분

그 밖의 성분으로서는 피지분비 촉진작용이나 혈관확장작용, 호르몬 균형 제어를 목적으로 하는 성분이 배합된다. 또한, 요소, 젖산나트륨 및 필로리돈카르본산나트륨 등도 피부 거칠어짐 개선제로서 범용된다.

3) 최근의 동향

피부 거칠어짐 개선과 예방은 스킨케어의 필수 기능이기 때문에, 특히 스킨케어 수요가 많은 일본에서는 폭넓은 연구가 이루어지고 있다.

지금까지의 연구결과에 더하여 최근에는 생리적 · 심리적 스트레스가 피부 기능에 미치는 영향에 관한 연구가 진행됨으로써 지금까지 경험적으로 이야기되던 스트레스와 스킨케어의 관련성이 과학적으로 증명되고 있다. 구체적으로는 스트레스로 인하여 자율신경계, 내분비계, 면역계에 문제가 생기면 피부의 기능 조절에도 영향을 준다고 하는 것으로서, 스트레스에 따른 표피세포의 과증식이나 랑게르한스세포의 활성화가 보고되었다.

또한, 최근 아쿠아포린이라고 총칭되는 수분/글리세린 트렌스포터의 존재가 주목받고 있다. 표피 혹은 진피세포에서 이 아쿠아포린이 세포 안팎의 수분을 능동적으로 운송함으로써 조직 전체의 수분 밸런스를 조절한다는 것을 시사하는 것이다.

6. 여드름용제

1) 기능과 역할

여드름의 발생 요인 억제 및 증상 악화 억제를 위하여 여드름용 제품에 배합되는 성분이다. 여드름 발생의 주요인은 피지선의 확대로 인한 피지의 분비 과노, 피지선 상부의 모공 입구의 각질화 촉진으로 인한 모공 폐쇄에 따른 면포(피지 덩어리) 형성, 아크네갈균과 같은 세균의 증식이다. 따라서 이들 요인에 대응하는 피지분비 억제제, 각질 용해제, 살균제 등의 성분이 사용된다.

2) 성분, 용도

여드름용제에 배합되는 성분에는 이하와 같은 것이 있다.

① 모공을 가로막는 각질을 제거하기 위한 각질용해제 : 유황, 살리실산 등

② 피지분비 억제제 : 정향, 알로에, 감초, 세이지, 호프, 로즈마리, 고추나물과 같은 식물 추출물, 여성호르몬, 비타민 A, 니코틴산, 비타민 B_6, 비타민 E 등

③ 피지 중의 과산화물을 억제하기 위한 항산화제 : 아스코르빈산인산마그네슘, 테트라-2-헥실데칸산아스코르빈 등

④ 아크네갈균의 증식을 억제하기 위한 살균제 : 염화벤잘코늄, 트리클로산 등

⑤ 염증을 억제하여 증상을 경감시키는 항염증제 : 알란토인, 글리실리친산류 등

여드름용 제품에는 약사법상 화장품, 의약외품, 일반용 의약품, 의료용 의약품의 4종류가 있다. 제품의 형태로서는 비누, 세안제와 같은 세정용 제품, 스킨케어에서 메이크업 화장품까지 다양하다. 의약외품의 주로 사용되는 주요 유효 성분을 이하의 [표 4-2]에 나타내었다.

[표 4-2] 여드름용 의약외품의 주요 유효 성분

살균제	세안제품	트리클로산, 트리클로카르반, 염화벤잘코늄, 비오졸
	크림, 로션 등	비오졸, 피오닌
항염증제		알란토인, ε-아미노카프론산, 글리실리신산류
각질용해제		유황, 살리실산

7. 육모제

1) 기능과 역할

남성형 탈모로 대표되는 모발에 관한 무언가의 고민을 갖고 있는 사람들이 매년 증가하고 있다. 일반적으로 육모제라고 통칭되는 약제 혹은 제제는 그 효능에 따라 양모제 · 육모제 · 발모촉진제 등으로 분류되는데 약사법에서는 명확한 개별의 정의는 되어 있지 않다. 그러나 넓은 의미에서 '양모제란 모발을 보호하여 탈모를 억제하는 약제 및 제제', '육모제란 모발의 성장을 촉진하는 약제 혹은 제제', '발모 촉진제란 새로운 발모를 촉진하는 약제 혹은 제제' 로 쓰이고 있다.

2) 분류와 특징 및 효과

남성형 탈모의 원인은 다양하며 그 원인들이 서로 복합적으로 얽혀 발생하는 것으로 여겨지고 있다. 현재 그들 요인에 대응한 육모 성분이 개발되고 있다. 이하에 육모제 성분의 특징과 효용에 대하여 설명하였다.

(1) 혈관 확장제 및 두피 자극제

혈관 확장 및 혈류 촉진작용을 목적으로 하는 성분은 모공을 둘러싸고 있는 말초모세혈관에 대해 직접적인 확장 작용을 하는 것과 두피 자극을 통하여 간접적으로 혈관확장 작용을 하는 성분으로 분류된다. 당약추출물, 염화카프로늄, 세파란틴 등은 전자의 작용을 하며 고추팅크, 칸타리스팅크, 1-멘톨 등은 후자의 작용을 한다.

(2) 남성호르몬제 및 사이토카인 생산제

남성호르몬과 장년성 탈모증과의 관계는 오래전부터 알려져 있던 메커니즘이다.

그래서 남성호르몬에 관련된 유효 성분은 다양하지만 테스토스테론에서 DHT로의 변환효소인 5α-환원효소의 활성 저해를 목적으로 하는 에스트라디올, 에티닐에스토라디올과 같은 여성호르몬이나 그 구성유사물질이 유명하다. 그러나 여성호르몬 및 그 유사물질은 생체에 대한 부작용이 우려된다.

한편, 모주기 사이트카인의 분야는 눈부신 연구 성과를 올리고 있으며, 그 균형회복을 목적으로 한 신규 유효 성분이 독자적인 메커니즘에 따라서 잇달아 시장에 나오고 있다. 모두 기대되는 최종적인 효과는 성장기의 연장 또는 휴지기에서 성장기로의 이행이며 최근의 대표적인 성분으로는 아데노신, 트랜스-3, 4'-디메틸-3하이드록시 프라바논(t-프라바논), 6-벤질아미노프린(아미노프린) 등을 들 수 있으며 실제로 육모 효과도 높은 것으로 보고되었다.

(3) 모발 구성세포 부활제

가령이나 염증에 따른 손상의 축적은 모발 구성세포인 모유두세포 및 모모세포의 기능저하를 야기하므로 이들을 회복시킴으로써 발모나 모발 성장 촉진을 할 수 있을 것으로 생각된다. 펜타데카인산 글리세리드, 판토텐산 및 그 유도체, 플라센타엑기스, 5-모노니트로그아야콜은 모두 모발구성세포에 대한 부활 효과를 지니며 또 영양공급 및 세포의 대사기능 회복을 목적으로 하여 각종 비타민, 각종 아미노산도 범용되고 있다.

(4) 항균제, 항염증제 및 항지루제

두피의 노폐물인 비듬은 두피염증의 원인 중 한 가지로서 방치한 경우 염증에 따른 발적 · 가려움이 증대되어 탈모의 원인이 된다. 비듬 발생의 원인균으로서 *Malassezia furfur*가 동정되었으며 이 상재균의 제어를 목적으로 하는 성분인 염화벤잘코늄, 염화벤제토니움, 이소플로로필메틸페놀이 사용된다. 또한, 진행된 염증의 진정을 목적으로 글리시리친산(감초산), 글리실리친산디칼륨염이나 암모늄염, 알란토인 등이 병용된다. 또한, 과산화지질이나 비듬 발생의 원인이 되는 과도한 피지분비 억제나 여분의 각질을 제거하여 두피의 환경을 청결하게 유지할 목적으로 염산피리독신, 살리실산 및 레조르신 등이 사용된다.

8. 비듬 · 가려움 방지제

1) 기능과 역할

두피도 피부의 일부로서 피부와 마찬가지로 거칠어지기도 하며 두피의 턴 오버 속도 항진은 비듬의 직접적인 발생 원인이라고 한다. 턴 오버 속도를 항진시키는 요인으로서는 피지의 과도 분비로 인한 유리지방산의 자극, 과산화지질로 인한 자극, 두피의 건조 등을 들 수 있다. 그래서 비듬의 과도 발생을 막고 유리지방산이나 과산화지질의 생성을 억제하는 항산화제, 두피의 건조를 예방하는 보습제, 다량으로 발생하고 박리되는 각질층을 제거하기 위한 각질층 박리 · 용해제나 피지의 분비를 억제하는 항지루제, 또 가려움을 억제하는 진양제나 비듬의 원인균의 증식을 막는 살균제, 두피의 염증을 방지하는 항염증제가 필요하며 이들 모든 성분을 아울러 비듬 · 가려움 방지제라고 한다.

이들 비듬 · 가려움 방지제는 약용 샴푸, 약용 린스나 육모제에 배합된다.

2) 각 기능별 성분

[표 4-3] 비듬 · 가려움 방지용 성분

기능	성분 명칭
① 항산화제	비타민 E(토코페롤)
② 보습제	글리세린, 1,3-부틸렌글리콜, 디프로필렌글리콜
③ 각질층박리 · 용해제	살리실산, 유황, 젖산, 레조르신, 황화셀렌
④ 항지루제	비타민 B_6(피리독신)
⑤ 진양제	염산디펜히드라민, 말레인산클로르페닐라민, 캄파, 멘톨
⑥ 살균제	트리클로로카르바닐리드, 징크피리티온, 플록토오라민, 염화벤잘코늄, 염화벤제토늄, 클로르헥시딘, 히노키티올, 페놀, 이소프로필메틸페놀
⑦ 항염증제	글리실리신산, 수산하이드로코르티손, 프레드니솔론, 아줄렌

9. 수렴제

1) 기능과 역할

수렴제는 피지선이나 땀샘의 개구부의 피부, 점막의 단백질과 결합하여 응고, 수축시킴으로써 피부에 긴장감을 부여하고 발한을 억제하는 작용을 하는 물질로서 아스트린젠트라고도 불린다.

2) 분류와 특징

수렴제는 단백질에 작용함으로써 효과를 나타내는 것으로서 단백질은 양성물질로 양이온과도 음이온과도 반응하기 때문에 수렴제도 그 활성이온의 종류에 따라 2타입으로 분류된다.

(1) 양이온형 수렴제(금속염)

강하게 작용하는 수렴제로서 산화아연, 황산아연, 알란토인 디하이드록시알루미늄, 클로르히드록시알루미늄, 파라페놀설폰산아연이 있으며 이들의 염이 물에 녹으면 금속이온과 가수분해를 통한 산이 발생하여 수렴작용을 발휘한다.

(2) 음이온형 수렴제

작용이 비교적 온화한 수렴제로서 구연산, 호박산, 주석산 등 유기산과 풍년화추출물, 녹차추출물, 호프추출물 등 많은 식물 추출물(엑기스)이 있으며 식물 추출액은 함유하는 탄닌, 갈산이 수렴작용을 지니고 있다고 알려져 있다.

수렴제를 사용하는 화학적 수렴작용 이외에 찬 물이나 알코올을 통해 피부 온도를 일시적으로 저하시키는 급랭작용을 통해 피부를 조이는 물리적 수렴작용이 있다.

그러나 피지분비 억제나 화장 번짐 방지를 위해 쓰이는 수렴화장수의 수렴작용은 주로 화학적 수렴작용을 이용한 것이다.

10. 제한 · 데오드란트

1) 기능과 역할

제한 · 데오드란트제란 땀 분비를 억제함으로써 땀에서 나는 체취의 발생을 막기 위한 약제로서 주로 겨드랑이 아래에서의 발한에 따른 액취를 방지하는 기능을 한다.

땀은 한선에서 분비된 직후에는 거의 무취이나 그 후 피부상재균에 의하여 대사 · 분해되어 냄새를 발생한다. 그 냄새의 발생물질은 카프로산이나 카프릴산과 같은 저급지방산과 안드로스테론과 같은 스테로이드류가 복합된 것으로 추정된다.

제한 · 데오드란트제에는 땀의 분비를 억제하는 제한제와 냄새의 발생 원인이 되는 피부상재균을 감소시키는 살균제가 사용된다. 그 밖에 발생한 냄새 물질에 작용하는 탈취제나 저급지방산의 산화를 방지하는 산화방지제, 땀의 냄새를 마스킹하기 위한 향료 등이 사용된다.

2) 성분과 특징

제한 · 데오드란트제의 주요 성분을 나타내면 [표 4-4]과 같다.

[표 4-4] 제한 · 데오드란트제에 배합되는 주요 성분

기능	성분
제한제	클로르히드록시알루미늄(AHC), 파라페놀설폰산아연
살균제	염화벤잘코늄, 염화벤제토늄, 할로카르반, 염화클로르헥시딘, 은 · 아연 · 암모늄단시제오라이트
탈취제	산화아연, 제오라이트
산화방지제	비타민 E(토코페롤)
마스킹제	향료

(1) 제한제

제한제는 한선을 폐쇄 혹은 수렴시킴으로써 발한량을 감소시키는 약제이며 20세기 초두에 미국에서 염화알루미늄이 이용된 것에서 시작되었다. 그러나 염화알루미늄은 사용성이 나쁘고 피부 자극이 있기 때문에 부분 중화한 염화알루미늄 수화물인 클로르히드록시알루미늄(AHC)가 개발되어 피부 자극도 약해서 현재 가장 많이 사용되고 있다. AHC의 개발 이후 개량이 거듭되고 있으며 보다 자극을 저감시킨 유산이나 프로필렌글리콜와의 복합체나 저분자량 획분이 많은 활성화 AHC 등이 개발되었다.

(2) 살균제

주요 살균제로는 염화벤잘코늄이 있으며 그 외에는 [표 4-4]의 물질이 있다.

(3) 소취제

소취제로서는 발생한 저급지방산과 염을 형성하여 소취하는 산화아연이나 저급지방산을 집어넣은 제오라이트 등이 이용되고 있다. 그 밖에 청량감을 주기 위하여 멘톨이 배합되는 경우도 있다.

11. 아미노산 · 펩티드류

1) 아미노산과 그 분류

아미노기를 갖는 카르본산을 아미노산이라고 한다. 카르복실기에 대한 아미노기의 위치에 따라서 α, β, γ, ω-아미노산으로 분류되며 아미노산과 카르복실기 수의 비율에 따라서 중성 아미노산, 산성아미노산, 염기성아미노산으로 분류된다(생체 단백질을 구성하는 아미노산은 α-아미노산). 또한, 인간이 필요로 하는 아미노산 중 체내에서 합성되지 않거나 또는 합성되기 어려운 아미노산과 합성되는 아미노산을 각각 필수아미노산과 비필수아미노산으로 분류한다.

2) 아미노산의 특징, 용도

일반적으로 아미노산은 피부 보호, 보습이나 모발의 유연, 보습을 위하여 화장품에 사용된다. 아미노산 단독의 화장품에서의 효과, 사용 용도를 [표 4-5]에 나타내었다.

3) 펩티드

몇 가지의 아미노산이 탈수축합(반응으로 물이 빠져나가면서 결합)하여 생성되는

[표 4-5] 아미노산 단독으로의 화장품에서의 효능, 사용 용도

용도	아미노산	효과
피부개선	염기성아미노산이나 그 유도체	각질층유연효과, 피부 거칠어짐 개선
보습	프롤린, 이소류신, 류신	뛰어난 보습작용
미백	시스틴, 페닐알라닌	티록시나아제, 길항저해
자외선차단	2-데히드아미민산	UV-A차단효과
산화방지	트립토판, 히스티딘, 메티오닌	유지 산화방지

[표 4-6] 펩티드의 제법과 종류 및 용도

펩티드의 제법	펩티드의 종류	용도
단백질의 가수분해	콜라겐펩티드, 가수분해엘라스틴, 보리펩티드, 대두펩티드, 실크펩티드 등	보습제 피부 거칠어짐 개선제 감촉 개량제
천연물로부터의 추출	글루타티온 등	항산화제 멜라닌 생성억제
아미노산으로부터 화학합성	올리고펩티드	항노화제

화합물을 펩티드라고 한다. 구성 아미노산의 수에 따라서 크게 올리고펩티드(아미노산 2~10), 폴리펩티드(아미노산 10~100), 매크로펩티드(아미노산 100 이상, 단백질)로 구별된다. 펩티드는 단백질을 효소나 산으로 부분 분해하거나, 천연물에서 추출, 아미노산으로부터 펩티드 합성법으로 만들어서 스킨케어 및 모발용 화장품에 사용된다.

4) 펩티드의 특징, 용도

펩티드의 제법과 종류, 그 용도를 [표 4-6]에 나타내었다.

12. 비타민류

1) 기능과 역할

비타민이란 생체 내의 단백질, 지질, 당질, 무기염류 이외의 성분으로서 미량으로 생리기능을 원활하게 하는 유기화합물군을 총칭한다.

2) 분류와 특징

비타민을 크게 2가지로 나누면 지용성 비타민과 수용성 비타민으로 분류할 수 있다. 지용성 비타민에는 비타민 A, D, E, K가 있으며 수용성 비타민에는 비타민 B와 비타민 C가 있다.

(1) 지용성 비타민

① 비타민 A

레티놀, 레티날, 레티노인산과 수산레티놀, 팔미틴산 레티놀 등의 유도체가 포함되며 총칭하여 레티노이드라고 한다. 또한, 카로티노이드(카로틴, 리코펜 등)는 생체 내에서 비타민 A로 변하여 비타민 A로서의 효력을 갖기 때문에 프로비타민 A라고 불리고 있다. 비타민 A는 세포의 분화와 발생, 생물의 정상적인 성장촉진작용이나 피부점막 형성 등 많은 작용을 하며 손상을 입은 피부, 주름, 여드름, 거칠어짐의 개선을 목적으로 화장품에 사용되고 있다. 카로티노이드류는 프로비타민 A로서 기능할 뿐 아니라 활성산소 제거작용(항산화작용)도 한다.

② 비타민 D

비타민 D_2(에르고칼시페롤)와 비타민 D_3(콜레칼시페롤) 및 프로비타민 D로서 디하이드로타키스테롤이 있으며 뼈의 정상 상태 유지에 중요한 역할을 한다.

③ 비타민 E

비타민 E(토코페롤)에는 α, β, γ, δ-토코페롤과 α, β, γ, δ-토코트리페놀의 8개의 이성체가 존재하며 그 중 생체 내에서는 α-토코페롤이 가장 많이 존재한다. 그 생리작용은 항산화작용으로서 생체막이나 유지 중에 존재하는 불포화지방산의 산화를 억제하는 것이 주요 작용이며 식용유의 산화를 방지하기 위하여 α-토코페롤이 첨가된다. 일반적으로 쓰이는 비타민 E로서는 dl-α-토코페롤, d-δ-토코페롤, 수산dl-α-토코페롤, 호박산dl-α-토코페롤, 호박산dl-α-토코페롤칼슘, 니코틴산dl-α-토코페롤, 리놀산dl-α-토코페롤이 있다. 피부에 대한 작용으로서는 항산화작용을 통한 피부노화 방지작용, 말초혈관의 확장을 통한 혈류 개선효과, 노인반(리포푸신)의 침착 방지작용 등이 있다. 최근 화장품에 배합이 승인된 조효소Q10(CoQ10)은 비타민 E 유사작용을 한다.

④ 비타민 K

비타민 K는 K_1에서 K_7까지 있으며 혈액 응고작용, 혈액응고 촉진작용을 한다.

(2) 수용성 비타민

① 비타민 B

비타민 B는 비타민 B_1(티아민), B_2(리보플라빈), B_6(피리독신), B_{12}, 엽산, 나이아신(니코틴산), 판토텐산, 비오틴(비타민 H)이 있으며, 신경의 기능을 정상적으로 유지하는 작용을 한다. 화장품 관계에서는 특히 비타민 B_6(여드름, 비듬에 유효), 나이아신(혈관확장작용), 판토텐산(피부의 정상적인 각화 촉진)이 사용된다.

② 비타민 C

비타민 C(아스코르빈산)는 항산화작용, 콜라겐 형성작용을 한다. 또한, 일광 화상에 의한 피부로의 색소 침착을 방지하는 작용을 하므로 널리 화장품이나 건강식품에 사용되고 있다. 그러나 비타민 C는 불안정하기 때문에 안정적인 유도체가 개발되어 항노화 화장품 및 미백화장품에 주로 사용되고 있다. 의약외품의 주제로서 허가받은 유도체로서 아스코르빈산인산에스테르마그네슘, 아스코르빈산인산이나트륨, 아스코르빈산글루코시드, 모노스테알린산아스코르빌, 모노파르미틴산아스코르비르, 아스코르빈산에틸에텔이 있다.

13. 식물 추출물질

1) 화장품용 식물 추출물에 대하여

자연 지향, 에콜로지 지향, 광우병 문제 등을 반영하여 화장품 원료로서 식물계의 원료가 즐겨 사용되고 있다. 많은 식물 추출물은 서양에서는 허브로, 동양에서는 한방생약으로서 전승약이나 화장품에 사용되어 왔다.

화장품에서 사용되고 있는 식물 추출물은 추출액으로서 사용되는 것이 많으며 물, 에탄올, 1,3-부틸렌글리콜 중 한 가지 혹은 그 혼합용제 등의 수성용매로 추출한 수용성 추출물과 기름으로 추출한 유용성 추출물이 있다. 또한, 유효 성분을 고농도로 함유하는 분말제품도 사용되고 있다. 사용되고 있는 식물의 부분은 꽃, 잎, 열매, 씨앗, 줄기, 뿌리 등 전체적이다. 따라서 같은 식물에서 추출하였다고 하더라도 추출 조건이나 용매, 추출 부위에 따라서 효능이 전혀 달라진다.

유효 성분으로서는 탄닌, 플라보노이드, 카로티노이드, 사포닌, 정유 등이나 미량 성분으로서 알카로이드, 퀴논유도체, 아미노산 등도 함유되어 있으며 동일 식물에서 다른 유효 성분을 분리하는 경우도 있다.

식물 추출물은 스킨케어 화장품을 중심으로 샴푸, 린스와 같은 헤어케어 화장품에도 배합되고 있다.

2) 기능별 성분

① 보습

다당류, 아미노산 등을 함유하고 있는 추출물은 보습작용을 한다. 대표적인 것으로 돌외, 알로에, 황금, 갈근, 메귀리, 퀸스 시드, 클로렐라, 겐티아나, 소맥 배아, 쌀겨, 스티비아, 당귀, 두유, 맥문동, 숙주 추출물, 로커스트빈검이 있다.

② 항염증

염증을 일으키는 원인은 다양하기 때문에 사용되는 식물 추출물도 다양하다. 감초에서 추출된 글리실리신산과 그 유도체가 알려져 있으며 식물 추출물로서는 캐모마일 추출물(아줄렌 함유)이 많이 사용되고 있다. 그 밖에 아르니카, 울금, 드린국화, 황벽나무, 광대수염, 사철쑥, 치자나무, 뽕나무, 단풍터리풀, 작약, 쇠뜨기, 귤껍질, 금잔화, 장미, 복령, 포도잎, 모란, 수레국화 추출물 등이 있다.

③ 미백

색소침착의 메커니즘이 해명되면서 그 메커니즘에 유용한 원료가 사용되게 되었다. 의약외품의 주제로서 미백 효과를 주장하는 원료로서 캐모마일 추출물이 있으며 멜라닌 생성억제작용이 보고된 식물 추출물로 지용성감초, 상백피, 작약, 당귀, 오이풀, 마로니에수피, 범꼬리 추출물 등이 있다. 그 밖에 붉은 우롱차, 붉은 대추, 서양톱풀, 올리브잎, 록로즈, 달맞이꽃, 참마, 정향, 차조기, 복분자 추출물 등이 최근 미백원료로서 사용되고 있다.

④ 항노화

잔주름 방지를 위하여 사용되는 식물 추출물은 산화방지작용이 있는 것을 중심으로 세포부활, 혈액순환 촉진작용이 있는 것 등이 사용되고 있다. 산화방지작용이 있는 식물 추출물은 플라보노이드나 탄닌을 함유하는 것이 많으며 은행잎, 찔레꽃, 지용성감초, 제라늄, 세이지, 대두, 녹차, 정향, 풍년화, 엉겅퀴, 레몬밤, 바위취, 로즈메리 추출물 등이 있다. 세포부활작용이 있는 것에는 알로에, 광대수염, 황금, 인삼, 당약, 쇠뜨기, 마늘, 대두, 겐티아나, 풍년화, 당귀, 우엉, 수세미, 금잔화, 서양톱풀, 호프, 자근, 율무, 토마토 추출물 등이 있다. 혈액순환 촉진작용을 하는 것으로는 은행잎, 당약, 가자, 마로니에 추출물 등이 있다.

⑤ 자극 완화

자극완화작용이 있는 식물 추출물에는 무궁화, 아르니카, 감초, 키나, 퀸즈 시드, 지용성 사루비아, 자근, 홍화, 지용성 보리수 추출물 등이 있다.

⑥ 수렴

일반적으로 탄닌류를 함유하는 식물 및 플라보노이드나 안토시안을 많이 함유하는 식물 추출물은 수렴작용이 있다고 한다. 예를 들어 광대수염, 캐모마일, 사철쑥, 제라늄, 작약, 인동덩굴, 서양덧나무, 곱향나무, 세이지, 타임, 장미, 풍년화, 관동, 라벤더, 레몬, 자운영 추출물 등이 있다.

⑦ 항지루

탄닌 등을 함유하여 수렴작용이 있는 식물 추출물이 사용된다. 광대수염, 자작나무, 대황, 토르멘틸라, 풍년화, 관동, 호프 추출물 등이 있다.

⑧ 육모

혈관확장작용 및 혈액순환 촉진작용을 하는 당약 추출물, 세파란틴, 두피자극작용인 있는 고추팅크, 항염증작용이 있는 글리시리친산, 글리실레친산 등이 사용된다.

화장품의 원료			
유기계	자연계 (정제가공)	식물계	유성원료(유지 기름:올리브오일, 피마자오일, 동백오일, 지방 : 목랍, 왁스 : 카르나우바왁스, 칸데릴라왁스, 호호바오일) 보습제(글루코오스, 자당, 트레하로스, 식물추출물) 계면활성제(레시틴, 사포닌) 고분자증점제(퀸즈시드검) 색재(홍화 · 카타민, 카로틴, 시코닌) 향료(로즈오일, 재스민오일) 약제 · 생리활성성분(글리실리실산, 식물추출물)
		동물계	유성원료(우지, 마유, 라놀린, 밀랍) 고분자증점제(가수분해콜라겐, 젤라틴) 보습제(벌꿀, 가수분해난백, 콜레스테롤)
		해산물계	유성원료(스쿠알렌, 오렌지라피오일) 고분자증점제(키틴, 키토산, 알긴산나트륨)
	반합성계		유성원료(고급지방산, 고급알코올, 수첨유, 유동파라핀, 바세린, 파라핀, 마이크로크리스탈린왁스, 셀레신) 고분자증점제(셀룰로오스계, 전분계) 보습제(글리세린)
	합성계		유성원료(에스테르오일, 세라마이드류) 보습제(글리세린, 프로필렌글리콜, 솔비톨, 필로리돈카르본산, 히알루론산나트륨) 계면활성제(음이온, 양이온, 양성이온, 비이온성 계면활성제, 고분자 계면활성제) 고분자화합물(증점제 : 폴리비닐알코올, 피막성 고분자 : 니트로셀룰로오스, 합성라텍스 등, 스타일링용 고분자 : 폴리에틸렌) 색재(허가안료, 염료) 향료(합성향료) 자외선흡수제(벤조페논유도체, 파라아미노안식향산유도체, 메톡시계피산유도체) 산화방지제[토코페롤, BHA] 금속이온 봉쇄제(에데트산) 약제, 생리활성성분(미백제, 주름개선제, 여드름용제, 제한제, 육모제, 수렴제, 비듬 가려움용제, 구강용 약제, 비타민, 호르몬, 아미노산) 기타 원료(용제 : 에탄올, 아세톤 등, 분사제 : LPG 등, 퍼머제 : 티오글리콜산, 시스테인)

- 무기계
  - 천연계
    - 약제(유황)
    - 스크럽제(경석)
  - 합성계
    - 색재(안료)
      - 체질안료(마이카, 탈크, 카오린, 무수규산)
      - 백색안료(이산화티타늄, 산화아연)
      - 착색안료(산화철, 산화크롬, 군청, 감청)
      - 진주광택안료(운모티타늄, 옥시염삼비스마스)
      - 기능성안료(질화붕소, 포트크로믹안료, 안료복합체)
    - 증점제 (벤트나이트, 라포나이트)
- 유기·무기계
  - 천연계 — 색재 (구리클로로피린나트륨)
  - 합성계
    - 유성원료(실리콘오일, 불소오일)
    - 계면활성제(실리콘계 계면활성제, 불소계 계면활성제)
    - 고분자화합물(실리콘수지, 불소수지, 공중합체)
    - 색재(프타록시아닌 블루)
    - 기능성분체(화학기상증착 CVD법 처리분체, 분체함유폴리머)
    - 기타(금속비누)
  - 혼합계
    - 내포계(자외선산란제 내포캡슐)
    - 메카노케미컬법을 통한 복합분체(구상 나이론–미립자산화티타늄복합계)
- 기타 (유기 · 무기계 이외) — 이온교환수, 천연수

[부표] 화장품 원료 일람

제5장

화장품의 제조기술·물성시험·품질보증·환경문제

01 제조기술, 물성시험

화장품을 '혼합 과학' 이라고도 표현할 수 있듯이 다양한 물질의 계면을 화학적 혹은 물리적인 수단으로 변화시켜 균일계를 형성하는 '수분 · 유분 · 분체 등의 공존 제품' 이다. 이러한 화장품을 만드는 주요 수단으로 유화, 가용화, 분산이라는 기술이 이용되고 있다.

이하에 이들 기술과 각 제제와 유화를 중심으로 한 물성시험에 대해 설명하였다.

1. 유화 [1) 2)]

물과 기름은 서로 섞이지 않는 성질이 있으며, 섞더라도 바로 수상, 유상의 2층으로 나뉘고 만다. 이 둘을 사이 좋게 공존시키기 위해서는 유화제(계면활성제의 일종)를 이용하여 연속상인 물이나 기름 속에 유분이나 수분을 미세 분산시켜야 한다. 이 미세 분산물은 가시광선의 파장보다 크기 때문에 빛을 반사되어 유백색으로 보인다. 유화란 이와 같은 유탁 상태를 형성하는 것을 일컬으며 영어로는 '에멀션' 이라고 한다.

유화에는 물의 연속상에 유분을 분산시킨 O/W형(수중유형), 기름의 연속상에 수분을 분산시킨 W/O형(유중수형), 그리고 이들을 조합한 W/O/W형[3), 4)](이중 에멀션) 등 다양한 타입이 있어서 다양한 감촉이나 기능의 화장품이 만들어지고 있다.

1) O/W형 에멀션

형상은 로션에서 크림까지이며 목적에 따라 다양하게 조제된다. 일반적으로 로션은 물속에 유분이 수 퍼센트에서 십 수 퍼센트까지 함유되며 발림이 좋고 보습 · 유연

효과를 얻을 수 있다.

O/W 에멀션의 특징은 사용 시 물이 먼저 피부에 닿기 때문에 촉촉함이 느껴지며 피부에 부담스럽지 않고 자연스럽다. 또한, 수용액의 고분자로 보호 콜로이드를 형성하여 계를 안정화시킬 뿐 아니라 점성 조절도 가능하므로 다양한 점도나 관능을 구현할 수 있다.

물과 기름을 유화시키기 위해서는 계면활성제가 필수적이다. 계면활성제란 물에 잘 섞이는 친수기와 기름에 잘 섞이는 친유기를 모두 갖고 있는 물질로서 이것이 결합제와 같은 역할을 하여 물과 기름이 안정적으로 공존하게 한다. O/W 에멀션에 이용되는 대표적인 계면활성제로는 고급지방산과 알칼리제로 이루어진 비누를 들 수 있다[5]. 고급지방산의 알킬기 부분이 친유기의 역할을 하며 지방산을 알칼리제로 중화하여 생성되는 지방산염 부분이 친수기가 된다. 이 지방산염이 해리되어 음이온으로서 작용하기 때문에 이들을 음이온(애니온)성 계면활성제라고 총칭한다.

음이온성 계면활성제 외에 병용되는 활성제가 있는데 주로 전하를 띠지 않는 비이온(논이온)성 계면활성제이다. 이것은 유화 보조제로서 유화나 계의 안정화를 도울 뿐 아니라 로션 등이 피부에 잘 스며드는 느낌에도 영향을 미친다. 비이온성 계면활성제의 대표적인 예로서 에틸렌옥시드를 고급지방산이나 고급 알코올 등에 부가 중합시킨 타입을 들 수 있다. 에틸렌옥시드를 중합하여 생성한 폴리옥시에틸렌 사슬은 친수성이 있기 때문에 이 사슬의 길이에 따라서 물에 조금 용해되는 것에서 잘 용해되는 것 까지 다양한 종류를 합성할 수 있다. 이와 같은 용해도의 차이, 즉 친유기와 친수기의 균형을 HLB[6] [7] (Hydrophile-Lipophile-Balance)라고 하며, 다양한 종류의 비이온성 계면활성제의 HLB값이 실험이나 계산을 통해서 구해졌다. 각각의 기름을 유화하기 위해서는 각각에 적합한 HLB값이 알려져 있으므로 유제의 선택에 따라 HLB를 변화시킬 필요가 있다.

이하에 현재 화장품에 이용되는 O/W형 에멀션의 조제 방법을 나타내었다(표 1-1). 개개의 상세한 이론적 배경은 문헌을 참조하기 바라며 미세한 유화 입자를 조제하기 위해서는 계면화학적으로 기름과 물의 계면장력이 낮아지는 현상을 만들어 내야 한다.

2) W/O형 에멀션

W/O형 에멀션은 기름의 연속상에 수분을 분산시킨 계로서 마가린이나 버터 등 식

[표 1-1] 각종 O/W 에멀션의 제조 방법

유화법	방법	특징
분산 유화법	수상에 활성제를 용해한 후 유상을 첨가	교반력의 영향을 크게 받음
전상(반전) 유화법(8)	유상에 활성제를 용해시킨 다음 수상을 참가	라멜라액정상을 통과함으로써 미세한 에멀션이 생성
HLB(전상) 온도 유화법(9)	비이온성 계면활성제의 온도에 따라 친수성-친유성 밸런스(HLB)가 변화하므로 어떤 온도에서 HLB의 균형이 맞아서 계면활성제상 · 수상 · 유상의 3상 영역이 출현한다. 이때의 유상과 수상의 계면장력이 매우 작아지는 것을 이용한다.	약한 교반력으로도 미세한 에멀션 생성
D상(계면활성제) 유화법(10)	비이온성 계면활성제를 물과 다가알코올의 혼합용액에 용해시키고 거기에 유제를 분산시키면 계면장력이 매우 낮아져서 O/D 겔 에멀션이 생성된다. 여기에 물을 첨가하여 O/W 에멀션을 얻는다.	비교적 넓은 HLB범위의 계면활성제로 미세한 에멀셜 생성
응집법(11)	균일한 용액이나 가용화상태의 유분을 어떠한 방법으로 석출(2상 영역으로 이동)시키는 것을 이용	간편하게 미세 에멀션을 얻을 수 있으며 입자 직경을 컨트롤 가능
액정 유화법(12)	계면활성제의 집합으로 형성되는 액정을 이용하여 액정 속에 분산상을 분산시킴으로써 기름과 물의 계면강도를 증대시키는 것을 이용	
그 밖에 SPG막유화법, 고압호모제나이저를 통한 전단력을 이용한 방법 등이 있다.		

품으로 우리 주변에서 접하고 있는 것이다. 화장품에 응용하는 경우에는 피부에 닿는 느낌이 좋은 유제를 선택하면 화장 도포 시 매우 발림성이 좋아서 매끄러운 감촉을 얻을 수 있다. 현재 많이 쓰이는 유제로는 휘발성 환상실리콘이며 이것은 도포 시에 잘 휘발되므로 촉감이 가볍고 잘 발리며 피부에 잘 스며드는 사용감을 얻을 수 있다.

W/O 에멀션에 쓰이는 계면활성제는 친유성의 것이 중심이 된다. HLB값으로 말하자면 4~6 정도의 것이 사용되며 최근에는 특히 환상 실리콘을 유제로 이용하는 경우가 많기 때문에 그에 맞추어 실리콘계의 계면활성제가 많이 사용된다.

참고로 평소 사용하는 유액이나 크림의 에멀션이 O/W인지 W/O인지를 간단히 판단하기 위해서는 그 화장품을 소량(몇 방울)을 물속에 떨어뜨려서 전체로 퍼진다면 O/W형, 퍼지지 않고 방울져 있다면 W/O형이다.

[표 1-2] 각종 W/O 에멀션 제조 방법

유화법	방법	특징
아미노산 겔 유화법(13)	아미노산수용액과 계면활성제를 혼합하여 W/D 겔 에멀션을 조제한다. 그 겔에 기름을 분산시키고 가장 마지막에 물을 가하여 W/O 에멀션을 형성한다.	고온에서의 안정성이 뛰어남
점토광물이용 유화법(14)	수팽윤성점토광물의 층간나트륨이온을 4급 암모늄유기양이온과 양이온교환하면 수소성의 유기변성점토광물이 된다. 여기에 또 비이온성 계면활성제로 포접하여 복합체를 형성하면 유제 속에서 팽윤하여 유성 겔을 형성한다. 이 겔은 다량의 물을 감쌀 수 있어서 W/O 에멀션이 만들어진다.	물의 극성을 저하시키는 글리세린 등을 다량으로 배합하더라도 안정하다. 또한, 수상에 O/W 에멀션을 사용하면 O/W/O형의 더블에멀션을 형성할 수 있다.

이하에 현재 화장품에서 이용되고 있는 W/O형 에멀션의 제조방법을 나타내었다[표 1-2].

2. 가용화

유화도 가용화도 혼합되지 않는 것을 균일화하는 것이나 양자의 차이는 유화는 물과 기름을 적당한 방법으로 한쪽을 다른 쪽에 미세 분산시킨 계임에 반하여 가용화는 미셀이라고 하는 계면활성제의 집합체를 통하여 물에 기름을 상용한 계이다. 즉 물에 난용성의 물질(기름)을 계면활성제의 힘으로 물과 일체화시킨 것이기 때문에 완성된 용액은 투명하고 매우 안정되어 있다. 그러나 가용화할 수 있는 기름에 양에는 한계가 있어서 유화만큼 많은 기름은 균일화하지 못한다.

가용화를 이용한 화장품의 대표적인 예로서 투명스킨을 들 수 있다. 일반적으로 스킨은 피부를 청결하고 건강하게 유지하기 위하여 사용되는 것으로서 성분으로는 물이나 에탄올에 더하여 유연 성분인 유제를 소량 첨가한다. 이때 단순히 혼합하는 것만으로는 비중이 가벼운 기름은 즉시 상층으로 떠오르고 말아서 균일한 계가 되지 못하기 때문에 스킨로서의 기능을 발휘할 수 없다. 그래서 계면활성제를 사용하여 유제를 미셀에 결합시키면 수계성분에 용해가 가능하여 스킨을 제조할 수 있다.

3. 분산

분산이란 연속상의 분산매에 불연속상의 분산상이 분산되어 있는 것을 일컬으며 사실 유화 역시 액체와 액체의 분산이라고 할 수 있다. 화장품에서 쉽게 찾아볼 수 있는 분산 형태로는 앞서 말한 유화나 액체 중에 색재를 분산시킨 네일 에나멜이나 리퀴드파운데이션, 그리고 기체 가스 중에 액체나 분체를 분산시킨 에어로졸 제제 등이 있다.

모두 분산 형태이지만 열역학적으로는 매우 불안정한 계여서 분리 · 침강이나 응집과 같은 현상이 발생하기 쉽다. 그래서 분산매의 점도를 컨트롤하여 분리나 침강을 늦추거나 분산상의 분체 등의 표면 상태를 컨트롤하여 분산성을 향상시킬 필요가 있다.

4. 물성 시험

화장품의 대부분은 분산 형태의 제제이며 열역학적으로는 불안정한 계이다. 조제하여 바로 사용할 수 있는 환경이라면 안정성을 고려할 필요성은 낮겠으나 일반적으로는 제조한 후 소비자가 제품을 다 사용하기까지의 수년간은 품질보증이 필요하다.

화장품의 내용물에 발생할 수 있는 열화로는 화학변화로서 색이 변화하는 변색이나 퇴색, 냄새가 나빠지는 변취, 용해되어 있던 것이 고형물이 되어 나오는 결정 석출 등이 있다. 또한, 물리적인 변화로서 분리 · 침전 · 응집과 같은 변화나 유동성이 있던 것이 굳어지는 겔화 등이 있다.

이들을 방지하고 또 문제를 조기에 발견하여 개량하기 위해서 각종 물성시험이 검토된다.

로션을 예로 들자면 경시나 온도에 따라 에멀션이 커지고 최종적으로는 파괴되어 분리되어 버릴 가능성이 있다. 그래서 조제한 샘플을 용기에 담은 후 −20℃~50℃ 사이의 몇 개 온도에서 경시변화를 관찰한다. 관찰 기간은 상온 부근의 조건에서 최장 3년 정도이지만 사이클 온도, 온도습도 복합시험 등의 가속 · 가혹시험 조건의 온도는 더 짧아도 좋다. 확인 사항으로서는 고온에서 분리가 발생하지 않는가, 저온에서 결정이 석출되지 않는가, 점성이 굳어서 겔화되지 않는가, 유제가 열화되어 이상한 냄새가 발생되지 않는가와 같은 외관확인시험과 실제 사용하여 초기 단계와 발림이나 끈적임 등의 감촉 변화는 없는지를 확인하는 관능평가시험 및 측정기기를 사용한 물성평가시험이 있다. 화장품은 점성과 탄성을 모두 갖는 복잡한 리올로지적 성질을 보이는 경우가 많으며, 이들을 측정하여 해명하는 것은 품질 설계나 제조기기 설계, 나아가 안정성 향상도 가능해지므로 매우 중요하다. 물성평가측정에 사용하는 기기로는 pH 미터나 점도를 측정하는 브룩필드 점도계, 현미경을 통한 유화입자경의 관찰 등을 들 수 있다.

[표 1-3] 각종 물성 · 품질시험 방법

<table>
<tr><th colspan="2">항목</th><th>확인 사항</th><th>확인 방법</th></tr>
<tr><td colspan="2" rowspan="8">물리 · 화학특성</td><td rowspan="2">유화입자직경</td><td>콜터카운터를 통한 입자 직경 측정</td></tr>
<tr><td>광학현미경을 통한 에멀션 관찰</td></tr>
<tr><td>점도</td><td>점도계를 통한 리올로지 측정</td></tr>
<tr><td>경도</td><td>리오미터를 통한 리올로지 측정</td></tr>
<tr><td>pH</td><td>pH미터를 통한 측정</td></tr>
<tr><td>색조</td><td>색차계를 통한 측색</td></tr>
<tr><td>절단강도</td><td>용기낙하시험 · 절단시험</td></tr>
<tr><td></td><td></td></tr>
<tr><td rowspan="8">경시
안정성
시험</td><td rowspan="6">내온도성</td><td rowspan="2">분리 · 침전 · 응집 · 밀도의 악화</td><td>콜터카운터를 통한 입자 직경 측정</td></tr>
<tr><td>광학현미경을 통한 에멀션 관찰</td></tr>
<tr><td>점도변화</td><td>점도계를 통한 리올로지 측정</td></tr>
<tr><td>경도변화</td><td>리오미터를 통한 리올로지 측정</td></tr>
<tr><td>pH변화</td><td>pH미터를 통한 측정</td></tr>
<tr><td>변취</td><td>크로마토그래프를 통한 분석</td></tr>
<tr><td rowspan="2">내광성</td><td>색조변화</td><td>색차계를 통한 측색</td></tr>
<tr><td>변취</td><td>크로마토그래프를 통한 분석</td></tr>
<tr><td rowspan="3">관능
특성</td><td>사용감</td><td>발림 · 스며들음 · 끈적임 · 촉촉함</td><td rowspan="3">숙련된 평가자를 통한 관능검사</td></tr>
<tr><td>기능성</td><td>은폐성 · 피부색 보정
색조부여 · 광택감</td></tr>
<tr><td>기호성</td><td>향조 등</td></tr>
</table>

또한, 온도 이외의 에너지에 의해서도 변화를 초래할 가능성이 있으며 가장 큰 요인으로서 빛이 있다. 화장품은 내용물이 보이는 용기가 대부분이어서 일광하에 진열하여 판매하거나 밝은 쇼케이스 내에 진열하면 빛 에너지에 의하여 변화될 가능성이 높다. 그래서 박스 안에 다수의 형광등을 설치한 시험기에 샘플을 보관하여 색이나 냄새에 변화가 발생하지 않는지 등 안정성을 확인한다.

이상의 물성시험을 통해 획득한 샘플의 변화 정도를 평가하여 이상을 발견하고 원인을 추측함으로써 다음 샘플의 처방 · 공정 설계에 활용할 수 있다. 이와 같은 시험을 반복함으로써 각 메이커의 기술력과 품질 보증 향상으로 이어지는 것이다.[표 1-3]

| 참 고 문 헌 |

1) 北原文雄, "コロイド・界面化学の基礎", 平河工業社, p.93～99 (1990)
2) 佐藤孝俊, 石田達也, "香粧品科学", 朝倉書店, p.57～59 (1997)
3) 菅谷良夫 他, "新しい乳化技術", 情報機構, p.125～136 (2004)
4) 関根知子, オレオサイエンス, **1**(3), 229～236 (2001)
5) 杉浦衛, 上田宏, "最新香粧品科学", 廣川書店, p.36～37 (1984)
6) 佐藤孝俊, 石田達也, "香粧品科学", 朝倉書店, p.55 (1997)
7) 光井武夫 他, "新化粧品学", 南山堂, p191～193 (2001)
8) 鷺谷広道, 竹ノ内正紀, 油化学, **30**, 38 (1981)
9) 篠田耕三, 日化, **89**, 435 (1968)
10) 鷺谷弘道 他, 日化, **1983**, 1399 (1983)
11) 菅谷良夫, *Fragrance Journal*, **24**(9), 25 (1996)
12) 鈴木裕二, 塘久夫, 油化学, **33**, 786 (1984)
13) Kumano Y. et al., *J. Soc. Cosmet. Chem.*, **28**, 285 (1977)
14) 山口道広 他, 油化学, **40**, 491 (1991)
15) 杉浦衛, 上田宏, "最新香粧品科学", 廣川書店, p.33～35 (1984)
16) 北原文雄, "コロイド・界面化学の基礎", 平河工業社, p.27～34 (1990)
17) 三井久夫 他, "すぐに役立つ粒子設計・加工技術", じほう, p.36～42 (2003)

02 화장품의 용기

1. 화장품 용기의 역할

화장품 용기는 생산된 내용물이 나누어 담겨져 운송, 보관, 판매 그리고 고객에게 전달된 후 사용 기간 동안 내용물의 품질을 유지하는 역할을 담당한다. 그리고 화장품에 있어서 내용물뿐 아니라 용기 역시 상품의 중요한 구성 요소로 고려되고 있으며, 고객이 좋아하는 이미지를 부여하여 구매 의욕을 환기시키는 것으로 중요시되고 있다. 기호의 확장에 따른 기호의 다양화, 포장 용기 형태의 다양화, 포장기술의 진보, 그리고 용기 재활용법의 완전 시행이나 사용하기 편한 형태, 확인하기 편한 표시 등 이른바 '유니버설 디자인'의 사고방식을 도입함으로써 다종 다양한 화장품 용기가 개발되었다. 화장품 용기의 역할로는 '내용물 보호', '사용성', '정보전달 기능', '생산성', '안정 · 운송성', '환경보전' 등 6가지를 들 수 있다.

1) 내용물 보호

내용물 보호 기능으로 가스 배리어성, 차광성, 내충격성을 들 수 있다.

가스 배리어성은 내용물의 수분과 기타 성분의 증산을 억제하는 것을 의미하며, 화장품의 경우 내용물의 양이 표시량의 97%를 확보하지 않으면 안 된다. 이것은 '화장품 표시에 관한 공정경쟁 규약'에 의하여 내용량의 부족 측적 성량이 표시량의 -3% 이내라고 되어 있기 때문이기도 하다. 이 규약에 따라서, 특히 수지용기의 경우 투과로 인한 감량에 주의하지 않으면 안 된다.

차광성은 가시광선 혹은 자외선 영역의 빛의 영향을 억제하는 것이다. 비타민 C나

일부 향료 성분은 빛에 의해 변색, 변취가 유발되는 것이 있다.

내충격성은 유통, 판매, 사용 시 각각의 단계에서 가해지는 충격으로부터 내용물을 보호하는 기능으로서 대표적인 예로 파운데이션이나 아이섀도와 같은 고형품이 갈라지지 않도록 진공성형품 등에 끼워 넣어서 충격으로 보호하는 방법 등이 이용되고 있다.

2) 사용성

사용성의 기능으로는 안전성, 편리성, 그리고 인지성을 들 수 있다. 안전성이란 사용 시 사용자에게 위해를 가해서는 안 됨을 의미한다. 용기 자체에 예리한 부분이 있거나 유리병의 파손되어 생긴 예리한 부분과의 접촉하여 사용자가 상처를 입어서는 안 된다. 욕실 내에서 사용하는 화장품 용기는 유리로 된 것이 거의 없다. 이것은 만일 욕실 내에서 유리병이 파손된 경우 그 파편이 위험물이 되기 때문이다.

편리성의 면에서는 사용자가 화장 행위를 할 때에 수월한 동작을 할 수 있도록 인간공학적 지식에 기초하여 디자인 및 설계할 필요가 있다. 캡의 개폐, 필름을 벗기기, 포장지를 뜯는 등의 힘을 필요로 하는 행위는 사람의 역학적 특성을 배려한 재료나 구조의 기준에 기초하여 설계한다.

인지성의 면에서는 상품 선별할 때와 사용할 때에 인간의 신체기능이나 인지성(affordance) 등을 고려하여 인간공학적인 관점으로 설계할 필요가 있다.

3) 정보전달 기능(디자인)

화장품은 '브랜드 이미지'를 의식하여 상품으로서 개발되므로 화장품 용기는 고객에게 정서적인 인상을 부여함으로써 브랜드의 세계관, 내용물의 품질까지도 표현하여야 한다. 또한, 제품의 특징 등 고객에게 특별히 어필하고 싶은 사항은 POP 등을 통해 아이캐치 효과를 주어서 판매촉진 효과를 갖게 할 수도 있다. 또한, 효과 효능은 물론 주의 표시, 전성분 표시 등을 고객에게 전달하는 기능을 아울러 정보전달 기능이라고 한다.

주의 표시에는 사용상의 주의사항, 제조물 책임법, 고압가스 보안법/소방법, 자원 유효 이용 촉진법에 관한 기재가 있으며, 사용상의 주의사항에서는 "본 제품을 사용하여 다음과 같은 이상이 있을 경우에는 사용을 중지하여야 하며, 계속 사용하면 증상을 악화시키므로 피부과 전문의 등에게 상담할 것. ① 사용 중 붉은 반점, 부어오름, 가려움, 자극 등의 이상이 있는 경우 ② 적용 부위가 직사광선에 의해 위와 같은 이상이 있을 경우", "고온 내지 저온의 장소 및 직사광선이 닿는 곳에는 보관하지 말 것" 등 보관 방법, 피부 트러블 등에 대한 대처 방법이 기재된다.

제조물 책임법에서는 제품의 결함으로 인하여 생명, 신체 또는 재산에 손해를 입었을 때를 증명하여 피해자가 제조회사 등에 대해 손해배상을 청구할 수 있는 법률이다. 이러한 손해배상을 청구할 만한 손해를 주지 않도록 적절한 사용 방법을 명시할 필요가 있다.

고압가스보안법 관련은 화장품의 경우, 에어로졸 제품의 제조, 판매, 저장, 이동, 소비 및 용기 제조와 취급에 관한 법률이다. 용기의 내용적이 30mL 이상인 에어로졸 제품에는 "가연성(화기주의)"를 붉은 바탕에 흰 글씨로 기재하고, 또한, "고압가스를 사용한 가연 제품으로서 위험하므로 다음의 주의를 지킬 것" 등 지정된 주의사항을 기재하여야만 한다. 또한, LPG나 탄산가스와 같은 고압가스의 종류도 기재할 필요가 있다. 이 부분은 법정 표시로서 생략할 수 없다.

소방법 관련 표시에서는 위험물의 품명, 위험 등급, 화학명, 수량이나 "화기주의" 표시를 하여야 한다. 단, 용기의 최대 용적에 따라 품명, 위험 등급, 화학명의 표시를 생략하고 "화기주의"와 동일한 의미가 있는 다른 표시로 대체할 수 있다.

자원 유효 이용촉진법은 친환경 사회 형성을 위하여 필요한 3R(reduce · reuse · recycle) 착수를 종합적으로 추진하기 위한 법률로서 플라스틱제 용기 포장의 'PET'와 지제 용기 포장의 '종이' 표시가 의무화되었다.

4) 생산성

여기서 말하는 생산성에는 2가지의 의미가 있는데 첫 번째는 화장품 용기 그 자체를 제조하는 생산성, 그리고 또 한 가지는 화장품 내용물을 충진하여 포장하는 생산성이다. 디자인을 중시한 나머지 극단적으로 모양이 복잡해지거나 용기 소재 자체의 두께가 증가되는 경우에는 용기 제조 장치에서의 생산이 곤란해진다. 또한, 병의 입구가 좁아서 충진성에 문제가 있는 경우나 용기 자체가 불안정하여 생산라인에서의 운반성에 영향을 미치는 경우 등은 포장 용기로 적합하지 않다. 또한, 생산성이 저하되면 단위시간당 생산 수량이 저하되어 비용 상승의 요인이 되며 특히 대량 생산품에 영향이 생긴다. 2가지 생산성을 고려한 형상 · 소재를 검토하여 화장품 용기를 제작할 필요가 있다.

5) 안정 · 운송성

안정 · 운송성의 기능에는 내내용물성, 내후성, 내충격성 · 내진동성을 들 수 있다. 내내용물성은 내용물의 영향으로 용기 자체에 변화가 발생하지 않는 것이다. 화장품 내용물에 함유되어 있는 유성 성분의 일부는 수지용기에 환경응력파괴(ESC, Environmental Stress Cracking)를 유발하여 용기가 파괴되고 마는 경우가 있다. 환경응력파괴의 메커니즘은 불명확하나, 가설로는 성형품 속으로 유성 성분 등이 침투 확산되어서 수지의 분자사슬 사이에 존재하는 반데르발스의 힘이 사라지고 그 결과 분자 사슬이 이동함으로써 박리가 발생하며, 여기에 외적인 힘이 가해짐으로써 크랙이 발생, 그리고 성형품의 파괴까지 진행되어 버리는 것이라고 생각된다. 환경응력파괴로 인한 파괴면은 기계적 파괴와 달리 매우 매끄러운 거울 면인 것이 특징이며 그 발생 장소는 화장품 용기의 경우 캡의 나사 부분, 컴팩트 용기의 경첩부 · 후크 등 스트레스가 가해지는 부분에서 발생하며 대책으로는 유성 성분의 영향을 잘 받지 않는 수지로 변경하는 것이 효과적이다.

내후성이란 빛이나 외기로 인한 용기 자체의 열화를 방지하는 것이다. 수지제의 용기가 장기간 태양광이나 형광등과 같은 빛 조사를 받음으로써 수지가 열화되어 용기의 파손이나 변취의 원인이 되는 경우가 있다.

내충격성 · 내진동성은 운송 중 용기에 상처가 나거나 찌그러지는 등의 품질저하 예방을 고려한 것이다. 발포폴리스티렌과 같은 발포시트나 진공성형품 대좌를 통한 완충 효과, 골판지와 같은 상자를 통한 보호로 대처한다.

6) 환경보전

'재활용을 추진하기 위해 쓰레기 분류에 대응한 용기 설계를 실시', '리필 제품으로 용기를 재사용', '용기 자체의 사용 재료 감소로 쓰레기를 줄이는 리듀스' 등이다. 지구환경에 대한 대처로서 기업 이미지 향상으로도 이어지는 중요한 항목이다.

2. 화장품 용기의 종류

화장품 용기 형태에는 많은 종류가 있으며 스킨이나 로션처럼 유동성이 있는 것을 담는 보틀(입구가 좁은 병), 크림을 넣는 자(입구가 넓은 병), 파운데이션과 같은 분물 타형품을 담는 컴팩트 용기, 립스틱과 같은 반죽물 성형품을 담는 돌리는 용기, 그리고 리필 용기 등으로 다용되는 파우치 용기 등 내용물의 특성이나 사용 방법에 따라서 용기 형태가 크게 달라진다.

1 보틀 용기(입구가 작은 병)

캡 · 입구 · 보틀로 구성되어 있으며 유동성이 높은 내용물에 사용한다. 최근에는 편리한 사용과 장식 때문에 유리제 대신 PET 보틀이 많이 사용되고 있다. 스킨, 로션, 향수 용기 등으로 사용된다.

2 자 용기(입구가 넓은 병)

캡 · 자의 구성으로 이루어져 있으며 유동성이 낮은 내용물에 사용한다. 크림, 겔, 왁스 용기 등으로 사용된다.

3 펌프 용기 · 스프레이 용기

정량 용기로서 사용한다. 직압 타입과 축압 타입이 있다. 직압 타입은 샴푸나 로션에 사용하는 타입이고, 축압 타입이란 사용 전 공기를 압축하여 한 번에 분사함으로써 미스트 상태로 스프레이하는 타입이다. 최근에는 바닥이 위로 올라오는 고점도용 펌프도 있다. 샴푸, 스킨, 에센스, 코롱 용기 등으로 사용된다.

4 튜브 용기

캡 · 슬리브 모양의 튜브로 이루어지며 튜브는 적층 혹은 단층 구조를 취하여 가스 차단성이나 빛 차단의 기능을 갖는다. 세안제, 크림파운데이션, 헤어염색 용기 등으로 사용된다.

5 컴팩트 용기

캡 · 본체 케이스로 이루어지며 분물타형품이나 반죽물유입 제품이 들어간다. 또한, 도포를 위한 도구로 스펀지나 브러시 등이 수납된다. 파우더파운데이션, 아이섀도 용기 등으로 사용된다.

6 도포구 부착 용기

도포구 부착 캡 · 입구 · 보틀로 이루어진다. 도포구는 용도에 따라 다르며 솔 · 나선브러시 · 빗 등의 것이 있다. 립글로스 · 네일 에나멜 · 마스카라 · 아이라이너 용기 등에 사용된다.

7 돌리는 용기

나선으로 올리는 구조를 한 막대 모양의 화장품 용기로서 주로 립스틱 용기로 사용된다. 립스틱 외에도 립크림, 아이라이너 용기 등으로 사용된다.

8 에어로졸 용기

스파우트 · 밸브 · 캔으로 이루어지며 LPG나 질소 등의 가스 압력으로 내용물을 토출시킨다. 거품 상태의 타입과 미스트 상태의 타입이 있다. 헤어스타일링제, 탈색제 용기 등으로 사용된다.

9 파우치 용기

복수의 필름 주위를 히트실 등으로 용착하여 주머니 모양을 만든 것이다. 알루미늄박이나 가스 차단성이 있는 필름으로 다층 구조를 만든다. 바디샴푸 등의 리필용, 샘플 포장용기 등으로 사용된다.

10 상자

종이나 PET, PP 수지제가 있으며 화장품 본체 용기의 포장 상자로 사용된다.

3. 포장재료

1) 수지

수지는 착색이 자유로우며 성형 · 가공성이 좋고 내충격성이 있으며 가벼운 특징이 있다. 그러나 화장품의 성분과 상호 영향을 주고 받아서 팽창되거나 용해되는 경우가 있다. 따라서 용기가 변형되거나 금이 가는 경우가 있으므로 주의하여야 한다. 여기에 화장품 용기에 사용되는 수지 중 대표적인 3가지 소재에 대하여 설명하겠다.

1 올레핀계 수지

올레핀계 수지는 보틀, 캡, 튜브나 연질의 포장재 등 다방면으로 사용되고 있는 재질이다. 탄소와 수소로 구성된 고분자 재료로서 그 특징은 부드럽고 내용물에 대해 강하며 수분투과 방지 효과가 있다. 재료 단가도 가장 저렴하여 화장품뿐 아니라 범용성이 높은 재료로 일반생활에서도 다양한 제품에 사용되고 있다.

2 스티렌계 수지

스티렌계 수지는 2중 캡의 바깥쪽에 사용하여 깊이감을 연출하거나 컴팩트 케이스의 투명감이나 광택감을 연출하는 매우 투명성이 높은 수지로서 디자인적으로 매우 중요한 수지이다. 투명성이 높고 장식성이 좋아서 디자인 면에서는 가장 좋으나 화장품 내용물로 인한 환경 응력 파괴 발생 등이 염려되므로 내용물성 면에서는 곤란한 점도 있다.

3 폴리에스테르계 수지

폴리에스테르계 중 대표적인 것은 PET수지로 유리를 대체하여 보틀이나 자 용기 등에 사용된다. 스티렌계의 수지보다도 내용물에 강하여서 블로우 성형품뿐 아니라 사출성형품도 스티렌계 수지에 비해 환경응력파괴에 강하므로 이용 분야가 증가하고 있다.

각각 수지에 관하여 [표 2-1] ~ [표 2-3]에 특징, 주요 용도를 정리하였다.

[표 2-1] 올레핀계 수지의 특성과 용도

올레핀계 수지 : 부드러운 수지로서 기밀성을 위하여 부품이나 튜브 또는 힌지부에 사용된다. 내약품성이 뛰어나지만 유성 성분과 만나면 팽창한다. 무극성이기 때문에 접착, 도장 등으로 강도를 내기 어렵다.

PE(폴리에틸렌)	PP(폴리프로필렌)
에틸렌의 중합물 밀도의 차이에 따라서 L-LDPE, LDPE, HDPE (무름) L-LDPE · LDPE < HDPE (단단함)	프로필렌의 중합물 PE보다 단단하다. 유리전이온도 5℃ 저온 낙하 주의 PE보다 광택이 있으며 내내용물성이 높다.
$-(CH_2-CH_2)_n-$	$-(CH_2-CH)_n-$ | CH_3
보틀, 입구, 튜브, 알루미늄팩실라이트	캡, 보틀, 힌지캡, 상자

[표 2-2] 스티렌계 수지의 특성과 용도

스티렌계 수지 : 올레핀계 수지보다 성형성이 양호하며 모양이 깔끔하다.
투명성이 높다. 인쇄, 도장, 증착이 좋다. 비교적 내용물의 영향을 받기 쉽다.

PS 수지	AS(SAN) 수지	ABS 수지
스티렌 중합물 투명도가 높다.	아크릴로니트릴-스티렌 중합물 컴팩트 케이스 등에 이용 낙하충격에 약하다.	AS + 부타디엔 중합물 AS 수지보다 강인성이 있다. 낙하강도가 AS보다 강하다.
$-(CH_2-CH)_n-$ | R	$-(CH_2-CH-CH_2-CH)_n-$ | | CN R	$-(CH_2-CH(CH_2)_4-CH_2-CH)_n-$ | | CN R
자(Jar), 받침대	캡, 컴팩트 케이스	컴팩트 케이스

[표 2-3] 폴리에스테르 수지의 특성과 용도

폴리에스테르계 수지 : 투명성이 높다. 스티렌계 수지보다 내내용물성이 높다. 투명 보틀에 이용된다. 연신에 따른 인장, 탄성율 향상

PET(폴리에틸렌테레프탈레이트)	PBT(폴리부틸렌테레프탈레이트)
내용물성이 높다 수분투과에 주의 두껍게 사출성형 가능 (유리에 가까운 외관)	PET에 비하여 성형성 · 강인성이 뛰어나지만 내광성이나 내열성은 떨어진다
$-(CO-R-COOCH_2CH_2-O)_n-$	$-(CO-R-COO(CH_2)_4-O)_n-$
보틀, 자(Jar), 상자, 받침대	붓의 모, 마스카라의 필축

표 중 화학식의 R은 벤젠고리

2) 유리

유리의 우수한 점은 투명성과 내내용물성, 그리고 중량감(고급감)으로 향수 용기나 스킨 · 로션 · 에센스 제품에 이용되는 경우가 많다.

용기용 유리 소재로는 다음과 같은 종류가 있다.

① 소다석회유리제 유리(일반적인 화장품용 보틀에 사용)

② 붕규산유리…관유리를 가공하여 화장품용 보틀에 사용

③ 유백유리(도자기)…화장품용 보틀에 사용

④ 납유리…소다석회유리에 비하여 굴절률이 높아서 고급 화장품용 보틀에 사용

최근에는 화장품용 유리병의 대부분을 소다석회유리제 유리로 사용하고 있다.

3) 금속

금속은 튜브, 립스틱 용기(돌려서 올리는 용기), 캡, 에어로졸 용기 등에 사용된다. 화장품 용기에 사용되는 금속에는 알루미늄, 놋쇠, 스테인리스, 철, 동, 단동, 주석 등 있으며 광택감이나 고급감이 있다. 최근에는 대부분 알루미늄이 사용된다.

4. 성형 · 장식

1) 수지의 성형

수지 용기에는 캡 · 자 · 컴팩트케이스 · 보틀 용기 등이 있으며 그 성형 방법은 사출성형 · 블로우성형 · 사출블로우성형 등이 있다.

캡 · 자 · 컴팩트 케이스에 사용되는 사출성형은 수지의 작은 입자를 열로 혼합 · 용융하여 금형에 고속 · 고압으로 사출한 다음 금형 내에서 냉각 고화시켜 성형하는 방법으로서 성형에 걸리는 시간이 짧고 복잡한 형상의 제품도 성형 가능하여 치수의 정밀도도 높다. 대량생산에 적합한 반면 금형이 고가이기 때문에 소형 로트 제품에는 알맞지 않다. 주로 보틀 등을 성형하는 블로우 성형방법은 열로 연화시킨 튜브상의 수지(파이프)를 압출하여 성형하고 그것을 2개로 나뉜 금형으로 양쪽에서 에어블로우를 함으로써 속이 빈 보틀이 성형된다. 다층의 파이프를 사용하여 보틀을 적층 구조로 만들면 기체 투과성 · 광 투과성을 컨트롤할 수 있다. 사출블로우 성형은 1차 금

형으로 사출성형을 하여 프리폼을 성형한다. 이어서 2차형으로 옮겨서 예열한 후 플랜저와 에어블로우로 종, 횡 2방향으로 늘림으로써 수지의 배열이 정돈되고, 기계적 강도나 내약품적 성질이 강화된다. 스킨 · 로션용 수지 용기는 주로 이 사출블로우 성형으로 생산된다.

2) 수지 장식

수지의 장식은 문자 그대로 인쇄를 하는 실크스크린 인쇄, 도형이나 문자를 각인하여 전사하는 열전사 인쇄, 수지로의 착색재(안료)를 첨가하는 것만으로는 표현할 수 없는 발색을 재현하는 경우에 사용되는 도장, 금속광택을 수지에 부여하는 경우에 쓰이는 증착도장 등이 있다.

실크스크린 인쇄는 많은 양의 잉크가 사용되어 은폐성이 높고 입체적인 것이 특징이며 수지 외에도 유리, 금속 인쇄에도 이용된다. 열전사 인쇄는 금색이나 은색의 광택감이 있는 전사박을 사용하는 경우가 많으나 그 밖에 색조도 가능하다. 도장은 착색뿐 아니라 수지의 내후성 · 내약품성 향상을 목적으로 사용되는 경우도 있다.

3) 유리 가공(제병)

제병이란 유리제 스킨 · 로션용의 입구가 좁은 병이나 크림용의 입구가 넓은 병을 성형하는 가공으로서 규사, 소다재, 석회석의 주원료와 컬리트라고 하는 유리 조각과 질산나트륨, 코크스, 무수붕산 등 소량의 부원료를 정해진 비율로 혼합하여 1500℃의 열로 용해, 금형으로 성형, 서냉로에서 냉각 과정을 거쳐 유리용기가 제조된다.

4) 유리 장식(프로스트 가공)

이른바 유리병 표면을 반투명유리처럼 가공하는 것으로서 불화수소를 주성분으로 한 수용액에 일정 시간 담가서 유리 표면을 침식시키는 것을 부식가공이라고 한다.

5) 금속 가공(프레스 가공)

금속용기에는 립스틱 용기 · 컴팩트 · 에어로졸캔 등이 있으며 가공 기술로는 프레스 가공이 있다.

프레스 가공은 알루미늄이나 놋쇠 등의 판상 금속 재료에 부하를 가하여 금형에 맞춰 형상에 변형시키는 성형 가공 방법을 일컫는 것으로 수지나 유리처럼 가열하지 않고 단시간에 정확한 형태나 치수로 양산할 수 있다.

6) 금속 장식(알루마이트 가공)

금속의 표면가사의 대표적인 것으로 알루마이트 가공이 있으며 알루미늄제 립스틱용기나 컴팩트 용기 등의 착색 방법이다. 착색 효과 외에도 내식성, 내후성, 내오염성을 향상시키고 표면경도는 매우 높아진다. 알루미늄의 표면 가공에는 알루마이트 가공 외에도 도장이나 도금 등이 있다.

| 참 고 문 헌 |

1) 伊勢敦司, 容器と包装材料, 第37回化粧品技術基礎講習会テキスト, 日本化粧品技術者会東京支部, p.131～139
2) 日本エアゾール協会技術委員会　東洋エアゾール工業株式会社研究部, "エアゾール包装技術", エアゾール産業新聞社, p.337～346 (1998)
3) 谷口彰敏, "最新の包装技術と表示方法－医薬品・化粧品・食品－", 情報機構, p.260～261 (2003)

03 화장품 제조장치

1. 화장품 제조

화장품 제조란 수천 종류나 되는 화장품 원료(성분)들 중 화장품의 아이템에 알맞게 골라낸 원료(성분)를 혼합하여 로션 타입, 크림 타입, 겔 타입, 스틱 타입, 프레스 타입 등 다양한 제형의 균일하고 안정된 제품을 만들어내는 것이다.

구체적으로 한 가지 예를 들자면 성질이 서로 다른 원료(성분), 즉 물과 기름처럼 서로 섞이지 않는 원료의 접촉 계면의 안정화를 목적으로 계면활성제의 힘(화학적 방법)을 빌어 표면장력을 감소시킴으로써 표면을 넓히기 쉽게 하고 이와 동시에 교반력(물리적 방법)을 가하여 표면이 넓어지고 미립자 상태가 되어 안정된 균일계(에멀션 상태)의 제품이 만들어지게 된다.

다른 말로 설명하자면 화장품의 기능이나 품질은 원료의 배합법과 기계 능력이라는 양쪽 바퀴에 따라 만들어지는 것이라고 할 수 있다.

따라서 좋은 화장품을 만들기 위해서는 처방뿐 아니라 높은 수준의 제조기술과 제조장치도 중요하다고 할 수 있다.

화장품은 여러 가지 성질이 다른 원료(성분)를 혼합하여 균일하고 안정된 상태로 만든 것인데 원료의 선택과 혼합 방식(예를 들어 미립자 분산과 조 분산 등)에 따라 화장품의 품질이나 기능, 즉 발림, 부착, 사용감과 같은 감촉 면이나 화장 지속, 화장막과 같은 기능면, 나아가 안정성 등에 큰 영향을 미치게 되는 것이다.

혼합하는 방법에는 여러 가지가 있으나 화장품의 혼합 방식은 오래전부터 **가용화, 유화, 분산**의 3가지 기본적인 기술(개념)을 중심으로 이루어져 왔다.

1 **가용화**란 한 종류의 액체(용매)에 계면활성제를 이용하여 불용성 물질을 콜로이드 과학적으로 투명하게 용해시키는 것으로서 그 대표적인 화장품으로는 투명스킨, 헤어토닉 등이 있다.

2 **유화**란 한 종류의 액체(분산상)에 불용성의 액체(분산매)를 미립자 상태로 분산시키는 것이다. 이 미립자 분산에 빛이 반사되어 용액 전체가 유백색을 띠게 된다. 그 대표적인 화장품으로는 로션, 크림 등이 있다.

3 **분산**이란 하나의 상에 다른 상이 미세한 상태로 분산되어 있는 것을 일컫는다. 따라서 유액도 일종의 분산계라고 할 수 있지만, 일반적으로는 한 고체물질이 한 분산상에 미립자상으로 분산되어 있는 상태를 말한다. 대표적인 화장품으로 립스틱, 파운데이션 등이 있다.

이와 같은 기본적인 기술을 통해 화장품이 만들어져 왔으며, 현재에는 유화제 · 분산제의 진보, 새로운 분산 · 유화법 개발, 나아가 분산 · 유화 능력이 있는 장치 개발 등을 통하여 화장품의 제제, 기능, 품질 등 다양한 화장품 개발이 이루어지고 있다.

교반장치 개발이 화장품의 품질, 기능에 공헌한 한 가지 예를 들자면, 예전에는 유화에 이용되었던 대표적인 장치로서 프로펠러형 교반기가 있었으나 이것은 속도가 느린 층액형 교반기로서 유화나 분산 입자의 크기에 한계가 있었다. 그러나 오늘날에는 큰 전단력으로 난류 영역을 형성시키는 교반장치가 다양하게 개발되어 매우 작은 입자의 유화나 분산이 가능해졌으며 고속 교반장치를 이용함으로써 유화나 분산공정에서 계면활성제의 양을 줄이는 것도 가능해졌다.

이와 같이 화장품의 품질, 기능, 제제 개발은 화장품의 제조장치의 능력에 상당히 의지하고 있는 것이다.

화장품은 이와 같은 벌크 제조 공정에 이어서 성형 공정, 충진 공정, 완성 공정을 통해 제품화된다.

2. 제조장치

화장품의 제조장치는 크게 원료를 섞어 균일하고 안정된 제품을 제조(벌크제조)하는 장치와 그것을 성형, 충진, 포장하는 장치로 나뉜다.

1) 제품을 제조하는 장치

1. **분쇄기**는 화장품의 분체가 모두 미분쇄된 것이 사용되므로 2차 응집시킨 분체를 1차 입자로 부수어서 빠르게 혼합이나 분산할 목적으로 사용된다. 아이섀도나 파우더 파운데이션처럼 분체가 주체가 되는 제품은 다양한 성질의 분체(안료)에 약간의 유분을 가하여 균일 분산한 것인데, 균일 분산계를 얻기 위하여 수행하는 혼합, 분산, 분쇄(1차 입자화)의 제조공정에 이용되는 주요 장치가 바로 헨셀믹서나 해머믹서와 같은 분쇄기이다.

2. **분산기** 중 한 가지는 립스틱처럼 왁스나 오일의 배합량이 많을 때 안료나 진주광택 안료와 같은 분말을 직접 분산시키기 어려우므로 사전에 오일에 충분히 분산, 분쇄(1차 입자화)한 콘크베이스를 만들기 위해 이용되는 장치로서 주요한 것은 분산력이 강한 3개단의 롤러밀이나 콜로이드밀 등이 있다.

3. **유화기**는 로션, 크림, 리퀴드 파운데이션 등의 제조(교반 및 유화)에 폭넓게 사용된다. 현재에는 다양한 유화기가 개발되었으며 그중에서 가장 단순한 유화기는 프로펠러형 교반기이지만, 이것은 유화 능력이 낮고 교반 중에 다량의 기포가 혼입되는 등의 문제가 있기 때문에 로션, 크림 등의 유화기로서는 많이 사용되지 않으며 주로 스킨, 헤어토닉, 오데코롱류와 같은 액체 제품의 제조에 사용된다.

오늘날에는 다양한 기능(능력)을 갖는 진공유화기가 주를 이루게 되었다. 이 기능(능력)으로는 다음의 3가지를 들 수 있다.

[그림 3-1] 진공 유화 장치

① 진공 밀폐 상태에서 교반, 유화하기 때문에 기포가 들어가지 않게 무균 제품 제조가 가능하다.

② 교반 날개의 형상이나 조합, 회전수를 변화시킴으로써 다양한 기능(능력)을 가지므로 응용 범위가 넓다.

③ 가열 용해공정에서 유화 공정, 냉각 공정까지 모든 공정을 일관하여 수행하는 것이 가능하다.

또한, 새로운 유화 방법인 초미립자상의 유화, 유화제를 쓰지 않는 유화, 리포좀 유화 등은 강력한 기계력이 있는 장치가 요구하다.

이 때문에 고압에서 고속으로 분출시킨 액체 방울끼리 충돌시킴으로써 매우 작은 입자를 만들어내는 고압 호모게나이저가 사용된다.

유화 공정에서 간과하기 쉬운 부분으로 고압에서 유화한 양호한 상태를 상온으로 되돌리는 냉각 공정이 있다.

일반적으로 유화기는 2중 구조로 되어있어서 냉각수를 통해 패들로 교반시키면서 냉각하는 것이 많으나 연속적으로 냉각하는 열교환기법 등도 있다.

2) 성형 · 충진 · 포장 장치

일반적으로는 제조된 상태는 아직 제품이라고 할 수 없으며 다양한 형상(스틱 상태, 프레스 상태 등)으로 성형되거나 유리용기나 튜브 등에 충진된 후 포장(완성 공정)되어야 비로소 제품이 된다.

(1) 성형

화장품의 성형에는 립스틱의 스틱 성형과 분말 제품의 프레스 성형이 대표적이다.

1 립스틱의 기본적인 성형은 금형 성형이다. 금속제로 스틱 모양을 한 금형 틀에 용융시킨 립스틱을 흘려 넣어 냉각시킨 후 금형에서 꺼내어 용기에 삽입하는 방법이다.

그 후 제품의 표면에 광택을 내어 완성시키는데 이 작업 공정은 매우 손이 많이 가므로 최근에는 다양한 방법이 실시되고 있다.

대표적인 것은 캡슐 성형으로 자동적으로 이루어지는 ejectret 방식이다. 립스틱의 처방이나 립스틱의 모양, 성형 온도나 냉각시간 등에 따라서 립스틱의 사용 특성이 다양하게 변화하므로 다방면의 연구에 기초하여 성형이 이루어지고 있다.

2 분말 제품의 프레스 성형의 기본적인 것은 금형 성형이다. 凸형과 凹형의 1쌍의 금형의 凹형의 바닥에 그릇을 넣은 후 일정량의 분말을 넣고 凸형으로 위에서 일정 압력으로 프레스 성형한 다음 그것을 꺼내서 용기에 넣는 것이다. 이 방법은 매우 손이 많이 가므로 요즈음에는 분말 자동 프레스기가 사용된다. 이것은 그릇 공급 → 분말 계량 → 일정 압력 프레스 → 프레스 제품을 꺼내는 일련의 작업이 자동적으로 이루어지는 것이다. 이 방법은 분말의 상태(유동성, 충진성 등)이나 접시의 형상(크기나 형태 등)에 따라서 큰 영향을 받으므로 다양한 테스트를 수행하여 양산화되고 있다.

또한, 프레스 제품의 감촉이나 기능을 높이기 위하여 습식충진법이 이루어지기도 한다. 분체 제품을 휘발성 용매(알코올 등)와 섞어서 슬러리 상태로 만들어 그릇에 충진하고 천이나 종이로 프레스하면서 용매를 빨아들인 후 건조하여 성형하는 방법이다.

(2) 충진

화장품에는 이 밖에도 액상, 크림상, 겔상 등 다양한 제형이 있다. 이들 제형은 유리병이나 플라스틱 용기, 튜브 등에 충진되어 제품화되는데 여기에 쓰이는 주요 충진기로는 크림 충진기, 튜브 충진기, 액체 충진기가 있다.

- 크림 충진기는 주로 크림 제품을 유리병이나 플라스틱 용기에 충진할 때에 쓰이는 것으로서 피스톤식의 것이 많다. 피스톤으로 호퍼에서 일정량 흡인하여 용기로 압출하여 정량 충진하는 것이다.
- 튜브 충진기는 주로 크림상 제품을 튜브에 충진할 때에 사용하는 것이다. 튜브에는 플라스틱제, 금속제, 라미네이트(플라스틱과 금속을 겹친 것)의 3종류가 사용된다. 튜브의 바닥부터 충진하여 그 후 실링하는데 플라스틱은 열판으로 압착 실링, 금속을 접어 말고 라미네이트는 초음파로 가열 압착하여 실링한다.
- 액체 충진은 액상 화장품인 스킨을 비롯하여 로션이나 샴푸 등을 충진하는 데에 사용된다. 피스톤식이나 중량식, 에어센서식, 로터리펌프식 등이 있는데 모두 자동적으로 정량하기 위한 장치 개발로 이루어지고 있다.

(3) 포장

포장기(완성 공정)는 다양한 용기로 충진이나 성형된 제품에 라벨을 붙이고 날인, 포장하여 상자에 담는 작업이다. 화장품은 다품종 소량 생산이므로 자동화를 위한 자동포장기(라벨 접착기, 날인기, 곤포기 등)도 다양하게 개발, 개선이 이루어지고 있다.

| 참고문헌 |

1) フレグランスジャーナル社 編, 『香粧品製造学—技術と実際』, 2001, フレグランスジャーナル社
2) 光井武夫 編, 『新化粧品学第二版』, 2001, 南山堂

04 에어로졸 기술

1. 에어로졸이란

'에어로졸'은 안개나 연기처럼 '기체 중에 고체 또는 액체의 미립자가 존재하고 있는 상태'를 가리키는데, 여기서는 내압 용기를 사용하고 가스의 특성을 이용하여 사용자가 스프레이하는 제품을 말한다. 에어로졸을 사용하면 다른 제형에는 없는 편리성을 얻을 수 있는 반면, 가스가 들어 있기 때문에 위험성도 잠재되어 있으므로 사용 시에는 주의가 필요하다. 에어로졸의 주요 장단점을 표에 나타내었다.

에어로졸의 구조를 [그림 4-1]에 나타내었다. 캡, 액추에이터, 밸브, 내압 용기 등 다양한 재료로 구성되며 내용물은 기체상과 액체상으로 나눌 수 있다. 액추에이터를 누르면 밸브가 열리고 기체상의 압력에 의하여 액체상(원액 + 분사제)이 대기 중으로 분사되는 구조로 이루어져 있다. 액추에이터가 원래대로 되돌아가면 밸브가 닫히고 분사가 정지된다.

[표 4-1] 에어로졸의 주요 장단점

장점	단점
• 사용이 간편한 연속 분사성 • 고운 미스트 · 치밀한 거품 • 속건성 • 냉각기능	• 인화성 • 폭발성 • 적정처리 · 폐기 곤란성 • 환경으로의 영향

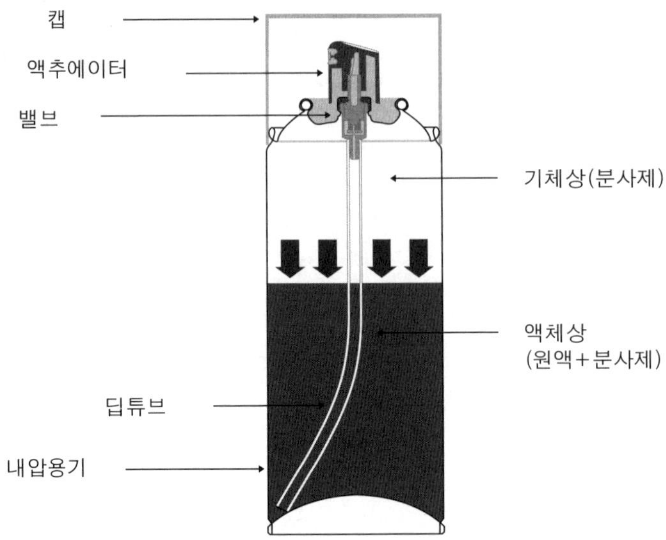

[그림 4-1] 에어로졸의 구조
(토요 에어로졸 주식회사 자료에서 인용 · 일부 개변)

2. 에어로졸 제품에 사용되는 가스

에어로졸 제품에 사용되는 분사제는 용기 내에서 액화되어 있는가의 여부에 따라서 액화가스와 압축가스의 두 가지로 나뉜다.

1) 액화가스

상온에서는 기체이지만 압축으로 쉽게 액화할 수 있는 가스이다. 용기 내에서는 액체상 부분과 기체상 부분의 양쪽에 존재하므로 안정된 압력 특성을 얻을 수 있어서 널리 이용되고 있다.

(1) 액화석유가스(LPG)

탄소 수가 3인 프로판과 탄소 수가 4인 부탄의 혼합물이다. 가정 연료로 사용되는 LPG는 냄새가 있으나, 화장품용 에어로졸에 사용되는 LPG는 유황 화합물 등을 제거하고 정제하였기 때문에 무취이다. 공업용으로 널리 사용되고 있기 때문에 비교적 저렴하다. 프로판, 부탄의 비율을 변경함으로써 다양한 압력 설계가 가능하다. 알코올, 유분에 모두 녹기 때문에 헤어스프레이 · 제한제 등에 사용된다. 그리고 물과 분리되는 특성을 활용하여서 캔 속에서 활성제로 LPG를 유화시키면 대기 중으로 분사된 후에 크게 체적이 팽창되어 거품 상태로 바뀌기 때문에 무스나 셰이빙폼 등에 사용된다. 인화성이 높으므로 처방이나 밸브, 액추에이터 등을 연구하여 안전성이 높은 설계를 하여야 한다.

(2) 디메틸에테르(DME)

LPG와 비교하였을 때 특징적인 점은 극성이 높기 때문에 물에 대한 용해성이 좋은 점이다. 따라서 물을 함유하는 헤어스프레이나 극성이 높은 물질을 혼합하기 위하여 사용한다. LPG와 병용하여 사용되는 경우도 있다. LPG처럼 혼합물이 아니기 때문에 가스의 압력 조정은 할 수 없다. 인화성은 LPG와 마찬가지로 높다.

(3) 프레온가스 · 대체 프레온가스

프레온은 알칸의 수소원자 모두가 염소 또는 불소로 치환된 물질로서 안정성이 높고 불연성으로 안전하기 때문에 1980년대까지는 사용되어왔으나, 오존층 파괴의 원인이 되므로 현재에는 쓰이지 않는다. 일부가 수소원자인 수소화플루오린화탄소(HFC)에 있어서는 프레온을 대체하여 더스트블로어 등에 쓰이지만 화장품용의 분사제로서 일본 국내에서 사용되는 경우는 거의 없다. 미국에서는 헤어스프레이의 VOC(휘발성 유기화합물) 규제를 만족하는 설계를 하기 위하여 쓰이기도 한다.

2) 압축가스

질소가스 · 내압공기 · 탄산가스 등 에어로졸 용기 내에서 액화되지 않는 가스이다. 원액에 대한 용해도가 낮기 때문에 기체상 부분에 존재하는 비율이 높다. 질소가스는 얼굴에 미스트로 분사하는 스킨 등에 쓰이며 탄산가스는 육모제 등에 사용된다. 불연성이고 안전성이 높지만 사용하면서 기체 상부의 용적이 커지면서 압력이 저하되어가기 때문에 기체상 부분을 크게 설계하고 밸브 · 액추에이터를 적절하게 선택하여야 한다.

3. 에어로졸의 용기

에어로졸의 용기에 요구되는 성능은 내압성 · 기밀성 · 내부식성이다. 밸브는 용기에 압착시켜 성능을 내는 것이므로 밸브 선정도 중요하다.

(1) 양철

양철은 철에 주석을 도금한 용기로서 최근에는 주석을 쓰지 않는 TFS(Tin Free Steel) 등도 사용된다. 가격이 저렴하여 헤어스프레이 등에 널리 사용되지만 수계의 원액의 경우 내부식성이 뛰어난 알루미늄 용기를 많이 사용한다.

(2) 알루미늄

양철에 비하여 경량이며 성형 가공이 비교적 쉽기 때문에 형상, 크기, 인쇄의 자유도가 높고 양철에 비해 고급스러운 느낌이 있어서 화장품에 적합한 재료이다. 내용물과 반응하여 부식되는 것을 방지하기 위하여 고분자를 이용하여 안쪽 면을 코팅한다.

(3) 합성수지

용적 제한이 있기 때문에 소형 용기에만 사용된다. 투명한 외관으로 디자인하였을 때나 알루미늄 등의 금속에서는 부식되어 버리는 내용물일 때에 쓰이는 경우가 많으나 상품 수는 적다.

(4) 유리 용기

내부식성 · 내압성이 뛰어나지만 내충격성이 떨어지기 때문에 시판되는 상품에서 사용되는 경우는 거의 없다. 투명성이 높아서 내용물의 상태를 확인할 수 있기 때문에 제품 개발 시에 시험용으로 이용되는 경우가 많다.

4. 밸브, 액추에이터, 캡

에어로졸은 내용물이나 가스뿐 아니라 밸브, 액추에이터 등의 구조에 따라서도 분사 특성을 변화시킬 수 있다. 특히 미스트의 경우에는 미스트의 질이나 제품 잔량에 따른 영향이 크기 때문에 상세한 검토가 필요하다. 정립 · 도립의 양방향으로 사용 가능한 정도립 밸브, 작동 시마다 일정 용량을 분무할 수 있는 정량 밸브 · 분말 제품에 적합한 밸브 등 다양한 종류가 있다. 일반적인 밸브의 구조를 [그림 4-2]에 나타내었다. 분사 특성을 조정하기 위해서는 스템공, 하우징공, 베이퍼탭공의 크기를 검토한다. 사용하는 가스의 종류에 따라서 실링 성능이 다르기 때문에 스템가스켓, 마운틴가스켓의 재질을 검토할 필요가 있다. 또 내용물에 따라 마운틴컵, 스템, 하우징 등의 각종 재료를 적절하게 선정하여야 한다.

액추에이터는 분무용 버튼, 기말용 스파우트가 중심이 되나 2액 혼합형 염모제를 혼합하는 액추에이터 등 개발을 통하여 획기적인 상품으로 연결되는 경우도 많다. 이 역시 다양한 종류가 있으며 사용의 편리함이나 외관 등을 검토하여 선정하여야 한다.

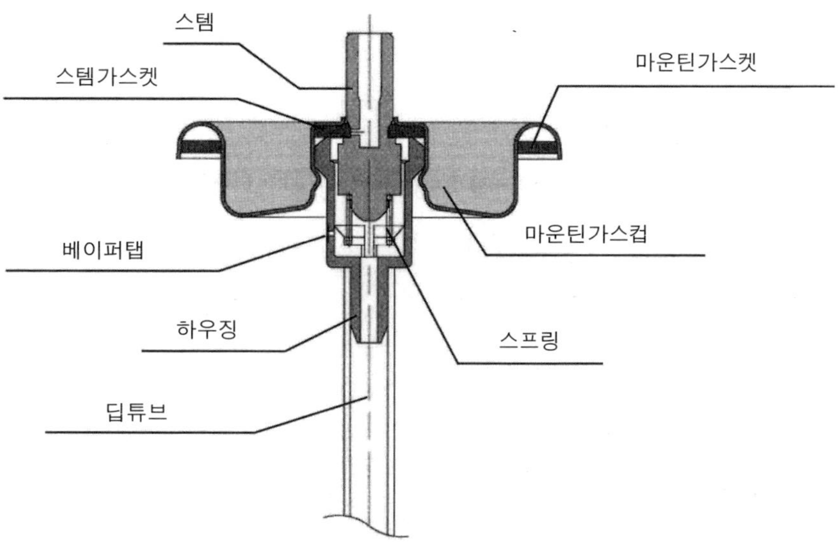

[그림 4-2] 밸브의 구조
(토요 에어로졸 주식회사 자료에서 인용 · 일부 개변)

캡에 관해서는 분무 특성에 직접적으로 영향은 주지 않으나 외관이나 사용이 편리한 특성을 중시하여 왔는데, 현재에는 남은 가스를 배출하는 기능을 캡에 부여한 제품이 많아지면서 제품 특성으로서 중요성이 증가하고 있다.

5. 에어로졸의 제조

에어로졸의 제조 공정을 [그림 4-3]에 나타내었다. 다른 화장품과 비교하였을 때 특징적인 부분은 원액과 가스의 충진이 각각 따로 이루어지는 점, 감압한 후에 밸브를 압착시키는 공정이 있는 점, 약 50℃의 온수 속에서 가스가 새어나오지 않는지 전부 검사하는 점을 들 수 있다. 필요에 따라서 내압검사, 웨이트체크, 분사검사 등을 공정 중에 넣는다.

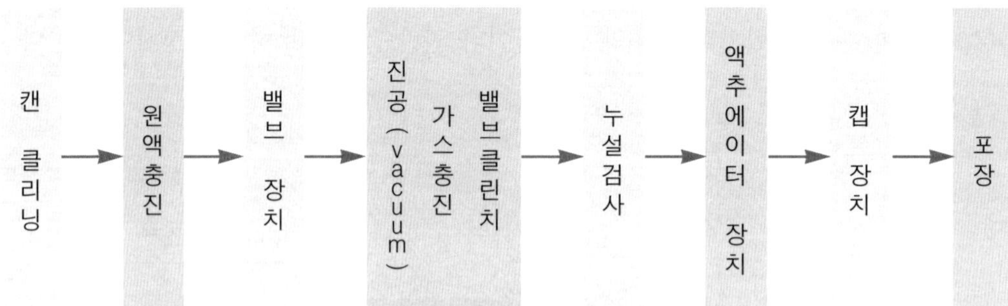

[그림 4-3] 제조 공정도

6. 에어로졸의 제제

현재 시장에 나온 제제를 분류하면 다음과 같다.

① 미스트 제품 : 헤어스프레이 · 미스트 스킨 등

② 분말 미스트 제품 : 파우더 스프레이 등

③ 거품 제품 : 무스 · 셰이빙폼 등

④ 크림 · 젤 제품 : 스킨케어 크림 · 셰이빙젤

대표적인 에어로졸 제품 처방을 간단히 나타내었다. 또한, 향료, 방부제, 안정화제는 생략하였다.

(1) 헤어스프레이

아크릴 수지와 가역제로 세팅력을 컨트롤하며 속건성과 상용성이 중요하기 때문에 물을 함유하지 않는다. 원액과 가스의 비율은 세팅 수지의 상용성과 미스트의 질에 관계된다.

아크릴수지	2.0
가역제	0.2
에탄올	47.8
LPG	50.0

(2) 헤어무스

물 · 에탄올에 아크릴수지를 용해시키고 LPG와 유분을 유화제 · 기포제로 유화하여서 원액으로 사용한다. LPG가 대기로 방출될 때 체적이 팽창되기 때문에 거품 상태가 되며 적절한 시간 동안 거품 상태를 보존하고 도포 시 거품이 잘 퍼지도록 유화제 · 기포제를 제어한다.

아크릴수지	3.0
유화제 · 기포제	1.0
유분	1.0
물	75.0
에탄올	10.0
LPG	10.0

(3) 파우더 스프레이

LPG의 냉각 효과를 활용하고 나아가 분말이어서 감촉이 산뜻하다. 분말의 분산성에 주의가 필요하다.

분말	5.0
유분	5.0
LPG	90.0

(4) 셰이빙폼

지방산·활성제를 사용하여 농후하고 지속성이 있는 거품을 만들고 수염을 깎기 쉽게 하며 유분·보습제로 면도 후 피부가 거칠어지는 것을 방지할 수 있도록 설계한다.

유분(지방산을 포함)	5.0
활성제	5.0
보습제	10.0
알칼리제적량물	75.0
LPG	5.0

7. 나가며

지면 관계상 상세하게 기재하지 못한 부분은 다음의 문헌을 참고하길 바란다.

1) 고압가스보안협회, 《고압가스보안법규집》
2) 일본에어로졸 협회기술위원회·토요에어로졸공업주식회사연구부 저, 《에어로졸 포장기술》, 에어로졸 산업신문사, 1998년
3) 미츠이 타케오, 《신화장품학 제2판》, 남산당, 2001년

05 화장품의 품질보증

화장품 시장이 성숙화된지는 오래되었으며 시장경쟁이 점점 더 빠르게 격해지고 있다. 또한, 각종 불상사 등이 발생하면서 소비자의 의식이 크게 변화하였고 품질에 대한 '시각'에도 엄격함이 증대되고 있다. 화장품은 기본적으로는 건강한 사람이 일상적으로 피부를 비롯한 인체에 직접 사용하는 것이기 때문에 높은 안전성과 안정성이 요구되는데, 한 번 안전 · 안심에 대한 신뢰를 잃으면 기업의 존속까지도 달린 중대 사태로 이어진다는 것을 몇 가지의 사례가 이야기하고 있다.

품질을 보증하기 위해서는 약사법이나 PL법을 비롯한 관련 법규 준수는 물론, 화장품의 GMP와 같은 자율적인 기준 준수가 필수이다. 이 화장품 GMP는 자율적인 기준의 형태이기는 하지만 화장품의 규제 완화의 한 조건이기도 하고 품질보증으로 향하는 길이기도 하므로 법규에 준하는 취급이 요구된다. 소비자가 안심하고 만족스럽게 사용할 수 있는 화장품을 제공하여 소비자로부터 신뢰를 얻기 위해서는 전 사가 하나가 되어 품질보증에 착수하여 소비자에게 신뢰받는 '제품 만들기'를 하여야 한다.

1. 품질

'품질'이란 상품의 '질'뿐 아니라 사람이나 서비스 등의 '질'까지도 포함하는 폭넓은 '질'을 의미하는 것으로서, JIS Q 9000:2006(ISO9000:2005)에 의하면 "품질이란 본래 갖추고 있는 특성의 집합이나 요구사항에 대한 만족 정도"라고 정의되어 있다. 이 말 중에 '본래 갖추고 있는' 이란 '부여된 것이 아닌, 그것이 존재하는 한 지니고 있는 특성을 의미한다.', 또 "요구사항이란 명시되어 있는, 암묵적으로 받아들여지고 있는, 또 의무적으로 요구되는 니즈 혹은 기대"라고 되어 있다[1]. 즉 '품질'이란 '제품이 지닌 질이나 서비스에 소비자(고객)는 물론, 환경이나 사회가 요구하거나 기대하는 성질이나 기능도 가미한 것'이라고 표현할 수 있다. '품질이 좋다'라는 말은 '자사가 제공하는 제품의 품질은 좋다'라고 회사가 마음대로 주장할 수 있는 것은 아니며 소비자(고객)의 만족도에 따라서 좋고 나쁨이 갈리는 것이다. 그러나 소비자(고객)의 만족도는 사람에 따라서 다르므로 A사의 제품은 B사의 제품보다 품질이 좋다고 하는 사람이 있는가하면, 반대로 B사가 더 좋다고 하는 사람도 있다. 이것은 개인적인 품질에 대한 기대도의 차이에서 비롯된 것으로서 제품의 좋고 나쁨에 대한 판단 역시 사람에 따라 다르기 때문이다. 나아가 소비자(고객)의 만족도는 보편적인 것이 아니며 하드웨어(기술)나 소프트웨어의 진보, 개량, 유행 등에 따라서 변화하는 것이다. 화장품은 감성품질의 기여율이 높은 감성상품의 대명사라고도 할 수 있는 것으로서 안전성, 안정성, 사용성, 미용성 등의 기능(하드웨어적인 면)의 외에도 색, 향, 사용 시 및 사용 후의 감촉, 화장효과, 나아가 용기디자인, 네이밍 등의 소프트웨어적인 면에 대한 배려가 중시된다. 따라서 항상 소비자의 잠재적 니즈·기대까지도 정확하게 파악하고 그에 대응한 연구개발, 제품개발, 생산, 판매서비스 등을 전사가 하나가되어 실시함으로써 제품과 서비스(하드웨어와 소프트웨어)를 통하여 질 좋은 상품, 브랜드, 메이커를 만들어 소비자에게 만족감, 기쁨, 휴식, 안심감을 주는 좋은 '품질'의 제품 만들기가 중요하다.

2. 품질관리

'품질'을 어떻게 경제적으로 생산하여 소비자의 요구에 답할 수 있을지는 기업 활동에서 중요한 부분이다. 이를 위해서는 소비자(고객)는 물론 환경이나 사회가 제품에 대해 요구하는 품질이나 서비스를 만족시키는 '제품 만들기'를 경제적으로 수행하는 관리방법인 '품질관리'가 효과적이다. 품질관리 수행은 그저 아무렇게나 한다고 해서 성과로 이어지는 것이 아니라 기반이 되는 논리나 기법을 잘 활용함으로써 성과로 이어나가는 것이 중요하다. 아래에 품질관리에 대한 기본적인 논리와 대처방안을 3가지 관점에 따라 나타내었다[2].

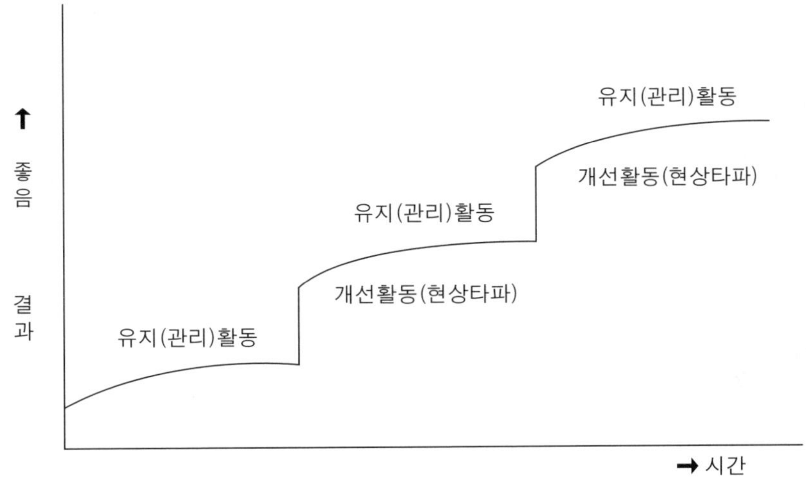

[그림 5-1] '관리'와 '개선'
(이시카와 카오루, 《품질관리 입문 A편》, 일과기련출판사, p. 80 (1989)[3]에서 전재)

① 품질에 대한 대처

- 품질을 최우선으로 생각하는 회사경영을 한다.(품질제일 주의)
- 고객의 요구를 생각한다.(고객 지향, 시장 지향)
- 현 공정에서의 문제를 다음 공정에까지 넘기지 않는다.('다음 공정은 고객')

② 관리에 대한 대처

- 사실(데이터)에 기초하여 판단하고 행동한다.(사실에 기초한 관리)
- 좋은 프로세스, 좋은 방법에서 좋은 품질이 만들어진다. 즉, 품질은 공정에서 만들어진다.(프로세스 관리)
- 품질은 보다 이전 공정에서 만들어진다.(원류 관리)
- 목표를 달성하기 위해서 계획을 세우고(Plan) 실시하여 (Do) 그 결과를 점검(Check)하고 결과에 기초하여 처치(Action)한다. (PDCA 사이클, 관리 사이클)

③ 개선에 대한 대처

- 문제 · 현상을 크기순으로 배열한 후 중요한 것부터 해결한다.(중점지향)
- 문제 · 현상 · 요인 등을 나눈다.(층별)
- 결과의 분포에 주목하여 원인을 찾고 대책을 강구한다.(분포 관리)

이와 같은 기본적인 논리와 대처 방안을 통하여 '품질관리'를 실시한다.

또한, '관리'와 '개선'의 관계에 관하여 설명하자면, '관리'란 결과가 목표레벨에서 벗어나지 않도록 일정 수준을 확보하면서 조금씩 나아지게 하는 활동이며 '개선'이란 문제점을 적극적으로 찾아내어 목표를 현재보다 높은 레벨로 끌어올리는 활동이다. 이 '관리'와 '개선'의 두 활동은 차의 양쪽 바퀴처럼 함께 추진하는 것이 중요하다[3].[그림 5-1]

3. 품질보증

품질관리 활동을 실시하여 제품을 만들더라도 고객이 구매해서 오랫동안 사용하고 또 다시 구매하고자 하지 않으면 기업 활동은 영속할 수 없다. 다시 말해 고객의 니즈에 부응하여 신뢰를 얻고 나아가 만족감을 줄 수 있도록 품질을 보증하는 활동, 즉 품질보증 활동이 필요하다는 것이다. '품질보증'이란 '고객, 사회의 니즈를 만족시키는 것을 확실히 하고, 확인하고, 실증하기 위하여 조직이 수행하는 체계적인 활동이다'[4]라는 말로 표현할 수 있다. 나아가 사회 환경의 변화에 대응하여 지역은 물론 지구환경 보전까지 아우르는 사회적 책임도 함께 생각하여야 한다. 이 품질보증 활동은 아래에 나타낸 바와 같이 기업 활동의 모든 단계에서 확실히 하고 체계적으로 실시하여 나가는 것이 중요하며[5] 이러한 활동을 그림으로 나타낸 것이 품질보증 체계도이다[그림 5-2]. 아래에 제품개발의 각 단계에서의 품질보증 활동을 나타내었다.

① 기획 단계의 품질보증

소비자, 환경, 사회의 요구(니즈)를 파악하여 그것을 기준으로 요구품질을 종합한 제품기획(콘셉트)을 작성한다. 이때 소비자가 원하는 품질을 시장조사와 같은 방법을 통해 최대한 정확하게 파악하는 것이 중요한데 화장품은 기능이나 감촉 이외에도 자신에게 맞는지, 맞지 않는지 호불호와 같은 정서적인 면이 강하므로 진짜 니즈를 파악하기 어려운 경우가 많다.

② 설계개발 단계의 품질보증

제품 콘셉트를 구현하기 위하여 품질설계를 실시한다. 이 품질설계는 제품의 목표가 되는 '목표 품질'을 결정하는 것이다. 이를 위하여 원재료나 제품 즉 제품에 관련된 기술정보, 제품을 만드는 생산기술정보, 과거의 클레임이나 공정상황과 같은 품질정보 등 각 정보를 수집하고 검토하여 각종 기능시험, 가속시험 등의 보증시험을 실시한다. 이들을 실시한 후 목표로 하는 품질이 니즈에 완벽히 대응할 수 있을지의 여부, 그리고 제조품질 확보가 가능하며 만들기 쉬운 설계가 되었는지 등을 검증하는 설계검사(디자인 리뷰)를 수행하며 필요하다면 설계를 개선한다.

③ 구매단계 · 제조 단계의 품질보증

품질수준을 만족시키기 위한 원재료, 중간품, 위탁제품 등을 공급처로부터 구입하여야 한다. 그러므로 품질이나 납기 등에 대한 평가를 실시하고 문제가 있는 경우에는 지도 · 감사 등도 실시한다. 제조단계에서는 설계개발 단계에서 설정된 목표 품질을 정해진 비용으로 정해진 기간(납기) 내에 만드는 역할을 하여야 한다. 다양한 관리방법을 통하여 품질보증이 이루어지는데 그 중 중요한 것은 과거의 트러블이나 불량을 완벽히 분석하여 계속적으로 개선활동을 수행하는 것 즉, PDCA 사이클을 늘 반복하는 것과 다음 공정으로 부적합품을 내보내지 않는 것 즉, 공정 내에서 품질을 만들어내는 것이다.

④ 검사 단계의 품질보증

원재료, 중간품, 제품의 품질특성을 품질판정기준과 비교하고 판정하여 부적합품을 제거하여서 다음 공정으로 부적합품을 내보내지 않는 활동이 바로 검사의 역할이다. 이 경우 발취검사를 통한 통계적인 품질보증이 많이 이루어진다. 또한, 화장품에서는 물리화학적인 측정뿐 아니라 인간의 감각을 사용하는 관능평가를 통한 보증이 많이 이루어지며 그 가중치가 높다고 할 수 있다.

⑤ 판매, 서비스 단계의 품질보증

판매 시 소비자에게 제품의 올바른 사용법이나 특징 등의 정보제공을 적절하게 수행하는 일, 소비자 불만에 대한 대응을 적절히 수행하는 일, 소비자로부터의 품질정보, 사용만족도 등을 품질보증 부문이나 기획 부문에 전달하는 일 등을 수행한다.

이상과 같이 기획, 개발 · 설계, 구매 · 제조, 검사, 판매 · 서비스의 각 단계에서 품질보증을 실시하는데 이와 같은 조직적인 활동이 바로 고객에게 신뢰와 만족감을 주기 위한 품질보증 시스템이다. 이 품질보증 시스템을 통하여 높은 신뢰를 얻을 수 있

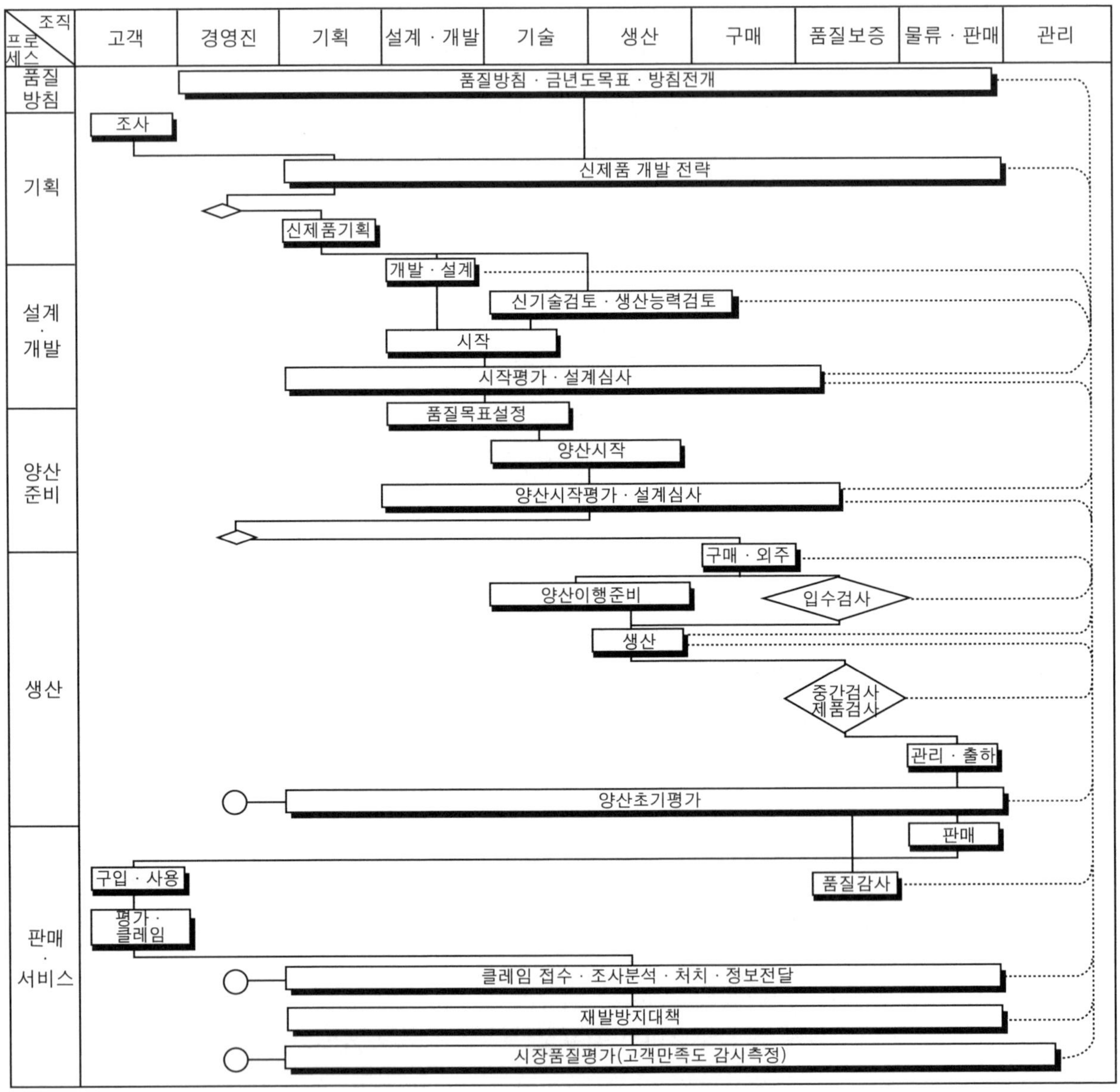

[그림 5-2] 품질보증 체계도

는 제품이 만들어지며 만일 품질 클레임이 발생한 경우에도 신속한 고객대응과 원인 규명, 재발방지의 확실한 실시가 가능해지게 된다.

4. 화장품의 GMP와 ISO9001

1) 화장품의 GMP(화장품의 제조 품질관리 기준)

일본의 화장품 제조품질 관리기준은 일본화장품공업연합회의 자율적인 실시의 형태로 정해져있다. 그것이 화장품 GMP(Good Manufacturing Practice)로서 1981년에 〈화장품의 제조 및 품질관리에 관한 기술지침〉으로서 제정된 이래로 1988년에 일부 개정되었는데, 2007년에는 국제 규격 ISO22716을 채용하여 전면 개정되었다. 이것은 안전성이 높은 우량한 품질의 화장품을 공급하기 위하여 원료 입수에서 최종 제품의 포장, 관리, 출하에 이르기까지의 생산 공정 전반에 걸친 관리체제 확립을 목표로 한다. 그 요구사항을 [그림 5-3]에 나타내었는데 종래에는 규정되어 있지 않았던 일탈, 변경 관리, 내부 감사, 위탁, 폐기물이 규정되었다. 이 국제 규격은 세계 각국에서도 채용되고 있으며 화장품 GMP의 국제 표준으로서의 자리매김이 확립되고 있다. 한편, ISO9001이나 ISO14001과 같은 인증제도는 없다. 또한, 일본화장품공업연합회에서는 화장품 GMP의 원활한 운용을 도모하기 위하여 '운용 유의사항', '각종 절차서', 'Q&A' 및 '해설 : 약국 등 구조설비 규칙에서의 화장품 등에 대한 적용'이 적힌 책자를 발행하였다[8) 9)]. 화장품 GMP는 자율적으로 실시되는 형태를 취하고 있으나 품질이 좋고 우수한 화장품을 제조하여 품질을 보증하기 위해서는 법령에 준하여 엄수하여야 하는 요건이다.

화장품 GMP의 기본적인 논리는 다음의 3가지 점이다.

① 인위적인 잘못을 최소한으로 한다.

② 오염 및 품질 저하를 방지한다.

③ 높은 품질보증이 가능한 시스템을 구축한다.

이들을 확보하기 위한 조직 체제, 문서 · 기록관리, 제조관리, 품질관리 등의 소프트웨어와 구조 · 설비 등의 하드웨어, 그리고 소프트웨어와 하드웨어를 총괄하는 시스템으로 품질을 보증하여 나간다.

2) ISO9001(JIS Q9001)

품질 매니지먼트 시스템의 국제 규격인 ISO9001은 국제무역의 원활화를 목적으로 한 세계 공통적인 품질 매니지먼트 시스템으로서 ISO(International Organization for Standardization : 국제 표준화 기구)에서 1987년에 제정된 국제 규격이다. 이 규격을 확실하게 실시하면 일정 수준의 품질이 보증된 제품을 만들 수 있다. 즉, '이 회사의 품질관리는 확실하다' 라고 국제적으로 인정되는 품질관리의 기준으로서 제정되었으므로 제품이나 서비스의 품질보증과 고객만족 확보를 목표로 하는 것이다. 구체적으로는 ISO9001(JIS Q 9001)에서 규정되어 있는 요구사항에 대한 실시 운용 상황을 제3자 기관인 감사등록 기관이 심사하여 규격 요구사항을 만족하여야 인증된다. 요구사항의 절차화 → 문서화 → 등록화가 중시되고 있다.

ISO9001(JIS Q 9001)은 화장품 GMP와 기본적인 논리는 공통적이며 화장품 GMP와 융합된 품질 매니지먼트 시스템을 구축함으로써 보다 확실한 품질보증 체제가 가능하다.

5. PL법 대책과 품질보증

제조물 책임(PL, Product Liability)은 제조물의 설계상, 제조상, 표시상의 결함으로 인하여 사람의 생명, 신체, 재산에 피해가 발생하였을 때에 제조업자에게 과실이 없더라도 제조업자 등이 손해배상을 하여야만 하는 책임으로서 '무과실 책임' 이라고도 한다.

일반적으로 PL법 대책은 ① 제조물 책임법(PL법)과 관련된 소송에 대한 대비로서 각 기록의 보존이나 PL보험 가입 등을 실시하는 '제조물 책임방어(PLD, Product Liability Defence)' 와 ② 제품의 결함, 위험성을 제거하여 안전성을 확보하는 '제품안전 (PS, Product Safety)' 가 있다. 이들을 총칭하여 제조 책임방어(PLP, Product Liability Prevention)라고 하며 품질보증 활동의 중요한 과제 중 하나이다.

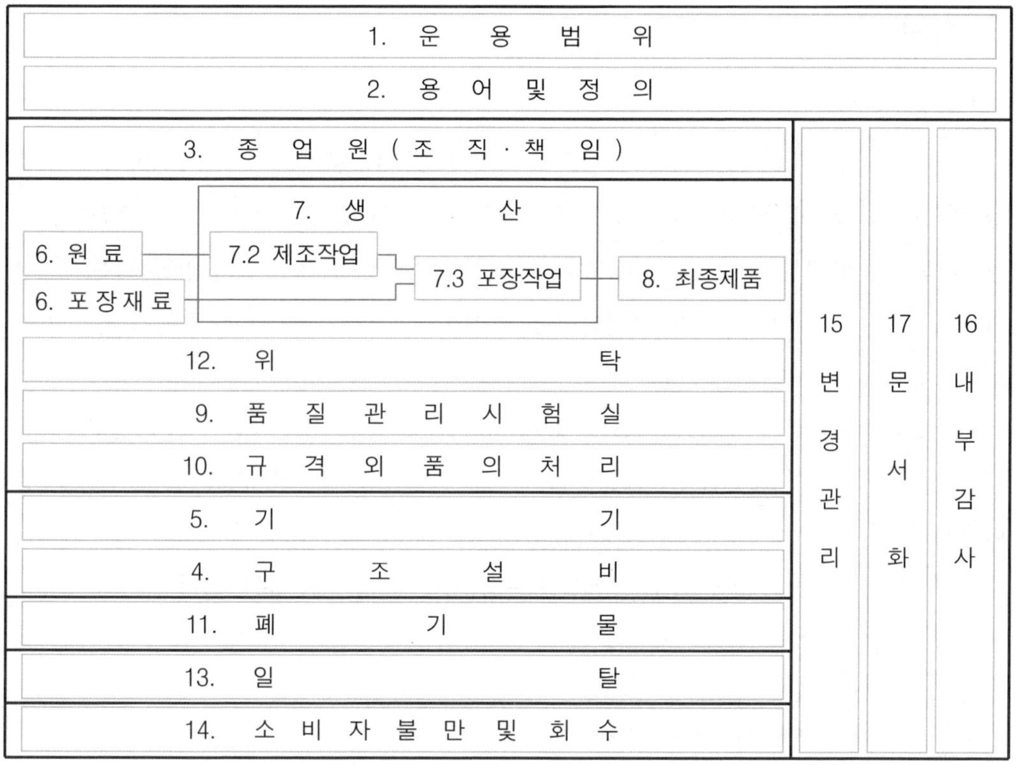

[그림 5-3] 화장품 GMP(ISO22716 : 2007)의 요구사항

6. CSR과 환경에 대한 대응

CSR은 Corporate Social Responsibility의 머리글자로서 '기업의 사회적 책임' 이라고 하며 '법령 준수뿐 아니라 시민, 사회, 지역을 아우르는 스테이크홀더(이해관계자)를 이롭게 하기 위하여 경제, 환경, 사회문제에 대해 균형적으로 사업 활동을 수행함으로써 기업에 적절한 이익을 가져오고 지속적인 발전을 하는 것. 또한, 그 결과를 공표하여 설명의 책임을 다하는 것' 이라고 되어 있다. 지금까지 설명한 품질보증 활동은 모두 이에 일관된 것으로서 품질보증을 확실하게 실시하는 것은 CSR 그 자체와 일맥상통한다. 또한, 환경에 대한 대응으로서는 기획 · 설계 단계부터 생산 · 물류까지 전 단계에서 환경에 배려하며, 환경 매니지먼트 시스템인 ISO14001(JIS Q 14001)을 활용한 매니지먼트 실시가 효과적이다.

7. 정리

이상으로 화장품의 품질보증의 개요를 설명하였는데 품질보증이란 소비자의 니즈를 정확하게 파악하여 고객만족을 얻기 위한 전사적인 활동으로서, 이를 추진함으로써 브랜드의 신뢰성, 가치를 높고 기업의 질을 높일 수 있으므로 경영의 기본 중 한 가지라고 할 수 있다. 나아가 고객만족을 넘어서 감동을 주는 제품 만들기로도 이어진다.

품질보증 추진의 수단에는 다양한 것이 있지만, 그중에서도 화장품 GMP을 확실하게 추진하고 ISO의 인증을 취득하는 품질경영 수행, 경영을 품질이라는 관점에서 종합적으로 추진하는 'TQM(Total Quality Management)' 활동 등을 최대한 조합하여 실시함으로써 보다 확실하고 공개적인 품질보증의 형태로 하는 것이 바람직하다.

| 참 고 문 헌 |

1) "JIS Q 9000：2006 (ISO 9000；2005) 品質マネジメントシステム－基本及び用語)", 日本規格協会 (2006)
2) 内田 治, "ビジュアル 品質管理の基本 〈第3版〉", 日本経済新聞社, (2006)
3) 石川 馨, "品質管理入門 A編, B編", 日科技連出版社, (1989)
4) (社)日本品質管理学会編, "新版 品質保証ガイドブック", 日科技連出版社, (2009)
5) 山田 正美, "よくわかるこれからの品質管理", 同文舘出版, (2004))
6) 厚生省薬務局監視指導課編, "化粧品GMP解説 1988年版", 薬事日報社 (1988)
7) 化粧品-GMP-GMPガイドライン (ISO22716：2007)", 日本規格協会, (2007)
8) 日本化粧品工業連合会, "化粧品の製造管理及び品質管理に関する技術指針 (ISO 22716) に係る「運用留意事項」、「各種手順書」及び「Q&A」", 日本化粧品工業連合会, (2008)
9) 日本化粧品工業連合会, "化粧品の製造管理及び品質管理に関する技術指針 (ISO 22716) に係る「Q&Aその2」", 日本化粧品工業連合会, (2008)
10) JIS Q 9001：2008 (ISO9001：2008) (品質マネジメントシステム－要求事項), 日本規格協会 (2008)
11) Fragrance Journal編集部編, "香粧品製造学", フレグランスジャーナル社, p.17～ (2001)

06 화장품의 환경문제

1. 환경문제의 변천과 화장품

일본의 환경문제의 변천을 더듬어 보면 화장품에 대해서는 프레온 규제에 대한 대응과 같은 몇 가지의 움직임이 있기는 하였으나 큰 환경문제에 이른 예는 찾을 수 없다[표 6-1][1]. 그러나 용기의 폐기 문제, 제조 시의 공해 대책뿐 아니라 자원 · 에너지와 같은 지구 규모의 새로운 환경문제에 대하여 적절하게 대응하고 지속적인 발전이 가능한 사회 구축을 지향하기 위해서도 환경에 대한 대처의 중요성은 점점 높아지고 있다.

2. 환경에 관련된 법규제와 화장품

고도경제성장기에 현저하게 발생한 공해문제에 대처하기 위해서 공해 대책 기본법이 제정되었고 이와 동시에 일련의 관련법규가 정비되었다[표 6-2]. 공해 대책 기본법은 환경보전에 관한 기본 이념을 명시한 것인데, 그 후 이 법률은 지속적인 개발이 가능한 사회 구축이라고 하는 논리 등을 도입하여 환경기본법으로 개정되었다. 이 일련의 관련 법규는 공장에서의 생산 활동에 관련된 것이 많으며 새로운 환경오염을 유발하지 않도록 철저히 준수하여야 한다.

[표 6-1] 일본에서의 환경문제의 변천

환경에 관한 문제	법규제 및 산업계의 대응
환경에 관한 문제 세제로 인한 하천, 하수처리장에서의 이상기포현상('64~)	세제의 소프트화(생분해성 개선, '66~ '72) 분지형 하드 ABS→직쇄 ABS(LAS)로의 전환
공장폐수, 대기오염 등으로 인한 공해 발생 미나마타병(유기수은/구마모토: '56~) 이타이이타이병(카드뮴: '55~) 요카시 천식(SOx, NOx, '63~) 제 2 미나마타병(유기수은/니가타: '65~) } 4대공해사건	공해대책기본법 제정('67)→ '93 환경기본법으로 개정 수질오탁방지법('71), 대기오염방지법('68) 등
카네미 유증 사건(PCB, '68)	화학물질심사규제법의 제정(화심법, '73)
요카시/이세만 폐유황 방류사건, 타코포 진흙문제('71)	노동안전위생법개정(안위법, '73)
폐쇄성 수역의 부영양화문제(적조 등, '72~)	시가현 · 부영양화방지조례('79) 등 세제의 무린세제화('80~ '84)
프레온으로 인한 오존층 파괴문제 ('74 Roland 교수 논문)	몬트리올의정서 채택('87) 에어로졸제품의 탈프레온 대응('89)
지구환경 정상회의(리오데자네이로, '92)	아젠다 21 채택('92) : 유해화학물질 규제
콜본 여사 '도둑맞은 미래' ('97) → "환경호르몬"	환경성 'SPEED98' 책정(67물질리스트)('98) → 사람에 대한 영향이 없음. ExTEND2005로 개정('05)
에어로졸제품의 폐기문제	에어로졸제품 내용물 배출장치 도입('05)
휘발유기화합물(VOC)의 배출삭감(대기오염방지법)	VOC법규제와 자율대처의 베스트믹스('06)
용기포장재료의 3R(Reuse, Reduce, Recycle) 활동	용기포장재활용법개정('95공시→ '06)
기후변동 · 지구환경문제/지구온난화	교토의정서 채택('97) → 2005년 발효 IPCC 제 4차 보고서('07)
화학물질관리에 관한 국제적 논의(SAICM)	유럽/신화학품법(REACH) 제정, 시행('08) 화심법, 화관법(PRTR법) 개정('09)

[표 6-2] 환경에 관한 주요 법규제

	제정	최종개정	규제 내용
환경기본법 (구 공해대책기본법)	1967	1993	환경보전에 관한 기본이념과 시책의 기본이 되는 사항 규정 환경기준 설정(대기, 수질, 토양 등) 지속적인 발전이 가능한 사회 구축이라고 하는 개념 도입
수질오탁방지법	1970	2006	건강항목, 생활환경항목, 총량 규제, 지하침투수 규제
대기오염방지법	1968	2006	매연, 분진, 유해대기오염물질, 휘발성유기화합물 자동차배출가스
토양오염대책법	2002	2003	토양오염 방지
소음규제법	1968	2005	소음 규제
진동규제법	1976	2004	진동 규제
악취방지법	1971	2006	사업활동으로 발생하는 악취 규제
폐소법*1	1970	2008	폐기물의 배출억제와 적절한 처리, 생활환경의 청결유지
화심법*2	1973	2009	화학품 · 신규화학물질 제조 · 수입 심사 기존화학물질의 안전성정보 수집(2009년 개정) 리스크 종합평가 개념 도입(2009년 개정)
화관법*3	1999	2009	사업소에서의 화학물질 배출 · 이동량 신고, 국가에서 집계 대상화학물질의 확대(2009년 개정)
다이옥신류 대책특별 조치법	1999	1999	다이옥신류의 배출규제 등
노동안전위생법	1973	2006	화학물질에 대한 노동자의 안전과 건강 수호를 목적 신규화학물질의 발암성 확인시험(변이성) 필요

*1) 폐소법 : 폐기물의 처리 및 청소에 관한 법률

*2) 화심법 : 화학물질 심사 및 제조 등의 규제에 관한 법률

*3) 화관법 : 특정 화학물질의 환경에 대한 배출량의 억제 등 관리 개선 촉진에 관한 법률

3. 개발 설계 단계에서의 환경문제

1) 수질환경문제와 화장품[2)]

샴푸나 피부용 세정제와 같이 씻어내는 제품은 사용 후 환경수계로 배출되므로 수역의 수질을 악화시키지 않고 생태계의 생물에도 나쁜 영향을 미치지 않도록 처방하여야 한다. 이를 위해 세정기제는 생분해성이 뛰어난 성분으로 하며, 보조제 또한 생태 독성이나 사람의 건강에 영향을 줄 수 있지 안전성을 확인하여서 생태리스크의 위험이 없는 처방을 하여야 한다.

(1) 생분해성(Biodegradation)

생분해란 화학물질이 미생물에 의하여 분해되는 작용을 가리킨다. 생분해성의 중요성이 인식된 것은 세제로 인한 하천이나 하수처리장의 이상 발포 문제에 대한 대응이 그 발단이 되었다. 이 문제는 합성세제가 개발된 초기(1960년대 초), 주요 세정 성분으로 사용되어온 하드 ABS[*1)]가 생분해되지 않아서 환경수에서 분해 소실되지 않고 이상 발포를 야기하였던 것이다. 이 문제는 생분해성이 뛰어난 LAS[*2)]로의 전환(소프트화)의 추진을 통하여 해결을 보았다. 이 문제로 몇 가지의 생분해성 계면활성제 개발이 진행되었으며 현재 세제나 샴푸와 같이 씻어내는 제품에는 생분해성이 뛰어난 세정 성분이 사용된다[2) 4)].

(2) 생태 독성과 리스크 평가(Risk Assessment)

생태 독성 시험이란 생태계의 먹이사슬을 구성하는 주요 생물인 조류, 갑각류, 어류에 대해 어떠한 독성 영향을 미치는지 급성 및 만성작용의 양방향으로 평가하기 위하여 실시되는 시험이다. 세정 성분 중 계면활성제에 대해서는 비누를 비롯한 각각의 성분에서 고유의 급성 독성이 확인되었으나 모두 생분해성이 좋기 때문에 환경 속에서는 분해 소실되어 독성 영향이 없는 농도 수준이 되므로 생태 리스크는 작다고 판정되었다[5)]. 이러한 예와 같이 리스크는 유해성(해저드)의 대소만으로 결정되는 것은 아니며 배출과의 관계(리스크 = 유해성 × 배출량)로 나타난다.

*1) 하드 ABS : 분지형 알킬벤젠설폰산염

*2) LAS : 직쇄 알킬벤젠설폰산염

2) 지구환경문제와 화장품

(1) 자원문제와 화장품

자원 이용과 환경문제는 동전의 양면과도 같아서 환경문제를 고려하지 않은 자원 개발이나 경제활동, 시민생활은 있을 수 없다. 에너지원(또는 화학품 소재의 탄소원)으로서 화석 원료를 빼놓을 수 없는데 석유의 가채연수는 41년으로 예측되고 있으며[6) 7)], 대체 에너지(탄소원)을 어떻게 구할지가 큰 문제가 되고 있다[8)]. 화학품 소재의 탄소원으로서 석유가 지금까지 주를 이루었으나 자원 고갈에 대비하여 재생 가능한 원료인 식물이나 발효와 같은 바이오기술의 응용에 큰 기대를 걸고 있다. 식물 기원 원료는 탄소중립[*3)]에 기초한 CO_2배출 저감의 한 방법이라는 논리로 화장품에도 사용되기 시작하였다. 이러한 예로 식물을 원료로 하는 고급알코올유도체, 폴리에틸렌, 1,3-부탄디올을 들 수 있다.

(2) 프레온 규제에 대한 대응

Roland 교수의 프레온에 의한 오존층 파괴에 관한 논문이 발단이 되었던 프레온 문제에 대응하여 에어로졸 제품의 분사제를 프레온에서 LPG나 디메틸에스테르로 바꾸었으며, 일부 제품은 논가스 타입의 펌프형으로 교체하는 등의 대응으로 오늘날에 이르렀다[1989, 표 6-1].

3) 용기 · 포장재에 관한 환경문제와 화장품

환경에 대한 부하라는 점에서 용기 · 포장재의 자연환경으로의 폐기가 가장 큰 문제라고 생각된다. 이 문제에 대한 대응으로서 3R(Reduce, Reuse, Recycle) 활동이 중요하다. Reduce는 사용하는 포장 재료의 삭감, 쓰레기 체적의 삭감(감용화), 컴팩트화 등이며, Reuse는 포장용기의 재사용으로서 리필 제품의 보급에 따른 제품 용기의 재사용 등을 들 수 있다. Recycle으로는 폐지나 재생 플라스틱의 이용을 들 수 있다. 또한, 환경부하 저감이라고 하는 의미에서 폴리젖산과 같은 생분해성 플라스틱이나 식물과 같은 재생 가능한 자원을 원료로 하는 바이오 플라스틱의 이용도 고려할

*3) 탄소중립 : 식물에 고정된 탄소를 연료나 원료로 연소시켜서 CO_2가 발생하더라도 그 양은 식물이 대기로부터 흡수한 CO_2량에 상당하기 때문에 배출되는 탄소의 양이 없다고 생각하는 논리이다.

수 있다. 리사이클에 대해서는 1995년에 용기 포장 리사이클법이 제정되었으며, 그 후 2회에 걸친 개정으로 현재에는 모든 용기에 대하여 완전 시행되고 있다[2) 9)].

4. 사업 활동 전반에 관련된 환경문제

1) 라이프 사이클 분석 기법(LCA)

LCA는 원료의 조달에서 제조, 판매, 사용, 폐기에 이르는 각 단계로 투하된 자원이나 에너지와 발생한 폐기물이나 CO_2 등을 환경 부하량으로 나타냄으로써 제품의 전 과정(라이프 사이클)에 대한 환경 영향을 평가하는 방법이다. LCA를 응용한 지표로서 제품의 환경 부하량을 CO_2로 나타낸 탄소 이력과 같은 예도 들 수 있다[11)].

2) 에너지 절약 대책

에너지 절약 대책으로서 제조부문에서는 열병합발전(설비도입)[*4)], 석유에서 LPG로의 부분적인 변환, 폐열 이용 등이 이루어지고 있다. 오피스에서는 절전 등이 주가 된다.

3) 환경경영 시스템과 환경관리

환경 대책을 추진하기 위한 하나의 방책으로서 환경경영계획 ISO14001 활용이 있다. ISO 14001은 경영진에게 환경활동에 대한 의무를 요구하며, 경영진이 책정한 환경방침에 따라서 환경부하저감을 지향한 환경 개선활동을 전개하는 것이다. ISO14001은 시스템의 구축과 규정 정비에 중점을 둔 것으로서 환경 퍼포먼스(폐수처리 성적 등)의 내용까지는 언급하지 않았기 때문에 각각의 환경 대책의 실효성에 대해서는 계속적으로 자기검증을 실시하여 성능 향상을 꾀하는 것이 중요하다.

*4) 열병합발전 : Cogeneration, 열-전기 병합
디젤엔진발전기 등에서 나온 열을 이용하여 동력 · 온열 · 냉열을 생산하여 에너지 효율을 높이는 새로운 에너지 공급 시스템 중 한 가지

| 참 고 문 헌 |

1）渡辺 熙, Fragrance Journal, **19**(10), p.16～22 (1991)

2）吉村孝一, 環境問題と化粧品開発, フレグランスジャーナル編, "化粧品の研究開発の進歩と将来展望" 第２章 260～274, フレグランスジャーナル社 (2009) 別冊

3）浅原照三, 合成洗剤の生分解性, 化学総説No.2, p.137～152, 東京大学出版会 (1973)

4）L. Hucker & L. Nitschke, "応用界面・コロイド化学ハンドブック", p.505～530, エヌティーエス出版 (2006・1)

5）日本石鹸洗剤工業会、界面活性剤のヒト健康影響および環境影響に関するリスク評価, 平成13年10月

6）山口勝三 他, 環境の科学 改定版われらの地球, 未来の地球, p.109～156、㈱培風館 (2004年) 改定第４冊

7）日本エネルギー経済研究所計量ユニット編, "エネルギー・経済統計要覧＜2009＞", p.256～267 (省エネルギーセンター)

8）瀬戸山亨, これから化学産業はどこに炭素源を求めるか？－課題と方向性を考える, 化学, **64**(９), p.12～18 (2009)

9）吉村孝一, 大平晃三, "香粧品製造学―技術と実際", 35～62, フレグランスジャーナル社 (2001)

10）石谷 久, 赤井誠司, ライフサイクルアセスメント－原則及び枠組, ㈳産業環境管理協会 (1999)

11）花王㈱, CSRレポート 13頁 (2009) http://www.kao.com/jp/ja/corp_imgs/corp_csr/pdf_reports_01_05_01_005.pdf;

07 화장품류의 판매 형태, 유통 형태와 품질보증

1. 들어가며

사회 통념으로는 화장품인 것이 약사법상으로는 의약외품의 규제를 받는 것이 있으므로 화장품 등으로 정확하게 표현하기도 하지만, 본고에서는 모두 화장품이라고 칭하였다. 화장품은 의약품과는 달리 판매 규제가 없다. 화장품 업계 판매 시스템의 기본적 분류법은 ① 제도품 유통, ② 일반품 유통, ③ 방문판매 유통(방판), ④ 통신판매 유통(통판)의 4가지가 있다.

제도품은 메어커와 소매점의 직접 유통이며, 일반품은 메이커에서 도매점을 경유하는 소매 판매 유통이다. 방판과 통판은 소매점을 경유하지 않는 유통이다. 실제 시장에서는 메이커가 복수의 유통 채널로 판매하는 등 채널이 보더리스화되는 경향이 있다.

2. 판매 형태

화장품이 어디서 판매되는지, 어떻게 판매되는지가 판매 형태의 분류이다. 소비자의 편에서 살펴본다면 화장품은 어디서 구매할 수 있는지, 상담 가능한 것은 어디인지에 대한 내용이다. 화장품이 개발되어 생산되고 제품으로서 시장에 유통되어 최종적으로 고객에게 전달되는 방법, 거점이 판매 형태이다.

많은 소비자를 겨냥하여 생산되는 화장품은 개개인의 고객에게 판매되는 소매업으로 취급된다. 화장품을 다루는 업종이 화장품 소매업인데 화장품을 단순히 파는 것만이 아닌 어떻게 판매하는지, 화장품의 정보를 어떻게 소비자에게 전달하는지 등의 방법 차이에 따라서 다양한 업태가 발생한다.

백화점에는 화려한 화장품 판매 코너 그룹이 있으며, 거리에는 화장품 전문점도 있으나 드럭 스토어에서도 화장품이 넘치고 있다. 쇼핑센터에도 화장품 코너 그룹이 있으며 길가의 편의점에도 화장품을 판매한다. 이들은 모두 점포를 차려서 점포 판매를 하는 소매업이다.

인터넷 판매나 텔레비전 판매, 카탈로그 판매, 팩스나 전화를 이용하여 직접 사용자와 연결하는 소위 통판이나 직접 눈으로 보기 어려운 방문판매 등은 점포를 갖지 않는 무점포 소매업이다.

본래는 화장품을 업무용으로 소비하는 미용 · 이용 살롱이나 에스테틱 살롱 등에서 화장품도 판매한다면 그것은 소매이다. 판매 형태는 소비자의 선택의 편리성과 생산자 측에서의 제품 정보전달의 적합성, 유통비용 등의 균형에 따라서 선택된다. 그 결과 소매 업태의 다양한 모습으로 나타나게 된 것이다[표 7-1].

[표 7-1] 판매형태의 개략

업종	업태	사례
화장품 소매업	점포 판매	제도품　일반품
	무점포 판매	방문판매, 통신판매(업무용)

3. 유통 형태

유통이란 상품, 서비스가 생산자로부터 소비자에게 도달하기까지의 모든 과정을 포함한 활동이다. 상품의 보존 · 운송 · 상품 준비 · 판매에 관계된 경영활동을 의미한다. 경영활동이란 상품의 흐름뿐만 아니라 거래의 흐름이기도 하다. '물적 유통'과 '상적 유통'이 동시에 관련된 정보에 따라서 이루어지는 것이 유통이라고 하는 경제활동이다.

소비자가 선택한 것만이 팔리는 상품이 된다. 그러므로 유통업은 화장품에 관계된 정보라고 하는 소프트웨어를 전달하는 역할을 담당하고 있다. 그것은 피부를 위해서라거나 모발을 위해서라고 하는 건강 정보이기도 하고 현재의 유행을 전달하는 패션 정보이기도 하다. 이들 정보를 보다 잘 전달하기 위하여 다양한 유통 과정이 마련되어 있다. 유통은 소비자에게 상품을 선택받을 수 있도록 정보를 전달하는 서비스의 흐름이라고도 이해할 수 있다.

화장품에 대하여 소비자가 무엇을 원하고 있는지, 어떠한 정보를 얻고자 하는지, 그리고 시장 환경의 변화에 따라서 업태도 변화한다. 화장품이 과학기술의 진보나 시대의 요청에 따라서 변화하는 것처럼 그 유통 형태도 시대의 변화에 대응하는 것이다.

유통을 소비자의 입장에서 생각하면 소비생활의 요구에 대응하기 위하여 생산된 다양한 상품이 고객에게 선택받고 구입되며 소비되기까지의 일련의 프로세스를 포함한 경제활동이라고도 표현할 수 있다. 다양한 상품이 다양한 고객과 만나 원활하게 도달될 수 있도록 유통 형태는 복잡하게 분화되며 상품과 정보 서비스를 운반한다.

유통 경로의 기점은 상품을 생산하는 생산자이다. 화장품의 경우에는 반드시 약사법상의 허가를 받은 제조판매업자가 생산자가 된다. 생산자로부터 소비자로의 경로가 여러 단계로 분화되어 현재의 유통 형태의 모습을 이루었다[표 7-2].

[표 7-2] 화장품의 유통 경로

	생산자 → 유통 경로 → 소비자
①	자사 브랜드 → 판매회사 또는 도매점 → 소매점 → 고객
②	자사 브랜드 → (판매회사 또는 도매점) → 고객
③	타사 브랜드 → 생산위탁업자 → ①②에 준함

화장품은 백화점의 화장품 코너나 화장품 전문점에 있는 미용 개별 상담 서비스, 이미용 살롱 · 에스테틱 살롱 등의 시술 서비스 등 사람의 수고를 거친 정보 서비스를 수반한 대면 판매에 대하여 쇼핑센터나 드럭스토어 등의 진열대에서 자유 선택(셀프 셀렉션)의 판매 방식이 큰 시장을 형성하게 되었다. 점포의 규모나 상품 진열 센스나 상품의 풍부함, 가격이나 부대 서비스의 좋고 나쁨 등 소비자는 상품 선택에 앞서 유통형태 선택도 하는 것이다.

무점포의 판매 형태에서는 방문판매와 같이 사람이 사람을 방문하는 인간관계가 기본이 되는 업태에서 인터넷이나 텔레비전, 카탈로그와 같은 버주얼한 정보 네트 서비스 판매 형태가 확대되는 등 사람으로부터 멀어지는 경향이 계속되고 있다.

4. 유통 책임 표시와 품질보증

화장품 유통시장에서의 품질, 유효성 및 안전성을 확보하기 위해서 약사법은 사업자를 규제하고 있다. 시장에 불량 화장품이 유출되지 않도록 우선 출구 규제를 한다. 그렇지만 만일 불량 화장품이 시장에서 발견되었을 때에 즉시 제품의 제조번호로부터 – 출하 기록 – 제조 기록 – 원재료 기록 등을 되짚어가는 조사를 하여 제품 이력이 명확해지도록 규제가 이루어지고 있다. 화장품의 유통은 출구 규제를 제외하고는 그 다음은 원칙상 자유이다.

화장품은 제조판매업자의 허가를 취득하지 않으면 제품의 출하, 상시를 할 수 없다고 약사법에 정해져 있다. 그 증거로서 제품에는 제조판매업자의 명칭, 주소 기재가 의무화되어 있다. 유통 형태의 여부에 관계없이 약사법상의 책임은 제조판매업자에게 있으나 화장품의 브랜드 업자명이 병기되어 있는 경우가 있다. 그것은 실제로 유통판매를 수행하는 브랜드 메이커가 약사법상의 제조판매업자에게 생산을 위탁하였음을 의미한다[표 7-3].

[표 7-3] 발매원 업자명의 병기

표시의 의미	표시구분	표시의 내용	업자의 구분
생산자 책임	표시 의무	위탁생산자명	제조판매업(약사법)
유통업 책임	임의 병기	생산위탁자명	브랜드업(발매원)

약사법상의 의무 표시 외에도 '발매원 업자의 명칭 · 주소'를 병기하는 것은 브랜드업자가 유통업자로서 유통 책임을 고객에게 고지하는 것이다. 화장품 제조를 위탁하는 대형소매업 프라이빗 브랜드, 유통업자 브랜드, 업무용 브랜드 등의 업자 표시가 이에 해당한다. 유통 책임 표시는 유통업자가 소비자에 대하여 제조판매업자와 께 품질보증을 하는 것을 명시한 것이다.

자주적인 유통 책임 표시는 소비자 기본법 속에 나와 있으며, 소비자의 권익 옹호 및 증진에 관한 종합적인 소비자 정책의 추진과 합치하는 것으로 소비자의 합리적인 선택 확보로 이어지게 된다.

유통 책임 표시는 상품을 공급하는 기업의 품질보증 표시이기도 하다. 소비자가 화장품에 대하여 무언가 의문을 느끼고 확인하고 싶을 때, 불편함이 있을 때 문의하는 연락처이다. 화장품이라고 하더라도 절대 안전하다고는 할 수 없다. 살아 있는 사람에게는 개성이 있어서 화장품이 피부에 위화감을 주고 트러블도 일으키므로 상담 창구의 전화번호가 명기되어 있는 경우도 많다. 리스크에 대한 즉각적인 대응 태세도 품질보증의 일환이다.

5. 사용법, 취급, 폐기까지

화장품의 사용설명서에는 상품의 특징이나 사용법, 사용상의 주의사항 등이 자세하게 적혀 있다. 그러나 적혀 있는 것을 반드시 사용자가 읽고 이해하였다고 믿기에는 품질보증 체제로서 부족하기 때문에 공급자 기업은 다양한 노력을 기울이고 있다. 우선 업계에서 소비자에게 개발 정보를 지속적으로 발신하고자 《화장품을 올바르게 사용하기 위하여》라고 하는 소책자를 작성하였다.

정보의 요지는 법규제에 맞는 '안전성'이나 '품질'이 보증되어 있더라도 아래와 같은 점을 유의하시길 바란다고 공지 하는 것이다. 이것은 기업의 상담창구로 문의된 상담 내용을 토대로 소비의 실태에 맞게 항목 설정을 한 것이다.

1) 반드시 사용설명서를 잘 읽은 후 사용하도록 철저히 할 것

2) 적절한 사용 방법으로 트러블을 예방하고 기대한 효과를 얻을 수 있도록 할 것

3) 화장품을 사용할 때에 주의를 철저히 할 것

① 상처나 습진이 있는 피부에는 사용하지 말 것

② 손이나 손가락, 스펀지 등 화장품에 닿는 것은 청결하게 할 것

③ 화장품이 눈에 들어가지 않도록 주의할 것

④ 한 번 덜어낸 화장품은 용기에 다시 넣지 말 것

⑤ 분체를 성형한 화장품은 충격에 약하므로 떨어뜨리지 않도록 주의할 것

4) 화장품 취급 방법, 관리상의 주의를 철저히 할 것

① 용기의 입구는 청결하게 하고 뚜껑을 잘 닫을 것

② 개봉한 화장품을 사용하지 않고 장기 보존하지 말 것

③ 직사광선, 습도 변화가 심한 곳을 피하고 상온에서 보관할 것

④ 화장대나 세면대 등의 위에 제품을 직접 올려놓지 말 것

⑤ 유소아의 손이 닿지 않는 곳에 보관할 것

5) 폐기 시 주의할 점

① 사용을 마친 화장품용기의 폐기는 각 자치제의 분류 방식에 따를 것

② 에어로졸 제품은 남은 가스를 배출하여 각 자치제의 분류 방식에 따를 것

이와 같은 환경문제도 아울러서 설명하고 있다. 나아가 만일 피부 트러블이 발생하였을 때의 주의사항에 대한 설명이나 피부과 전문의에게 상담의 포인트도 기재하고 있다. 화장품을 잘못 마시는 것은 유소아뿐은 아니며 고령자나 애완동물까지 다양한 상황이 있으므로 잘못 마시거나 먹었을 때에 대한 설명도 있다.

제대로 된 품질보증 체제는 공급자로부터 소비자로의 계발 활동을 거쳐 사회적인 정보 공유화를 가능하게 하는 것이 하나의 목표일 것이다.

INDEX

[감수]

타가미 히로오
- 교토대학 의학부 졸업
- 제17회 일본연구피부과학회 회장 역임
- 현) 토호쿠대학교 의괴대학 피부과 명예교수

스기바야시 켄지
- 토야마 대학 약학부 졸업
- 현) 죠사이대학교 약학부 교수
- 일본향장품학회 이사

노자키 후미스케
- 도쿄약과대학 졸업
- 현) 일본화장품공업연합회 광보위원장

슈쿠자키 코이치
- 신슈대학 공학부 졸업
- 현) 일본화장품공업연합회 기술위원회 위원장

칸다 요시히로
- 릿쿄대학 이학부 졸업
- 메이지약과대학 강사 역임

[공역]

김주덕
- 성균관대학교 화학공학과 학부, 석사, 박사
- 현) 숙명여자대학교 원격대학원 향장미용전공 교수
- LG생활건강 화장품연구소 근무
- 식품의약품안전청 화장품 심의위원 역임
- 한국보건산업진흥원 화장품발전협의회 위원장 역임
- 현) 지식경제부 산업표준 심의위원회(정밀화학분과 위원장)
- 현) 보건복지부 뷰티산업 경쟁력 강화 위원회

경기열
- 충북대학교 대학원 화학과 이학석사
- 충남대학교 약학대학 약학과 약학박사
- IR52 장영실상 수상(주름개선 기능성 화장품 개발공로)
- 숙명여자대학교 원격대학원 향장미용전공 겸임교수
- 현) LG생활건강기술연구원 화장품연구소 RP TFT(연구위원)

조진훈
- 충북대학교 대학원 화학공학과 학,석사
- 연세대학교 대학원 생명화공과 박사
- LG화학기술연구원 화장품연구소 선임연구원
- CJ 생활화학연구소 수석연구원
- 현) 웅진코웨이 화장품연구소 연구소장(상무)
- 현) 한국과학기술정보원(KISTI) 운영위원

화장품 과학 가이드 제2판

2011년 5월 13일 1판 1쇄 인쇄
2011년 5월 19일 1판 1쇄 발행

원저자: 타가미 히로오 外
공 역: 김 주 덕 · 경 기 열 · 조 진 훈
펴낸이: 박 정 태

펴낸곳: **광 문 각**

413-756
경기도 파주시 교하읍 문발리 파주출판문화도시
500-8번지 광문각빌딩 4층
등 록: 1991. 5. 31 제12-484호
전화(代): 031)955-8787
팩 스: 031)955-3730
E-mail: kwangmk@unitel.co.kr
홈페이지: www.kwangmoonkag.co.kr

ISBN : 978-89-7093-626-0 93590

정가 : 32,000 원

한국과학기술출판협회회원
KSPA